鄂尔多斯盆地奥陶系沉积与天然气成藏

包洪平　任军峰　黄正良　王前平　魏柳斌　等著

石油工业出版社

内容提要

本书旨在对 21 世纪以来鄂尔多斯盆地碳酸盐岩领域天然气勘探过程中新的地质资料和研究成果进行系统理论分析，分别从构造与沉积演化关系、层序旋回与储盖层发育、古隆起与沉积相控等不同视角阐述鄂尔多斯盆地奥陶系沉积地层发育特征及其对奥陶系天然气成藏关键要素的控制作用，并分析预测其可能的成藏区带分布及有利勘探方向，对我国碳酸盐岩领域的天然气勘探开发具有重要的指导作用和借鉴意义。

本书可供从事碳酸盐岩储层与地质勘探的科研人员及大专院校相关专业师生参考阅读。

图书在版编目（CIP）数据

鄂尔多斯盆地奥陶系沉积与天然气成藏 / 包洪平等著 . —北京：石油工业出版社，2023.6

ISBN 978-7-5183-5737-6

Ⅰ . ① 鄂⋯ Ⅱ . ① 包⋯ Ⅲ . ① 鄂尔多斯盆地 – 奥陶纪 – 天然气 – 油气藏形成 – 研究 Ⅳ . ① P618.130.2

中国版本图书馆 CIP 数据核字（2022）第 200734 号

审图号：GS（2023）561 号

出版发行：石油工业出版社

（北京安定门外安华里 2 区 1 号　100011）

网　　址：www.petropub.com

编辑部：（010）64222261　　图书营销中心：（010）64523633

经　　销：全国新华书店

印　　刷：北京中石油彩色印刷有限责任公司

2023 年 6 月第 1 版　2023 年 6 月第 1 次印刷

787×1092 毫米　开本：1/16　印张：20.5

字数：520 千字

定价：200.00 元

《鄂尔多斯盆地奥陶系沉积与天然气成藏》
撰 写 人 员

包洪平　任军峰　黄正良　王前平　魏柳斌

白海峰　武春英　赵太平　刘宝宪　王红伟

马占荣　蔡郑红　郭　玮　严　婷　张　雷

闫　伟　张建伍　井向辉　周黎霞　李　磊

杨亚娟　章贵松　张才利　刘　刚　张　艳

权海奇　郑　杰　杨　帆　白清华　陈调胜

序 /FOREWORD

油气产量是国家能源安全的压舱石。长庆油田作为国内第一大油气田，其在国家能源安全中的意义重大。下古生界碳酸盐岩是鄂尔多斯盆地重要的含油气层系，近年来长庆油田在鄂尔多斯盆地下古生界的勘探取得了令世人瞩目的天然气勘探发现及开发成果，为支撑长庆油田和国家油气事业的发展作出了突出重要贡献。这些成绩的取得也得益于多年来在鄂尔多斯盆地碳酸盐岩领域油气成藏地质方面坚持不懈的研究和探索工作。《鄂尔多斯盆地奥陶系沉积与天然气成藏》即是反映这一领域研究成果的代表性学术专著，以该书作者包洪平为代表的研究团队自"十一五"以来就参加了国家重大专项、中国石油重大专项中鄂尔多斯盆地课题的相关研究工作，长期深耕于鄂尔多斯盆地碳酸盐岩领域的成藏地质研究，并深度参与了该领域的天然气勘探部署及生产实践工作，因而有能力对21世纪以来，鄂尔多斯盆地碳酸盐岩领域天然气勘探过程中新的勘探资料和地质研究成果开展系统的理论分析，并对相关基础地质问题进行较为深入的探讨研究与总结概括。

该书从盆地结晶基底形成及早期沉积盖层发育，介绍了奥陶纪沉积前的构造基础背景，系统分析了奥陶纪的古地理演化，探讨了奥陶系层序旋回、沉积微相、岩石地球化学与白云岩化等沉积学特征，在此基础上分析了奥陶系储层、烃源岩、源储配置等关键成藏控制要素，形成对鄂尔多斯盆地奥陶系天然气成藏的整体性地质认识，因而从总体内容结构看，无论是对于碳酸盐岩领域的沉积学理论研究，还是应用于碳酸盐岩领域的油气勘探实践，都具有重要科学价值和启示意义。

同时，科研与生产的紧密结合是该书的一大突出特点。由于书中大部分地质研究成果均主要来源于盆地碳酸盐岩领域油气勘探实践的一线资料，论理所依据的实际资料翔实；该书作者包洪平教授级高工长期扎实从事鄂尔多斯盆地碳酸盐岩领域的油气地质研究与勘探实践工作，对盆地碳酸盐岩领域的地质问题有诸多独到的见解和认知，如该书在鄂尔多斯地区奥陶纪沉积前及沉积期的构造环境分析、盆地中东部碳酸盐岩—膏盐岩共生体系的沉积作用特征研究、细分小层的大区岩相古地理编图分析等方面的探索性研究工作，均为碳酸盐岩沉积学研究和学科发展提供新的研究思路和发展方向，并为创建中国鄂尔多斯盆地碳酸盐岩油气地质与勘探开发理论系统奠定了重要基础。对于国内外同类盆地中碳酸盐岩的沉积成藏研究和油气勘探开发均具有重要的科学意义和参考价值。

中国科学院院士
西北大学教授

前言 /PREFACE

　　鄂尔多斯盆地是在太古宙—古元古代变质基底之上发育起来的一个多旋回叠合盆地，盆地的今构造面貌在晚白垩世末以来才基本定型。回溯至早古生代奥陶纪，其虽然仍属华北克拉通盆地的一部分，但其时它与华北克拉通的构造及沉积特征已表现出较大的差异性，尤其是盆地中西部中央古隆起的崛起和盆地东部陕北盐洼区大规模膏盐岩沉积层的发育，表明当时其在构造、古地理背景等方面与华北克拉通盆地已开始出现明显的分化，进而导致其在油气成藏地质特征上也表现出与其他碳酸盐岩沉积区截然不同的独特属性。

　　20世纪80年代末期针对鄂尔多斯盆地古生界的天然气勘探，在盆地中部靖边地区的奥陶系顶部古风化壳中发现了碳酸盐岩型古地貌圈闭气藏，随后很快探明并投入开发了当时中国最大的整装海相碳酸盐岩气田——靖边气田。至20世纪末，在靖边地区的奥陶系古风化壳中已探明天然气地质储量2000多亿立方米，并开始向北京、天津等大中城市供气，展示出盆地下古生界碳酸盐岩领域具有良好的天然气成藏潜力与勘探前景。

　　进入21世纪以来，为满足京津冀地区及周边城市日益增长的天然气需求，更好地履行长期稳定供气的社会责任，亟须深化对鄂尔多斯盆地碳酸盐岩领域的天然气成藏地质研究，推动鄂尔多斯盆地碳酸盐岩气藏的规模勘探与开发利用。对鄂尔多斯盆地碳酸盐岩领域的天然气成藏地质研究工作也正是在这一需求的促动下不断得到加强，认识也不断得以深入。尤其是随着四川盆地、塔里木盆地等碳酸盐岩领域的油气勘探取得新的勘探发现后，在国家层面上先后启动了有关碳酸盐岩领域的专项研究（"十一五""十二五""十三五"国家科技重大专项），以期对三大盆地碳酸盐岩领域的油气成藏形成新的系统性、整体性的认识，为未来碳酸盐岩领域的能源勘探战略选区提供理论与技术支持。正是在这一研究平台下，长庆油田也直接参与了这一项目，并承担其中鄂尔多斯盆地碳酸盐岩相关课题的研究工作。通过十余年坚持不懈的研究和探索，不断取得了新的研究成果与成藏地质认识，并及时反馈于勘探生产实践，对鄂尔多斯盆地碳酸盐岩领域的天然气勘探部署决策发挥了重要作用。

　　近年来，鄂尔多斯盆地的天然气勘探在奥陶系也取得了诸多卓著的成果，一是靖边气田周边的奥陶系顶部古风化壳气藏含气范围不断扩大，还在靖边气田西侧发现了中组合白云岩岩性圈闭气藏含气新区带，目前在奥陶系顶部的含气层系累计提交探明＋控制储量约 1 万亿立方米，并开发建成 60 亿立方米／年的天然气生产能力；二是在远离奥陶系顶部风化壳的盐下更深层系发现了天然气成藏的新领域，初步展现出新的万亿立方米级规模的勘探潜力；三是在盆地西缘及南缘的奥陶系台缘相带勘探中也发现较好的含气显示苗头，也有望形成一定规模的勘探场面。这些勘探成果的取得，也得益于碳酸盐岩领域持续不断的沉积学与天然气成藏地质学方面卓有成效的研究成果与认识，该书即是这方面研究成果的系统总结与理论提升。

本书撰写团队自"十一五"以来就参加了国家重大专项、中国石油重大专项中有关鄂尔多斯盆地碳酸盐岩领域课题的相关研究工作，长期深耕于鄂尔多斯盆地碳酸盐岩领域的成藏地质研究，并深度参与了该领域的天然气勘探实践工作，因而有条件对21 世纪以来鄂尔多斯盆地碳酸盐岩领域的天然气勘探过程中新的钻探资料和地质研究成果进行系统的理论分析和相关基础地质问题的探讨。近期中国石油长庆油田公司为推动鄂尔多斯盆地深层战略接替领域的勘探发现，先后设立了"鄂尔多斯盆地碳酸盐岩新领域综合研究与区带分析"（2018—2020 年）、"鄂尔多斯盆地中元古界—奥陶系构造沉积演化、成源机制与勘探新领域"（2021—2023 年）两期有关盆地深层的专项研究项目，联合西北大学、中国地质大学（北京）等相关领域的科研团队共同攻关，使针对盆地深层构造、沉积发育规律及油气成藏地质条件的认识得以进一步深入。此外，本书也是在多年致力于或关注鄂尔多斯盆地碳酸盐岩领域油气勘探的众多科技工作者和地质研究人员的成果智慧基础上集成、总结与升华的结果，没有他们的勘探实践与辛劳付出，也就没有地质认识的不断深化和提高。

本书从盆地结晶基底形成及早期沉积盖层发育，介绍了奥陶纪沉积前的构造背景，系统分析了奥陶纪的古地理演化与沉积特征，并探讨了层序旋回、沉积微相、元素地球化学及白云岩化等地质问题；然后在此基础上分析了奥陶系储层、烃源岩、源—储配置等关键成藏控制要素，形成了对本区奥陶系天然气成藏地质特征的整体认识。无论是对于碳酸盐岩领域的沉积学理论研究，还是应用于碳酸盐岩领域的天然气勘探实践，都具有一定的借鉴和启示意义。

在本书完成过程中，曾得到中国石油集团科学技术研究院、长庆油田勘探开发研究院等诸多领导、同事的帮助；也得益于中国地质大学（北京）、西北大学、成都理工大学、北京大学、中国科学院地质与地球物理研究所、中国石油勘探开发研究院西北分院、杭州分院等相关科研协作单位的教授、专家们的支持和指导；长庆油田分公司勘探开发研究院金文华同志协助完成了大量地质图件的清绘工作，黄建松高级工程师、师平平工程师帮助完成了文稿的审校工作，在此一并表示衷心的感谢。

限于笔者水平，书中难免有认识不到乃至错谬之处，敬请读者批评指正。

目录 /CONTENTS

第一章 基底及早期沉积盖层发育特征

鄂尔多斯盆地是在太古宙—古元古代变质基底之上发育起来的一个多旋回叠合盆地，其沉积盖层发育跨越中新元古代、早古生代、晚古生代及中新生代等不同的地质年代，主要由元古宇长城系、蓟县系及震旦系，下古生界寒武系、奥陶系，上古生界石炭系、二叠系，中生界三叠系、侏罗系、白垩系，新生界古近系、新近系及第四系沉积层构成。青白口系—南华系在盆地本部基本缺失，震旦系仅在盆地西缘及南缘的局部地区有零星分布，整体缺失志留系、泥盆系及下石炭统，沉积岩平均厚度约6000m。盆地沉积盖层的演化按主要构造层系发育特征可划分为中元古代、新元古代、加里东期、海西期、印支期、燕山期和喜马拉雅期七大演化阶段，盆地的现今构造面貌自晚白垩世末期以来才基本定型，直至新生代喜马拉雅期，盆地的整体构造格局才完全定型。

盆地不同构造演化阶段的沉积发育特征，既表现出一定的继承性，又有较大的差异性变化。因而，对盆地基底形成及早期沉积盖层演化的分析，无疑对揭示奥陶纪盆地构造与沉积发育特征及其后续多旋回演化的起因有所裨益。

第一节 基底形成及演化特征

一、基底结构

鄂尔多斯盆地基底主要由新太古界（Ar_3）—古元古界（Pt_1）变质岩系构成（张抗，1989；霍福臣等，1989；汤锡元等，1993）。基底岩石在盆地周缘有广泛的出露（图1-1），如盆地东缘有阜平群（Ar_3）、界河口群（Ar_3）、涑水群（Ar_3）、五台群（Ar_3）、吕梁群（Ar_3—Pt_1）、绛县群（Pt_1）、滹沱群（Pt_1）、岚河群（Pt_1）、中条群（Pt_1）等；北缘有集宁群（Ar_3）、乌拉山群（Ar_3）、阿拉善群（Ar_3—Pt_1）、色尔腾山群（Pt_1）、二道凹群（Pt_1^2）等；西缘则有贺兰山群（Ar_3）、千里山群（Pt_1）、赵池沟群（Pt_1）、海原群（Pt_2）等；南缘有太华群（Ar_3）、铁洞沟群（Pt_1）、秦岭群（Pt_1）、宽坪群（Pt_2）等。

盆地内部仅有少量探井（20余口）钻达变质基底，且分布极不均匀，大部分集中在基底埋藏较浅的伊盟隆起区及盆地东北部地区，因此很难据此对盆地内的基底岩性及分布特征形成全面、系统的认识。

鄂尔多斯地区是华北克拉通的一部分，其基底结构及形成演化与华北克拉通有很大的统一性（钱祥麟等，1999；李江海等，1996；翟明国，2011，2012；Kusky T.M，2011），对其基底形成与演化的认识，前人在华北克拉通早期构造演化的研究中已有多方面的涉及与讨论（汤锡元等，1993；李江海等，2004；张瑞英等，2017；贾进斗等，1997；邸领军，2003；李明等，2012；邓军等，2012；董春艳等，2007；胡健民等，2012；Wan Yusheng 等，

2013）。综合前人对盆地周缘露头的研究，以及近年来不断丰富的盆地内探井基底岩石取心资料的分析，对盆地基底的基本属性特征可得出以下初步认识：

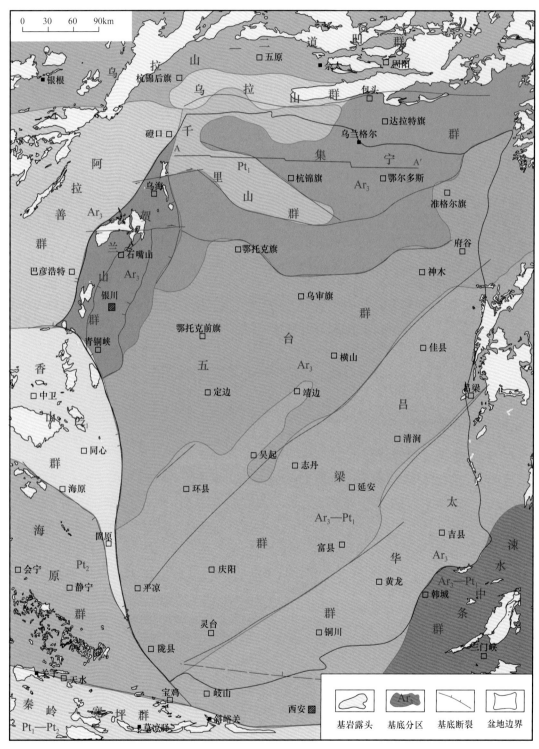

图 1-1　鄂尔多斯盆地基底结构及年代属性分区

图中 A—A' 绿色线段表示图 1-3 的地震剖面位置

1. 年代属性

多数学者认为鄂尔多斯盆地的基底主要形成于太古宙—古元古代，部分基底岩石的同位素年龄数据偏年轻，这是因为基底岩石形成后都经历了复杂变质作用过程的改造，因此所反映的年龄可能主要为最晚期变质事件的年龄。但近期也有学者根据已有的几口探井基底岩石取心的同位素年龄普遍较年轻，都小于2.5Ga，认为鄂尔多斯盆地基底主要形成于古元古代，而对其是否存在太古宙变质基底提出质疑。

笔者认为仅凭少量基底钻井取心的年龄数据就断定鄂尔多斯盆地基底不存在太古宙岩石似乎还为时过早。原因有三：一是钻入基底取心的探井毕竟太少，面上不一定能控制住；二是钻井取心只是基底表层的3～5m或一小段样品（多数不足10m），不一定有很强的代表性，因为基底结构多具有一定的复杂性（如受到不同时期岩浆侵入、构造侵位的影响等）；三是即使是同一口井的同一批次取心，不同研究人员测定的年龄数据往往也具有一定差异，如同样是盆地东北部的胜2井1750～1758m这一段的基底取心，中国地质科学院万渝生等得出的年龄为2.5—2.45Ga（Wan Y S 等，2013），而长庆油田研究院在中科院地质与地球物理研究所得出的年龄则是1.88Ga。因此，仅从目前十分有限的资料对基底年代属性做出非常准确的科学判断，似乎还很不现实。

2. 岩石类型及变质特征

盆地基底岩石组成极为复杂，大多经历了较强的区域变质作用，变质程度一般达到了（高）角闪岩相—麻粒岩相，属变质程度较深的区域变质岩系，主要是各种片岩、片麻岩及变粒岩、石英岩、大理岩及花岗片麻岩等（图1-2）。

从基底岩石成因上讲，既有沉积岩变质的副变质岩，又有火成岩变质的正变质岩，二者常间夹混杂为一体，而缺乏成层有序的原始产状结构，反映其经历了多期复杂构造变形作用的改造。再从变质程度上看，一般达到了（高）角闪岩相—麻粒岩相的变质级别，常见石榴子石、矽线石、透闪石、透辉石等特征变质矿物，局部还可见含石墨的大理岩；另外还可见强烈混合岩化作用，如盆地东北部胜2井基底取心所见的混合岩化花岗片麻岩，可见其中基体与脉体的强烈分异，说明基底岩石最强变质阶段的温压条件已达到可使岩石发生部分熔融的程度。

3. 分区特征

鄂尔多斯盆地本部的基底结构可按构造走向粗略地划分为北部、西北部及中南部三个大区（图1-1）。其中，北部以集宁群、乌拉山群为主，大体呈近东西走向；西北部以贺兰山群为主，大致呈北北东走向；中南部则分别由五台群、吕梁群、太华群构成，都呈北东走向，形成盆地基底结构的主体。

此外，大区内基底岩性在某些局部区域也具有次一级的分区特征。以伊盟隆起所在的北部大区为例，在一条东西向的区域地震大剖面上，可见大体以乌兰格尔西侧东倾逆冲断层为界，西侧大范围内的变质基底常可看到零星的变形层状反射的残余（图1-3），该类反射特征的基底向西可一直延伸至盆地西缘地区，延伸距离达200～300km；而乌兰格尔东侧的基底则主要呈现出以杂乱或空白反射特征，较少见到层状有序的反射特征。这可能在一定程度上反映西侧以沉积变质基底为主、而东侧则以火成岩变质基底为主的基底结构特征。

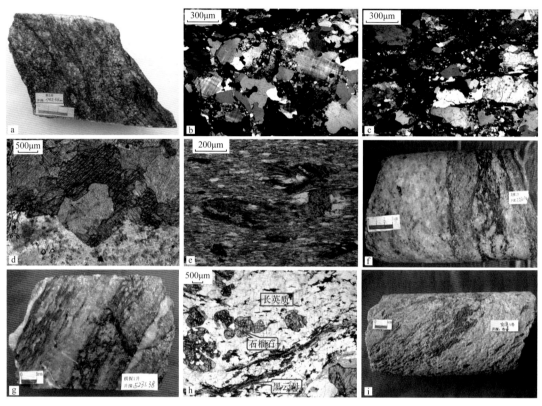

图1-2　鄂尔多斯盆地基底变质岩系岩石结构特征

a.胜2井，1750.58m，太古宇，混合岩化花岗片麻岩；b.胜2井，1750.50m，太古宇，条带状混合岩；c.胜2井，1750.69m，太古宇，条带状混合岩；d.克1井，4070.48m，古元古界，大理岩（单偏光）；e.杭探1井，4211.96m，太古宇，黑云角闪片岩；f.龙探1井，3560.70m，太古宇，混合岩化花岗片麻岩；g.棋探1井，5231.38m，太古宇贺兰山群，花岗片麻岩；h.棋探1井，5230.08m，太古宇贺兰山群，花岗片麻岩；i.庆深1井，4608.67m，太古宇，斜长片麻岩

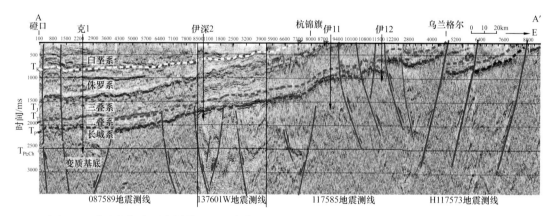

图1-3　盆地北部东西向拼接地震测线偏移时间剖面（剖面位置见图1-1中绿色线段A-A′）

T_K—白垩系底反射（黄色线）；T_J—侏罗系底反射（天蓝色线）；T_T—三叠系底反射（桃红色线）；

T_P—二叠系底反射（蓝色线）；T_{Pt_2Ch}—长城系底反射（绿色线）

4.基底构造走向

从地震、重力及航磁异常综合反映的盆地基底断裂分布特征看（图1-4），鄂尔多斯盆地基底构造的走向总体呈现以北东向为主的分布趋势，尤其是在盆地本部地区，其与盆地现今构造走向以及古生代和中生代各期构造的主体走向均不一致，但与中元古界的主体构造方向有一定的一致性，说明中元古界构造格局与基底构造具有一定的继承性。

同样，磁性异常在盆地本部也总体呈北东向分布，在一定程度上反映出基底结构的北东向格局，高磁性异常体可能主要代表火成岩变质为主的基底属性，因其多富含铁磁性矿物（如磁铁矿等副矿物）；而低磁性的异常区，则可能主要代表了沉积变质的基底部分，因其所含磁性矿物通常很少。

这种沉积变质的基底可能与前人研究的阴山南缘孔兹岩带的岩性基本一致，如盆地西北部克1井所钻遇的古元古界基本岩性组合，主体岩性为大理岩和绢云母石英片岩，主要由碳酸盐岩和粉砂质泥岩变质而来。

二、基底演化特征

1.新太古代微陆块形成（2.8—2.5Ga）

鄂尔多斯地块的基底是华北克拉通形成过程中的早期微陆块之一，因此其基底演化的历史也是华北地块基底克拉通化过程的一部分。据前人研究，全球陆壳大部分形成于中新太古代（3.0—2.5Ga），其中形成在2.9—2.7Ga之间的约占55%，称为陆壳的巨量生长期。华北克拉通陆壳的增生与全球一致，也主要发生在中新太古代。太古宙的陆壳增生一般认为是围绕着古陆核形成微陆块，华北的太古宙微陆块根据不同研究者的划分有5～10个，比较明确的有7个太古宙微陆块。鄂尔多斯地块太古宙主要存在阴山、镇原—佳县和韩城—河津等微陆块，主要由高磁化率的高级变质岩组成；新太古代末期（距今2.5Ga）开始初步克拉通化（刘池阳等，2020），它们在新太古代晚期经历了微陆块拼合的克拉通化过程，形成长英质陆壳（TTG质花岗片麻岩为主）与绿岩带交互分布的构造格局，成为早期的华北新太古代末期稳定大陆；古元古代又在局部活动带发育以裂谷—俯冲—碰撞为主的具板块体制的构造活动。

张成立等（2018）结合基底及盖层继承碎屑锆石U–Pb年龄及Hf同位素统计分析认为：阴山地块存在约2.7Ga的岩石，鄂尔多斯地块基底有约2.7Ga继承锆石记录，证明新太古代存在一期重要的陆壳生长。2.55—2.45Ga的岩浆活动在西部陆块不同地质单元基底岩石中均有记录，出现大量壳源花岗岩和幔源岩浆侵入及麻粒岩相变质作用。

但也有学者认为，鄂尔多斯古陆块及其周缘广泛分布的孔兹岩系（沉积变质的表壳岩系）及其与TTG质—辉长质片麻岩基底杂岩的不整合接触关系，实际上记录了新太古代鄂尔多斯地块已具有沉积盖层—基底杂岩的大陆克拉通"二元结构"的历史。

2.古元古代早期陆块离散（2.5—2.2Ga）与消减造山（2.2—2.0Ga）

2.45—2.3Ga进入相对平静期，该时期缺少岩浆活动和造山运动，这与全球其他典型

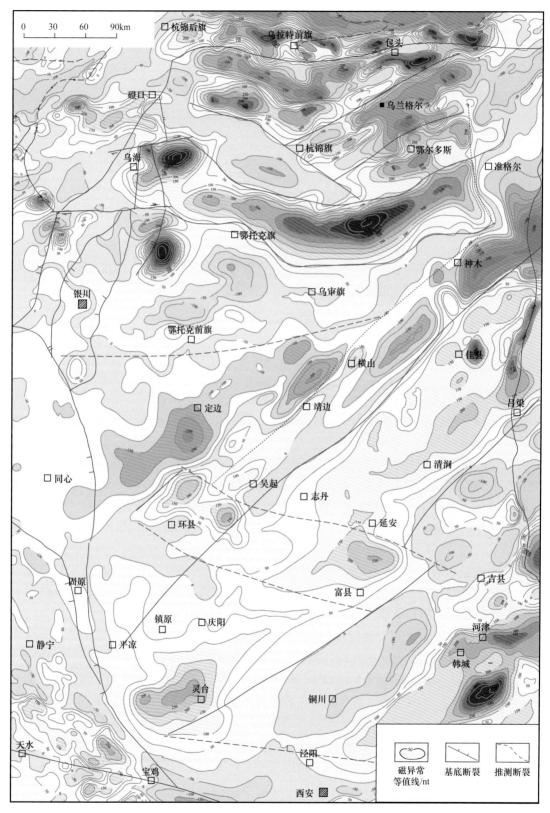

图 1-4　鄂尔多斯盆地航磁异常与基底断裂叠合图

克拉通较为一致（Condie 等，2009）；距今约 2.0Ga 古鄂尔多斯洋向两侧俯冲，伊盟隆起存在大量 2Ga 岩浆锆石（霍 3 井基底岩石；Wan 等，2013）、古鄂尔多斯洋南侧也发育该时期 2Ga 岩体（龙探 1 井基底岩石；胡健民等，2012）。

3. 古元古代晚期东、西陆块拼合（2.0—1.8Ga）

近期又有学者研究提出，鄂尔多斯盆地的基底是华北克拉通的早期三个太古宙微陆块（东部陆块、阴山陆块和鄂尔多斯古陆块）之一，其在距今约 1.95Ga 与阴山陆块拼接为西部陆块（图 1-5），其间以沉积变质的孔兹岩带相衔接。随后在距今约 1.85Ga，西部陆块与东部陆块合二为一，其间又以中部碰撞带相"焊接"，形成统一的华北克拉通基底（赵国春，2015）。

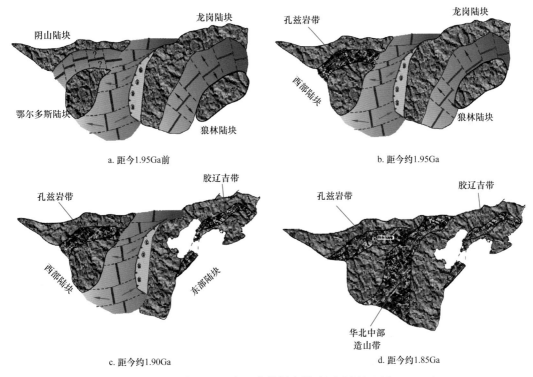

图 1-5　华北克拉通基底古元古代拼合模式图（据赵国春，2015）

鄂尔多斯盆地西北部杭锦旗西的克 1 井所钻遇的基底岩性为千里山群变质长石砂岩与大理岩组合（图 1-2d），具孔兹岩系的基本特征。李江海等（1999）认为孔兹岩系代表的变质沉积盖层是华北大陆新太古代克拉通化最重要的外生标志。

笔者认为从盆地内基底岩石取心分析的同位素年龄普遍偏年轻且较集中地分布在古元古代的趋势看，古元古代末期可能是鄂尔多斯地块与华北地块拼合为一体的关键时期，代表了具有一定强度和规模的构造—热事件，与古元古代微陆块的拼合基本吻合。总体而言，鄂尔多斯盆地的基底是华北克拉通形成过程中的太古宙微陆块之一，古元古代末期可能是其与华北东部陆块拼合为一体的关键时期。

第二节　中新元古代构造演化及沉积盖层发育

一、中新元古代构造演化

中新元古界是鄂尔多斯盆地在新太古界—古元古界结晶基底之上发育的第一套沉积盖层（白海峰等，2020），主要有中元古界长城系、蓟县系及新元古界震旦系，盆地本部缺失青白口系—南华系。震旦系分布极为局限，仅在盆地南缘及西缘接受沉积；蓟县系在盆地西南部分布，范围也相对较小，而长城系在盆地本部范围广泛分布，覆盖了除盆地东部以外的大部分区域。从年代属性而言，形成于中新元古代的长城系、蓟县系及震旦系沉积层可谓是鄂尔多斯盆地最早期的沉积盖层（图1-6）。

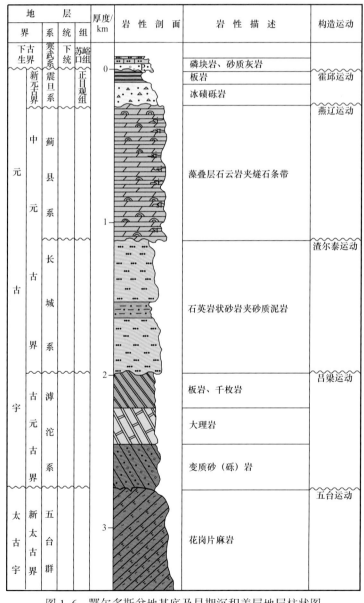

图1-6　鄂尔多斯盆地基底及早期沉积盖层地层柱状图

1. 区域构造背景

吕梁运动后，鄂尔多斯地区已与华北古陆拼合成一个完整的古陆块，这一过程一直持续到1.8—1.7Ga的中元古代初期。长城纪开始，鄂尔多斯地区在区域拉张的背景下（其与世界范围内的Columbia超大陆裂解基本同期）与华北地块一起，开始进入了新一轮的开—合构造旋回，突出表现在燕辽裂谷、熊耳裂谷及贺兰裂谷等大型裂谷盆地的形成（图1-7）。在燕辽裂谷区，长城系厚度达2600m以上（郝石生等，1990）；贺兰裂谷区长城系厚度也在1800m以上（霍福臣等，1989）；而在熊耳裂谷中心区，长城系厚度则超过3000m（王坤等，2018）。其中熊耳裂谷被认为是具有地幔柱性质的裂谷，早期以熊耳群为代表的火山及岩浆侵入活动极为发育，形成较大规模的火山岩分布区（大火山岩省），并以此为基点，标志着（1.80—1.75Ga）古华北陆块裂解的开始（赵太平等，2004，2007；徐勇航等，2008）。

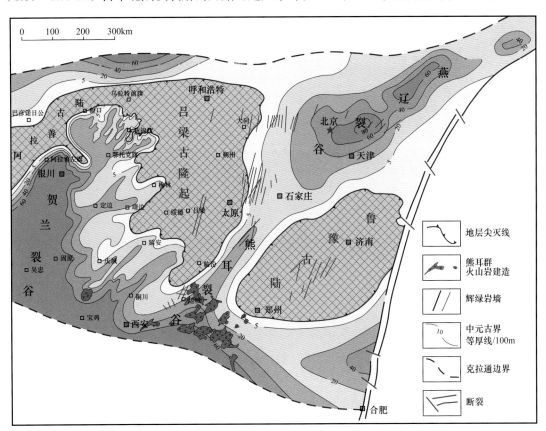

图1-7 鄂尔多斯及华北地区中元古界构造—沉积格局及同期火成岩分布图（大区资料据陆松年等，2010；赵太平等，2004，2007；王铜山，2016；结合本区资料综合编绘）

因此，从总体的构造特征看，鄂尔多斯地块在中新元古代也是处于区域拉伸的伸展构造背景下，裂陷沉积特征较为显著，地层厚度横向变化较大。

2. 构造演化及阶段划分

古元古代末期鄂尔多斯地块形成并与华北克拉通拼合为一体后，又经历了吕梁运动的整体抬升，使遭受了广泛变质作用的结晶基底岩石抬升剥露至近地表附近，随后在伸展性区域构造背景下，发生了较大规模的裂陷作用，形成与基底构造有一定继承性的北东向裂陷槽沉积，从而进入了早期沉积盖层形成的新时期，亦即中新元古代沉积地层发育阶段，按照构造—沉积演化的总体特征可划分为长城纪陆内裂陷、蓟县纪西南部沉降、青白口纪—南华纪整体隆升和震旦纪边缘坳陷四个主要演化阶段（图1-8、表1-1）。

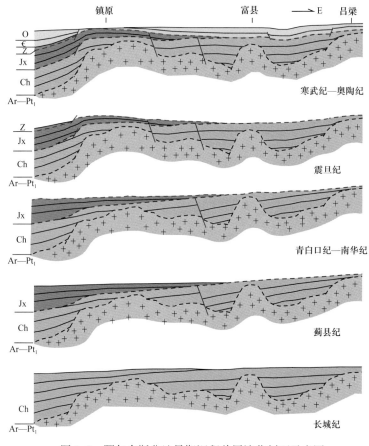

图1-8 鄂尔多斯盆地早期沉积盖层演化剖面示意图

表1-1 鄂尔多斯盆地中新元古代构造—沉积演化阶段

地质年代	地质事件	沉积特征	构造运动 /Ma
震旦纪	边缘坳陷	冰碛砾岩沉积为主，分布较局限	霍邱运动（540） 澄江运动（680）
南华纪	整体隆升	整体隆升，缺失相应沉积层	晋宁运动（800）
青白口纪			
蓟县纪	西南部沉降	海相碳酸盐岩沉积建造为主，构造环境相对稳定	燕辽运动（1400） 渣尔泰运动（1600）
长城纪	陆内裂陷	裂谷充填为主的海相陆源碎屑建造，形成最早期沉积盖层	吕梁运动（1800）
新太古代—古元古代	陆块拼贴、固化增生，并发生强烈区域变质作用，形成与华北地块统一的变质结晶基底		

二、最早期的沉积盖层发育特征

中新元古界作为鄂尔多斯盆地的第一套沉积盖层（白海峰等，2020），其沉积范围并非全盆地覆盖，尤其是在盆地东部及北部的大部分地区缺失。在盆地南缘、北缘、西缘以及盆地内部，其沉积特征差异也较明显（林畅松等，1995；李海锋等，2011）。长城系在盆地南部沉积高山河群，中条山地区沉积汝阳群，贺兰山地区沉积黄旗口群，各地区地层完整性较差，沉积环境的区域性特点较强，同华北地区蓟县系的标准剖面存在差异（表1-2）。就鄂尔多斯盆地本部而言，主体缺失青白口纪—南华纪沉积，而长城系也缺失相当于华北地区长城系大红峪组的沉积，因而导致鄂尔多斯地区长城系与蓟县系呈显著的不整合接触，蓟县系也缺失相当于华北蓟县系洪水庄组和铁岭组的沉积。在鄂尔多斯乃至华北地区，长城系主体以滨海碎屑岩沉积为主，岩性主要为厚层的石英砂岩；蓟县系则以陆表海碳酸盐岩台地相含硅质的藻云岩为主；震旦系则仅在盆地南缘及西缘有小规模的分布，主体以冰期沉积的冰碛砾岩为主。

表1-2　鄂尔多斯盆地及邻区中新元古界地层划分与对比表

地层		底界年龄/Ma	鄂尔多斯盆地本部			盆地西缘	盆地南缘	盆地东缘	盆地北缘	
界	系		西缘冲断带	天环坳陷渭北隆起	伊陕斜坡、伊盟隆起西部	贺兰山	商洛	中条山	渣尔泰山	燕山地区
下古生界	寒武系	543	苏峪口组	苏峪口组	毛庄组	辛集组	辛集组	辛集组	都拉哈拉岩组	府君山组
新元古界	震旦系	680	罗圈组			正目观组	罗圈组	罗圈组		
	南华系	800								
	青白口系	1000								景儿峪组 / 长龙山组
	待建系									下马岭组
中元古界	蓟县系	1400	蓟县系	蓟县系	蓟县系	王全口群	洛南群（冯家湾组 / 杜关组 / 巡检司组 / 龙家园组）	什那干群		铁岭组 / 洪水庄组 / 雾迷山组 / 杨庄组 / 高于庄组
中元古界	长城系	1800	长城系	长城系	长城系	黄旗口群	高山河群（熊耳群）	汝阳群（洛峪口组 / 崔庄组 / 北大尖组 / 白草坪组 / 云梦山组）	渣尔泰山群（刘鸿湾组 / 阿古鲁沟组 / 增降昌组 / 书记沟组）	大红峪组 / 团山子组 / 串岭沟组 / 常州沟组
古元古界							秦岭群	中条群		

需要说明的是国际地层表中中元古界的下限是1600Ma，这可能会将长城系肢解在中元古代和古元古代两个大的地质年代中，与中国大陆元古宙地质演化历史的阶段性明显不符，因此，本书仍沿用《中国区域年代地层（地质年代）表说明书》（全国地层委员会，2002）中的中元古界底界1800Ma的年代地层方案，将长城系整体划归为中元古代。因为在华北地区，中元古代是一个承上启下的地质年代（陆松年等，2010），在大华北地区的演化历史既有别于古元古界的基底变质岩层系，又不同于新元古界整体隆升、大规模缺失沉积地层的构造演化特征（包洪平等，2019），而长城系沉积层则刚好代表了全球Columbia超大陆裂解、形成新一轮沉积层的发端，并与蓟县系具有较好的延续性，在这方面，鄂尔多斯盆地与华北大区有着较高的一致性。

因此，长城系和蓟县系是早期沉积盖层的主体，在鄂尔多斯地块分布相对较为广泛；新元古代的青白口系与南华系在鄂尔多斯盆地本部缺失，仅在盆地西缘的走廊过渡带地区局部有零星分布；震旦系在盆地西缘及南缘均有分布，但总体沉积规模及厚度不大。

1. 长城纪

长城系主体以滨海碎屑岩沉积为主（图1-9、图1-10a—c），厚度多在千余米，向盆地西缘深坳陷区有明显加厚趋势，沉积厚度局部可达2000~3000m。按岩性特征并结合沉积环境分析，可分为扇三角洲、滨岸浅滩、滨浅海和半深海—海湾四个主要沉积相区（图1-9）。

2. 蓟县纪

蓟县系与长城系并非连续沉积，期间存在明显的区域性不整合，沉积特征与长城系截然不同，为一套以海相碳酸盐岩为主的地层，岩性主要为硅质条带藻云岩，可见明显的藻叠层构造（图1-10d—f），海水整体富镁，且以浅水沉积为主。

在区域地层分布特征上，蓟县系主要发育在盆地西南部，地层厚度可达1000m以上，尤其在盆地南缘厚度可达1600m，整体呈向西部及南部持续增厚的趋势（图1-11）。总体反映出蓟县纪构造趋于稳定，西南部整体稳定沉降，海水由西南边部向鄂尔多斯地区本部侵入的沉积背景。

鄂尔多斯地区的蓟县纪相对长城纪而言，构造—沉积格局变化不大，但沉积范围向西南收缩，东部及北部地区的古陆范围进一步扩大。蓟县系整体由一套以碳酸盐岩台地相为主体的硅质条带云岩、藻云岩组成，岩性整体变化不大，可划分为两个大的沉积相区：东北部靠近剥蚀古陆区为滨岸浅滩沉积区，主要发育一套基性火山岩—细粒碎屑岩夹碳酸盐岩的沉积组合，总体沉积厚度不大，多在200~300m之间，以庆深1井钻遇地层较全而最具代表性；远离剥蚀古陆区为浅滩台地沉积区，沉积厚度也较大，多在1000m以上，主要为一套以硅质条带云岩、藻叠层云岩，盆地内探井以庆深2井、镇探1井最为典型，盆地周缘露头区则以西缘同心县青龙山剖面、渭北岐山剖面为代表，层位上相当于北秦岭地区的龙家园组和巡检司组，并与华北地区的蓟县系雾迷山组具有较好的可对比性。该区蓟县系在地层岩性组合上明显属于稳定型沉积组合，整体反映在蓟县系沉积期，区域构造环境已基本趋于稳定，没有发生大的开阔聚敛及褶皱造山等较为剧烈的构造运动。

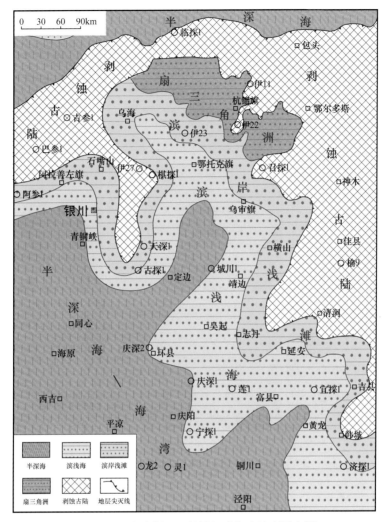

图 1-9 鄂尔多斯地区长城纪岩相古地理展布图

3. 青白口纪—南华纪

青白口系—南华系即相当于过去所说的青白口系，鄂尔多斯地区在这一时期整体为抬升的剥蚀古陆，盆地的主体区不发育这一年代地层。仅在属于祁连地层区的盆地西侧海原西华山及盆地南缘的北秦岭地区见到这一时期的地层，称为西华山群（北秦岭地区称之为石北沟组），平行不整合于蓟县系之上，主要为一套陆源碎屑岩夹碳酸盐岩及中基性火山岩的浅变质地层。

4. 震旦纪

震旦纪基本继承了青白口纪—南华纪的沉积格局，在鄂尔多斯盆地本部地区仍处于整体抬升的状态，基本未见震旦系沉积层。仅在盆地西缘的贺兰山地区及南缘的秦岭地区有较为广泛的分布（图 1-12），在西缘贺兰山区称为正目观组，在南缘的北秦岭洛南地区则称为罗圈组。大体可分为两个沉积相区：靠近剥蚀古陆区为山麓冰川沉积区，主要为一套

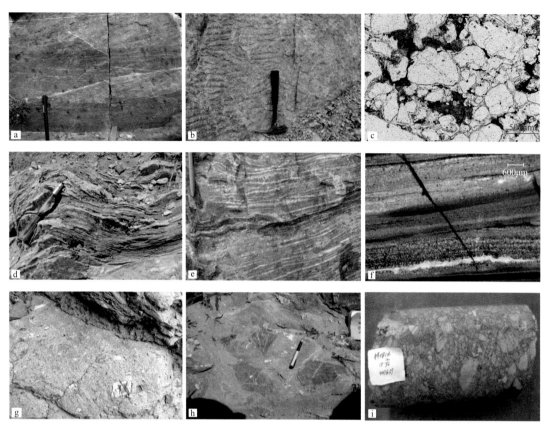

图 1-10　鄂尔多斯盆地中新元古界岩性特征

a. 贺兰山拜寺口，长城系黄旗口群，褐红色石英砂岩，具浪成双向交错层理；b. 华亭马峡，长城系，典型的浪成波痕，波峰较尖锐，波谷圆滑宽缓；c. 克 1 井，4044.12m，长城系，岩屑砂岩，具残余粒间孔；d. 青龙山，蓟县系，藻叠层石云岩；e. 岐山，蓟县系，硅质条带藻云岩；f. 镇探 1 井，4501.73m，蓟县系，硅质条带藻云岩；g. 贺兰山苏峪口，震旦系，冰碛杂砾岩；h. 震旦系，固原马家渠，角砾岩；i. 镇探 1 井，4476.39m，震旦系，硅质角砾岩

冰碛砾岩沉积层，砾石成分混杂，大小不一，分选磨圆较差，次棱角状磨圆（图 1-10g—i）；远离剥蚀古陆西南部地区则为冰缘浅海相沉积区，主要为一套褐红—灰褐色砂质板岩夹细粒石英砂岩沉积，多具水平微波状层理，有时含砾石，可见冰坠石构造，主体为气候逐渐转暖条件下的潮下低能或浅海环境的沉积产物。

　　震旦纪从整体的构造格局看，总体表现出鄂尔多斯主体随大华北地块整体构造隆升，而西南边缘则发生局部坳陷的区域构造背景。边缘的坳陷可能代表了块体边缘基底构造的再次活化，也是早古生代鄂尔多斯西缘及南缘边缘海槽逐步开始发育的前奏，因西缘及南缘地区下古生界寒武系及奥陶系也明显地厚于盆地本部地区。

　　蓟县系沉积后，青白口纪—震旦纪早期，鄂尔多斯地区长期处于隆升状态，使盆地本部成为大范围的剥蚀古陆区，直到震旦纪较晚期，鄂尔多斯西缘及南缘又重新开始沉降，在盆地西南缘形成边缘坳陷带，海水由南而北、由西而东入侵。震旦纪海侵范围较蓟县纪小，无论西缘的正目观组，还是南缘的罗圈组，均沉积了一套冰碛砾岩，厚度大约为百米，自盆地本部向西、向南明显增厚。

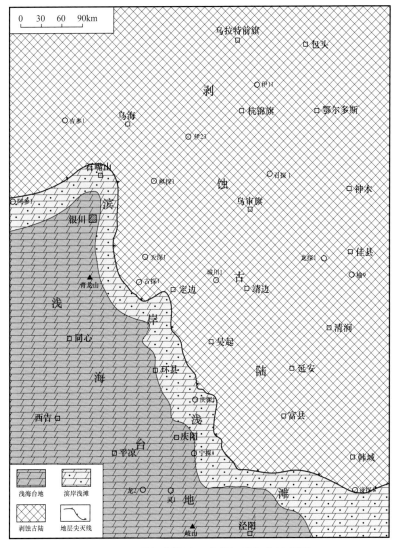

图 1-11　鄂尔多斯地区蓟县纪岩相古地理图

三、中新元古代构造—沉积演化的整体特征

1. 越是早期的沉积受基底构造控制就越明显

早期盖层是直接覆盖在盆地变质基底之上的沉积层系，其沉积特征必然受到基底构造的控制，且越早期沉积受基底构造的控制作用越明显。

对于长城纪沉积而言，其总体构造—沉积格局与基底构造保持了较高的一致性。在位于阿拉善地块与华北地块基底拼合部位的鄂尔多斯西缘地区，其构造活动性必然强于其他地区，因而在长城纪沉积中该区沉积地层厚度最大，反映其同沉积期的构造沉降幅度也最大。此外，长城系向盆地内部延伸的次级裂陷槽（图 1-9）与反映基底基本构造轮廓的航磁异常（图 1-4）走向基本一致，反映出长城纪北东向展布的次级拉张槽的开裂拉张也可能是基底内部次级构造再次活化的结果。

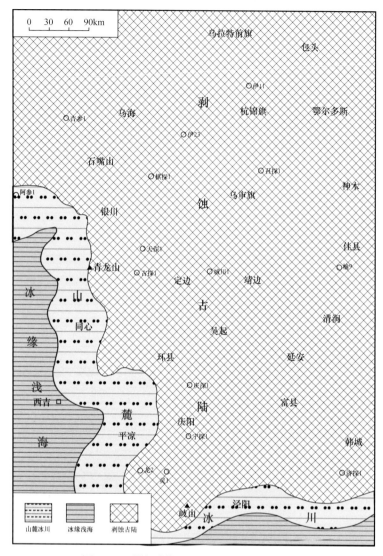

图 1-12　鄂尔多斯地区震旦纪岩相古地理图

再如震旦纪的边缘坳陷沉积，也是基底地块在边缘拼合区域构造活动性的反映，是对基底地块边部构造活化的契合。

2.沉积环境总体以海相为主、晚期局部具陆相特征

纵观早期沉积盖层演化，在长城纪、蓟县纪及震旦纪三个主要沉积阶段中，沉积环境总体都以海相为主。尤其中元古代长城纪、蓟县纪均为海相沉积环境，其中长城纪以陆源碎屑的海相沉积环境为主，蓟县纪则进入内源的海相碳酸盐岩沉积环境，这反映了海洋中 Ca、Mg 离子等溶解矿物质的增加，更有利于内源碳酸盐矿物的化学及生物化学沉积作用的进行；另外也反映了区域构造活动性的渐趋稳定，导致陆源碎屑物的供给程度大幅减弱；青白口纪—南华纪则由于整体构造抬升，缺失相应的沉积地层，虽然其整体抬升为陆，但却缺失陆相沉积地层；至新元古代末期的震旦纪，鄂尔多斯本部基本继承了青白口纪—南华纪的构造面貌，而仅在西缘及南缘有一定范围的坳陷沉积，沉积厚度均不大，多

在30～50m，最厚仅百余米，其沉积环境整体以山麓冰川或冰缘浅海沉积的冰碛岩为特征（图1-12），尤其西缘震旦系正目观组以陆地冰川为主，而南缘秦岭商洛地区的震旦系罗圈组则主要形成于靠近陆地冰盖的冰缘浅海沉积环境。

因此，从整体的沉积环境演化特征看，鄂尔多斯地区早期沉积盖层的形成，除震旦纪可能存在局部的陆相沉积环境外，总体以海相沉积环境为主。各大沉积期之间存在的区域性角度不整合，以及青白口纪—南华纪长期处于隆升剥蚀的状态，说明当时的构造演化可能以整体隆升和沉降为主，缺乏横向的构造分异，也反映出当时可能并不具备以水平运动为主体的现代体制下的板块运动机制。

3.西南边缘一直是最活跃的构造沉降区

由前述中新元古代的沉积地层发育特征看，长城纪盆地西缘及南缘沉积地层厚度最大，是当时鄂尔多斯地块边缘拉张裂陷幅度最大的区域；至蓟县纪，在西缘及南缘地区沉积地层厚度最大，也说明这时西南缘构造沉降的幅度最大；在经历了蓟县纪末期—震旦纪早期的整体构造隆升后，到中晚震旦世开始沉降接受沉积时，也还是只有西缘及南缘才发育局部坳陷沉积。

因此，从以上沉积地层发育的总体特征看，盆地西南缘地区一直是中新元古代最为活跃的构造沉降区，这可能主要与其处在鄂尔多斯与阿拉善地块、古秦岭地块的边缘接触带有关，导致其早期盖层的发育对其基底构造具有很大的继承性。这一继承性特征甚至延续到了早古生代的沉积地层发育过程中。如鄂尔多斯盆地奥陶系厚度在盆地西缘及南缘可达2000m以上，而盆地本部地区则多在500～800m。这从另一个角度也说明基底的原始结构与构造特征，在沉积盖层发育的不同构造阶段都可能会有所表现。

第三节　寒武纪构造—沉积演化特征

一、早古生代区域构造背景

1.整体构造运动与华北地块基本同步

鄂尔多斯地区在早古生代（加里东构造旋回期）仍是华北克拉通的一部分，二者下古生界都只发育寒武系—奥陶系，缺失志留系—泥盆系—下石炭统，其总体构造运动均以整体抬升与沉降为主，水平挤压与褶皱坳陷特征并不显著，整体反映出稳定克拉通地块的构造—沉积演化特征。

但由于其总体处于华北克拉通的西、南边缘部位，因而也导致其构造活动性相对克拉通的主体部位表现出明显的"边缘化"特征。

早古生代沉积期主要处于活动大陆边缘构造环境，仅发育有寒武系与奥陶系，晚奥陶世以后则呈整体隆升的构造格局，一直持续到晚石炭世本溪组沉积期才开始接受晚古生代的沉积作用，这与华北陆块的整体构造—沉积作用基本同步（图1-13）。

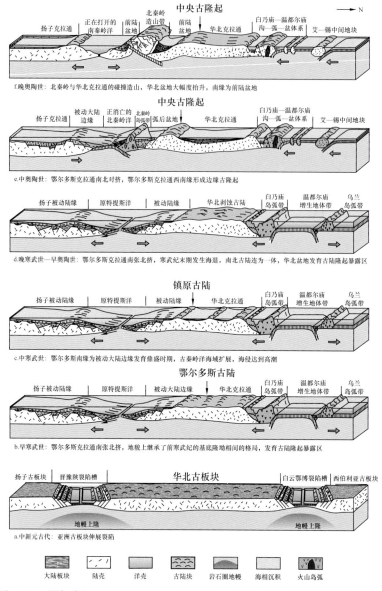

中央古隆起

扬子克拉通　正在打开的　前陆　北秦岭　前陆　华北克拉通　白乃庙—温都尔庙　艾—锡中间地块
　　　　　南秦岭洋　盆地　造山带　盆地　　　　　　沟—弧—盆体系

f.晚奥陶世：北秦岭与华北克拉通的碰撞造山，华北盆地大幅度抬升，南缘为前陆盆地

中央古隆起

扬子克拉通　正在消亡的　北秦岭　华北克拉通　白乃庙—温都尔庙　艾—锡中间地块
被动大陆　北秦岭洋　岛弧带弧后盆地　　　　沟—弧—盆体系
边缘

e.中奥陶世：鄂尔多斯克拉通南北对挤，鄂尔多斯克拉通西南缘形成边缘古隆起

扬子被动陆缘　原特提斯洋　被动陆缘　华北剥蚀古陆　白乃庙　温都尔庙　乌兰
　　　　　　　　　　　　　　　　　岛弧带　增生地体带　岛弧带

d.晚寒武世—早奥陶世：鄂尔多斯克拉通南张北挤，寒武纪末期发生海退，南北古陆连为一体，华北盆地发育古陆隆起暴露区

镇原古陆

扬子被动陆缘　原特提斯洋　被动陆缘　华北克拉通　白乃庙　温都尔庙　乌兰
　　　　　　　　　　　　　　　　　岛弧带　增生地体带　岛弧带

c.中寒武世：鄂尔多斯南缘为被动大陆边缘发育鼎盛时期，古秦岭洋海域扩展，海侵达到高潮

鄂尔多斯古陆

扬子被动陆缘　原特提斯洋　被动大陆边缘　华北克拉通　白乃庙　温都尔庙　乌兰
　　　　　　　　　　　　　　　　　　岛弧带　增生地体带　岛弧带

b.早寒武世：鄂尔多斯克拉通南张北挤，地貌上继承了前寒武纪的基底隆坳相间的格局，发育古陆隆起暴露区

扬子古板块　晋豫陕裂陷槽　　华北古板块　　白云鄂博裂陷槽　西伯利亚古板块

地幔上隆　　　　　　　　　　　　地幔上隆

a.中新元古代：亚洲古板块伸展裂陷

大陆板块　陆壳　洋壳　古陆块　岩石圈地幔　海相沉积　火山岛弧

图 1-13　鄂尔多斯及周缘地区早古生代板块构造模式图（据陈洪德等，2011）

2. 南北受制于古亚洲洋与原特提斯洋的演化

从更宏观的大地构造背景看，鄂尔多斯地块早古生代是古华北克拉通板块的一部分，古华北克拉通板块的区域构造主要受制于古亚洲洋与原特提斯洋的演化（图 1-14）。在经历了新元古代挤压会聚后，寒武纪—奥陶纪—志留纪又进入了新的伸展—会聚旋回。古华北陆块为东、西洋盆板块围限下的克拉通地块，西为古亚洲洋板块，东为原特提斯洋的分支——古秦岭洋板块。

寒武纪—早奥陶世鄂尔多斯地块为不对称的双被动大陆边缘：北部古亚洲洋形成于1.35Ga 以来，寒武纪—早奥陶世在鄂尔多斯地块北缘形成成熟的被动大陆边缘；南部的寒武纪商丹洋向北俯冲在北秦岭陆块之下，并形成了位于华北克拉通与北秦岭洋之间的二郎坪弧后盆地，一直到奥陶纪—志留纪商丹洋持续俯冲并最终关闭，并导致二郎坪弧后盆地的消亡。

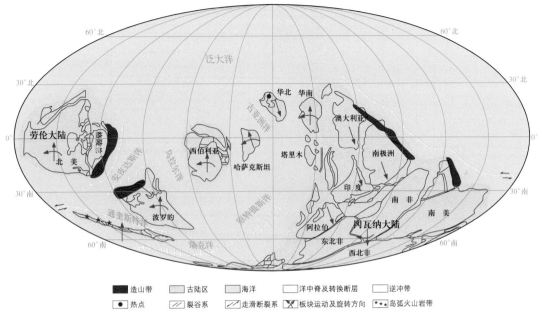

图 1-14　早古生代奥陶纪（470Ma）古亚洲洋板块构造示意图（据李江海等，2014）

3. 西侧与祁连洋及贺兰海槽的开合运动相关

在鄂尔多斯地块西南侧的祁连构造带，中寒武世中晚期由于陆内裂谷作用形成了北祁连洋，到晚寒武世洋盆转化成残留海盆。早奥陶世北祁连地区再次拉张，到中奥陶世形成具沟—弧—盆体系的成熟大洋。晚奥陶世洋盆转化成残留海盆，并于晚奥陶世末期碰撞成山（Zuza 等，2018）；西北部则因贺兰裂陷槽的非对称性开启，使鄂尔多斯地块西缘在寒武纪—早奥陶世形成阶梯状正断层组合控制的隆—坳展布格局。

二、下古生界沉积地层发育特征

1. 下古生界地层发育

鄂尔多斯地区下古生界与元古宇并非连续沉积，而是呈一区域性不整合，大体从西向东依次与震旦系、蓟县系、长城系及古元古界—太古界变质岩系等不同年代地层直接接触，反映早古生代沉积前，鄂尔多斯地区曾经历了较强的构造变动及抬升剥蚀，因此早古生代沉积可以看作是对鄂尔多斯地块在经历了长期复杂的沉积、构造变革后的一轮全新的沉积披覆，对中新元古代沉积格局并没有太大的继承性。

鄂尔多斯地区下古生界仅发育寒武系和奥陶系，而缺失志留系、上古生界的泥盆系和下石炭统，与上覆的上古生界上石炭统呈平行不整合接触（图 1-15）。其下古生界乃至上古生界的地层发育特征与华北地块基本保持了一致性的特征。

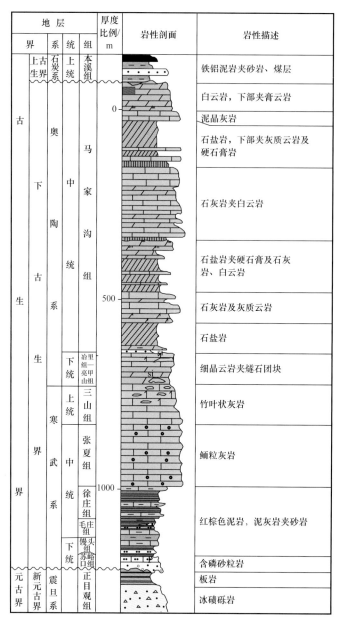

地　层				厚度比例/m	岩性剖面	岩性描述
界	系	统	组			
上古生界	石炭系	上统	本溪组	0		铁铝泥岩夹砂岩、煤层
下古生界	奥陶系	中下统	马家沟组	500		白云岩，下部夹膏云岩
						泥晶灰岩
						石盐岩，下部夹灰质云岩及硬石膏岩
						石灰岩夹白云岩
						石盐岩夹硬石膏及石灰岩、白云岩
						石灰岩及灰质云岩
						石盐岩
		下统	冶里组—亮甲山组			细晶云岩夹燧石团块
	寒武系	上统	三山组			竹叶状灰岩
		中统	张夏组	1000		鲕粒灰岩
			徐庄组			红棕色泥岩，泥灰岩夹砂岩
			毛庄组			
		下统	馒头组 苏峪口组 正目观组			含磷砂粒岩
元古界	震旦系	新元古界				板岩
						冰碛砾岩

图 1-15　鄂尔多斯地区下古生界地层柱状简图

2. 早古生代沉积背景

早古生代鄂尔多斯地区基本连续地发育区域性海相沉积，主要经历了寒武纪陆表海台地、奥陶纪局限海台地（台内分异明显）两个主要演化阶段。晚奥陶世以后鄂尔多斯地区连同华北地台整体抬升，大部分地区缺失晚奥陶世—志留纪的沉积，乃至晚古生代早期的泥盆纪—早石炭世的沉积，直至晚石炭世才整体下沉又开始接受新一轮的沉积披覆。

1）寒武纪——陆表海台地阶段

早寒武世苏峪口组沉积期，即相当于扬子地块的早寒武世沧浪铺组沉积期（全国地层委员会，2002；刘德正，2002），鄂尔多斯地块又开始整体下沉，接受海相沉积，尤其是寒武纪的整体沉积面貌与华北地台更趋一致（杨华等，2010）。早寒武世沉积范围基本继承了新元古代末期的特征，盆地内部整体缺失下寒武统，仅在盆地西缘和南缘发育苏峪口组及馒头组，岩性主要为滨浅海相陆源碎屑岩夹白云岩。中寒武世毛庄组沉积期、徐庄组沉积期及张夏组沉积期海侵进一步扩大，尤其张夏组沉积期是盆地早古生代海侵最大的时期（冯增昭等，1991，1998），沉积范围基本覆盖除伊盟隆起及庆阳隆起（中央古隆起核部）以外的全盆地，岩性主要为一套碳酸盐岩台地浅滩相的鲕粒云岩或鲕粒灰岩，沉积特征在整个华北地区基本一致，反映了中寒武世沉积环境的稳定性，具有"陆表海"碳酸盐岩台地的沉积特征。地层厚度在盆地内部一般为100～200m，在西缘和南缘则可达400～600m。晚寒武世（崮山组沉积期—长山组沉积期—凤山组沉积期）沉积范围与中寒武世相近，但由于中央古隆起对沉积的影响加大，在古隆起区的缺失范围略有扩大。主要岩性为潮坪相竹叶状云岩，上寒武统厚度一般在30～100m。寒武纪末期又有一次短暂的构造抬升（怀远运动），使局部地区寒武系受到一定程度的剥蚀。

因此，寒武系在鄂尔多斯地区最重要的特征就是沉积环境的相对稳定性，没有明显的相带分异，仅沉积厚度在盆地西缘及南缘有一定的增厚趋势，但其基本的岩性及其组合特征在鄂尔多斯地区乃至整个华北地区都表现出极高的一致性。

2）奥陶纪——局限海台地阶段（台内分异明显）

由于寒武纪末期怀远运动的构造抬升，使得奥陶纪早期的沉积作用在鄂尔多斯地区具有"边缘化"的分布特征，即早奥陶世的冶里组—亮甲山组沉积也仅在盆地的西缘、南缘及东南缘的局部地区有一定的分布，其岩性主要为含硅质云岩及云质灰岩；盆地本部则基本缺失冶里组—亮甲山组沉积。

中奥陶世马家沟组沉积期，鄂尔多斯地区的沉积特征与华北地区的差异更加明显，突显出鄂尔多斯从华北地台逐渐分化的演化特征。主要表现在华北地区马家沟组主要为广海相的石灰岩沉积，而鄂尔多斯地区则除了发育广海相石灰岩及白云岩外，还发育有局限海蒸发环境的膏盐岩沉积，形成碳酸盐岩与膏盐岩交互的沉积地层结构（图1-15）。奥陶系厚度一般为300～500m，最厚达891m。中奥陶世末期（克里摩里组沉积期），构造及沉积环境的分异进一步加大，开始进入了较强烈的构造转换期，突出表现在两个方面：一是沉积特征的差异性明显加强，从克里摩里组沉积期开始，地层岩性由原来以白云岩、膏盐岩为主，快速转化为以石灰岩为主，且岩性的横向相变也明显增强，表现出较明显的由台地—台地边缘—广海陆棚的相带分异特征；二是构造活动性进一步加剧，从中奥陶世末期—晚奥陶世，盆地西南部与盆地内部表现出对偶性的地层发育特征，盆地内部从中奥陶世末期开始逐渐抬升为陆，缺失晚奥陶世沉积，而盆地西部、南部则加速下沉，发育巨厚的晚奥陶世平凉组—背锅山组沉积层，厚度逾1000m，最厚达2000m以上。而且随着快速的沉降，局部发育深海相放射虫硅质岩，地层中凝灰岩夹层也明显增多，都反映出构造活动性增强、岩浆及火山作用加剧的特征（杨华等，2010）。

奥陶纪在鄂尔多斯地区最突出的特征是沉积相带的分异和晚奥陶世构造的差异性演化，这既表现在鄂尔多斯地区独立于大华北地块沉积个性的分化，也表现在鄂尔多斯西缘及南缘显著不同于盆地本部的构造及沉积的差异性演化方面。这可能与晚寒武世以后鄂尔多斯地区"中央古隆起"的形成与演化有直接的关系，有关内容将在第二章中论述。

三、寒武纪沉积演化

1. 地层发育

在经历了蓟县纪—震旦纪或青白口纪—震旦纪（900—500Ma）的隆升剥蚀作用后，从早寒武世晚期开始，鄂尔多斯地区又开始整体沉降，接受早古生代的海相沉积作用。

相较于扬子地块的寒武系而言，鄂尔多斯乃至整个华北地块都缺失早寒武世早期的沉积层，缺失与四川盆地类似的早寒武世早期梅树村组—筇竹寺组的烃源岩层段，导致中新元古界与下古生界之间存在巨大的沉积间断，因而鄂尔多斯盆地的大部分地区中新元古界与下古生界之间多以削截不整合及超覆接触为主。而扬子地块的新元古界与寒武系则基本为连续沉积（表1-3、图1-16）。

表 1-3　鄂尔多斯盆地与四川盆地寒武系地层对比表

系	统	四川盆地		鄂尔多斯盆地			
				西部及南缘		盆地本部	
		组	岩性	组	岩性	组	岩性
寒武系	上统	洗象池组	白云岩，泥质云岩为主，夹角砾状云岩、砂页岩及燧石结核、条带	三山组	泥灰岩、白云岩	凤山组	灰质云岩、生屑云岩
						长山组	
						固山组	
	中统			张夏组	鲕粒灰岩、泥灰岩	张夏组	鲕粒云岩、鲕粒灰岩、泥灰岩
				徐庄组	泥灰岩、颗粒灰岩	徐庄组	泥质云岩、泥灰岩
		陡坡寺组	粉砂岩、云质灰岩、生物碎屑云岩	毛庄组	鲕粒云岩、砂质云岩、灰质云岩	毛庄组	鲕粒灰岩、泥灰岩
	下统	龙王庙组	泥质云岩夹少量砂岩	五道淌组（馒头组）	鲕粒云岩、砂质云岩、灰质云岩		
		沧浪铺组	泥页岩、砂岩，泥质条带灰岩及生物碎屑灰岩	苏峪口组（辛集组）	云质砂岩、生物碎屑灰岩		
		筇竹寺组	黑灰色碳质、粉砂质泥页岩				
		梅树村组（麦地坪组）	硅磷条带云岩、碎屑岩				

鄂尔多斯地区寒武纪发育最早的地层是早寒武世末期的苏峪口组—五道淌组（辛集组—馒头组），相当于扬子地区的沧浪铺组—龙王庙组，但分布范围有限，仅局限于盆地西部及南缘地区。盆地本部寒武系则主要发育毛庄组以上地层，西缘及南缘发育下寒武统辛集组—朱砂洞组、馒头组等，向盆地本部则快速超覆尖灭。

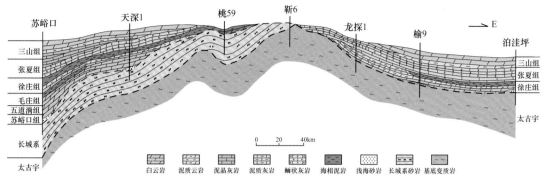

图 1-16 鄂尔多斯地区寒武纪地层发育模式图（东西向）

2. 沉积演化

1）初始边缘海侵阶段：辛集组沉积期—朱砂洞组沉积期（苏峪口组沉积期）

早寒武世晚期的辛集组沉积期—朱砂洞组沉积期（苏峪口组沉积期），主要为一套滨海相含磷建造，仅发育在鄂尔多斯西缘及南缘的地块边缘地区（图 1-17a）。下部是砾状磷块岩，砂质、钙质磷块岩及含磷砂岩；中上部为钙质长石粉砂岩，灰色、灰黄色钙质云岩，含腕足类、腹足类等底栖生物化石及三叶虫碎屑，地层厚度不大，一般在 20～50m 之间，整体反映了海侵初期陆架边缘上滨岸浅海的沉积特征。从砾岩的分布规模不是太大，以及沉积厚度也相对较小等特征分析，表明当时的地形高差起伏不大，整体上已呈较为趋近于准平原化的地形地貌特征；另外，总体缺乏较深水沉积，也说明当时的构造格局较为稳定，不存在强烈的差异升降性质的构造运动，主体仍表现出寒武纪区域性的"陆表海"构造—沉积背景。

2）振荡性海侵阶段：馒头组沉积期—毛庄组沉积期—徐庄组沉积期

早寒武世末的馒头组沉积期—中寒武世毛庄组沉积期及徐庄组沉积期，海侵范围进一步扩大，使得除了鄂尔多斯西南边缘外的南部及东部的大部分地区也开始接受较大规模的沉积作用，并显示出一定的振荡性海侵特征，主要发育陆源碎屑与碳酸盐岩交互的浅水混合沉积建造，且随着海侵的加剧，陆源碎屑沉积渐趋减弱，而碳酸盐岩沉积逐渐占据主体（图 1-17b、c）。

馒头组以灰色石灰岩、深灰色厚层白云岩、云质灰岩为主，局部夹钙质砂岩及紫红色、灰绿色钙质页岩，总体属浅水海湾—潟湖沉积，厚度一般在 30～80m。

毛庄组岩性与华北东部大体类同，主要为滨海相杂色页岩夹石灰岩及云质灰岩，下部为厚层石灰岩并出现较多石英砂岩夹层。石灰岩中多含三叶虫、腕足类等后生动物化石。厚度各地不一，一般为 20～100m。

徐庄组为滨海相灰绿色页岩与灰色薄层石灰岩、泥质条带灰岩不等厚互层，夹鲕状、竹叶状灰岩及生屑灰岩等，多呈中厚层或透镜体状产出，岩性相对较为稳定，向南页岩成分增多，在平凉大台子等地尚有粉砂岩及砂岩夹层，厚度也呈现增大趋势，贺兰山区一般厚 20～40m，南部则可达 100m 以上。石灰岩中多产三叶虫及腕足类等后生动物化石，表明其主要形成于浅海沉积环境。

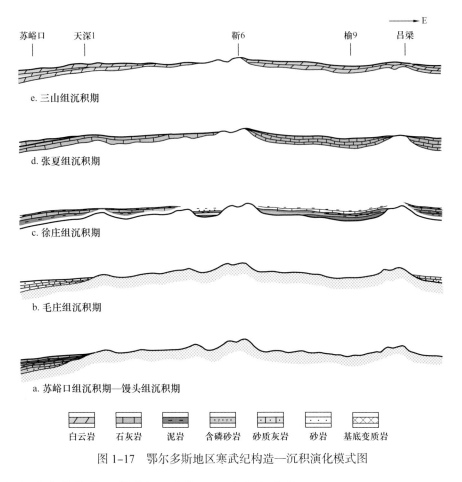

图 1-17　鄂尔多斯地区寒武纪构造—沉积演化模式图

3）全面海侵阶段：张夏组沉积期—三山组沉积期

中寒武世张夏组沉积期是寒武纪海侵扩张的最大时期，除了镇原古降起、乌审旗古隆起及伊盟古陆外，鄂尔多斯地区的大部都为海相碳酸盐岩沉积所覆盖（图 1-17d）；至晚寒武世三山组沉积期（崮山组沉积期—长山组沉积期—凤山组沉积期），海侵范围略有缩小，也发育了广泛的碳酸盐岩沉积层（图 1-17e）。

张夏组主要形成于浅海台地碳酸盐岩沉积环境，盆地西缘北段的贺兰山地区岩性主要为泥质条带灰岩、竹叶状灰岩和鲕状灰岩；中南段的青龙山、阴石峡及平凉大台子一带的中下部为深灰色鲕状灰岩与暗紫色、紫红色页岩互层，上部为深灰色鲕状灰岩夹钙质页岩。厚度由南向北变薄，变化幅度较大，从 130～600m 不等。总体反映出稳定地台构造背景下的沉积发育特征。

上寒武统按生物地层和岩性对比划分为崮山组、长山组及凤山组，地层岩性分段特征不明显，因此常合称为三山组（或三山子组）。主体岩性以薄层泥质云岩夹竹叶状云岩及部分鲕状云岩为主，常夹有云质灰岩，总体反映海侵末期水体渐趋变浅的沉积环境演化特征。

因此，从寒武纪总的构造—沉积演化特征看，鄂尔多斯乃至华北地块在寒武纪主要处于构造环境相对稳定的区域构造背景下，其整体演化趋势以稳定构造沉降为主，横向上并不具有明显的差异性构造运动，总体反映了稳定的伸展性区域构造环境（图 1-18）。

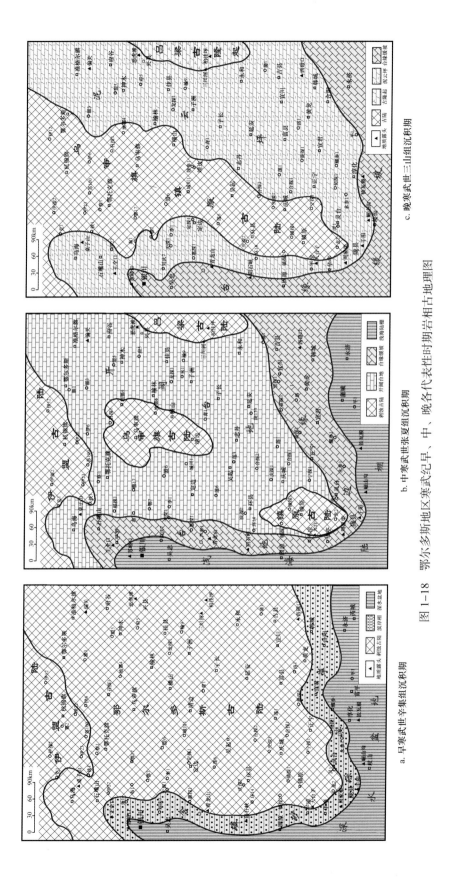

图 1-18 鄂尔多斯地区寒武纪早、中、晚各代表性时期岩相古地理图

a. 早寒武世辛集组沉积期

b. 中寒武世张夏组沉积期

c. 晚寒武世三山组沉积期

四、寒武纪构造演化特征

1. 寒武纪海侵从西南边缘开始，向鄂尔多斯本部逐渐扩大

早寒武世辛集组沉积期（苏峪口组沉积期），鄂尔多斯地块开始接受海侵，但沉积作用仅限于鄂尔多斯西缘和南缘，鄂尔多斯本部的大部分地区仍处于剥蚀古陆区（付金华等，2018），由古陆向南、向西地层厚度呈明显增厚趋势，且这种特征一直延续到了早寒武世末的馒头组沉积期。而到了中、晚寒武世，海侵范围则不断扩大，沉积范围才逐渐延伸扩大到了鄂尔多斯本部的大部分地区。寒武纪海侵的这一特征，与前寒武纪古地质图所反映的鄂尔多斯地块东北高、西南低的整体区域古沉积底形特征基本一致，说明鄂尔多斯西缘及南缘由于处于华北地块的西南边缘地区，因而构造活动性相对较强，在区域拉伸沉降的构造背景下，势必会率先沉降而接受早古生代最早一期的沉积作用。

由前述中新元古代的沉积地层发育特征看，在长城纪、蓟县纪，乃至震旦纪中晚期开始的构造沉降过程中，鄂尔多斯西缘及南缘地区一直是中新元古代最为活跃的构造沉降区，这可能主要与其处在鄂尔多斯与阿拉善地块、古秦岭地块的边缘接触带有关，导致其早期沉积盖层的发育对其基底构造具有很大的继承性，这一继承性特征一直延续到了早古生代的沉积发育过程中（包洪平等，2019）。

2. 鄂尔多斯中部及东部存在寒武纪古隆起（古凸起）

中寒武世（毛庄组沉积期—徐庄组沉积期—张夏组沉积期），随着海侵范围的进一步扩大，沉积范围已不仅局限于西缘及南缘地区，鄂尔多斯地块大部分地区也开始接受海相沉积，也只有在这时，地块内部的古沉积底形差异（地形起伏）才开始彰显出来（图1-19）。根据寒武系各组的地层尖灭线分布及地层缺失情况，可发现寒武纪在鄂尔多斯地块内部除了北部的伊盟古陆外，还存在着西南部的镇原古隆起、中部的乌审旗古隆起以及东部的吕梁古隆起，它们对邻近地区寒武纪沉积及后续奥陶纪沉积都有一定的影响及控制作用。

但需要强调的是，这些古隆起并非寒武纪构造运动的结果，而是在其沉积作用发生前就已经存在的古地形起伏，说明在长城系及蓟县系沉积后—寒武系沉积前9—5亿年的鄂尔多斯地块构造抬升期间，并非只是发生了简单的抬升剥蚀作用，其内部应该还存在着较为强烈的差异性构造升—降作用，只因缺乏直接的沉积地层记录而显得无从考证而已。

3. 寒武纪沉积由早期的陆源碎屑建造向中晚期的碳酸盐岩沉积过渡

鄂尔多斯地区早寒武世辛集组沉积期—朱砂洞组沉积期—馒头组沉积期（相当于西缘的苏峪口组沉积期—五道涧组沉积期）为滨浅海相沉积环境，主要发育陆源碎屑沉积建造；至中寒武世毛庄组沉积期—徐庄组沉积期则主要发育陆源碎屑与碳酸盐岩交互沉积的浅水混合沉积建造，具混积陆棚的沉积特征；中寒武世张夏组沉积期鄂尔多斯大部基本都为浅海台地颗粒滩相碳酸盐岩沉积所覆盖。至晚寒武世三山组沉积期（崮山组沉积期—长山组沉积期—凤山组沉积期），也以发育广泛的碳酸盐岩沉积为主。

因此，纵观本区寒武纪的沉积演化史，可以看出其表现为由早期以陆源碎屑沉积为主

向中晚期以内源沉积为主转变的演化特征，整体反映了区域构造环境由早期活动性较强向中晚期逐步趋于稳定的区域构造背景转化的演变过程，即由早期活动性的陆缘海向后期较为稳定的陆表海转变的构造演化特征。

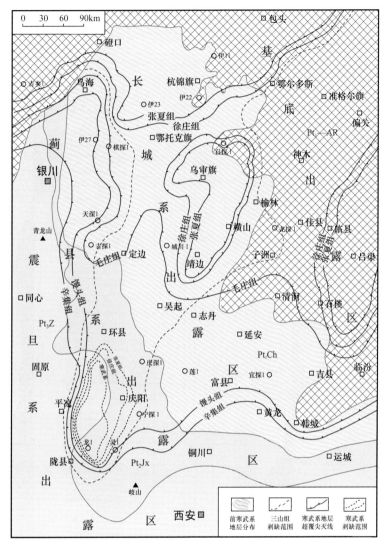

图 1-19　鄂尔多斯地区前寒武纪地层分布及寒武系超覆界线图

4. 错过了寒武纪早期有利于烃源岩发育的"时间窗口期"

寒武纪是全球重要的烃源岩发育期，中国的扬子、塔里木克拉通已经钻探证实在寒武系发育较好的烃源岩层，但都是集中发育在下寒武统下部的沉积层段中，如四川盆地的梅树村组、筇竹寺组烃源岩层段，以及塔里盆地的玉尔吐斯组烃源岩层，而鄂尔多斯盆地下寒武统则并未发现有效的烃源岩层段（图 1-20）。

地质历史上烃源岩的发育与生物大爆发关系极为密切，而生物圈生命物质的爆发式增长常常出现在大冰期之间的间冰期内，尤其是刚从冰期过来的初始转暖过渡期。据赵文智等（2018）研究认为，从宏观尺度看，中国上扬子地区新元古界—寒武系烃源岩与全球范围内间冰期 DOC 储库释放引起的沉积有机质的碳同位素组成负漂存在较好的对应关系。在间冰期，由于海平面上升、水体变深，海水覆盖面积变大，陆棚大面积形成，也使得冰期形成的深海有机质（DOC）储库在间冰期得以释放，因而水体营养增加，引起低等生物的极度繁盛。

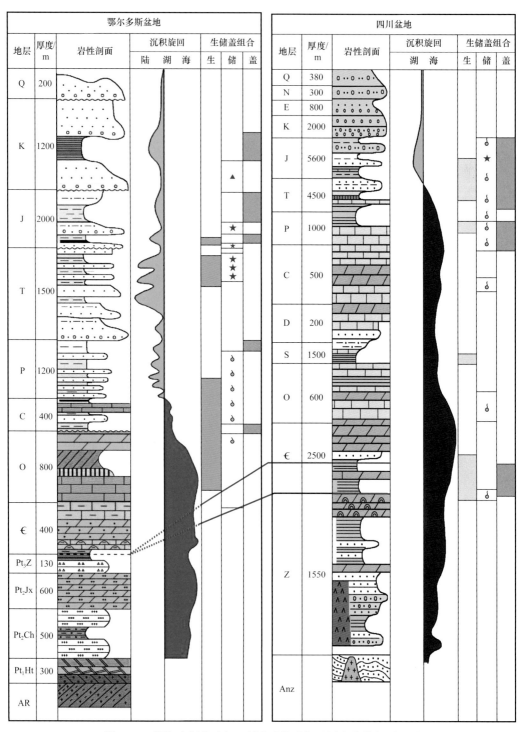

图 1-20 鄂尔多斯盆地与四川盆地海陆相地层发育特征对比图

四川盆地在早震旦世陡山沱组沉积期就开始发育大规模的海侵沉积，到晚震旦世灯影组沉积期海侵规模进一步扩大（马永生等，2009），沉积了千余米厚的海相沉积层，乃至在晚震旦世—早寒武世早期也整体处于区域伸展构造背景下，形成南北向展布陆内裂陷沉积（谷志东等，2016），导致早寒武世早期发育了梅树村组与筇竹寺组的海相烃源层系。而鄂尔多斯地区新元古代则整体处于隆升状态，仅在震旦纪末的罗圈组沉积期才在盆地西缘及南缘的局部地区发育陆缘冰川型的沉积建造，且早古生代的构造沉降也是在早寒武世中期的苏峪口组沉积期（相当于四川盆地的沧浪铺组沉积期）才开始，与四川盆地早古生代的构造沉降相比晚了"半拍"，刚好错过了早寒武世早期最有利于有机质繁盛和烃源岩形成的全球气候环境最佳时期，因而也就错过了有利于烃源岩发育的"时间窗口期"。

无论是鄂尔多斯西缘的贺兰山、青龙山、阴石峡等露头剖面，还是南缘的渭北露头区，乃至东缘的吕梁山寒武系露头区，寒武系的富泥质层段都主要分布在下寒武统的辛集组—朱砂洞组—馒头组（相当于西缘的苏峪口组—五道湾组），以及中寒武统毛庄组—徐庄组中。而综合观察分析表明，无论下寒武统的辛集组—朱砂洞组—馒头组，还是中寒武统的毛庄组与徐庄组的泥页岩，均以红色、黄色、灰绿色为主色调（图1-21），总体反映出

图1-21　寒武系主要富泥质岩类岩石结构特征

a.环县阴石峡，徐庄组，紫红色页岩；b.灵1井，4066.25m，徐庄组，暗红色页岩，夹灰绿色薄层；c.河津西硒口，毛庄组，砖红色页岩，具揉皱变形构造；d.贺兰山苏峪口，毛庄组，黄绿色页岩；e.贺兰山苏峪口，苏峪口组，土黄色砾状磷块岩，砾石多为硅质；f.平1井，3420.78m，辛集组，灰绿色泥岩夹砖红色泥岩薄层；g.礼泉上韩村，徐庄组，深灰色泥岩

在干旱气候条件、浅水偏氧化环境下的沉积特征，即所谓"大洋红层"沉积（李相博等，2019），泥岩多为紫红色、灰绿色，成烃条件较差。这与华北克拉通寒武系砂泥岩沉积也以紫红色调为主的沉积特征基本一致，说明寒武纪鄂尔多斯与华北地区在气候条件及沉积环境方面具有较高的统一性，并不存在太大的构造—沉积分异作用。

在盆地南部渭北隆起区的个别露头中，徐庄组也发现暗色泥页岩薄层（图1-21g），如礼泉上韩村剖面徐庄组暗色泥页岩中，深灰色页岩厚6m，灰黑色泥岩厚1.5m，但分析化验表明其有机碳含量也还是太低（TOC<0.2%），表明早寒武世中晚期以后的气候环境已不利于有机质的大量形成与保存。

第四节　奥陶纪沉积前的构造背景

一、寒武纪末期构造运动的塑型特征

1. 鄂尔多斯地区寒武系与奥陶系之间存在区域性不整合

区域地层分析表明，鄂尔多斯地区寒武系与奥陶系之间存在明显的区域性不整合，尤其是在鄂尔多斯地区中东部地区，寒武系三山组与奥陶系马家沟组直接接触，缺失下奥陶统冶里组—亮甲山组（图1-22），因此认为中寒武世以后鄂尔多斯乃至华北大区发生了较为显著的构造运动，一般称之为怀远运动（也有人称之为兴凯运动）。

而实际上，怀远运动最早是由李四光（1939）命名，指发生在皖北地区早、中奥陶世之间的平行不整合现象（宋奠南，2001）；另有一些地质学家在不同地区提出不同见解，总体可归结为三山组白云岩（$\epsilon_3—O_1s$）跨时地层单位与贾汪页岩（现今马家沟组东黄山段的一部分）的平行不连续（张守信，1989），从而"一个面"就成了怀远运动的全部内容。但随着后续区调工作的深入，发现"一个面"已不能涵盖怀远运动的全部内容，而认为怀远运动经历了一个较长时期（中寒武世张夏组沉积期—中奥陶世大湾组沉积期）的发展过程，而不同地区的所见不同只能把它看作是一个构造运动过程的不同阶段（宋奠南，2001）。那么以此来看，鄂尔多斯地区的怀远运动既有晚寒武世表现阶段，又有早/中奥陶世（冶里组—亮甲山组与马家沟组之间）的表现阶段，因在鄂尔多斯地区确实也存在着冶里组—亮甲山组与马家沟组之间的平行不整合接触关系。

2. 早寒武世"L"形海侵向早奥陶世"U"形海侵的转变

对比早奥陶世的海侵与早寒武世的海侵特征，可以发现二者在海侵的区域和方向上存在较大的差异（图1-23）。早寒武世辛集组沉积期—朱砂洞组沉积期海侵时，沉积作用仅限于鄂尔多斯西缘和南缘，鄂尔多斯本部的大部分地区仍处于剥蚀古陆区，早期整体的海侵范围呈"L"形贴边分布于鄂尔多斯乃至华北古陆的西南边缘地区；而早奥陶世冶里组沉积期—亮甲山组沉积期海侵时，海侵范围则呈围绕鄂尔多斯古陆的"U"形半环状分布，与早寒武世海侵相比发生较大变化，说明在奥陶纪沉积前的寒武纪末期的构造运动，已经在鄂尔多斯地区产生了巨大的差异性变化，突出表现在鄂尔多斯东侧地区相对鄂尔多斯本部发生了整体的下沉，使得鄂尔多斯地块显现出与华北地块开始分化、进而出现差异演化的特征。

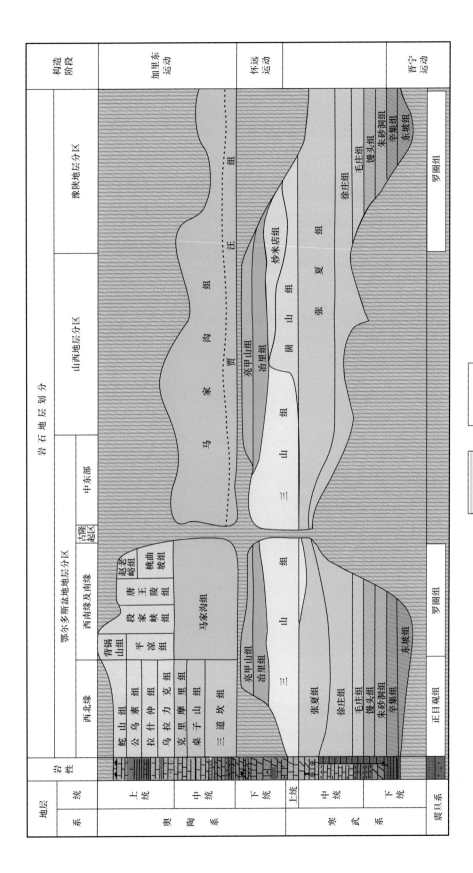

图1-22 华北中西部地区下古生界主要不整合面特征（据李相博等，2021，修改）

后续奥陶纪的沉积作用则更为显著地表现出鄂尔多斯地区与华北克拉通在构造与沉积特征上的分化。如奥陶纪鄂尔多斯中东部大规模膏盐岩沉积层的发育、鄂尔多斯地区中央古隆起的出现，以及晚奥陶世鄂尔多斯西南边缘以混源或陆源碎屑为主的巨厚沉积层的形成（华北地区整体缺失晚奥陶世沉积）等，都表现出鄂尔多斯处于华北地块西端的构造位置上的特殊性。

每个海侵旋回最早期的沉积特征，往往最能体现出该旋回沉积前的整体古地形起伏特征。早寒武世的"L"形海侵（图1-23a），表明鄂尔多斯地区仍与华北地块是一体性的，尚未出现明显的沉积分化作用；而早奥陶世的"U"形海侵（图1-23b），则反映出鄂尔多斯地区已经开始与华北地块出现明显的沉积分化，而这一分化的前因，可能是源于寒武纪末期鄂尔多斯与华北地块在构造上的分化作用。

因此，可以认为在奥陶纪沉积前，寒武纪末期的构造运动已使得鄂尔多斯地区相对华北地块发生了整体抬升，成为相对隆起的古高地，因而才在早奥陶世冶里组沉积期—亮甲山组沉积期海侵时，表现为由伊盟古陆向南延伸的巨型半岛状隆起地形（图1-23b）。

二、鄂尔多斯本部的几个古隆起对奥陶纪沉积依旧有影响

1. 鄂尔多斯中部存在南北向的"长垣状"隆起

由鄂尔多斯地区前奥陶纪古地质图（图1-24）可见，鄂尔多斯地区除了北部的伊盟古陆为长期隆起的古陆、直接暴露元古宇长城系或变质基底外，本部绝大部分地区主要剥露寒武系，仅在镇原古隆起、伊盟古隆起寒武系剥缺，分别剥露至前寒武系的蓟县系、长城系。

再从寒武系整体的剥露趋势看，中部主要剥露中寒武统张夏组，而东西两侧则都剥露至上寒武统三山组，呈现出中部老、东西两侧新的特征，整体反映出中部地区在奥陶系沉积前存在一个南北向展布的"长垣状"古高地（隆起）。这可能代表了早古生代中央古隆起发育的雏形（但其位置相较后来中央古隆起的主体位置略偏东）。但也有可能反映其偏东的乌审旗局部古高地在寒武纪沉积前就已经存在，这是因为在奥陶纪其并没有进一步的发展，其仅对马家沟组沉积早期有影响，马家沟组沉积中后期就已渐趋消亡。

2. 寒武纪的几个局部古凸起对奥陶纪沉积仍有一定影响

叠合奥陶纪地层超覆特征的分析表明，前述寒武纪既已存在的镇原古隆起，中部的乌审旗古隆起，以及东部的吕梁古隆起等几个局部隆起（古凸起）对后续奥陶纪沉积仍有一定的影响。如在乌审旗古隆起（古凸起）上，马家沟组多缺失马一段—马二段，马三段以后虽基本趋于正常，但对其沉积岩相的分布却仍有明显的控制作用，古隆起以东马三段、马五段有石盐岩分布，古隆起上则仅有硬石膏岩而基本不发育石盐岩。说明其沉积时仅只是古地形意义上的隆起，而非构造意义上的隆起，并没有同沉积期的构造隆升作用发生。

再如吕梁古隆起（图1-24东部的蓝色虚线范围），该区缺失下、中寒武统，中寒武世尚为一个古陆——"吕梁古陆"（冯增昭等，1998），至晚寒武世三山组沉积期才开始发育碳酸盐岩沉积作用，可以认为是一个明显的水下古隆起。在经历怀远运动的短暂抬升剥蚀后，其对后续奥陶纪的沉积作用肯定还有一定的继承性影响。

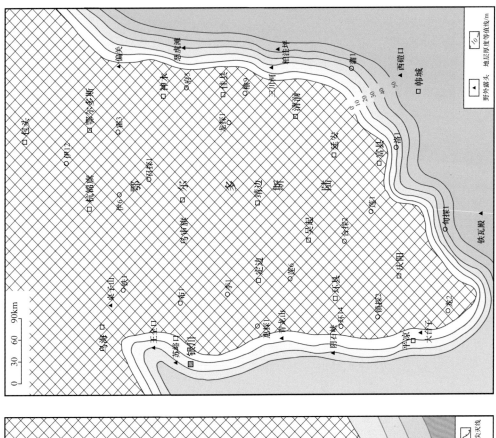

a. 早寒武世海侵地层分布

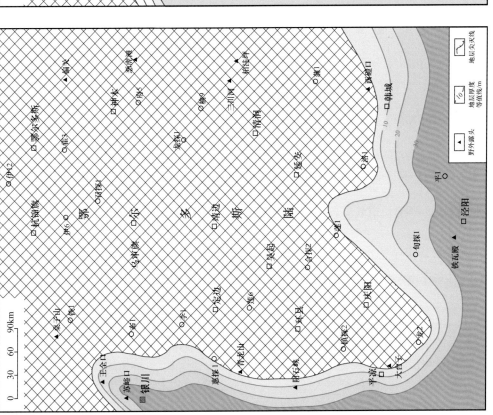

b. 早奥陶世海侵地层分布

图 1-23　早寒武世与早奥陶世的海侵地层分布特征对比图

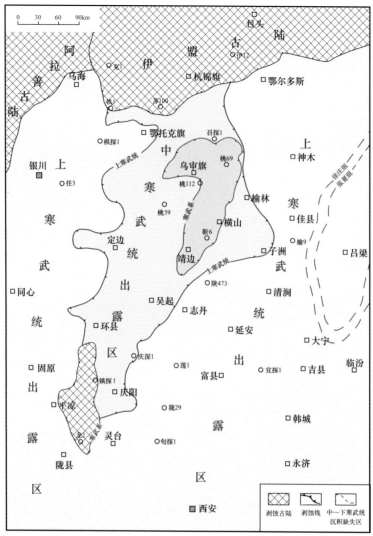

图 1-24　鄂尔多斯地区前奥陶纪古地质图

3. 局部前寒武纪洼槽的沉积充填较为特殊

在前奥陶纪的中部长垣状隆起上，尚可见局部发育的前寒武纪洼槽，但其中的寒武系充填地层却较为特殊。

2015年针对盆地中部桃利庙地区长城系洼槽钻探部署了桃59井（图1-25），该井在寒武系仅钻遇毛庄组，地层厚114m。上部岩性为浅灰色中砂岩夹灰色云质泥岩、深灰色泥岩，见三叶虫、小圆货贝化石（图1-26）；中、下部岩性为杂色、绿灰色泥岩夹薄层砂岩，化石组合及岩性特征确认该地层为毛庄组无疑。

寒武系之上却直接覆盖奥陶系马家沟组二段，说明其在奥陶纪古地形应该相对较高；但本井区寒武系却仅发育毛庄组，缺失其上的徐庄组—张夏组—三山组。寒武纪在本区为整体的海进沉积序列，既然在前寒武纪存在先存的洼槽，且在寒武纪又发育了较早期的毛庄组，就应该同时发育其后的徐庄组—张夏组—三山组沉积层。这一地质事实与沉积演化序列显然存在较大的矛盾，唯一合理的解释就是寒武纪末期的构造运动导致了毛庄组以上地层的剥缺。因此推测这可能是寒武纪后，古隆起构造由乌审旗古隆起向其西侧的奥陶纪中央古隆起开始发生"构造迁移"的一个隐性标志，不过由于区内钻达或钻穿寒武系的探井较少，其真实原因还尚待进一步的钻探及分析资料的求证。

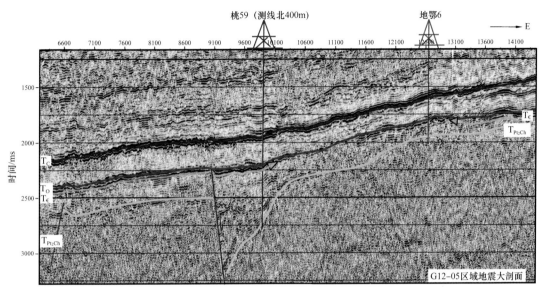

图 1-25　过桃 59 井地震测线

T_C、T_O、T_ϵ、T_{Pt_2Ch} 分别代表石炭系底、奥陶系底、寒武系底、中元古界长城系底的地震反射界面

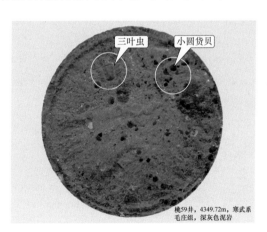

图 1-26　桃 59 井寒武系毛庄组含化石泥岩

第二章　奥陶纪沉积与古地理演化

回溯至早古生代寒武纪—奥陶纪，鄂尔多斯地块虽然还是华北克拉通沉积盆地的西南一隅，但当时其与华北克拉通的沉积特征已表现出较大的差异性。尤其是在奥陶纪，鄂尔多斯地块东部大规模膏盐岩沉积层的发育表明当时其在构造、古地理背景等方面与华北克拉通已开始出现明显的构造与沉积分异作用，进而导致其在后续的油气成藏地质特征上也表现出与其他碳酸盐岩盆地截然不同的独特性质。

由于鄂尔多斯盆地东缘的山西吕梁山、西缘的内蒙古桌子山、宁夏贺兰山、甘肃平凉崆峒山，以及南缘的陕西渭北地区等盆地周缘均有奥陶系的较大规模地层出露（图2-1），

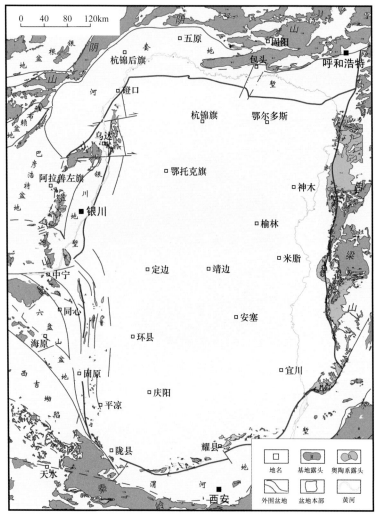

图 2-1　鄂尔多斯盆地构造及周边奥陶系地质露头分布图

因而对奥陶系的研究也由来已久。1904年维里士等将山西中北部系舟山一带的寒武系、奥陶系石灰岩称为"系舟灰岩"，首次指出了山西有奥陶系的存在，并指出了奥陶系与上覆石炭系为不整合接触关系（顾守礼，1978）。1911—1920年，中国老一辈地质学家王竹泉先生曾先后数次来山西调查地质矿产，足迹遍及山西各地达66县。

对西缘宁夏地区奥陶系的研究始自20世纪40年代初。1943—1944年，李士林、边兆祥和李星学对该区奥陶系曾作过简单调查。李士林将天景山石灰岩厘定为元古宇；边兆祥、李星学将贺兰山区下古生界上部的石灰岩统称为寒武系—奥陶系（霍福臣等，1989）。

20世纪50年代以后，随着大规模区域地质调查工作的展开及油气勘探工作的进行，对鄂尔多斯盆地奥陶系的研究工作也得以不断深入。如1954年关士聪、车树政等将石嘴山及内蒙古阿拉善左旗小松山一带寒武系以上的碳酸盐岩划归至奥陶系，并与桌子山石灰岩对比；中国科学院李康、钟富道据所采化石将天景山、米钵山石灰岩定为早奥陶世的沉积；原宁夏地质局区域地质测量队牛佩民等建立了早奥陶世天景山组和中奥陶世早期的米钵山组等（霍福臣等，1989）。

整体而言，前人已从地层古生物（车福鑫，1963；傅力浦，1981；安太庠等，1990；陈均远等，1984；内蒙古石油学会，1983；郑昭昌等，1987，1991；霍福臣等，1989；周志毅等，1989；王学平，2002；林尧坤，1993，1996；杨应章，1997）、沉积相与古地理（冯增昭等，1989，1991，1998；李日辉，1990；包洪平等，2000a；付金华等，2001；章贵松等，2006；韩品龙等，2009；马占荣等，2013），及油气地质（杨俊杰，1991；杨俊杰等，1992，1996；张吉森等，1995；马振芳等，2000；戴金星等，1999；何自新，2003；何自新等，2005，2006；杨华等，2000，2004，2010，2011a，2011b；郑聪斌等，1993）等方面做过大量研究工作，形成诸多基础性研究成果，对该区奥陶系天然气勘探及基础地质研究发挥了重要作用。但也有诸多问题悬而未决，如南缘唐王陵砾岩的归属问题（张吉森等，1981；李钦仲等，1983；蔺万筹等，1983；洪庆玉，1985；张文龙等，2016；黄建松等，2019）、西缘"香山群"的年代归属等问题（霍福臣等，1989；张抗，1993；李天斌，1997；周志强等，2010），都有待下一步深入细致的研究。

值得注意的是，早期的大部分研究工作主要是基于野外地质露头资料，而对盆地内部的奥陶系则所知甚少。只是到了20世纪70年代末至80年代，随着盆地下古生界天然气勘探的大规模展开，相继钻探了庆深1、庆深2、天深1、黄深1、耀参1、环14等诸多古生界探井，对盆地内部奥陶系乃至早古生代构造、沉积差异性的认识才有了革命性的变化。如有关盆地中西部早古生代"中央古隆起"概念的形成（赵重远等，1993；张吉森等，1995）、盆地东部奥陶系米脂盐洼的勘探发现（张吉森等，1991），以及对奥陶系顶部古风化壳及岩溶古地貌理论的形成等（杨俊杰，1991；杨俊杰等，1992；何自新等，2005，2006），无不对盆地内部奥陶系沉积及构造特征的认识产生了较为深刻的影响，也极大地推动了盆地奥陶系天然气勘探的发现进程。

进入21世纪，随着对鄂尔多斯盆地碳酸盐岩新领域研究的不断深入，针对下古生界碳酸盐岩的勘探力度也逐渐加大，对盆地奥陶系沉积及天然气成藏的认识逐步得到深化，逐渐形成针对全盆地奥陶纪构造—沉积及成藏较为系统性的地质认识，进而推动下古生界天然气勘探在鄂尔多斯盆地奥陶系取得诸多重要进展和新的勘探发现。

第一节　奥陶纪隆—坳沉积格局

一、奥陶纪古构造特征

1. 早古生代区域构造背景

从板块构造体制讲，早古生代鄂尔多斯地块属华北克拉通板块的西南边缘地区，处于秦岭—祁连—贺兰三叉裂谷系的东北侧，向南与古秦岭海相邻，向西与古祁连海及古贺兰海相邻，后秦岭海与祁连海持续开裂，连通为秦祁大洋，贺兰海经短期开裂后即夭折，形成所谓的贺兰拗拉谷（Aulacogen）型海相沉积区（林畅松等，1995）。正是在这样的区域构造背景下，鄂尔多斯地区奥陶纪构造沉积格局与华北地区产生了明显的分化，导致其内部也出现了明显的构造分异，进而导致在古地理格局及沉积特征上表现出较为强烈的沉积分异作用。

2. 与华北地区的构造—沉积分异

寒武纪，鄂尔多斯与华北地区并无大的构造沉积分异作用，在鄂尔多斯地区发育与华北地区广泛发育的馒头组—毛庄组—徐庄组—张夏组—崮山组—长山组—凤山组基本相似的地层岩性特征，因此地层组名也基本沿用华北地区的名称。但到了奥陶纪，情况发生了较为显著的变化：一是奥陶系地层厚度在鄂尔多斯西缘及南缘显著增厚，局部达到 2000m 以上，而华北地区一般在 600m 左右（中国地层典编委会，1996）；二是华北地区奥陶系整体以石灰岩为主，局部间夹硬石膏岩层，而鄂尔多斯地区奥陶系则发育大段厚层的石盐岩、硬石膏岩，并与碳酸盐岩构成旋回性沉积；三是在鄂尔多斯西缘及南缘普遍发育的上奥陶统平凉组—背锅山组沉积层，在华北地区则完全缺失。由此可见，奥陶纪鄂尔多斯地区确实发生了明显有别于华北地区的构造及沉积分化作用。

二、鄂尔多斯地区奥陶纪的隆—坳分布格局

1. "三隆—两坳——古陆"的古构造格局

近期研究在现今盆地边界所圈定的范围及相邻区域内，依据奥陶系的地层厚度变化、岩相分布差异，并参考寒武系地层分布等因素，通过综合编图分析，将鄂尔多斯地区奥陶纪划分为"三隆—两坳——古陆"六大古构造单元（图 2-2）。"三隆"即中央古隆起、中条古隆起和吕梁古隆起；"两坳"即中东部坳陷和西南边缘坳陷（秦祁广海沉积区的）；"一古陆"即北部的伊盟古陆，也称乌兰格尔古陆。

2. 隆起、坳陷构造发育分布特征

（1）中央古隆起：位于鄂尔多斯盆地中部偏西及偏南的区域，大体呈"L"形展布，面积约 10000km²。奥陶系厚度多在 400m 以内，向古隆起核部明显减薄（图 2-1、

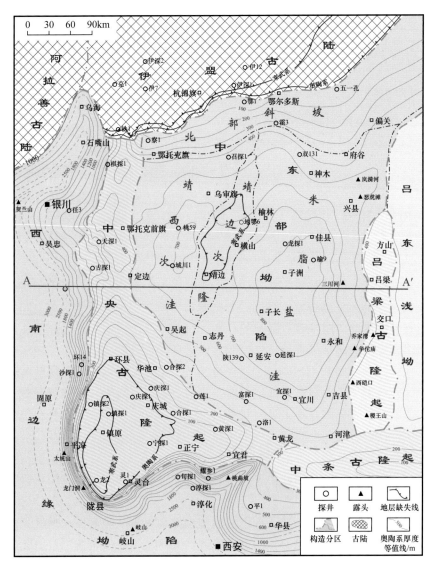

图 2-2　鄂尔多斯地区奥陶纪古构造分区及沉积地层厚度图

图中 A-A′横线表示图 2-3 的剖面位置

图 2-2)。古隆起的核部位于镇原—庆阳地区，缺失奥陶系乃至寒武系。综合分析认为中央古隆起为一个大型的 "水下隆起"，奥陶纪的大部分时间基本处于海平面附近的有效沉积区内，但地势明显高于其两侧的中东部坳陷与西南边缘坳陷沉积区。尤其对中东部坳陷的沉积有重要的控制作用，如鄂尔多斯盆地东部马家沟组（马一段、马三段、马五段）局限海盐洼区蒸发膏盐岩层的形成，主要受中央古隆起隔离秦祁广海所影响（包洪平等，2004）。

（2）吕梁古隆起：位于鄂尔多斯盆地东缘的方山—吕梁—交口地区，奥陶系厚度一般在 400m 以内（图 2-2、图 2-3）。认识到该隆起的存在主要有以下三个方面的依据：一是该区早—中寒武世存在一"吕梁古陆"、缺失下中寒武统沉积层（冯增昭等，1998）；二是奥陶纪马家沟组沉积期虽处于有效沉积区内，但沉积地层厚度明显薄于其东西两侧，表明其地势相对高于东西两侧地区；三是该区在马一段、马三段、马五段的海退沉积期均缺乏大段层状产出的石盐层及膏岩层，明显有别于其东西两侧的同期沉积层。根据这些现象基本可以说明该区在奥陶纪确实为一个地势相对较高的水下隆起区，同时也是奥陶纪马家沟组沉积期对鄂尔多斯东部盐洼与华北陆表广海之间的沉积分野起主要障壁作用的一个较大范围的古地形高地（包洪平等，2004）。

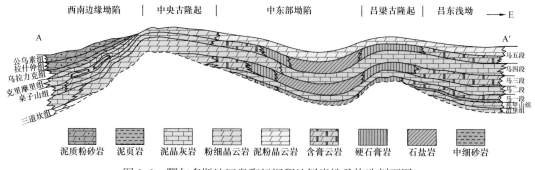

图 2-3 鄂尔多斯地区奥陶纪沉积地层岩性及构造剖面图

（3）中条古隆起：位于鄂尔多斯盆地东南缘韩城—中条山一带，近于东西向延伸，与"L"形中央古隆起的东延部分基本呈同一方向展布，但二者中间可能受燕山期以来的晚期构造影响而有一定错动。对于该古隆起的存在，目前主要有以下三个方面的证据：一是该区寒武系地层厚度明显薄于邻近地区，说明寒武系具一定隆起特征，后续奥陶系应该具有一定的继承性；二是该隆起上奥陶统地层厚度多在 200m 以内，说明奥陶系可能是相对隆起的正地形区，但也不排除奥陶系地层厚度受燕山晚期—喜马拉雅早期抬升剥蚀而致地层剥蚀减薄的影响；三是奥陶系中未见层状膏盐岩沉积，说明其对分隔膏盐湖沉积区起到明显的障壁作用，应该存在一个奥陶纪古沉积底形高部位。但由于该区所在的汾渭地堑区白垩系—古近系抬升剥蚀强烈，导致大部分区域缺失上古生界—中生界沉积层，乃至下古生界也遭到了一定程度的剥蚀。因此对于该古隆起的存在与否，尚需继续深化研究、寻找新的线索进一步确认。

（4）中东部坳陷：范围主要涉及鄂尔多斯中东部乌审旗—吴起以东地区，南抵富县—宜川，北至准格尔旗，东达晋陕交界的黄河附近。大体呈（略偏东的）近南北向展布，是鄂尔多斯本部奥陶纪沉积的主体区域。奥陶系仅发育马家沟组，主要为一套碳酸盐岩与蒸发膏盐岩交互的旋回性沉积层，厚度多在 500m 以上，坳陷核部是马家沟组巨厚盐岩沉积区，马一段、马三段、马五段均发育有厚层石盐岩及硬石膏岩，分布面积近 50000km^2，坳陷中心在米脂—清涧一带，最厚可达 900m 左右。

（5）西南边缘坳陷：位于鄂尔多斯西南边缘部位，处在中央古隆起的西侧及南侧，沿中央古隆起向西、向南奥陶系地层厚度急剧增大，多在 1000m 以上，南缘的泾阳剖面甚至达 2000m 以上（杨华等，2010），西缘的贺兰山剖面甚至达 3000m 以上（霍福臣等，1989）。晚奥陶世西南边缘地区构造差异沉降更趋显著，此时鄂尔多斯本部已开始隆升，结束了早古生代沉积充填，而西南边缘地区却大幅沉降，形成了上奥陶统的大套边缘海槽相沉积层。

（6）伊盟古陆：位于鄂尔多斯盆地北部，早期文献中多称之为乌兰格尔古陆。该区在长城系沉积后即处于隆升状态，为一个继承性发育的隆起区，缺失蓟县系—石炭系，二叠系直接覆盖于长城系或变质基底岩石之上。沿古陆向南，奥陶系逐渐加厚，并呈现出一定的"下超上截"的地层接触关系，也反映古陆南侧区域在奥陶纪沉积后可能还经历了一定规模的剥蚀。

3.隆—坳格局成因分析

1) 古隆起的形成

前已述及，奥陶纪鄂尔多斯地区曾存在过4个区域性的正向构造区，即伊盟古陆、中央古隆起、中条古隆起、吕梁古隆起。伊盟古陆是长期的继承性隆起，而3个古隆起均为早古生代构造演化的结果，其中尤以中央古隆起分布规模最大，对盆地奥陶纪古地理格局的影响和沉积作用的控制也最为显著。

对中央古隆起的成因，学术界相继提出了各自不同的观点和认识（张抗，1989；汤锡元等，1992；赵重远等，1993；汤显明等，1993；陈安定，1994；任文军等，1999；贾进斗等，1997；黄建松等，2005），比较有代表性的主要有伸展背景下的均衡翘升（赵重远，1993；内蒙古石油学会，1983；赵重远等，1990；何登发等，1997，2008）、构造地体拼贴（任文军等，1999；解国爱等，2003，2005）、继承基底构造（贾进斗等，1997；安作相，1997，1998），以及秦祁海槽的挤压（黄建松等，2005）等。其中尤以赵重远的"均衡翘升"影响最为深远，得到更为广泛的认可。即认为中央古隆起形成于与板块离散作用有关的裂谷开裂作用，是由于旁侧裂谷（如西侧的贺兰裂谷）急剧沉降而引起古隆起所在的裂谷肩部区域发生均衡翘升作用，形成所谓的中央古隆起（图2-4）。其演化大体可分为三个主要阶段（邓昆等，2011）：中晚寒武世初始形成阶段（形成古隆起雏形），奥陶纪发展阶段（控制沉积、晚期隆升剥蚀），以及海西期调整、消亡阶段（石炭纪—二叠纪早期古隆起仍有一定显示，之后基本消隐）。

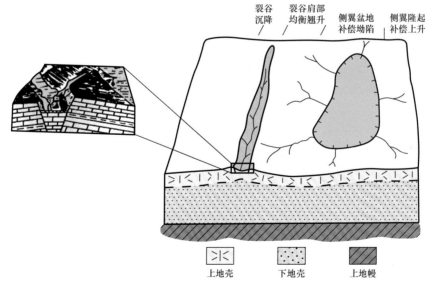

图 2-4 鄂尔多斯地区奥陶纪中央古隆起及东部坳陷形成模式图（据赵重远等，1993a，修改）

中条古隆起则基本上属于"L"形中央古隆起的东延，只是隆起幅度和规模相对较小，应该与中央古隆起具有基本相似的构造成因机制。至于吕梁古隆起，则是在早古生代海侵初期（中寒武世）就已存在的"吕梁古陆"的基础上继续发展而成，可能主要是受局部的构造—岩浆活动所控制，但其更深层次的原因尚待进一步的研究工作来深化认识。

2）中东部坳陷成因

中东部坳陷区也是奥陶系巨厚膏盐层的发育区，坳陷成因必然与膏盐岩层的成因密切相关。按前述均衡翘升的观点（赵重远等，1993），中东部坳陷是中央古隆起隆升的同时，其东侧均衡作用的一部分，是对"裂谷肩部翘升"的补偿性坳陷作用，"一隆一坳"具有很好的耦合性。从奥陶系地层厚度变化可见，古隆起东、西两侧的地层厚度变化具有明显的不对称性，东侧地层厚度呈向东逐渐加厚的趋势，而古隆起向西则地层急剧增厚，也反映出西侧构造活动较为强烈，由裂陷控制了地层的急剧增厚，而东侧构造活动相对较弱，主要是由挠曲性坳陷控制地层逐渐增厚。

有关膏盐岩的成因，也有学者提出"非蒸发岩"的成因观点（杜乐天，1989，1996；张景廉等，2009；郭彦如等，1998），认为膏盐岩的形成与地球深部"幔汁流体"活动有关，并指出其与深大断裂的相关性。索赞斯基（1973）指出所有的含盐沉积都与沿深大断裂沉降而形成的坳陷有关。因而此派学者认为，对于含盐、含油气的盆地，其深部上地幔常呈上拱状，正是这种特殊的深部结构使得地幔流体可以上升（张景廉等，1997，1998；方乐华等，2008）。这也意味着在鄂尔多斯中东部的奥陶纪膏盐岩发育期，可能存在局部的地幔上涌，导致浅部地壳表层形成张性构造环境，并由此形成了中东部坳陷。

3）西南边缘坳陷成因

西南边缘坳陷主要是由于秦岭—祁连—贺兰海槽（秦—祁—贺三叉裂谷系）形成过程中的拉张裂陷而成。对于秦—祁—贺三叉裂谷系的形成时间，认识上尚有分歧：内蒙古石油学会（1983）认为秦—祁—贺三叉裂谷系在中元古界基底断裂的基础上既已形成，后期又在区域挤压应力作用下拼合，但在早古生代又开始进入新的拉张和挤压过程；赵重远等（1990）则认为在秦岭和贺兰裂谷都有地台型的震旦系沉积，表明那时尚未完全破裂，至早古生代（中寒武世开始），才进入三叉裂谷系的主要形成期，尤其贺兰裂谷奥陶系沉积厚度可达1800～3900m。因此，中央古隆起西侧和南侧奥陶系地层厚度的急剧增大也说明在区域拉张背景下裂谷型生长断层控制了奥陶系发育的构造—沉积响应特征。

4）伊盟古陆——长期存在的继承性古陆

伊盟古陆是横亘于鄂尔多斯盆地北部的中新元古代就已存在的正向构造单元，为一个长期存在的古陆核，对其存在的原因则需从更为久远深层的构造演化尺度上来解析。

第二节　奥陶纪古地理演化

一、奥陶系地层发育特征

鄂尔多斯地区奥陶系主要发育下奥陶统冶里组—亮甲山组、中奥陶统马家沟组、上奥陶统平凉组（乌拉力克组+拉什仲组+公乌素组+蛇山组）及背锅山组，由于中东部地区与西缘及南缘地层岩性变化较大，因而所沿用的地层单元名称（组名）存在较大差异（表2-1），这在一定程度上也是不同地区岩相古地理差异的一种反映。

表2-1　鄂尔多斯盆地周缘及邻区奥陶系地层对比简表

地层分区		鄂尔多斯西缘			鄂尔多斯南缘			鄂尔多斯东部				华北地区
剖面位置（组）		桌子山	贺兰山	平凉—环县	陇县	泾阳	耀县	河津	柳林	偏关（组）	偏关（段）	华北地区
系	统											
上覆地层		羊虎沟组	羊虎沟组	太原组	石盒子组	山西组	太原组	本溪组				组
奥陶系	上统	蛇山组／公乌素组／拉什仲组／乌拉力克组	银川组／山字沟组／樱桃沟组	车道组（龙门洞组）／平凉组	背锅山组／平凉组	背锅山组／白王组／西陵沟组	桃曲坡组／耀县组				马六段	峰峰组
	中统	克里摩里组／桌子山组	中梁子组	三道沟组／水泉岭组／麻川组	三道沟组／水泉岭组／麻川组	干车组	—	马家沟组	马家沟组	马家沟组	马五段／马四段／马三段／马二段／马一段	上马家沟组／下马家沟组（北庵庄组）
	下统	三道坎组	前中梁子组／下岭南沟组	亮甲山组／冶里组	亮甲山组／冶里组	亮甲山组／冶里组	亮甲山组／冶里组	亮甲山组／冶里组	亮甲山组／冶里组	亮甲山组／冶里组	亮甲山组／冶里组	亮甲山组／冶里组
下伏地层		崮山组	凤山组	崮山组	凤山组	凤山组	凤山组	凤山组				
划分沿革		据土土聪等，1955；陈均远等，1984；安太庠等，1990	据郑昭昌，1991；霍福臣等，1989	据袁复礼，1925；《中国地层典》编委会，1996；赖才根，1982	据车福鑫，1963；傅力浦，1977	据内蒙古石油学会，1983	据傅力浦，1981；安太庠等，1985；方文祥，1991	据山西省区调队和长庆油田研究院，内部报告				据《山东区域地层表》1978；汪啸风，1980；史晓颖等，1999

注：关于马家沟组（及其对应同年代地层）的年代归属问题，前人多将其划归下奥陶统，也有人划归中奥陶统，甚至还有将下马家沟组划归下奥陶统，上马家沟组划归中奥陶统，本文也采用这一新的划分方案；但近期多数学者已倾向于将其划归中奥陶统，并将平凉组划归上奥陶统，本文将马家沟组划归中奥陶统。"—"表示同期地层未出露地表。

这里将各组的地层发育分布及岩性特征简要概述如下：

1. 冶里组

在鄂尔多斯本部基本缺失，主要在盆地的西南缘、南缘及东缘有一定分布，地层厚30～120m，由古陆向外呈逐渐增厚的趋势。南缘及东缘岩性以粉细晶云岩为主，常夹薄层云质页岩；西缘地区冶里组的岩性则多以块状灰岩及泥质灰岩为主。

2. 亮甲山组

亮甲山组分布特征与冶里组基本相近，也呈环绕鄂尔多斯古陆的半环状分布，地层厚60～180m，向西南缘及东南缘呈逐渐增厚的趋势。南缘和东缘岩性以粉细晶云岩为主，局部可见硅质胶结的鲕粒云岩，并发育燧石结核、燧石条带及燧石薄层；西缘亮甲山组仍以块状灰岩为主，顶部发育有厚层块状的燧石疙瘩灰岩，并含头足类化石等（霍福臣等，1989）。

3. 马家沟组

马家沟组沉积期是鄂尔多斯地区奥陶纪海侵的最大时期，形成鄂尔多斯奥陶系沉积层的主体，鄂尔多斯本部的奥陶系基本全由马家沟组构成，其沉积范围覆盖除伊盟古陆及中央古隆起核部以外的所有其他区域。地层厚度在鄂尔多斯中东部达400～900m，岩性以碳酸盐岩与蒸发膏盐岩交互的旋回性沉积为主，截然不同于华北地区的马家沟组（以石灰岩为主）；西部及南缘则以较纯的碳酸盐岩为主。以中央古隆起为界，东西（及南北）两侧沉积层的岩性差异较大，说明此时中央古隆起已成为分隔华北海域与秦祁海域的重要区域性古地理单元。

4. 平凉组

平凉组仅在鄂尔多斯盆地西缘及南缘发育，鄂尔多斯本部完全缺失同期的沉积，地层厚度多在300m以上，向西缘及南缘深海盆地沉积区明显增厚，局部超过800m。岩性在西缘祁连海及贺兰海沉积区以泥质碳酸盐岩、钙质泥岩及页岩为主，局部层段夹中厚层碳酸盐岩；南缘秦岭海沉积区则以较纯的厚层碳酸盐岩及泥质碳酸盐岩为主。

5. 背锅山组

背锅山组分布特征与平凉组相近，也仅发育在盆地西缘及南缘，其中西缘仅相当于背锅山组较下部的沉积层（相当于银川组、车道组及部分蛇山组），地层厚度多在100～300m之间，向南缘深海盆地沉积区有明显增厚趋势。岩性在靠近台缘地带以泥质碳酸盐岩、泥灰岩为主，夹中薄层泥质岩；在较深水的深海盆地沉积区（如西缘地区银川组）则以砂泥岩互层为主，间夹中厚层石灰岩或石灰岩透镜体，主要为深海浊积成因的复理石沉积；南缘亦可见角砾状碳酸盐岩沉积，可能为重力流成因的混杂堆积。

二、奥陶纪古地理演化的阶段性

从整体的年代演化特征上来看，奥陶纪古地理演化总体为一个大的海侵—海退旋回，表现出早期边部海侵、中期整体海进、晚期快速海退的明显阶段性演化特征（图2-5）。

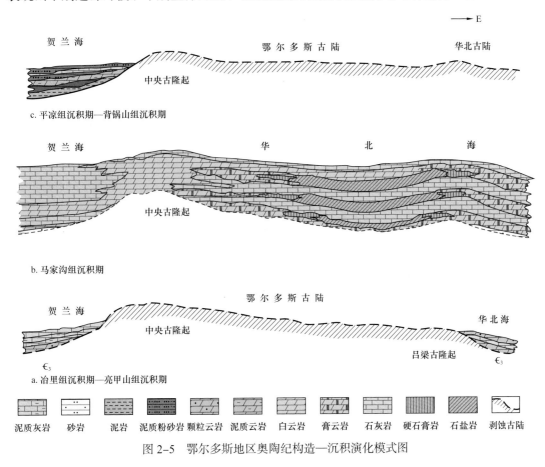

图2-5 鄂尔多斯地区奥陶纪构造—沉积演化模式图

1. 冶里组沉积期—亮甲山组沉积期：西—南—东边部初始海侵阶段

寒武纪末期，鄂尔多斯地区在经历了较为广泛的海侵沉积后，又进入了一个短期的抬升剥蚀阶段，导致寒武系与奥陶系在鄂尔多斯地区呈现明显的平行不整合接触关系。因此在奥陶纪的初始海侵期（冶里组沉积期—亮甲山组沉积期）仍对这一时期构造抬升所引起的古地理差异留存了明显的沉积记录。突出表现在冶里组沉积期—亮甲山组沉积期鄂尔多斯本部地区大部分为古陆，仅在西缘、南缘及东缘地区呈半环状发育滨浅海—广海陆棚相的内源碳酸盐岩沉积（图2-6）。

冶里组沉积期整体可分为三个主要的岩相带，即潮坪、浅海台地与缓坡。

潮坪：主要发育在鄂尔多斯东缘（泥云坪）及东南部（云坪），在邻近古陆区呈半环带状分布。岩性以泥粉晶云岩、含泥质的泥粉晶云岩为主，局部见薄层泥岩及泥质云岩夹层。

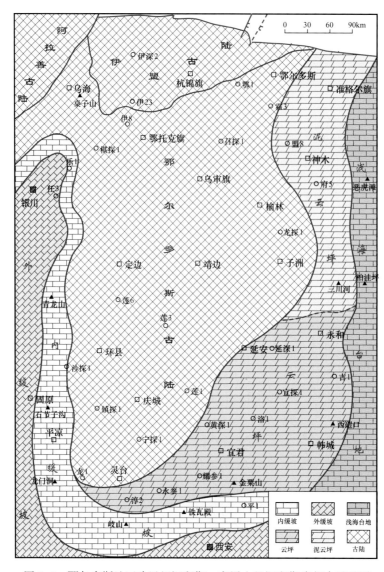

图 2-6　鄂尔多斯地区冶里组沉积期—亮甲山组沉积期岩相古地理图

浅海台地：主要分布在鄂尔多斯东部地区。岩性以粉细晶云岩为主，常夹硅质条带或团块。

缓坡：主要分布在西缘及南缘的秦祁海域沉积区，岩性以块状云岩、云灰岩及泥质岩为主。可分为内缓坡和外缓坡两个亚相，内缓坡相带较宽缓，外缓坡相带则较窄。

亮甲山组沉积期的古地理格局基本上继承了冶里组沉积期的古地理特征，也呈环绕鄂尔多斯古陆的半环状分布，只是海侵范围及水体深度略有加大。沉积环境也可大体划分为与冶里组沉积期相似的三个大的相区。在东缘和南缘的浅水台地相区可见特征的硅质胶结的鲕粒云岩，以及具燧石结核或条带的粉细晶云岩，反映这一时期的水体能量明显较高，因而发育有高能滩相碳酸盐岩沉积。另外，在贺兰山地区的广海陆棚沉积相区，还可见亮甲山组顶部发育有厚层块状燧石疙瘩灰岩，并含头足类化石（霍福臣等，1989），反映亮甲山组沉积末期海侵加剧，可能代表了最大海泛期凝缩层的沉积特征。

2. 马家沟组沉积期：振荡性（旋回性）整体海侵阶段

马家沟组沉积期是鄂尔多斯地区奥陶纪海侵的最大时期，也是奥陶纪海相沉积层形成的主体时期，鄂尔多斯盆地本部的奥陶系基本全由马家沟组构成。其沉积范围覆盖除伊盟古陆及中央古隆起核部以外的所有其他区域（甚至中央古隆起核部在沉积期也有发育，现今其上马家沟组的缺失仅是由于加里东末期构造抬升期的剥蚀所致）。奥陶系厚度在鄂尔多斯盆地中东部达 400～900m，岩性以碳酸盐岩与蒸发膏盐岩为主，截然不同于华北地区的马家沟组（以石灰岩为主），也是鄂尔多斯地区奥陶纪岩相（相带）分异与沉积旋回表现最为充分的一套沉积层系。

马家沟组沉积期古地理演化的最大特征是其海侵—海退的旋回性，这在鄂尔多斯中东部地区表现尤为突出，形成碳酸盐岩与蒸发膏盐岩交替发育的局限海台地相沉积建造。马家沟组在盆地中东部地区按沉积旋回和岩性组合特征自下而上可划分为马一段、马二段、马三段、马四段、马五段、马六段 6 个段，对应的沉积期为叙述方便和既成习惯，则分别称之为马一段沉积期、马二段沉积期、马三段沉积期、马四段沉积期、马五段沉积期及马六段沉积期。其中马一段沉积期、马三段沉积期、马五段沉积期均为海退环境下的蒸发岩形成期，沉积相展布格局大体相近；马二段沉积期、马四段沉积期、马六段沉积期为海侵背景下的碳酸盐岩沉积期，相带展布格局也基本相似，因此可以自然地分成两组来分别论述各沉积期的岩相古地理展布格局。为避免过多的重复性叙述，这里仅以马一段沉积期和马二段沉积期为代表，分别介绍海退期和海进期的岩相古地理分布特征。

1）海退期的古地理格局及沉积相带分异

马一段沉积期、马三段沉积期、马五段沉积期为海退期，鄂尔多斯盆地中东部在马一段沉积期开始出现明显的坳陷沉降，由于中央古隆起、中条古隆起等古地形高地的障壁作用，使中东部的坳陷区逐渐形成与秦祁广海分隔的局限海洼地沉积环境，在炎热干旱的古气候环境及海平面周期下降等因素配合下，形成强烈蒸发的巨厚膏盐岩沉积。

马一段沉积期是冶里组沉积期—亮甲山组沉积期碳酸盐岩沉积之后最早的一期蒸发岩沉积发育期，沉积层厚度一般在 30～80m，东部盐洼区则可达 120m 以上。其底部常发育有不足 1m 厚的石英砂岩沉积层（尤其是在鄂尔多斯东部地区），反映马一段与下伏亮甲山组之间存在短期的沉积间断。石英砂岩之上则为正常的碳酸盐岩—蒸发岩沉积。这一时期古地理的基本格局是：由于中央古隆起的阻隔，在鄂尔多斯东部形成受局限的潟湖沉积环境，为"干化"蒸发膏盐岩的形成提供了有利的地质条件（Hsu，1972；Schmalz，1969；Scruton，1953；Tucker，1991；包洪平等，2004），因此古隆起东侧的相带展布基本呈环绕东部盐湖的圆环状分布，按优势相成图，依次可划分为膏盐洼地、盐湖周缘的云坪相（膏云坪、泥云坪、含砂云坪）两个主要相区（图 2-7a）；古隆起西侧及南侧则依次发育混积浅滩—缓坡相碳酸盐岩沉积，并受到与蒸发岩旋回有关的白云岩化作用的影响（Badiozamani，1973；Tucker，1991；Moore，2010；包洪平等，2017），在局部层段发育较强烈的白云岩化作用（尤其是在靠近中央古隆起的区域）。

盐岩洼地：该期盐湖沉积分布范围广大，北至神木、南至黄龙、西至志丹、东达黄河均属该相区。主要发育石盐岩沉积，间夹薄层白云岩及云质灰岩，一般地层厚 40～100m，盐岩厚度可占地层厚度的 65%～80%。盐湖区盐岩厚度一般在 30～50m，盐湖中心则达

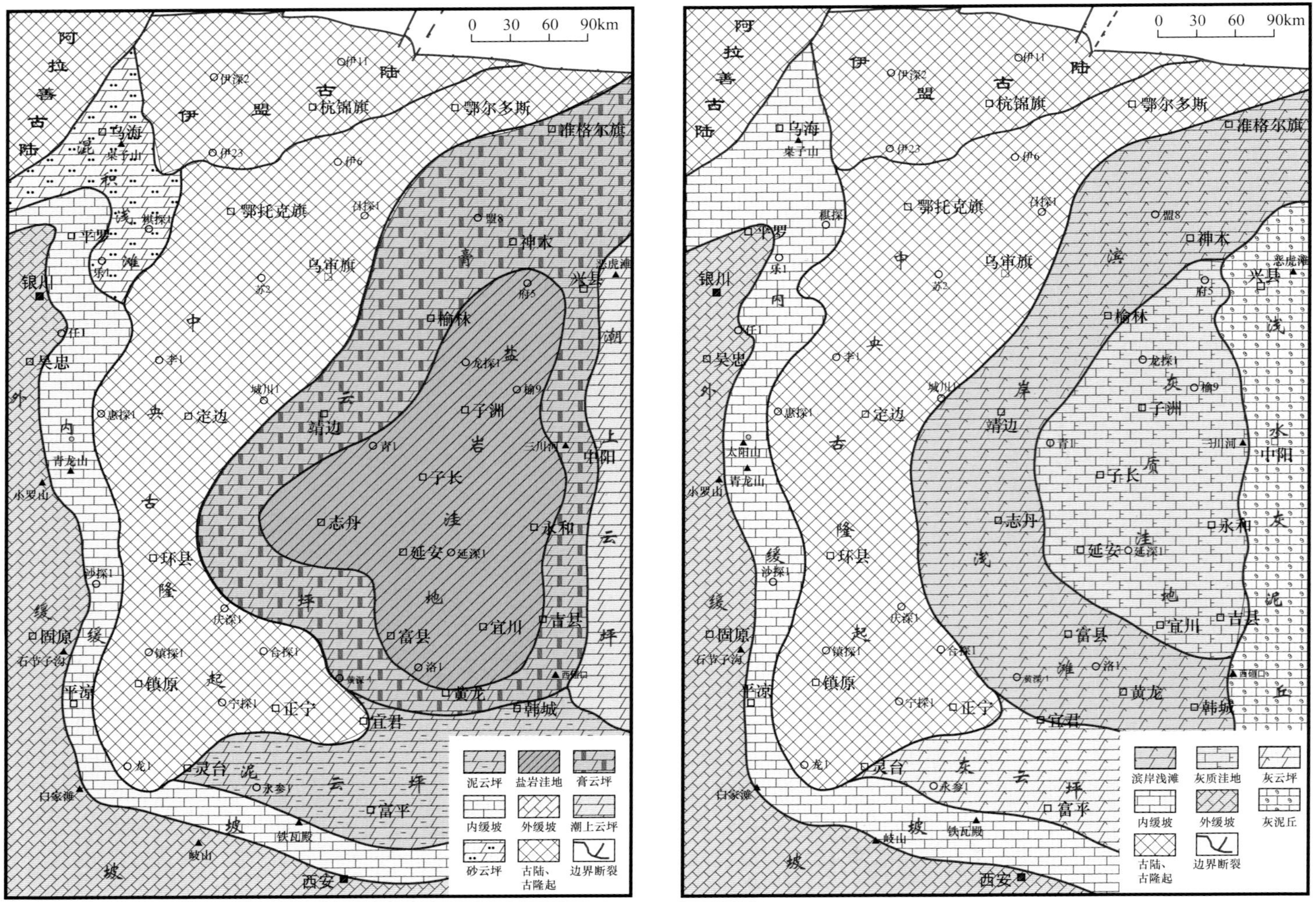

a. 马一段沉积期

b. 马二段沉积期

图2-7 鄂尔多斯地区奥陶纪马家沟组沉积期岩相古地理图

80m以上。底部层段（10～15m）为含泥质云岩及泥岩，中下部为纯石盐岩层夹薄层石灰岩及云质灰岩层（0.3～1.5m），石盐岩单层厚度多在5～15m，顶部（5～8m）为云质灰岩夹薄层（0.5～1.0m）硬石膏岩。

盐湖周缘膏云坪：沿盐湖边缘宽缓的斜坡带呈环状分布的膏云坪，地层厚20～50m，主要岩性为白云岩、硬石膏岩互层，间夹云质泥岩层，白云岩及硬石膏岩层的单层厚度多在1～3m。东部发育含砂云坪，地层厚10～30m，岩性以泥粉晶云岩为主，多含陆源石英砂，底部富集为中薄层的石英砂岩层；南部发育泥云坪，整体地层厚度一般在20～30m，岩性以泥质云岩、含膏云岩为主，局部间夹硬石膏岩及泥质岩薄层。

混积浅滩：为发育在阿拉善古陆、伊盟古陆、鄂尔多斯古陆这三大古陆交会区域（乌海地区）的一个滨岸沉积相区。因靠近阿拉善古陆及伊盟古陆等陆源碎屑供给充足的古陆区附近，发育陆源石英砂质沉积与碳酸盐岩沉积交替的混积浅滩沉积。

缓坡：较滨岸沉积区水体明显加深，靠北部陆源碎屑混入物较多；靠南部则以厚层块状灰岩为主，陆源物质加入较少，并常见头足类、三叶虫等反映较深水环境的生物化石。

马三段沉积期与马五段沉积期的古地理格局与马一段沉积期基本相似，但沉积范围具渐次加大的趋势，至马五段沉积期已基本覆盖至中央古隆起所在的区域，且盐岩沉积区的范围较马一段沉积期、马三段沉积期有向北迁移的趋势。

2）海侵期的古地理格局及相带分异

马二段沉积期、马四段沉积期、马六段沉积期的海侵期则呈现出截然不同的景象：海侵向古隆起方向进一步推进，中东部主体处于半局限海—开阔海台地沉积环境，海退期的膏盐湖区为海水漫灌变为浅海陆棚相的石灰岩沉积区，吕梁水下古隆起区由原来的砂云坪变为浅海台地生物丘（滩）体沉积，靠近中央古隆起的中部地区则为环带状灰云坪沉积区；而在中央古隆起的西侧及南侧地区总体仍以碳酸盐岩缓坡沉积环境为主，岩性以石灰岩为主，局部层段发育砾屑灰岩，及灰质云岩薄夹层。

马二段沉积期是马一段蒸发岩形成之后的一次较大规模的海侵期，沉积物类型以碳酸盐岩沉积为主，在鄂尔多斯中东部地区亦是如此，仅局部见少量膏盐岩薄夹层。海水沉积的波及范围较马一段沉积期明显扩大，古隆起的障壁作用（阻隔其西南侧秦祁广海海域与东侧局限海蒸发台地间连通性的作用）虽显著减弱，但仍存在短期、强度不高的局限作用，导致中东部地区的马二段中部也发育一些薄层硬石膏岩夹层。主体岩性结构为三个厚层的纯碳酸盐岩层夹两段富泥质碳酸盐岩及膏（盐）岩间互层。地层厚度一般在30～80m，总体上在鄂尔多斯东部的洼陷区沉积厚度较大，可达100m左右，而在靠近古隆起区明显减薄，乃至局部缺失，古隆起核部附近也可能由于加里东风化壳期的抬升剥蚀而导致马二段减薄及缺失（尤其是在马三段地层缺失线以外的区域）。主要发育开阔海灰质洼地、滨岸浅滩、含灰云坪、浅水灰泥丘及西南部秦祁海域的缓坡等沉积相带（图2-7b）。

灰质洼地：岩性以厚层块状石灰岩、云质灰岩为主，夹中薄层含泥灰岩及硬石膏岩，偶见石盐岩薄夹层。地层厚度50～100m，单层碳酸盐岩沉积层厚度多在几米到十几米，大部分层段白云岩化，尤其是马二段顶部的碳酸盐岩层，几乎全部白云岩化，中部及底部则多为灰、云交互层状，膏（盐）岩夹层厚度多在0.3～2m，主要分布在中上部的厚层碳酸盐岩层之间，与富泥质碳酸盐岩一同呈间夹层出现。

滨岸浅滩：该相带无论单层还是总的沉积厚度均较东部洼地区薄，单层碳酸盐岩层厚度一般在几米到十米左右，总厚 30～60m；主体岩性结构仍为三个厚的纯碳酸盐岩夹两段富泥质碳酸盐岩层，中上部云化程度高，下部则多为未云化的石灰岩层段。

浅水灰泥丘：位于灰质洼地的东侧，为一个古沉积底形相对较高的水下隆起区，属于相对低能的生物建隆沉积环境，地层厚 40～60m。岩性以富含生物碎屑、低能藻球粒的泥—粒结构石灰岩为主，生物扰动构造较为发育，局部层段白云岩化作用较明显，出现白云岩夹层。

含灰云坪：该相带总体呈环绕古陆及古隆起的半环状展布，沉积厚度多在 20～50m 之间。岩性以含灰质云岩为主，间夹中厚层石灰岩及薄层凝灰质泥岩等。纯的白云岩层段相对较少，多数层段富含泥质，总体反映以潮坪环境为主的沉积特征。

缓坡：该相带分布在古隆起西侧及南侧邻近秦祁海域的广海沉积区。内缓坡是马二段沉积期华北海域与秦祁海域过渡的沉积区域。在鄂尔多斯西部马二段相当于三道坎组的中部，沉积物类型以纯碳酸盐岩沉积为主，白云岩化程度较高，基本全为白云岩，仅局部见薄的富泥质夹层，但厚度多不足 1m；外缓坡分布在西缘及南缘秦祁海域的更深水沉积区，主要发育较纯的碳酸盐岩沉积。以西缘贺兰山地区中梁子剖面为例，该区马二段沉积期形成了大段的厚层块状泥晶灰岩，含少量团粒、球粒等低能内碎屑颗粒，多为粒—泥结构，并见腹足类、腕足类等浅海生物化石，总体反映了广海较深水低能环境的沉积特征。

马四段沉积期、马六段沉积期的岩相古地理格局与马二段沉积期大体相近，但海侵规模及强度却较马二段沉积期呈逐次加大的趋势，其中马四段沉积期沉积范围已基本覆盖古隆起区域，马六段沉积期可能更是如此（海侵范围更大），但由于奥陶纪末及其后鄂尔多斯本部的强烈抬升剥蚀，而使马六段在盆地本部残存很少，仅在盆地东部地区的局部有零星残留，厚度多不足 10m。

3. 平凉组沉积期—背锅山组沉积期：西南边缘差异沉降阶段

马家沟组沉积期之后，鄂尔多斯地区出现了重大的构造转换，即由原来的整体沉降转变为鄂尔多斯本部隆升而西缘及南缘持续沉降的差异隆升—沉降的过程。其古地理格局也随之发生了重大转变，鄂尔多斯本部整体隆升为陆，缺失上奥陶统沉积，仅在西缘及南缘发育上奥陶统平凉组—背锅山组海相沉积，而且厚度巨大，多在 500m 以上，西缘及南缘的秦祁深海盆地沉积区甚至超过 1000m。岩性以浅海生物灰岩、泥晶灰岩及半深海—深海相泥灰岩、页岩为主，总体表现出沉积水体逐渐加深的趋势，反映构造沉降作用逐步加剧，与鄂尔多斯本部的整体构造隆升构成鲜明的"对偶"式发育的态势。

1）平凉组沉积期（相当于西缘的乌拉力克组沉积期—蛇山组沉积期）

平凉鄂尔多斯本部乃至华北地块处于整体抬升状态，仅在鄂尔多斯西缘及南缘发育半深海—深海沉积，而鄂尔多斯本部完全缺失同期的沉积层。该期沉积大体可分为台缘斜坡与深海盆地两个主要沉积相区（图 2-8）。

台缘斜坡：北缘以泥质碳酸盐岩、钙质泥岩为主，间夹中厚层碳酸盐岩；南缘则以厚层碳酸盐岩及泥质碳酸盐岩为主。碳酸盐岩层段整体白云岩化程度较低，反映其主要形成于连续快速沉降的构造背景下。碳酸盐岩主要为灰泥丘、生物礁环境产物，泥质岩及泥质灰岩则主要形成于潟湖及海湾环境。

深海盆地：以泥质岩类沉积为主，间夹中厚层泥灰岩。常见笔石类等反映深海环境的生物化石，即所谓的深水笔石页岩相；在西缘桌子山地区则可见浊积成因的砂泥交互层沉积，亦反映其主要形成于较深水的深海盆地沉积环境。

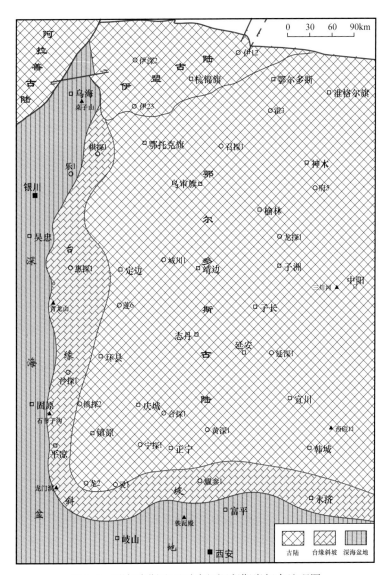

图 2-8　鄂尔多斯地区平凉组沉积期岩相古地理图

2）背锅山组沉积期（相当于贺兰山地区的银川组沉积期）

该时期古地理格局基本类同于平凉组沉积期，亦主要在鄂尔多斯西缘及南缘呈"L"形发育半深水—深海沉积，岩性也以碳酸盐岩、泥质碳酸盐岩及泥灰岩为主。根据沉积特征也可大体分为台缘斜坡与深海盆地两个主要的沉积相带。

台缘斜坡：南缘以深灰色、灰黑色泥质碳酸盐岩、泥灰岩为主，夹中薄层泥质岩，多富含细碎的生物碎屑组分，有一定的有机质含量；西缘则以砖红色、灰绿色陆源砂泥质沉积为主，有机质含量相对较低。

深海盆地：在鄂尔多斯西缘地区（银川组）以砂泥岩互层为主，间夹中厚层石灰岩或透镜体，主要为深海浊积成因的复理石沉积；在鄂尔多斯南缘则以角砾状碳酸盐岩沉积为主，角砾成分混杂、大小不一，成层性差，反映其可能主要为重力流成因的混杂堆积。

平凉组沉积期—背锅山组沉积期以后，鄂尔多斯地区即进入了加里东末期—海西早期整体构造抬升的新阶段，期间奥陶系顶部的沉积层曾经历了区域性的风化剥蚀，其中中央古隆起区的抬升剥蚀尤为强烈，甚至导致古隆起核部本就不厚的奥陶系沉积层被剥蚀殆尽。

三、奥陶纪古地理演化的基本特征

1. 马家沟组沉积期沉积演化表现出极强的旋回性

由于相对海平面变化的影响，奥陶系岩性表现出明显的旋回性发育的特征，特别是鄂尔多斯中东部地区的马家沟组表现尤为明显（图2-3），马家沟组马一段、马三段、马五段以石盐岩、硬石膏岩、含膏云岩为主，马二段、马四段、马六段则以碳酸盐岩（石灰岩及白云岩）为主（其中马六段由于加里东风化壳期抬升剥蚀，在盆地本部的大部分地区地层缺失，仅局部零星分布有数米至十余米厚的残留）。其内部更可见次一级的沉积旋回，仅以马五段为例，马五段自上而下又可细分为马五$_{1}$—马五$_{10}$十个亚段，其中马五$_{1-3}$亚段、马五$_{5}$亚段、马五$_{7}$亚段、马五$_{9}$亚段以白云岩、石灰岩为主，而马五$_{4}$亚段、马五$_{6}$亚段、马五$_{8}$亚段、马五$_{10}$亚段则以石盐岩、硬石膏岩及膏质云岩为主。对于这种旋回性沉积的成因，包洪平等（2004）认为其主要与天文级别的气候旋回所控制的海平面相对变化有关。上述两种级次的旋回中，马一段—马六段的旋回大体相当于Vail的三级层序旋回，马五段内部的次级旋回则相当于Vail的四级及五级层序旋回（Vail等，1977，1979，1991）。而对于盆地西部及南缘地区，由于以碳酸盐岩为主，虽也有一定的旋回性，但其在岩性上的变化特征并没有盆地中东部地区显著，主要表现为白云岩化程度和岩石微观结构及沉积微相特征等方面的差异，较难进行详尽的旋回性对比分析，此处不作过多的论述。

2. 边缘与本部具差异性演化特征

1）西南边缘奥陶纪沉积开始早、结束晚

在奥陶纪，鄂尔多斯西缘及南缘沉积地层发育开始的时间均早于盆地本部地区，这表现在西缘及南缘都发育有下奥陶统冶里组—亮甲山组的沉积层，而盆地本部地区则整体缺失冶里组—亮甲山组沉积层。这说明在奥陶纪的整体构造—沉积演化过程中，西南边缘地区先于鄂尔多斯本部较早发生了构造沉降作用，因而其沉积作用要明显早于鄂尔多斯本部地区。

在加里东中—晚期的整体构造抬升作用过程中，西缘及南缘又晚于盆地本部奥陶纪沉积结束的时间。盆地本部在中奥陶世马家沟组沉积末期（马六段沉积期末，相当于华北的峰峰组沉积晚期）就开始整体抬升，以至其缺失马家沟组以上的沉积层；西南边缘地区的沉积作用则一直延续，沉积了晚奥陶世的平凉组—背锅山组（图2-8），并且向南表现出沉积水体加深、地层厚度加大的沉积特征（李日辉，1990；林尧坤，1993，1996；李文厚等，1997；杨华等，2010；邵东波等，2019；包洪平等，2020a），与盆地本部形成具鲜明的对偶性差异升降的构造特征。

2）本部奥陶纪具先隆、后坳的沉积演化特征

在奥陶纪沉积作用的初期（早奥陶世冶里组沉积期—亮甲山组沉积期），鄂尔多斯本部仍处于整体隆升的古陆状态，因而整体缺失冶里组—亮甲山组沉积层。但随着奥陶纪沉积作用的整体演进至马家沟组沉积期，鄂尔多斯本部也开始接受更为广泛的海相沉积，以

至鄂尔多斯本部的绝大部分地区都覆盖马家沟组沉积层，并且在中东部地区发生明显的构造坳陷作用，形成局部的盐洼沉积环境并发育巨厚的石盐岩沉积层。

第三节　奥陶纪沉积充填的总体特征

一、处于华北克拉通边缘，构造分异强烈

从区域大地构造演化背景看，鄂尔多斯地区奥陶纪仍属华北克拉通的一部分，但由于总体处于华北克拉通的西、南边缘地区，构造活动性相对较强。南缘有古秦岭洋板块的俯冲碰撞（张国伟，1988；张国伟等，2001；董云鹏等，2003；杨华等，2010），西缘则存在古祁连洋板块向鄂尔多斯地块的俯冲碰撞（白云来等，2010），导致鄂尔多斯西部及南缘在奥陶纪产生了较为强烈的构造分异作用，主要表现在三个方面：一是伴随早期贺兰—秦岭洋盆扩张开裂而导致鄂尔多斯中西部"L"形中央古隆起的形成（赵重远，1993）；二是与中央古隆起相伴生，由于均衡补偿而在中央古隆起东侧形成边侧坳陷（张吉森等，1991），构成了鄂尔多斯东部厚层盐岩沉积发育的基础；三是西部及南缘具有边缘海（弧后盆地）性质的拉伸沉降，形成明显有别于鄂尔多斯本部的巨厚半深水斜坡—深海盆地相沉积建造。

由此可见，在板块构造体制的控制下，板块边缘地区构造活动强烈，足以产生区域性的、相当于盆地二级构造单元级别的构造分异作用，并进而导致岩相古地理格局的区域性差异。

二、古隆起区与古坳陷区沉积分异显著

由于古构造背景的差异，必然在横向上控制沉积作用的分异，突出表现在以下三个方面：一是沉积地层厚度的差异，古隆起区地层厚度多在400m以内，而古坳陷区一般在600m以上，尤其西南边缘坳陷区甚至达1000m以上；二是地层结构的差异，古隆起区多以浅水沉积为主，海侵期沉积地层厚度相对较大，而坳陷区多以较深水沉积为主，海退期沉积厚度反而相对较大；三是沉积相及岩性的差异，古隆起区多以台地相白云岩为主，而东部坳陷区发育局限海台地相膏盐岩与碳酸盐岩旋回沉积，西南边缘坳陷则以半深水斜坡—深海盆地相碳酸盐岩、泥质碳酸盐岩及陆源砂泥岩沉积为主。

三、奥陶纪均为海相沉积环境，但东、西差异明显

在奥陶纪，由于构造分异所控制的古地理格局的差异，使鄂尔多斯中东部地区与西部及南缘的沉积特征存在较大的差异：中东部地区总体以膏盐岩与碳酸盐岩交互的旋回性沉积为主，而西部及南缘则以碳酸盐岩及泥页岩沉积为主。横亘于鄂尔多斯中西部地区的中央古隆起的阻隔作用，是其两侧沉积环境产生巨大差异的主要原因（图2-9）。

四、总体表现为早期内源为主、晚期外源为主的充填演化特征

从冶里组沉积期—亮甲山组沉积期至马家沟组沉积期，无论是盆地边缘还是本部地区均以内源沉积为主，只不过本部和边缘存在岩相上的差异，即本部以蒸发膏盐岩和碳酸盐岩共生体系为主，西缘及南缘则以纯碳酸盐岩为主，但均是以化学沉积作用为主的内源沉积建造（图2-10）。

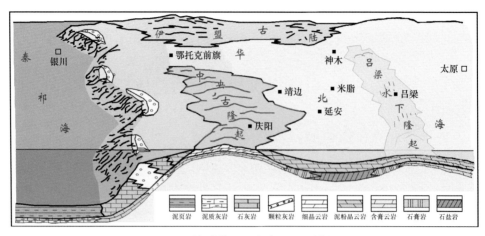

图 2-9　鄂尔多斯地区奥陶纪沉积模式图

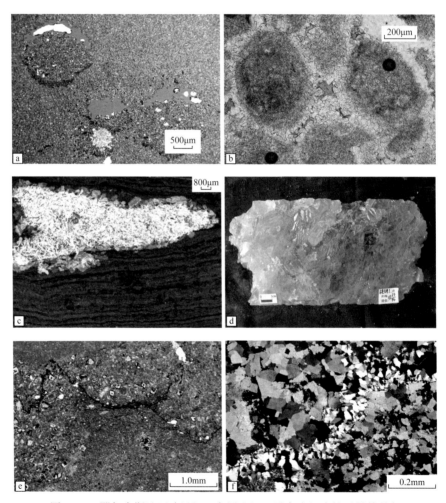

图 2-10　鄂尔多斯地区冶里组—亮甲山组、马家沟组岩性及结构特征

a. 陕 106 井, 3229.60m, 马五段, 泥粉晶云岩, 具球状膏质结核溶孔, 单偏光; b. 洛 1 井, 2890m, 马四段, 鲕粒云岩, 粉晶结构, 具残余粒间孔, 单偏光; c. 镇钾 1 井, 3041.77m, 马三段, 纹层状粉细晶云岩, 具硬石膏斑块, 正交偏光; d. 镇钾 1 井, 2747.66m, 马五段, 巨晶石盐岩, 岩心照片; e. 偏关, 冶里组, 含球粒泥晶藻灰岩, 沿压溶缝合线发育斑状云化, 单偏光; f. 河津, 亮甲山组, 细晶云岩, 具自生硅质条带, 正交偏光

而至晚奥陶世的平凉组沉积期及背锅山组沉积期，鄂尔多斯本部开始整体隆升，仅西部及南缘继续接受沉积充填。并逐渐表现为混源沉积或以陆源碎屑为主的沉积作用特征，主要发育半深水斜坡—深海盆地相的泥质碳酸盐岩、泥页岩及粉细砂岩沉积，总体反映了晚期构造作用加剧，差异隆升与沉降作用开始突显，导致陆源碎屑物质供应不断得到加强。在这一构造背景下，形成了具快速充填特征的混源及陆源碎屑沉积建造（图2-11）。

图 2-11　鄂尔多斯地区上奥陶统平凉组—背锅山组岩性及结构特征

a.乌海桌子山，拉什仲组，中厚层粉细砂岩夹灰绿色泥岩；b.淳2井，3280.93m，背锅山组，含生屑泥灰岩，单偏光；c.西桌子山水泥厂，乌拉力克组，深灰色笔石页岩；d.西桌子山水泥厂，乌拉力克组，深灰色笔石页岩，单偏光；e.余探2井，3972.70m，乌拉力克组，深灰色笔石页岩，岩心照片；f.平凉官庄，平凉组，深灰色页岩，含笔石化石

因此，奥陶纪沉积充填总体表现出早期以内源沉积为主、晚期以陆源碎屑（外源）沉积为主的沉积充填演化特征。

五、西南边缘是鄂尔多斯地区奥陶纪最为活跃的构造沉降区

首先，从奥陶系厚度变化来看，西缘及南缘的奥陶系厚度明显厚于盆地本部地区。如西缘贺兰山地区奥陶系累计厚度达3613m（霍福臣等，1989），南缘岐山剖面奥陶系地层厚度也达2000m以上；而盆地本部地区奥陶系累计厚度均在1000m以内，大部分地区一

般在 400~700m 的范围内。说明奥陶纪整体沉降幅度以西南缘为最（图 2-2）。

其次，从奥陶纪沉积时限看，盆地中东部地区在马家沟组沉积后即开始抬升，整体缺失晚奥陶世沉积；而西缘及南缘奥陶纪沉积作用则一直持续到晚奥陶世的平凉组沉积期—背锅山组沉积期，说明在鄂尔多斯本部已经开始抬升剥蚀时，西缘及南缘仍处于较强烈的差异沉降过程中（图 2-5）。

再者，鄂尔多斯本部地区在奥陶纪总体处于陆表海台地型的浅水沉积环境，而西缘及南缘的大部分地区则大多处于半深水的斜坡及深海盆地环境，也同样说明西缘及南缘在奥陶纪总体处于活动性较强的构造沉降区。

究其原因，可简单归结为鄂尔多斯西南边缘在基底构造上本身就处在一个活动性较强的区域。因为在新太古界—古元古界变质基底的拼贴形成过程中，该区主体处在华北地块与阿拉善地块、以及华北地块与古秦岭地块的边缘接触带上，从基底构造上就存在"先天的不安分"因素。在中新元古代的早期沉积盖层发育过程中，鄂尔多斯西南边缘就一直是最为活跃的构造沉降区。这一继承性特征一直延续到了早古生代沉积地层的发育过程中（包洪平等，2018）。因此，中新元古代以来西南边缘的多期构造沉降，在一定程度上也是沉积盖层发育对基底构造活动的继承性表现。

第四节　古隆起对奥陶纪沉积的控制作用

一、中央古隆起对奥陶纪沉积的控制与影响

前已述及，鄂尔多斯地区在早古生代存在一个"L"形的古隆起，习惯上虽被称之为"中央古隆起"，其实际位置则处于明显偏盆地西南部的一侧，古隆起的核部则位于环县—镇原—长武一带。中央古隆起对鄂尔多斯地区早古生代沉积起重要的控制作用，主要表现在以下三个方面。

1. 控制了奥陶纪的整体沉积格局

受中央古隆起的控制，奥陶纪沉积明显分为两个大的沉积相区，即华北海域与秦祁海域。古隆起以东属华北海域，发育陆表海碳酸盐岩与局限海蒸发膏盐岩交替的旋回性沉积层；古隆起以西、以南属秦祁海域，发育深水盆地相、斜坡相碳酸盐岩，岩性主要为石灰岩、白云岩及泥质碳酸盐岩沉积，局部层段还发育有陆源碎屑沉积（图 2-5）。两大海域在奥陶纪沉积岩相上表现出截然不同的特征。

其次，盆地奥陶系的沉积厚度也以古隆起为分割，出现两个坳陷区，一个是东部的膏盐盆地坳陷区，沉积厚度可达 800~900m；另一个是西南部边缘的海槽沉降区，在西缘的沉积厚度达 1000m 以上，在南缘则达 2000m 以上，主要与晚奥陶世的快速差异沉降有关（杨华等，2010）。

2. 对小层沉积相带的控制

除了控制大的沉积格局，中央古隆起还对奥陶系小层的沉积相带展布有明显的控制作用。以奥陶系马家沟组五段为例，无论是海退的膏盐岩沉积期，还是海侵的碳酸盐岩沉积

期，沉积相带都有沿古隆起呈环带状展布的区域性分布特征。

　　以海退期的马五₆亚段为代表，由于古隆起区的障壁作用，使盆地东部的盐洼沉积区与古隆起西侧的秦祁海域基本处于相对隔绝的状态，盆地东部的盐洼中心主要发育石盐岩沉积，向古隆起方向依次过渡为盆缘膏云斜坡、含膏云质缓坡、含膏云坪，以及环隆泥云坪沉积（图2-12）。即在盆地东部的盐洼区形成以膏盐岩为主的蒸发岩类，向古隆起一侧则逐渐过渡为白云岩为主，说明在海退期古隆起对沉积相带确有明显的控制作用，而且在部分时间古隆起可能起到了完全隔绝外海的作用，使盐洼盆地进入近于"干化蒸发"的蒸发岩形成阶段（包洪平等，2004）。

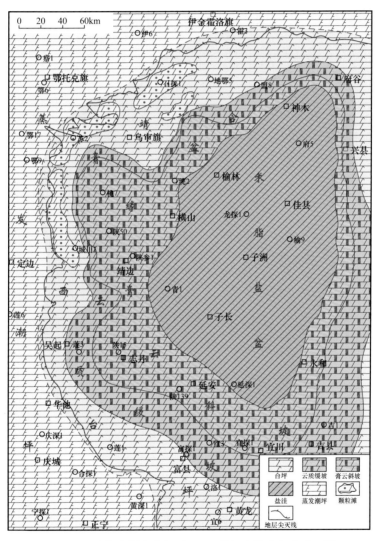

图2-12　鄂尔多斯中东部马五₆亚段沉积期岩相古地理图

　　海进期以马五₅亚段为代表，沉积相带也具有围绕古隆起呈环带状分布的特点，自西向东依次发育环陆云坪、靖西台坪、靖边缓坡、东部洼地等相带（详细特征描述见第三章）。在古隆起及邻近地区以白云岩为主，而向东进入盆地东部地区则以石灰岩为主（局部间夹白云岩薄层）。这一岩性及相带的分区特征基本代表了由古隆起区向盆地东部沉积水体及底形的变化趋势，也同时反映出古隆起在海进期对沉积相带的分布也有一定控制作用。

3. 对白云岩化作用的控制和影响

系统的白云岩成因机理研究表明，鄂尔多斯地区奥陶系的白云岩化作用主要发生在地表的准同生成岩环境或近地表浅埋藏成岩作用环境，白云岩化环境对所处沉积环境有较大的继承性。因而，中央古隆起对沉积作用的区域性控制也体现在白云岩化作用过程中，这尤为突出地表现在奥陶系白云岩分布的"区位性"上（包洪平等，2017b）。

这里所谓"区位性"指白云岩分布受特定的构造区域或沉积部位控制，只在特殊部位有规模性的发育。奥陶系马家沟组海侵旋回中，白云岩的分布即具有明显的"区位性"分布特征。以马四段白云岩为例，在中央古隆起区马四段碳酸盐岩基本均为大段厚层的块状云岩（图2-13）；在古隆起东侧地区则逐渐转变为白云岩—石灰岩过渡特征（中上部仍以白云岩为主）；而到东部地区则变为以石灰岩为主，白云岩则仅以薄夹层的形式出现在大

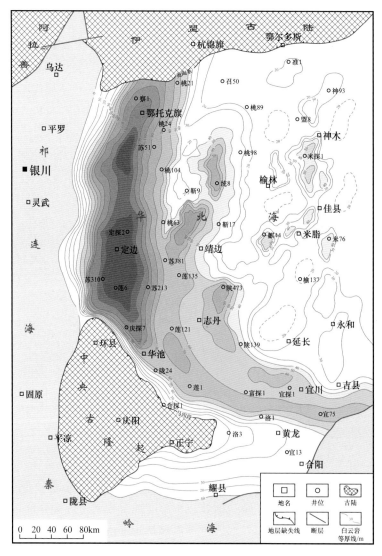

图2-13　鄂尔多斯地区马四段白云岩厚度图

段厚层的石灰岩地层中。由此可见，中央古隆起对马四段沉积期的白云岩化作用及白云岩分布也起到了重要的控制作用。

再如盆地中东部地区奥陶系马家沟组马五$_5$亚段的白云岩分布，也是明显受到中央古隆起的控制。由马五$_5$亚段白云岩／地层厚度比图可见（图2-14），马五$_5$亚段白云岩主要分布在靠近古隆起一侧的区域，向远离古隆起的盆地东部地区白云岩呈明显减少趋势，即马五$_5$亚段的白云岩表现出明显的"区位性"分布特征，与前述马五$_5$亚段相带展布的趋势具有一定相似性，反映其沉积后的白云岩化成岩作用可能受其原始沉积环境的继承性影响较大，即可能有一定的"相控"因素在影响其白云岩化的过程。

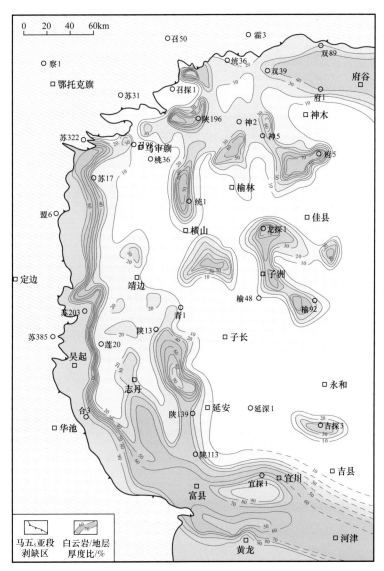

图2-14 马五$_5$亚段白云岩／地层厚度比平面分布图

针对马五$_5$亚段这一特定沉积层段的沉积微相及其与相邻层段的相序演化研究表明，马五$_5$亚段是夹在长期海退层序中的短期海侵沉积，其白云岩化作用及白云岩分布主要受沉积期古地理格局和短周期层序演化两个方面的因素控制。

首先，在马五₅亚段沉积期自东向西依次发育东部洼地、横山缓坡、靖西台坪及环陆云坪，并在古隆起东侧的靖西台坪区发育台内浅水颗粒滩沉积（图2-15），形成了有利于后期白云岩化作用发生的沉积结构基础。

其次，是在马五₅亚段沉积期后，即进入了马五₄亚段蒸发岩沉积期时，马五₅亚段先期的沉积组构及其所处的浅埋藏成岩作用环境，对白云岩化作用具有较强的选择性。在进入马五₄亚段蒸发岩沉积期后，由于膏质物的沉淀，在正处于浅埋藏成岩环境的马五₅亚段沉积层中形成了富镁卤水浸润的成岩环境，提供了白云岩化交代作用得以发生的物质条件。而古隆起东侧的马五₅亚段浅水碳酸盐岩颗粒滩沉积区是最有利于这一作用充分发生的场所，这主要得益于其邻近古隆起，在马五₄亚段沉积期由于海退所引起的古隆起区间歇暴露，在马五₅亚段颗粒滩相沉积物中形成了大气淡水与蒸发卤水混合的"混合水云化"成岩作用环境，导致其发生大规模的白云岩化作用，进而形成具粗粉晶晶粒结构的白云岩储层。

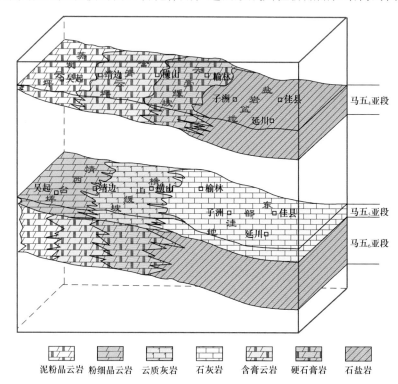

图2-15 马五₅亚段沉积前后环境演化及白云岩化模式图

在这一白云岩化作用过程中，古隆起发挥了决定性的控制作用：一是由于古隆起障壁作用所导致的其东侧局限海蒸发作用环境和富镁流体的形成；二是古隆起上间歇性暴露区的大气淡水来源。这也正是古隆起东侧中组合白云岩集中发育的原因所在。

二、乌审旗古隆起对奥陶系沉积的继承性影响

近期研究及钻探与地震勘探资料揭示，鄂尔多斯地区在寒武纪，除了发育中央古隆起、伊盟隆起（伊盟古陆）、吕梁隆起外，还发育"乌审旗—靖边古隆起"。乌审旗—靖边古隆起除了导致寒武纪沉积的缺失外，还造成了奥陶纪华北海内部的次级构造与沉积分异作用，进而影响到奥陶纪碳酸盐岩—膏盐岩体系的岩相古地理格局和有利储集相带的展布。

1. 乌审旗古隆起的分布与成因

1）古隆起的分布

乌审旗寒武纪古隆起位于盆地中部乌审旗—靖边地区，总体呈燕尾状形态展布，一翼向靖边以南延伸，一翼向鄂托克前旗方向突出。周缘寒武系向古隆起方向超覆减薄直至尖灭缺失，古隆起核部缺失整个寒武系，探井约束的寒武系地层缺失面积约 10000km² （图 2-16）。古隆起中—上元古界长城系与奥陶系马家沟组直接接触，表明整个寒武纪该古隆起一直处于隆起剥蚀状态，直至奥陶纪马家沟组沉积期才开始重新接受沉积。

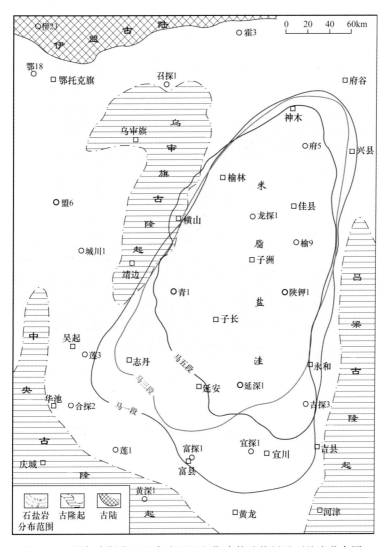

图 2-16　鄂尔多斯盆地马家沟组沉积期古构造格局及石盐岩分布图

2）古隆起的成因

初步分析认为，乌审旗—靖边古隆起是寒武系沉积前就已存在的古地形高地，是对中元古代长城系沉积后 800～1000Ma 抬升剥蚀期间所形成的残留地形高差起伏的最终"记忆"。因为在奥陶纪马家沟组沉积期开始沉积后，除了较早期的马一段、马二段在古隆起区有一定缺失外，马三段以后的沉积就已渐趋正常，虽然厚度及岩性有一定变化，但也只是一种继承性的影响而已，而并无后续进一步抬升的构造变动。尤其是在马四段沉积期等区域性海侵期，其沉积厚度已无明显变化，而仅存在沉积微相的变化，说明并不存在同沉积期的大规模构造运动。

2. 对奥陶纪沉积作用的继承性影响

1）限定盆地东部米脂盐洼的西界范围

盆地东部的米脂—延川地区奥陶系马一段、马三段、马五段都发育有厚层的石盐岩层，但从具体分布特征看，其分布范围均受制于西南部中央古隆起、中部乌审旗—靖边古隆起、东部吕梁古隆起所限定的一个三角形洼陷带，即米脂盐洼。所在区受三大古隆起的共同障壁阻隔作用，致使马家沟组海退期古隆起大部分时间暴露地表，导致盆地东部米脂洼陷与广海长时间隔绝或海水循环不畅，水体盐度升高，形成厚层石盐岩沉积。其中马一段石盐岩分布面积约 $5.4×10^4km^2$、马三段石盐岩分布面积约 $3.9×10^4km^2$、马五段石盐岩分布面积约 $3.5×10^4km^2$（图2-16）。其中，马一段石盐岩分布范围最广，面积最大。随着马家沟组振荡性海侵作用的不断推进，石盐岩逐渐向北收缩，石盐岩分布范围从马一段沉积期至马三段沉积期，再到马五$_6$亚段沉积期依次缩小。乌审旗—靖边古隆起自然成了限定奥陶纪盐洼范围的西部边界。

2）乌审旗—靖边古隆起控制沉积相带的东西分异

受寒武纪乌审旗—靖边古隆起的继承性影响，奥陶纪乌审旗—靖边古隆起对其东西两侧的沉积水体仍起一定的障壁作用，使盆地中东部奥陶系马家沟组的沉积岩相出现明显的区域性分异作用。以马五$_7$亚段短期海侵期为例，乌审旗—靖边古隆起东、西两侧的洼陷出现明显的沉积相带分异。除了盆地东北部府谷地区水体相对开阔，以泥晶灰岩为主之外，东部米脂洼陷相对于靖西洼陷沉积水体更为局限，岩性以灰质云岩、云质灰岩为主，局部古地貌高部位以生物潜穴云岩为主；靖西洼陷与外海沟通，沉积水体较通畅，岩性则以生物扰动石灰岩为主；而乌审旗—靖边古隆起区水体能量较高，主要发育台内丘滩体沉积（图2-17）。

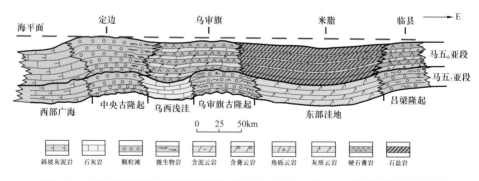

图2-17 鄂尔多斯地区奥陶纪马家沟组马五$_7$亚段—马五$_6$亚段沉积演化模式图

在马五$_6$亚段、马三段等海退期，中东部地区则整体处于半封闭—封闭的局限海盐洼沉积环境。以马三段为例，乌审旗—靖边古隆起区以蒸发云坪沉积为主，而古隆起两侧的洼陷区出现进一步的沉积分异，东部的米脂洼陷海水盐度较高，岩性以石盐岩为主，而中部的靖西洼陷海水盐度则相对较低，岩性以硬石膏岩与白云岩互层为主。

第三章 层序旋回与沉积相及微相特征

第一节 奥陶系层序旋回

一、奥陶系"旋回性"岩性结构特征

奥陶纪，在鄂尔多斯盆地中部偏西南地区存在一个水下隆起（习称"中央古隆起"），它对奥陶纪沉积起着至关重要的控制作用。古隆起以西、以南地区属秦岭—祁连海域（简称秦祁海域）沉积区，主要发育深水盆地相、斜坡相碳酸盐岩沉积及泥页岩沉积；古隆起以东及以北地区属华北海域沉积区，主要发育陆表海碳酸盐岩与局限海蒸发膏盐岩交替的旋回性沉积，在鄂尔多斯中东部的马家沟组沉积层中旋回性表现得尤为突出。

1. 马一段—马六段呈显著的岩性旋回结构

马家沟组沉积期，鄂尔多斯地区开始广泛海侵，并在鄂尔多斯东部的陕北地区发生同期的构造坳陷作用，形成巨厚的碳酸盐岩—膏盐岩交互的旋回性地层结构（图3-1、图3-2）。马家沟组自下而上分为马一段、马二段、马三段、马四段、马五段、马六段6个段，其中马一段、马三段、马五段为局限海蒸发台地相白云岩、膏盐岩；马二段、马四段、马六段为陆表海陆棚相泥晶灰岩、白云岩。

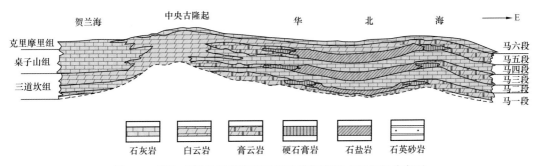

图3-1 鄂尔多斯地区奥陶纪马家沟期沉积模式及岩相分布图

在鄂尔多斯中部偏西的中央古隆起区，则以碳酸盐岩沉积为主，主体为大段厚层的白云岩体，岩性较为单一，旋回性特征并不明显。

在鄂尔多斯西部的祁连海沉积区，岩性以石灰岩为主，仅部分层段间夹薄层白云岩，因此从大的岩性变化特征看，也未表现出明显的旋回性。

2. 各段内部还具次一级旋回结构

除了上述马一段—马六段所呈现出的"段级"岩性旋回结构外，各段地层内部还发育有更次一级的岩性旋回结构。

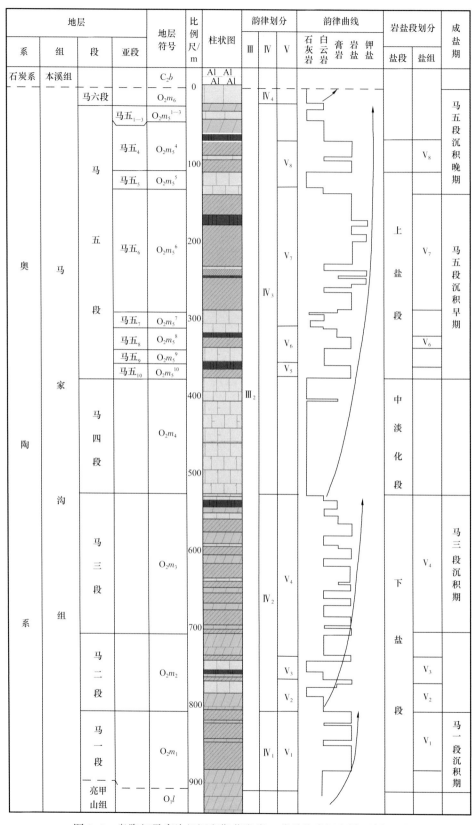

图 3-2　奥陶纪马家沟组沉积期蒸发岩—碳酸盐岩沉积旋回剖面图

以马五段为例，其是马家沟组最晚一期蒸发岩旋回形成的沉积层，其内部次一级的碳酸盐岩与蒸发膏盐岩交互的旋回性沉积特征也十分突出，长庆油田的天然气勘探工作者按岩性组合及旋回特征自上而下细分为马五$_1$—马五$_{10}$十个亚段，其各亚段基本岩性及沉积特征如图3-2所示。

马五段岩性不仅在纵向上呈现出明显的旋回性变化特征，在横向上也表现出明显的区域性相变规律。图3-3综合性地表示出了马五段中下部的纵向岩性旋回及横向岩性相变特征。如马五$_{10}$亚段、马五$_8$亚段、马五$_6$亚段等海退期的蒸发岩沉积，主要形成于与外海相对隔离、甚至完全隔绝的局限海沉积环境，其大区的沉积相带具有围绕东部盐洼呈环带状展布的特征，总体上东部地区水体受局限程度高、多发育石盐岩沉积，而在靠近古隆起的盆地中西部地区，则以硬石膏岩及蒸发潮坪白云岩为主；而在马五$_9$亚段、马五$_7$亚段、马五$_5$亚段等短期的海侵期，则处于与外海基本沟通的正常浅海沉积环境，主要发育正常海相的碳酸盐岩沉积层，也具有围绕东部洼地呈环带状或半环状分布的特征，总体上东部地区水体相对较深、多发育石灰岩，而在靠近古隆起的盆地中西部地区，则主要发育白云岩。

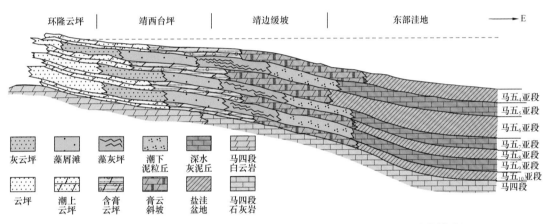

图3-3　鄂尔多斯中东部奥陶纪马家沟组马五段沉积早—中期沉积演化模式图

盆地中东部地区奥陶系的这种旋回性沉积特征，能较好地用层序地层学观点加以分析，以加深对其沉积发育特征、相带展布，以及纵向叠置等方面的规律性认识。

二、基本层序格架

1. 层序界面类型及其识别标志

层序地层学有三种重要的界面：层序边界、最大海泛面和海侵面。海侵面（TS）指最大海退之后的第一个海泛面，它实际上和层序的底界重合；最大海泛面（MFS）代表海平面上升速率最快的时期，它将高水位体系域和海侵体系域分开；层序边界（SB）是分开两个层序的界面，通常代表不整合或与之相应的界面。在Vail的层序模型中将其分为Ⅰ型层序边界和Ⅱ型层序边界两种类型。Ⅰ型层序边界形成于海平面下降速率大于盆地沉降速率的层序中，因此常见界面上的侵蚀截切及深切谷地等构造；Ⅱ型层序边界形成于海平面下降速率小于或等于盆地沉降速率的层序中，一般没有明显的陆上侵蚀作用。本区马家沟组的地层层序除马家沟组底界和顶界为Ⅰ型层序边界外，其他均为Ⅱ型层序边界。

层序地层学是在地震地层学的基础上发展起来的一门学科，主要依赖地震反射识别各种层序界面。这种方法对于陆源碎屑沉积的层序研究确实有效，但对于本区奥陶系的碳酸盐岩—蒸发岩地层却存在较大问题（对于世界其他地区的同类沉积也大抵如此）。主要原因有三：一是碳酸盐岩沉积层内部能够引起地震反射的岩性界面上、下的岩石间的波阻抗差异很小，导致地震反射的振幅小、反射连续差，看不到清晰明辨的退积、进积接触关系及典型的内部反射结构等；二是碳酸盐岩的地层单元通常较薄，小于地震反射的纵向（厚度）分辨率极限，而使地震反射所能反映地层内部的层序信息较为有限；三是碳酸盐岩沉积（尤其中生代以前的）通常发育在坡度很缓的基底背景上，用地震方法不易追踪到上超、下超等沉积边界，或是被后期的构造抬升所剥蚀，从而增加了用地震方法进行层序研究的难度。

因此在对本区碳酸盐岩—蒸发岩地层层序的研究中，除了利用地震资料外，还尝试利用微相研究的方法进行层序界面的识别，所选用的主要微相识别标志如下（包洪平等，2000a）。

（1）微相类型的突然变化：层序的发育总是从海侵开始，而上一个层序又总是以低水位期最大海退作为终结，并常伴有暴露和侵蚀作用，因而造成在界面处的上、下两层序是位于不同体系域的微相类型，并且常常呈突变接触。

如在盆地中东部地区奥陶系马家沟组五段上部地层中，其底部马五$_5$亚段（地层厚25～30m）在较大的区域范围内为泥晶灰岩微相（图3-4），而其上的马五$_4$亚段则突然相变为硬石膏岩、石盐岩及含膏泥粉晶云岩微相，明显可以作为某一级层序界面的标志。

（2）特殊微相类型：在海平面下降的低水位期，常伴有淡水透镜体的向海移动（尤其在潮湿的气候条件下），可在颗粒碳酸盐沉积、骨架礁体等渗透性沉积体中发育强烈的混合水白云岩化作用，形成特殊的白云岩体，本区残余颗粒云岩微相及粉细晶云岩微相即可能与这种白云岩化作用有关，因此其顶界即代表了这一级层序的顶界。

（3）特殊微相标志：由于层序边界的形成过程中往往伴有较长期的暴露，可在岩石微相中留下特征的记录，常可在岩石薄片的微相分析中观察到，如钙结壳、负鲕、微侵蚀面、重力胶结、"V"形干裂、示顶底充填等都与其位于层序界面附近有关（图3-5），其所处微相的顶界一般也代表了某一级层序的边界。

（4）层序堆叠方式：利用准层序的堆叠方式进行层序界面的识别。这一方法最先由I.P.Montanez等（1993）在对美国大盆地地区中上寒武统碳酸盐岩地层的层序地层学研究中提出。在一个剖面中准层序的堆叠方式往往与海平面的相对变化有关，当准层序堆叠在剖面中表现为向上逐渐增厚时代了海侵体系域的沉积特征；向上变薄时则代表了高水位体系域的沉积特征；最厚的准层序代表了最大海泛面附近的沉积。当准层序厚度很薄且频繁变化时则代表了层序边界附近的沉积。

如在鄂尔多斯中东部地区奥陶系马家沟组的高位体系域中，可见向上变薄的堆叠方式。如图3-6a所示，马家沟组含生屑泥晶灰岩微相中的准层序堆叠方式，表现为深灰色泥晶灰岩间互地夹有极薄层的土黄色泥岩薄层。泥晶灰岩厚度为0.5～2.5m，常见生物扰动构造；泥岩厚0.5～2cm。有时在剖面上还可见泥晶灰岩层向上增厚的堆叠趋势。本区的这种准层序堆叠方式与北美 Great 盆地中上寒武统 Bonanza King 组台地碳酸盐岩的准层序堆叠方式极为相似，如图 3-6b 所示（I.P.Montanez 等，1993）。Montanez 等将石灰岩向上变厚的准层序堆叠方式解释为可容纳空间增大的海侵期的产物，而将向上变薄的堆叠方式解释为可容纳空间逐渐减小的高水位期的产物。由此看来，这种准层序堆叠方式的变化，至少在局部地区（同一个盆地内）具有较好的可对比性。

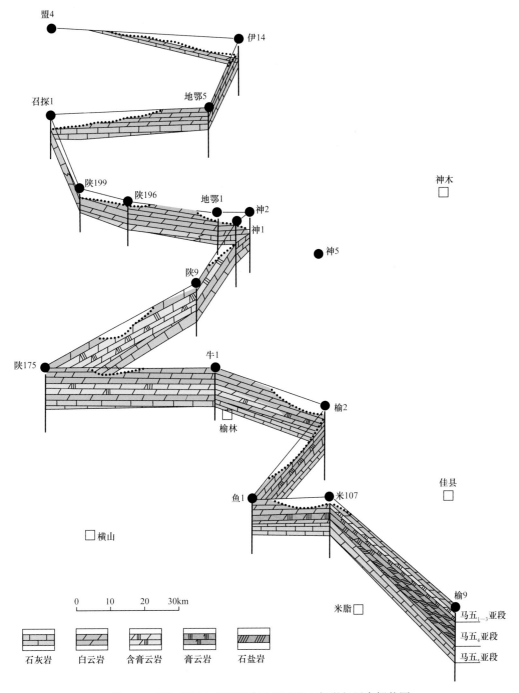

图 3-4　鄂尔多斯中东部奥陶系马五段上部微相展布栅状图

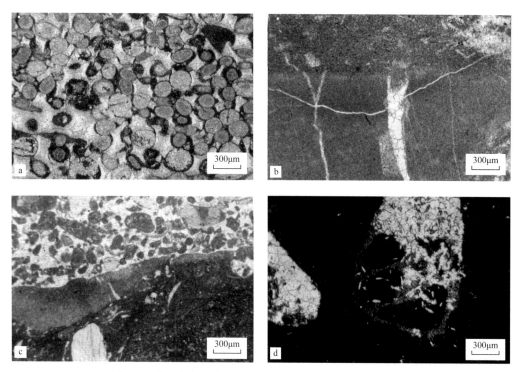

图 3-5 盆地东部奥陶系马家沟组层序界面附近的微相标志

a. 兴县山梁沟，马四段，鲕粒云岩，见个别负鲕；b. 兴县山梁沟，马二段，"V"形干裂切穿石膏晶体；c. 兴县山梁沟，马四段，泥晶灰岩，具钙结壳及微侵蚀面；d. 保德县桥头镇，马四段，生物钻孔的示顶底充填

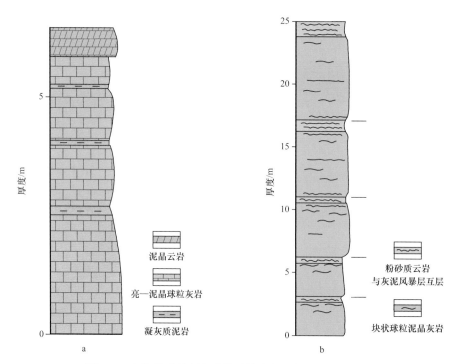

图 3-6 高位体系域与海进体系域中准层序堆叠方式对比

a. 鄂尔多斯东部奥陶系马家沟组呈向上变薄的准层序堆叠方式，反映高水位期可容纳空间减小事件；b. 北美大盆地地区中上寒武统 Bonanza King 组表现为向上增厚的准层序堆叠方式，反映海进期可容纳空间增大事件（据 Montanez 等，1993，修改）

2. 层序格架划分

通过对本区东部柳林剖面的薄片观察和区内钻穿奥陶系的钻孔岩心、地质录井及测井资料的综合对比分析，在该区马家沟组共识别出23个高频层序，大体相当于王鸿祯等（1998）的四级层序旋回或Vail等（1991）的副层序旋回，其所代表的地层厚度一般在30～70m。除最底部层序的底界和最上部层序的顶界为Ⅰ型层序边界外，其他各层序的边界均为Ⅱ型层序边界，反映了高频海平面变化周期中低水位期持续较短、海平面下降幅度有限、不发育明显侵蚀作用的特点。其层序格架如图3-7所示。

在空间上重复叠置的同一类层序可归并为层序组，层序组的周期性变化则构成层序组旋回，研究区内的层序组大致相当于地层系统的马一段、马二段、马三段、马四段、马五段及马六段等的"段"一级地层单元，其所代表的地层厚度一般在80～200m。它们在空间上构成3个层序组旋回。每个层序组旋回所代表的沉积演化过程大体经历了海侵期的碳酸盐灰泥丘及生物礁生长、高水位期加积及滩沉积的发育、低水位早期石膏楔状体的形成、低水位晚期石盐充填的海平面变化和地层堆叠过程（包洪平等，2004），然后随着海平面的变化及深部构造运动而导致凹陷中心的差异沉降作用又进入下一次的层序组旋回。这种层序组旋回大体相当于王鸿祯等（1998）的三级层序旋回或Vail等（1991）的层序旋回。

由于沉积环境演化的周期性，在地层结构上也表现出明显的岩性的旋回性。本区奥陶系马一段、马三段、马五段为高水位期产物，主要发育准同生白云岩及膏盐岩等蒸发岩；马二段、马四段、马六段为海进期产物，则发育以石灰岩为主的沉积层。

三、各级层序旋回的规模、时间尺度及成因分析

在盆地本部（尤其是盆地中东部地区），奥陶系仅发育马家沟组，主要为蒸发岩—碳酸盐岩地层，具有很好的横向对比性及纵向旋回性特征，前文所述层序组旋回的划分即是对其旋回特征的一种概括性认识。按史晓颖等（2010）对盆地奥陶系与全球奥陶系年代地层的对比分析，马家沟组在本区所代表的沉积时间跨度应在11～13Ma，则据此推断每个层序组旋回的时限应在2～4Ma之间，时间跨度大体相当于Miall（1995）、王鸿祯等（1998）的三级旋回或"正层序"及Vail等（1991）的"层序"级别。尽管多数学者认为这一级别的旋回主要与板内应力有关（表3-1），但从鄂尔多斯地区奥陶系岩性特征的周期性变化规律来看，似乎更应该是一种长周期的气候旋回的反映。当然，这种气候旋回更有可能是由天文轨道因素所导致。

前文所述的高频层序相当于王鸿祯等（1998）的四级旋回或"亚层序"以及Vail等（1991）的"副层序"级别，其时间周期可能在0.1～0.5Ma之间，其起因可能与长周期的米氏旋回有关。

为准确厘定奥陶系层序旋回的时间尺度，曾试图用盆地奥陶系的凝灰岩夹层中的锆石测年来限定相邻凝灰岩之间地层的时间跨度，但从已有分析数据的结果看来还很不可靠。如表3-2所示，年代明显晚于马家沟组的余探1井拉什仲组的年龄（453Ma）反而比陕29井马家沟组马五$_1$亚段的年龄（450.4Ma）还偏大；地层间隔本来很近的陕29井马五$_1$亚段与城川1井马五$_4$亚段年龄间距却达5Ma左右，几乎占据了马家沟组沉积时间跨度的一半。显然从目前的测试手段和分析方法来看，要分析450Ma前所形成的奥陶系的精确年代，当相对误差达1%时，其绝对年龄误差就已经达到4～5Ma，难以控制在1Ma之内。

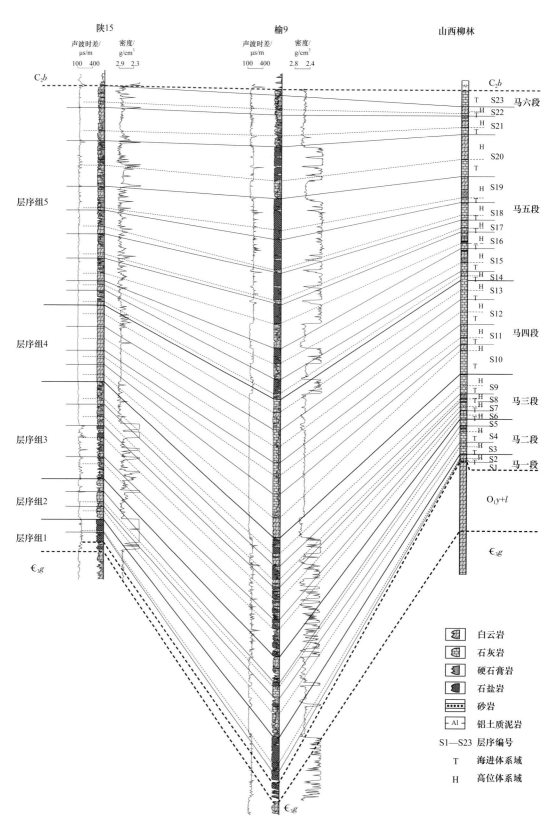

图 3-7　鄂尔多斯盆地中东部地区奥陶系马家沟组层序地层格架对比图

表 3-1 层序地层单位级别及其对比（据王鸿祯等，1998）

旋回级别	层序及其时限/Ma	天文旋回	Vail 等（1991）	Mitchum 等（1991）	Brett 等（1990）	Cooper（1990）
超级	巨层序（Gs）500~600	两倍银河年				Chelogenic cycle 600~1250Ma
一级	大层序（Mg）60~120	克拉通热旋回	Megasequence >50Ma	Megasequence 200Ma	Megasequence 50~60Ma	Megacycle 250~375Ma / Supercycle 70~150Ma
二级	中层序（Ms）30~40	穿越银道面旋回	Supersequence set 27~40Ma	Supersequence set 29~30Ma	Holostrome 10~30Ma	Macrocycle 20~50Ma
二级	正层序组 9~12		Supersequence 9~10Ma	Supersequence 9~10Ma		Mesocycle 5~10Ma
三级	正层序（Os）2~5	奥尔特旋回	Sequence 0.5~5Ma	Sequence 1~2Ma	Sequence 2~3Ma / Subsequence 1~1.5Ma	Cycle 1~3Ma
四级	亚层序（Ss）0.1~0.4	长米氏旋回	Parasequence 0.05~0.5Ma	High-frequency sequence 0.1~0.2Ma	Parasequence set 0.45Ma / Parasequence 0.1Ma	Microcycle 0.1Ma
五级	小层序（Mc）0.02~0.04	短米氏旋回	Simple sequence 0.01~0.05Ma	5th order sequence 0.01~0.02Ma	Rhythmic bedding 0.02Ma	

表 3-2 鄂尔多斯盆地奥陶系凝灰岩层锆石 U–Pb 同位素测年数据

井号	井深/m	层位	同位素年龄/Ma
盟 5	1797	风化壳顶	320.8 ± 3.49
陕 29	3360	马五$_1$亚段	450.4 ± 3.9
城川 1	3650	马五$_4$亚段	455.1 ± 1.7
余探 1	3895.5	拉什仲组	453 ± 15

但如果将来在分析数据逐步系统化、测试方法手段逐渐多样化后，也有可能解决这一问题，进而对奥陶系层序旋回的级别、时间尺度及原因分析等方面的研究带来更为精确、可靠的年代学依据。

此外，因鄂尔多斯盆地奥陶系石盐岩与地中海盆地晚中新世墨西拿期石盐岩成因极为相似，都形成于周期性干化的深盐湖盆地中（包洪平等，2004），所以可借鉴地中海盆地晚中新世墨西拿期石盐岩—蒸发岩旋回的年代来大致类比鄂尔多斯地区奥陶系的巨厚含盐地层旋回的时间尺度。

据许靖华等（1985）研究，地中海的面积为 $250 \times 10^4 km^2$，水的体积为 $3.7 \times 10^6 km^3$，年蒸发损失量为 $4.7 \times 10^3 km^3$，年降水量为 $1.2 \times 10^3 km^3$，河流的年注入量为 $0.2 \times 10^3 km^3$，计算纯损失量为 $3.3 \times 10^3 km^3/a$。据此估算，如果直布罗陀海峡现在就封闭起来，则现代的地中海将会在 1000 年内蒸干。在一个规模与地中海水量相当的盆地内（平均深度为1500m），在等化学条件下沉积石盐，其厚度只有 20m 左右。而地震资料证实，地中海下的石盐却有 2～3km 厚。显而易见，来自河流的淡水供应不足以提供如此大量的盐类，因此必须设想有多次反复的海水注入。钻探结果和西西里相当层位盐矿床的研究都证明确实是这样的情况。在墨西拿期约 1.92Ma 的时间范围内，地中海曾经多次蒸干和重灌。且考虑到补给时期不可避免的蒸发损失，必定要有几倍于盆地的水量才能将盆地灌满。因此每一次海水重灌地中海，都能带来大量的盐类，在盆地面积内形成几百米厚的石盐沉积。详细的物质平衡计算表明地中海盆地曾经发生过 8～10 次的海水侵入，西西里晚中新世蒸发岩系中的海相泥灰岩夹层即为海水侵入的标志。如此即足以解释地中海深海平原下的巨厚盐矿的成因。

虽然在晚中新世直布罗陀海峡的通道曾开闭多次，但到上新世早期这一堤坝才终于溃决了。地中海盆地上新世最早期的沉积物是深海软泥，以嗜冷底栖动物为特征。墨西拿期的反复"重灌"可能与世界范围内海平面升高引起的溢入水流有关，但最后一次侵没却可能与沿着亚速尔—直布罗陀断裂带发生的板块移动有关。海峡形成伊始，其深度甚大，大西洋的深水底栖动物足以进入。上新世时，直布罗陀海峡逐渐变浅，致使大西洋深水的供应被切断，因而导致地中海嗜冷底栖动物的灭绝。但是海峡仍然足以保证部分蒸发了的地中海海水回流，使其盐度仅稍高于开阔外海。

如果不考虑构造因素的影响，单纯从全球气候旋回所致的全球海平面变化的角度看，墨西拿期—上新世最早期的盐岩—碳酸盐岩沉积旋回则可能代表了一个全球气候旋回，其旋回周期在 2～3Ma，这与鄂尔多斯地区奥陶系马家沟组蒸发岩层序组旋回的周期极为接近，因此，单纯从巨厚盐岩发育与旋回时间周期的一致性角度来分析推断，2～3Ma 可能代表着一个极为重要的天文轨道旋回周期，只是目前对其成因尚不十分清楚。

1. 奥陶纪整体处于一级（大层序）旋回的海进期

地质历史上，全球曾出现过多次大冰期旋回。目前公认的是最近 0.7Ga 间所发生的三次大冰期（图 3-8），即前寒武纪晚期大冰期（南华纪—震旦纪早期）、石炭纪—二叠纪大冰期和第四纪大冰期。三次大冰期的时间间隔为 280～350Ma，与太阳系的银河年周期（大约是 280Ma）接近，因此目前大部分有关该方面的探讨文章均认为冰期成因与天文因素有关（余明，2007；徐钦琦，1991），即认为这种超长周期的气候变化与太阳系绕银河系旋转的轨道周期变化有直接关联，可用于解释大冰期的分幕与周期（徐钦琦，1991）。

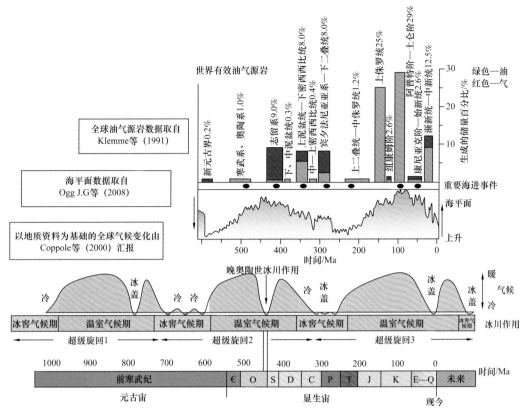

图 3-8　全球气候变化和主要烃源岩分布对应关系（据 Craig 等，2009）

而寒武纪—奥陶纪基本处于新元古代晚期（前寒武纪晚期）大冰期之后的间冰期内，因而海平面处于整体上升期，在全球范围发育大面积的海相沉积层，鄂尔多斯地区乃至整个华北陆块也概莫能外。尤其是在鄂尔多斯地区，寒武系与奥陶系属同一构造层系，其间仅有相对短期的平行不整合，且二者都发育较为完整、规模较大的海相沉积层系，寒武纪—奥陶纪的地质时长约在 100Ma，与表 3-1 中一级旋回（大层序）的时间周期基本吻合。

2. 冶里组沉积期—马家沟组沉积期——属 35Ma 的中层序（二级）旋回

有学者（史晓颖，1996）在对喜马拉雅地区中、新生代层序地层和海平面变化研究中，发现海平面变化具有 35～36Ma 的最佳平均旋回周期，沉积记录表现为清楚的中层序（Shi 等，1996）。该旋回似乎不受区域性构造运动的控制，在不同的大陆和海洋中均有反映。进一步追索发现，该旋回周期在古生代以至新元古代也同样存在，因此认为35～36Ma 的时间间隔可能代表了地史上一个较稳定的全球海平面旋回周期，可作为识别二级海平面旋回和中层序的良好标准（Wang 等，1996）。进一步扩展研究表明，由海平面变化揭示的这个旋回周期不仅存在于水圈，还存在于岩石圈、生物圈和大气圈的地质演化中。板块运动、造山运动幕、岩浆活动、生物集群绝灭、古气候变化、古地磁倒转以及天体撞击等不同圈层重要地质事件的发生明显地集中于特定时期，具有良好的线性关系。根据不同圈层地质演化表现的相近周期和重要事件集中于特定地质时期的事实，认为地球演化过程中可能存在着自然周期。

对于鄂尔多斯的奥陶纪沉积作用而言，在寒武纪末经历短暂抬升后，自冶里组沉积期—亮甲山组沉积期开始接受海侵沉积，至马家沟组沉积期达到最大海侵范围，到平凉组沉积期—背锅山组沉积期则仅在鄂尔多斯西南边缘有沉积作用发生，鄂尔多斯本部连同华北地块一起处于整体隆升状态。因此，对于鄂尔多斯本部而言，从冶里组沉积期—亮甲山组沉积期至马家沟组沉积期末，应是其沉积作用从开始到结束的一个完整周期，其时限如果冶里组沉积期伊始取 485Ma、马家沟组沉积期结束取盆地内部马家沟组顶部凝灰岩夹层的最新年龄约 450Ma，则这一沉积层的整体时间跨度约为 35Ma，这与史晓颖（1996）所说的全球"最佳平均旋回周期"为 35～36Ma 不谋而合，而且也基本符合大华北克拉通地块整体升降运动的沉积记录过程。如果全球范围内奥陶纪的沉积旋回都能发现其同步的旋回性特征，则将进一步佐证 35Ma 这一全球重要的自然周期的普遍性，及其所代表的"太阳系穿越银道面"的天体运动周期对地球上海平面变化周期的沉积响应。

3. 马一段—马六段的段级旋回——属三级（正层序）旋回

鄂尔多斯盆地中东部地区的马家沟组马一段—马六段的岩性变化是奥陶系沉积层中最直观、最突出的旋回性地层结构，其马一段、马三段、马五段是以蒸发膏盐岩为主的沉积层，马二段、马四段、马六段则是以正常碳酸盐岩为主的沉积层，纵向上构成了 3 个较为完整的碳酸盐岩—蒸发岩沉积旋回，虽然各段地层厚度并不对等，但却具有基本完整的层序结构特征，前已述及它们由 3 个相当于三级层序的层序组旋回组成，各"段"一级地层单元的厚度在 60～200m 不等，每个旋回所对应的地层厚度一般在 100～350m，每个旋回所代表的时间周期可能在 2～4Ma 之间，目前对这一尺度的旋回与天文轨道周期的对应关系还不太明确。

4. 马三段、马四段内发育基本对等的米氏旋回

在盆地东部的马三段中，可见频繁的厚层石盐岩与薄层碳酸盐岩交互且大体等间距的 9 个韵律结构层（图 3-9），每个韵律层所对应地层厚度多在 9～17m。其中连续石盐岩层厚度一般为 7～9m，碳酸盐岩及硬石膏岩夹层厚度分别在 2～5m、1～3m，其所对应的时间周期根据马三段沉积时间周期与该级韵律旋回数估算大约在 0.1Ma，与米氏旋回中的地球公转轨道偏心率变化周期（10 万年）基本一致。因此，这一级旋回的韵律周期极有可能就是地球公转轨道偏心率变化周期的典型代表，有必要对其进行更为深入的研究，以进一步确证其可靠性。

同样，在马四段内，也可见频繁的石灰岩与薄层白云岩交互夹层的韵律结构。详细分析表明，其也可以划分为 9 个大体等间距的韵律结构层（图 3-10），每个韵律层所对应的地层厚度多在 12～20m 之间，并呈现出向上增厚的趋势，表现出海侵体系域中可容纳空间逐渐加大的演化趋向。其中马四段中下部以石灰岩与白云岩的旋回交替或者白云岩化程度的规律性变化为主显现，上部则表现为石灰岩或灰质云岩与硬石膏岩的旋回交替，总体上海侵体系域稍厚、而高位体系域则相对较薄。一般石灰岩多具斑状云化特征，厚度一般在 5～10m，而纯白云岩及硬石膏岩夹层厚度则分别为 1～3m、2～4m。整体分析认为这一级旋回所对应的时间周期与马三段内部的韵律旋回相当，也应该在 0.1Ma 左右，仍属于长米氏旋回的级别。

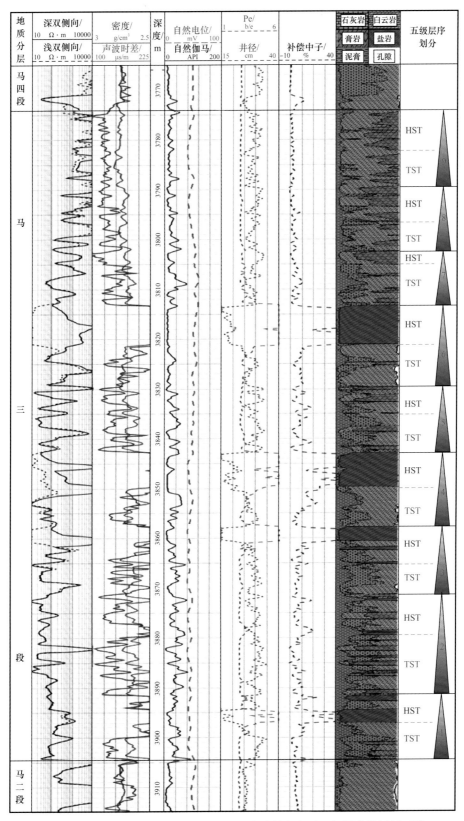

图 3-9 盆地中部靳 6 井奥陶系马三段测井岩性解释及五级层序旋回剖面图

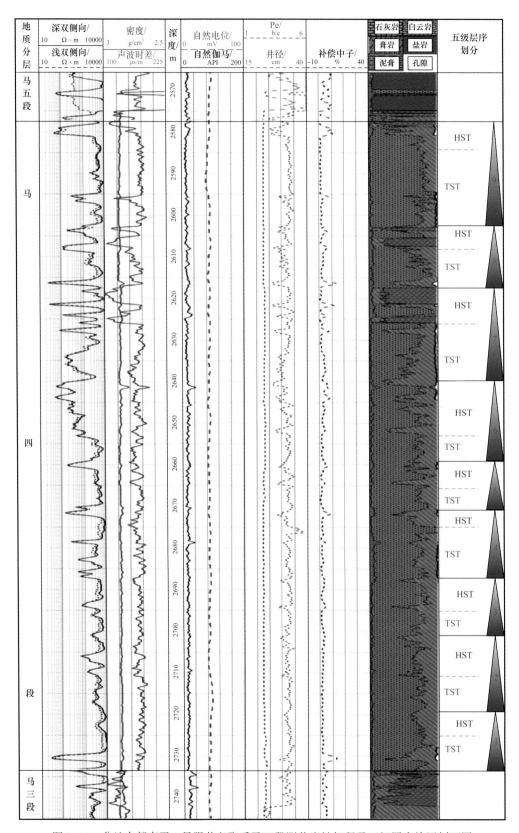

图 3-10　盆地东部高平 1 导眼井奥陶系马四段测井岩性解释及五级层序旋回剖面图

此外，这一级旋回内的更次一级的1～3m及3～5m厚度的小旋回，则可能分别代表着0.02Ma、0.04Ma的短米氏旋回，分别对应于2万年的地球自转轴进动变化周期（又称岁差）及4万年的地球黄道与赤道交角的变化周期，基本相当于王鸿祯等（1998）的五级旋回。

另外，仍需注意的是碳酸盐岩、膏盐岩各自的沉积速率并不对等，且差异可能还较大，如石盐岩的沉积速率可达每年20mm，而碳酸盐岩的则可能每10年才1～2mm，其间有几十倍甚至上百倍的差异，这就意味着相同的地层厚度由于岩性的不同，其所代表的时间跨度却可能差异很大。

5. 钻井取心中可见的"厘米级"层序旋回

目前对于较大尺度的天文气候旋回周期，比较公认的是以200～300Ma为周期的"大冰期"旋回和以10万年尺度为周期的地球轨道波动引起的米氏气候旋回（也包括0.02Ma、0.04Ma的短米氏旋回）。此外，还有10000a、1000a、100a、10a和3—4a等多种时间尺度的气候变迁，可气候学家们对这些尺度的气候变迁了解得还非常少，恰恰是这些周期的气候变迁规律对近期气候预测有最直接的指导意义，要把这些尺度的变迁规律完全掌握，需要几代人的努力（徐钦琦，1991）。

在盆地奥陶系的旋回性地层结构中，除了上述组段级别、数米级别的旋回外，还存在数厘米—数十厘米级别的小层序旋回，它们有可能代表着上述100年或1000年级别的层序旋回。如在盆地中东部地区奥陶系马家沟组的钻井取心中，常可见数厘米—数十厘米厚度级别的旋回性极强的韵律结构层（图3-11），无论是在石盐岩、硬石膏岩及石灰岩中都较发育。从一般的沉积速率来推断，极有可能代表着百年—千年周期的层序旋回，但对这类旋回的成因目前认识尚不十分明确。

6. 岩心及显微级别的"毫米级"韵律层

毫米级的层理构造可以说是肉眼可辨的最小一级"层序旋回"，包括岩心观察可见的纹层状构造及显微镜下薄片观察中所见的明暗纹层（图3-12）。如在本区东缘兴县剖面的薄片观察中即发现有极富规律性的"微层序"旋回构造，表现为纹层状泥晶灰岩中的间歇性"微侵蚀面"构造及界面附近的石膏晶体的生长（图3-13），在约2cm厚的小层内就可识别出5个类似的微层序旋回。

这类薄片中可见"微层序"，如把它看作是季节层理则有沉积速率过快之嫌，因为每年3～5mm的沉积速率对碳酸盐岩来说可能不大现实，对于高碳酸盐岩产率的古代陆架边缘碳酸盐沉积，一般估算其堆积速率每年仅为十余微米到数百微米（J.F.Sarg，1998），所以分析它可能也是代表了一级非潮汐、季节影响的一种极短周期的海平面变化旋回。G.西梅斯特曾把与此相似的钾石盐中的韵律层带解释为由11年为周期的太阳黑子旋回所致（博歇特等，1976）。

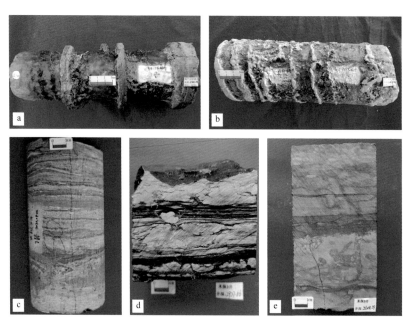

图 3-11　鄂尔多斯盆地中东部奥陶系马家沟组钻井取心中可见的厘米级旋回层序结构

a. 高平 1H 井，马五₆亚段，2441.68m，石盐岩（受溶蚀而缩径）与白云岩构成的厘米级旋回结构；b. 高平 1H 井，马五₆亚段，2476.70m，石盐岩（受溶蚀而缩径）与白云岩形成厘米级旋回；c. 米探 3 井，马三段，3030.04m，硬石膏岩与泥质云岩构成的韵律结构；d. 米探 3 井，马四段，2977.66m，泥晶灰岩与灰黑色泥岩构成的韵律结构；e. 米探 3 井，马五₅亚段，2604.29m，云质灰岩与泥质云岩构成韵律结构，发育生物潜穴及扰动构造

图 3-12　盆地东部奥陶系马家沟组钻井岩心中可见的毫米级韵律旋回结构

a. 米探 3 井，马四段，3028.40m，石灰岩中的毫米级韵律结构；b. 米探 3 井，马四段，2956.40m，白云岩中的纹层状韵律结构；c. 保德县桥头镇，马五段，白云岩中的毫米级韵律结构；d. 兴县狮子崖，马一段，白云岩中的毫米级韵律结构

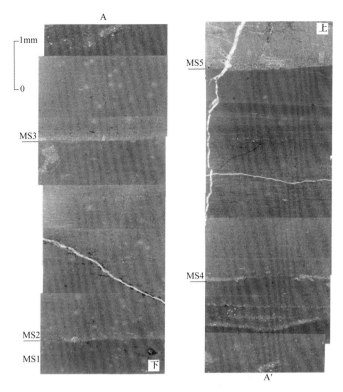

图 3-13　兴县山梁沟马二段显微镜下可见的"微层序"旋回结构

注意微层序界面附近的微细冲刷面构造及石膏晶体的生长，A、A′为上、下拼接标记

第二节　马家沟组沉积相带展布

马家沟组沉积期是鄂尔多斯地区奥陶纪最重要的沉积地层发育期，其沉积范围覆盖除了伊盟古陆及中央古隆起核部以外的所有其他区域（甚至在中央古隆起核部沉积期也有发育，但由于加里东末构造抬升期的剥蚀导致其上马家沟组又被剥蚀）。马家沟组厚度一般在 400～900m，岩性以碳酸盐岩—膏盐岩为主，截然不同于华北地区的马家沟组（基本以石灰岩为主），也是鄂尔多斯地区沉积旋回与相带分异表现最为充分的一套沉积层系。这里重点从大区的沉积相带展布角度讨论马家沟组的相带分异特征。

前文已述及鄂尔多斯地区马家沟组按沉积旋回和岩性组合特征由下而上可划分为马一段、马二段、马三段、马四段、马五段、马六段 6 个段。其中马一段、马三段、马五段均形成于海退期的蒸发岩沉积环境，沉积相展布格局大体相近；而马二段、马四段、马六段则都形成于海侵期的碳酸盐岩沉积环境，相带展布格局也基本相似。下面就分段来讨论各段的沉积相带展布特征。

一、马一段沉积相带展布

1. 总体沉积发育背景

马一段沉积期是冶里组—亮甲山组碳酸盐岩沉积之后最早一期蒸发岩沉积形成期，沉积层厚度一般为 30～80m，东部盐洼区最厚可达 100m 左右。其底部常发育有不足 1m 厚的石英砂岩沉积层（尤其是在盆地东部地区，西部与之对应的三道坎组亦是如此），反映马一段与亮甲山组之间存在一个短期的沉积间断，石英砂岩之上则为正常的碳酸盐岩及蒸发岩沉积，在短暂的海侵碳酸盐岩沉积之后，即进入高位体系域的蒸发岩沉积期，在东部盐洼区形成了大段厚层的石盐岩沉积。在古隆起以西及以南地区则处于广海沉积区，早期发育陆源碎屑与内源碳酸盐混积的钙质砂岩沉积层，中晚期则主要发育正常海相碳酸盐岩沉积层。

2. 沉积相带展布

这一时期古地理的基本格局是：由于中央古隆起的阻隔，在鄂尔多斯东部形成受局限的咸化潟湖环境，为"干化蒸发"膏盐岩的形成提供了有利地质条件（包洪平等，2004），因此古隆起东侧的相带展布基本呈环东部盐湖的圆环状分布，按优势相成图，依次可划分为盐湖、盆缘膏云斜坡、含膏云坪 3 个主要相区；古隆起西侧及南侧则依次发育浅水台地—缓坡相碳酸盐岩沉积，并受到与蒸发旋回有关的白云岩化作用的影响。

3. 主要岩性特征

东部米脂地区的盐湖相区以大段厚层的石盐岩为主（图 3-14），间夹多个碳酸盐岩沉积夹层，夹层厚度多在 0.5～2m 之间。向西靠近盐洼边部盐岩厚度减薄，而碳酸盐岩及富泥质层厚度增大；至盆地中部乌审旗—靖边—志丹一带则处于盆缘膏云坪沉积相区（黄龙以南为泥云坪沉积相区），主要发育硬石膏岩与白云岩交互（或泥质岩与白云岩交互）的沉积层，地层厚度也明显减薄，并向古隆起方向超覆尖灭。

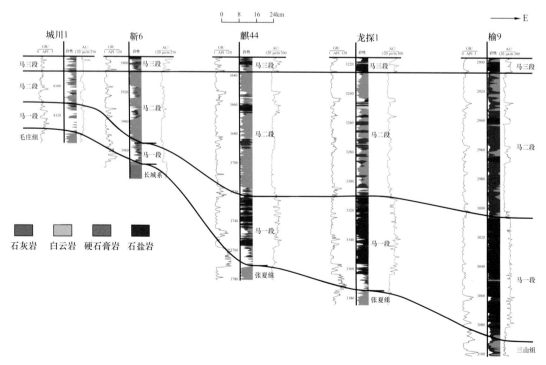

图 3-14　盆地中东部马家沟组马一段—马二段岩性结构剖面对比图

在中央古隆起以西、以南则分别发育混积浅滩相陆源石英砂岩沉积与碳酸盐岩交互的沉积层和开阔海缓坡相碳酸盐岩沉积层，向西、向南沉积水体明显加深，而向古隆起方向则超覆尖灭。

二、马二段沉积相带展布

1. 总体沉积发育背景

马二段沉积期，海侵规模扩大，使得伊盟古陆和中央古隆起的陆地范围进一步缩小；而其在西部的沉积范围较马一段沉积期变化不大，基本沉积格局也没有太大改变。马二段沉积期也是马一段蒸发岩形成后的更大一次海侵，沉积物类型以海进体系域的碳酸盐岩沉积为主。整体沉积层厚度一般在 40～90m，东部相对较厚，多在 80～100m，向古隆起方向明显减薄。古隆起以西及以南地区则仍处于广海沉积区，主要发育正常海相碳酸盐岩沉积层。

2. 沉积相带展布

马二段沉积期中央古隆起的障壁作用（阻隔其西南侧秦祁广海与东侧局限海蒸发台地间的连通）显著减弱，使鄂尔多斯大部分地区在大多数时间处于与外海基本沟通的陆表浅海沉积环境。因而在大的海侵背景下，主要发育开阔海灰质洼地、滨岸浅滩、含灰云坪、浅水灰泥丘及西南部秦祁海域的缓坡等沉积相带。但古隆起在一定时期也存在短暂的、强度不高的"障壁"作用，导致中东部地区在马二段中部也发育一些薄层的硬石膏岩夹层（图 3-14）。

3. 主要岩性特征

马二段在中东部地区的主体岩性结构具"三厚两薄"特征，即在三个大段厚层的纯碳酸盐岩层段中，夹两段相对较薄的富泥质碳酸盐岩及膏（盐）岩间互层。单层碳酸盐岩沉积层厚度多在几米到十几米，大部分层段白云岩化，尤其是顶部的碳酸盐岩层，几乎全部白云岩化，中部及底部则多为灰、云交互层。膏（盐）岩夹层厚度多在 0.3～2m，主要分布在三个厚层碳酸盐岩层之间的富泥质碳酸盐岩中。从岩石学特征分析，上部白云岩主要为粗粉晶—细晶晶粒结构的白云岩，整体岩性较纯；而下部的碳酸盐岩层段，则白云岩化程度整体相对较低；最底部的白云岩层段岩性仍以泥粉晶云岩为主。

在中央古隆起以西的滨岸浅滩及滨浅海台地沉积区，岩性也以纯碳酸盐岩为主，白云岩化程度较高，基本全为白云岩，仅局部见薄的富泥质夹层，厚度多不足 1m。岩石结构分析表明其白云岩多为不等晶粒结构的粉细晶云岩，主要由砾屑结构的碳酸盐岩沉积物白云岩化所致。构成残余砾屑的白云石晶粒较细，多为粉晶—泥微晶结构，砾间则多为粗粉晶—细晶结构的白云石，具它形致密镶嵌结构，岩性较为致密。而在较深水的浅海陆棚沉积相区，则主要发育较纯的块状泥晶灰岩，多含少量团粒、球粒等低能的内碎屑颗粒，并见腹足类、腕足类等浅海生物化石，总体反映正常海相对低能环境的沉积特征。

三、马三段沉积相带展布

1. 总体沉积发育背景

马三段沉积期，是马二段沉积期海侵后的又一次蒸发岩形成期，为一个较长期的海退沉积期，由于区域性海平面下降，使中东部沉积区与中央古隆起西南侧的秦祁广海海域处于基本隔绝状态，在古隆起以东地区形成以膏盐岩为主的高位体系域沉积层。地层厚度一般在 40～100m 之间，盐湖区最厚达 150m 以上。这一时期大的沉积环境与古地理格局与马一段沉积期基本类似，只是石盐岩沉积范围略有缩小。与马一段沉积期的盐湖中心偏南（在延川—宜川一带）显著不同的是，此时盐湖中心明显向北迁移（在延安—子洲一带），而宜川地区则退出盐湖沉积区。古隆起以西及以南地区则仍处于秦祁广海沉积区，主要形成正常海相碳酸盐岩沉积层。

2. 沉积相带展布

马三段沉积期的沉积相带展布特征与马一段沉积期基本相似，在区域性海平面下降的背景下，古隆起的障壁与阻隔作用又开始突显，鄂尔多斯东部又一次进入受局限的盐湖蒸发沉积环境。在古隆起东侧依旧形成环绕东部盐湖的环状分布的沉积相带展布格局，依次为盐岩洼地、膏云缓坡以及含膏云坪 3 个主要相区（图 3-15）。在鄂尔多斯中东部地区形

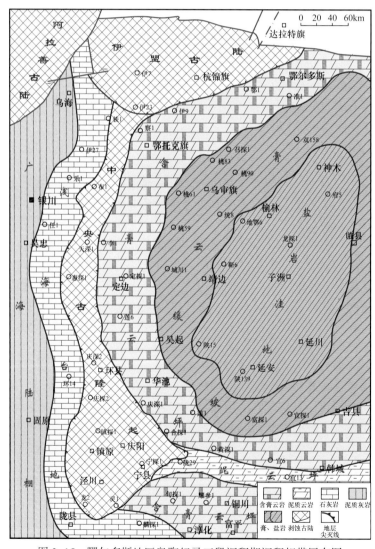

图 3-15　鄂尔多斯地区奥陶纪马三段沉积期沉积相带展布图

成了由东向西依次为东部石盐岩、中部膏云岩、西侧靠近古隆起区含膏云岩的区域性岩相分布格局（图 3-16），从盐岩洼地向中央古隆起区展示出强烈的盐—膏—云的沉积岩相分异特征。中央古隆起西南侧的秦祁广海沉积区则环绕古隆起依次发育浅海台地与广海陆棚两个主要沉积相带。

3. 主要岩性特征

马三段在东部的盐湖沉积相区以大段石盐岩间夹碳酸盐岩为主（图 3-16），石盐岩层的厚度在盐洼区一般为 20～50m，盐湖中心则可达 60m 以上，云质夹层厚度多在 0.5～5m 之间，并有向上逐渐增厚的趋势，整体呈现为厚层石盐岩与白云岩及硬石膏岩交互的沉积特征；向古隆起方向石盐岩逐渐减少，而硬石膏岩及中薄层白云岩的厚度则逐渐增加，至盆地中部乌审旗—靖边—志丹一线以西，则石盐岩完全消失，整体转变为硬石膏岩与白云岩交互的沉积；靠近古隆起的中西部地区则进入云坪沉积相区，膏、盐矿物层段均趋于消失。

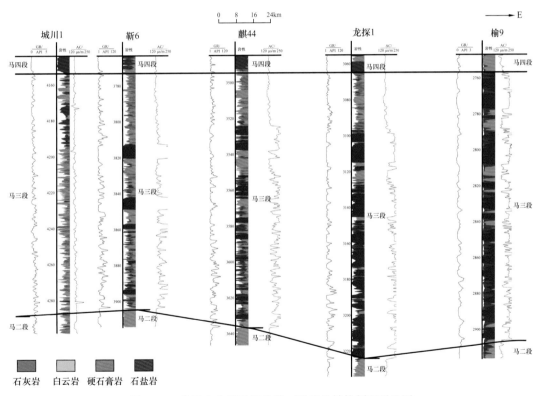

图 3-16　盆地中东部马家沟组三段岩性结构剖面对比图

古隆起以西的秦祁广海沉积区，主要岩性为较纯的碳酸盐岩，局部层段白云岩化作用较为强烈，发育夹层状云岩。

此外，值得注意的是在中东部膏盐岩沉积体系中，膏盐岩沉积层中的白云岩薄夹层横向分布通常十分稳定（图 3-17），岩性多以泥粉晶云岩为主（局部也可见砂屑云岩），且大多含有分散状分布的膏、盐矿物晶体或结核，当受到准同生期淋滤改造时，则可形成规模性分布的有效储层。

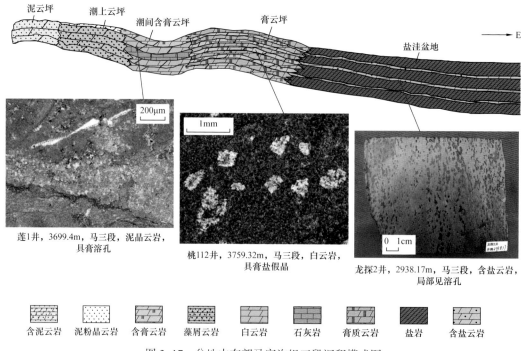

泥云坪　潮上云坪　潮间含膏云坪　　膏云坪　　　　盐洼盆地　　　→ E

莲1井，3699.4m，马三段，泥晶云岩，
具膏溶孔

桃112井，3759.32m，马三段，白云岩，
具膏盐假晶

龙探2井，2938.17m，马三段，含盐云岩，
局部见溶孔

含泥云岩　　泥粉晶云岩　　含膏云岩　　藻屑云岩　　白云岩　　石灰岩　　膏质云岩　　盐岩　　含盐云岩

图3-17　盆地中东部马家沟组三段沉积模式图

四、马四段沉积相带展布

1. 总体沉积发育背景

马四段沉积期，海侵规模进一步扩大，是本区奥陶纪最大的一次海侵期，海侵范围几乎覆盖除伊盟古陆以外的鄂尔多斯地块全境。马四段沉积期在沉积旋回上虽与马二段沉积期都同属海侵半旋回，但由于其海侵范围及沉积水体深度都明显超出马二段沉积期，因此导致其在古地理背景上也产生了较为显著的差异，尤其是马四段沉积期由于海侵强度加大，使该时期位于中央古隆起和伊盟古陆之间的"鞍部"沉积特征发生了重要变化，导致该区马四段沉积厚度超乎寻常的显著增大，远超出东部洼地沉积区马四段的厚度，这可能是由于其受到与局部水下生物建隆有关的碳酸盐快速沉积作用的影响所致。

2. 沉积相带展布

马四段沉积期虽然在海侵范围以及沉积水体的深度上都明显超出于马二段沉积期，但在大的古地理格局及沉积相带分布上与马二段沉积期仍有一定的相似性。主要分布有东部的灰质洼地，中部的灰云缓坡、白云岩坪，以及西部的云灰坪、台缘斜坡及秦祁广海陆棚等几个沉积相带（图3-18）。

这一时期由于海侵范围的持续扩大，东、西海域基本全面贯通，中央古隆起区也几乎全为海水浸没，仅核部处于间歇性暴露状态。与此同时，在古隆起与伊盟古陆之间大范围区域形成了特殊的浅水高能沉积环境。在此特定的水深范围内，由于光照、水体能量、营养物质循环等条件特别适宜造礁生物的繁盛，构成生物生产量极高的一处特殊生态区域。

在持续的海侵背景下，海水加深的速度与生物礁群生长的速度基本匹配，造成生物礁以"追涨"型模式持续发育生长，因而能在一定时间范围内（可能在1～2Ma的时限内），造就了鞍部地区以生物礁为主体的碳酸盐岩隆的规模发育。

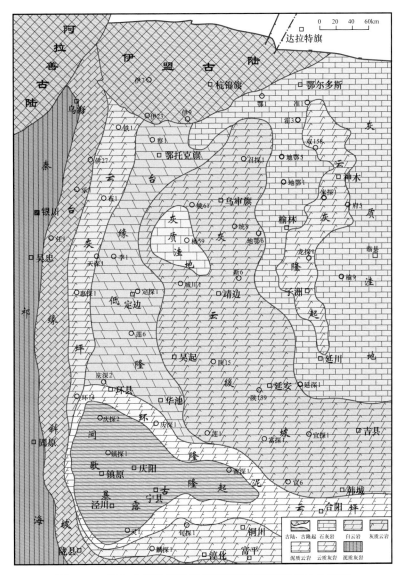

图 3–18　鄂尔多斯地区奥陶纪马四段沉积期岩相古地理图

3. 主要岩性特征

马四段整体为大段厚层的碳酸盐岩，仅在盆地东部马四段上部的部分层段夹少量硬石膏岩夹层及极薄层富泥质碳酸盐岩夹层（图 3–19）。但就碳酸盐岩（主要为白云岩和石灰岩）而言，横向分布却具有极强的区位性特征，主要表现在中部偏西的古隆起区，基本都为大段厚层连续的白云岩地层，而向中东部地区则石灰岩明显增厚、白云岩逐渐减少，直至东部石灰岩洼地区变为以大段厚层的石灰岩为主、仅部分层段间夹中薄层白云岩。中东部地区从层位上来看，下部及中部白云岩夹层较少，而向上部则白云岩夹层明显增多。

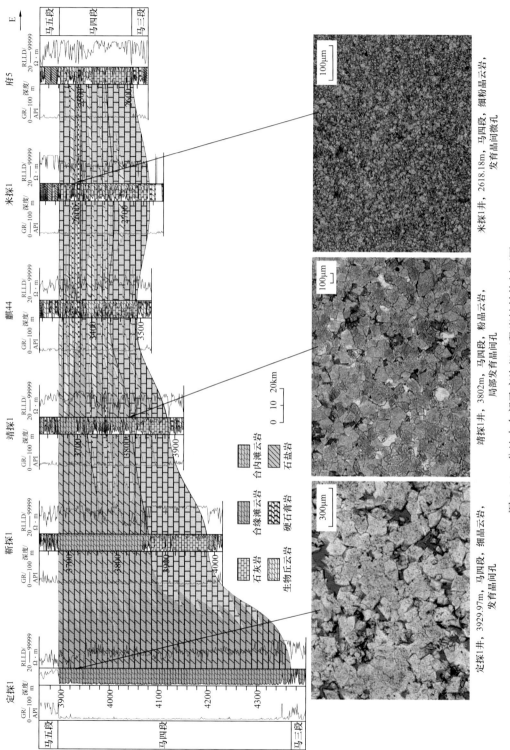

图 3-19 盆地中东部马家沟组马四段岩性结构剖面图

另外从白云岩结构特征来看，古隆起地区白云岩主要为厚层块状的中细晶云岩，白云石自形程度一般较高，大多具有较好的孔隙性；而在盆地中部靖边地区则一般呈中厚层块状，结构多呈粗粉晶—细晶晶粒结构，白云石自形程度中等，部分层段具有较好的孔隙性；东部地区马四段白云岩则多呈夹层状产出，大部分具斑状云化特征与原始灰质沉积结构共存，部分层段也具有一定的孔隙性。

在较深水的古隆起西南侧的秦祁海域浅海沉积区，主要发育较纯的泥晶灰岩，局部层段含砂屑、球粒等内碎屑颗粒，整体白云岩化程度不高，局部见白云岩夹层及斑状云化的云质灰岩。

五、马五段沉积相带展布

1. 总体沉积发育背景

马五段沉积期是鄂尔多斯地区奥陶纪最后一次长周期的海退半旋回蒸发岩形成期。此时由于中央古隆起、吕梁古隆起等古沉积高地的障壁围限作用再次凸显，东部的米脂盐洼在大部分时间都处于干化蒸发的沉积环境。这一时期的盐湖分布范围较之马一段沉积期、马三段沉积期略向北迁移，且分布更为集中，石盐岩沉积厚度较马一段沉积期、马三段沉积期明显加大，累计厚度一般在 150～300m 之间，最厚达 360m 以上。另外，在这一期石盐岩旋回层系中，碳酸盐岩夹层的厚度也显著加大，大的间隔层多在 10～30m 之间，因而在区域上形成了一系列可用于小层层序划分和对比的标志层。

同马一段沉积期、马三段沉积期一样，古隆起西南侧仍处于秦祁广海沉积区，主要发育正常海相碳酸盐岩沉积层。

2. 沉积相带展布

在经历了马四段沉积期的碳酸盐岩沉积作用后，马五段沉积期再次进入海平面相对下降的高位体系域沉积期，形成与马一段沉积期、马三段沉积期相似的古地理格局，但由于马五段沉积期是在最大海侵背景的马四段沉积期演化而来，因此马五段沉积期的沉积范围较之马一段沉积期、马三段沉积期也显著增大，甚至覆盖了中央古隆起核部所在的区域。古隆起东侧又一次进入受局限的蒸发盐湖沉积环境，依旧形成环绕东部盐洼的环带状相带分布格局，由内向外依次发育盐岩洼地、膏云缓坡、含膏云坪（可进一步细分为含膏云坪内带与含膏云坪外带）等几个主要沉积相带；古隆起西、南侧的秦祁海沉积区则形成台缘斜坡和广海陆棚两个主要沉积相区（图 3-20）。

3. 主要岩性特征

马五段虽然整体以膏盐岩沉积层为主，但与马一段、马三段相比，膏盐岩旋回中碳酸盐岩夹层的厚度显著加大，夹层厚度多在 10～30m 之间，几乎接近于"交互式"的沉积建造特征，仅用"夹层"来描述似乎过于简单化，因此，有必要细分小层来分别讨论其岩性构成及横向变化特征，具体见下一节内容的详细论述。

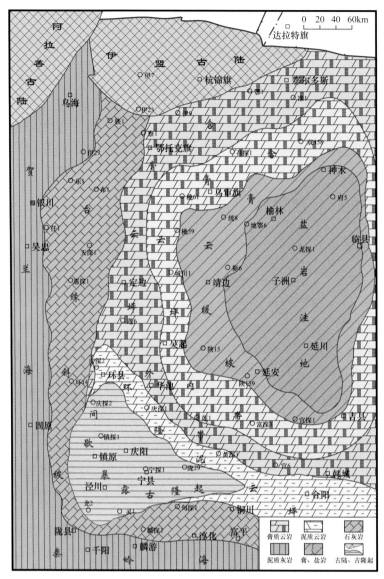

图 3-20　鄂尔多斯地区奥陶纪马五段沉积期岩相古地理图

六、马六段沉积相带展布

1. 总体沉积发育背景

马六段（相当于西缘的克里摩里组）沉积期是涉及鄂尔多斯本部的最后一次较大的海侵期，也是鄂尔多斯地块奥陶纪极为重要的构造转换期。因在马六段沉积期之后，鄂尔多斯地区发生了较为强烈的差异升降作用，即鄂尔多斯本部地区整体隆升，而西部及南部边缘地区却快速沉降。说明从马家沟组沉积末期（马六段沉积期）开始，鄂尔多斯地区已开始发生构造分化，从而结束了鄂尔多斯与华北地块"一起升、一起降"的整体性运动的历史。

2. 沉积相带展布

这一时期的岩相古地理格局与马二段沉积期、马四段沉积期基本相近。大体可分为中东部的浅水碳酸盐岩台地、西部的台地边缘斜坡及秦祁广海陆棚等几个大的沉积相区（图3-21）。但由于风化壳期的抬升剥蚀，中东部地区大都缺失马六段沉积层，仅在东部的岩溶盆地区有局部的少量残余，残留地层厚度一般仅几米到十余米，中央古隆起及其邻近地区则完全剥蚀殆尽。因而对这一时期的岩相古地理编图，主要依据沉积旋回及相带展布的规律进行理论性的恢复。

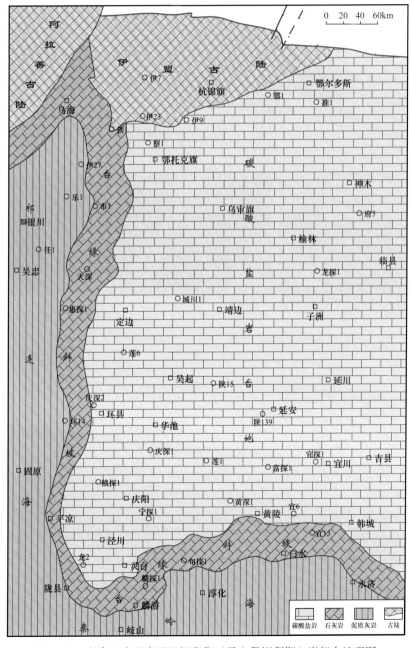

图 3-21 奥陶纪克里摩里组沉积期（马六段沉积期）岩相古地理图

3. 主要岩性特征

西缘地区的克里摩里组岩性整体以石灰岩为主，且岩性的横向相变也较强，表现出较明显的由浅海碳酸盐岩台地—台地边缘—广海陆棚的相带分异特征。

克里摩里组在浅海台地相区主要发育粒—泥灰岩，邻近古隆起的台地边缘多发育颗粒滩相碳酸盐岩，向西的广海盆地则主要发育泥晶灰岩及泥灰岩，局部层段发育薄层泥质岩夹层。其中台地边缘沉积环境由于面向广海，沉积水体浅、能量高，多发育有一定规模的礁滩沉积，局部层段白云岩化后多可形成有效的白云岩储层（图 3-22），是下古生界天然气成藏的有利储集相带。

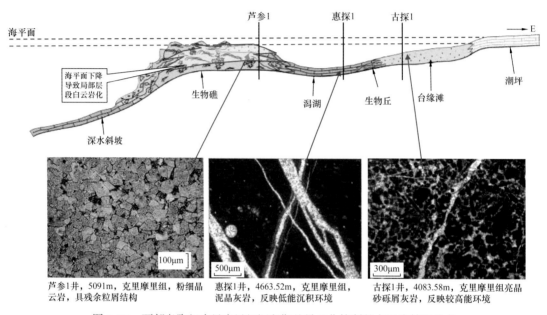

芦参1井，5091m，克里摩里组，粉细晶云岩，具残余粒屑结构　　惠探1井，4663.52m，克里摩里组，泥晶灰岩，反映低能沉积环境　　古探1井，4083.58m，克里摩里组亮晶砂砾屑灰岩，反映较高能环境

图 3-22　西部奥陶纪克里摩里组沉积期差异云化控制的白云岩储层分布

第三节　马五段各小层沉积特征

在盆地中东部的广大地区，马五段位于奥陶系的最上部，因而也是中东部地区与上古生界煤系烃源层距离最近、最容易受到其气源供给而有效成藏的下古生界碳酸盐岩—膏盐岩层系。以靖边气田为代表的奥陶系顶部风化壳气藏主要存在于马五段上部的马五$_1$亚段—马五$_2$亚段及马五$_4$亚段的白云岩储层中，近期又在靖西地区的马五$_5$亚段、靖边地区的马五段盐下（马五$_7$亚段、马五$_9$亚段）发现新的天然气勘探目的层系。因此，对马五段细分小层，开展更为深入细致的沉积学研究，对于盆地碳酸盐岩领域的天然气勘探而言无疑是一项十分重要的基础性研究工作。

一、马五段小层划分

按照长庆油田在盆地中东部地区的勘探生产实践，通常以沉积旋回为主、结合相序和岩性组合特征，将马五段自上而下划分为 10 个亚段（表 3-3）。

表 3-3 鄂尔多斯中东部马家沟组马五段各小层岩性特征简表

段	亚段	地层厚度 /m	小层划分	岩性简述	备注
马六段		0～10		泥晶灰岩	盆地本部大部缺失
马五段	马五$_1$	15～25	马五$_1^1$	粉晶云岩、含泥云岩	
			马五$_1^2$	泥粉晶云岩	
			马五$_1^3$	泥粉晶云岩	
			马五$_1^4$	泥云岩、凝灰岩	
	马五$_2$	6～9	马五$_2^1$	泥云岩、含灰云岩	
			马五$_2^2$	粉晶云岩、含泥云岩	
	马五$_3$	25～30	马五$_3^1$	白云岩、泥质云岩	
			马五$_3^2$	泥云岩	
			马五$_3^3$	泥云岩、夹硬石膏岩	
	马五$_4$	40～45	马五$_4^1$	粉晶云岩	
			马五$_4^2$	泥云岩、夹硬石膏岩	东部发育较厚盐岩
			马五$_4^3$	泥云岩、夹膏盐岩	
	马五$_5$	25～30	马五$_5^1$	石灰岩、灰质云岩	
			马五$_5^2$	粉晶云岩、泥晶灰岩	东部以泥晶灰岩为主
			马五$_5^3$	泥晶灰岩、含云灰岩	
	马五$_6$	80～180	马五$_6^1$	膏盐岩、泥云岩	东部盐洼区以盐岩为主，厚度明显增大
			马五$_6^2$	膏盐岩、灰云岩	
			马五$_6^3$	膏盐岩、泥云岩	
	马五$_7$	15～20		粉晶云岩、灰质云岩	
	马五$_8$	10～25		膏岩、盐岩、泥云岩	
	马五$_9$	10～20		灰质云岩、粉晶云岩	
	马五$_{10}$	15～30		膏盐岩、泥云岩	
马四段		100～180		细晶云岩、泥晶灰岩	西部明显增厚

另外在靖边气田勘探早期也有以中部石灰岩为界，将马五段分为上、下两个亚段的方案：下段（马五$_6$亚段—马五$_{10}$亚段）以膏盐岩、膏质云岩及泥粉晶云岩为主，厚度一般在 100～250m，反映以干化盐湖及蒸发云坪为主的沉积环境，为海平面变化的高水位期（相对静止时期）的产物；上段（马五$_1$亚段—马五$_5$亚段）底部（马五$_5$亚段）以泥晶灰岩为主（厚度为 25～30m），反映海进体系域的沉积特征，上部（马五$_1$亚段—马五$_4$亚段）与马五段下部有类似的环境及沉积特征，在研究区内一般厚 60～80m。

按照目前鄂尔多斯盆地对下古生界，尤其是奥陶系进行新一轮深入勘探的需求，显然将马五段划分为10个亚段的"十分"方案对勘探生产及地质研究的重要性更为突出。因此这里按"十分"方案将各亚段（马五$_1$亚段—马五$_{10}$亚段）的沉积特征分别进行简要的叙述。

二、各小层主要岩性特征

马五$_1$亚段： 厚15～25m，岩性以泥粉晶云岩为主，部分层段含膏质结核，溶蚀后形成球状溶孔。主要形成于潮间带—潮上带沉积环境，发育含膏云坪、颗粒滩、泥云坪等沉积亚相环境。纵向上自身构成一个小的层序旋回。在马五$_1^1$小层、马五$_1^2$小层及马五$_1^3$小层的含膏云岩（形成于含膏云坪亚相）中发生膏溶作用，形成有效的溶孔型白云岩储层；马五$_1^4$小层在局部地区发育颗粒滩沉积，经白云岩化改造后也可形成细晶结构的白云岩晶间孔型储层。

马五$_2$亚段： 厚6～9m，岩性以粉晶云岩为主，局部层段具膏模孔及溶孔。主要形成于潮间带沉积环境，主要发育云坪、泥云坪等亚相环境，局部也发育含膏云坪沉积。纵向上与五$_3$亚段上部一起构成一个小的层序旋回。该段地层以富含均匀散布膏盐矿物为特征（膏、云质缺乏层状分异），由于表生淋滤—充填作用，常形成方解石质的膏盐矿物假晶，也可在局部发育为有效的膏模孔型白云岩储层。

马五$_3$亚段： 厚25～30m，岩性以含泥质泥粉晶云岩为主，局部发育岩溶角砾构造，主要与风化壳期的膏溶垮塌有关。形成于潮下带—潮间带沉积环境，主要发育云坪、灰泥坪等亚相环境的沉积，局部洼地在间歇暴露期也发育膏盐洼地沉积。纵向上与马五$_4$亚段上部及马五$_2$亚段共同构成两个主要的层序旋回。该段地层由于膏盐矿物含量较少，或由于膏质物集中成层分布（膏、云分异良好）、风化壳期淋溶塌陷后多呈角砾状构造，岩性较为致密，较少发育为有效储层。

马五$_4$亚段： 厚40～45m，岩性以泥粉晶云岩为主，上部发育含膏质结核的白云岩，局部溶蚀形成孔隙层段。主要形成于潮间带—潮上带沉积环境，发育（潮上）含膏云坪、膏盐洼地、（潮间）云坪等亚相环境的沉积。纵向上与马五$_5$亚段及马五$_3$亚段的下部共同构成4个主要的层序旋回（大体相当于Vail的四级层序）。其中最上部层序在盆地中部靖边地区刚好位于加里东风化壳期风化淋滤深度带的下限附近，在马五$_4^1$小层含膏云岩（形成于含膏云坪亚相）中发生膏溶作用，大多都形成了有效的溶孔（核模孔）型白云岩储层。

马五$_5$亚段： 厚20～28m，岩性在靖西地区以粉晶结构的白云岩为主，向东至靖边及以东地区则相变为以石灰岩为主，局部夹白云岩。是盆地奥陶系马五段地层划分对比的区域性标志层。主要形成于短期海侵的滨浅海沉积环境，靠近古隆起区为潮坪—滨岸台地，东部地区则主要为浅海沉积环境。

马五$_6$亚段： 厚60～100m，东部盐洼区可达150～190m。靖西地区以泥粉晶结构的白云岩为主，局部见膏质云岩；向靖边地区变为硬石膏岩与白云岩互层；盆地东部则以石盐岩为主，间夹薄层白云岩。在靖边地区的硬石膏岩分布区，硬石膏岩厚度可占地层厚度的30%～60%，硬石膏岩单层厚度多在2～5m，累计厚度多在30m以上；靖边东部的横山—安塞盐岩分布区，盐岩厚度可占地层厚度的60%～70%，盐岩单层厚度多在8～15m，累计厚度多在60m以上，盆地东部的米脂盐洼区厚度达100m以上。主要形成于海退期的局限海蒸发台地沉积环境，靠近古隆起区为蒸发潮坪，东部地区则主要为局限盐洼沉积环境。

马五₇亚段：厚 10～15m，岩性以粉晶云岩为主，局部夹薄层膏质云岩。主要形成于短期海侵的滨浅海沉积环境，靠近古隆起区为潮坪—滨岸台地，东部地区主要为浅海沉积环境。

马五₈亚段：厚 8～20m，岩性在靖西地区以粉晶云岩为主，靖边地区为硬石膏岩与白云岩互层。盆地东部地区则发育有石盐岩层。主要形成于海退期的局限海蒸发台地沉积环境，靠近古隆起区为蒸发潮坪，东部地区则主要为局限盐洼—盐湖盆地沉积环境。

马五₉亚段：厚 8～15m，岩性以粉晶云岩为主，局部夹薄层膏质云岩。主要形成于短期海侵的滨浅海沉积环境，靠近古隆起区为潮坪—滨岸台地，东部主要为浅海沉积环境。

马五₁₀亚段：厚 10～20m，岩性在靖西地区以粉晶云岩为主，在靖边地区为硬石膏岩与白云岩互层。盆地东部地区发育有石盐岩层。主要形成于海退期的局限海蒸发台地沉积环境，靠近古隆起区以蒸发潮坪沉积环境为主，东部地区则主要为局限海盐洼盆地沉积环境。

三、马五段的基本沉积特征

1. 纵向沉积演化的旋回性

马五段厚度一般为 200～300m，从三级层序旋回看，仍处在一个大海退沉积期（海退半旋回），总体以蒸发岩—碳酸盐岩为主。马五段内部又进一步表现出次一级的旋回性沉积特征，呈膏、盐岩类蒸发岩与碳酸盐岩交互的岩性结构特征（图 3-23）。其中马五₃亚段下部、马五₄亚段下部、马五₆亚段、马五₈亚段、马五₁₀亚段主要形成于短期海退沉积期，岩性以膏盐岩、含膏泥粉晶云岩为主；马五₁₊₂亚段、马五₃亚段上部、马五₄亚段上部、马五₅亚段、马五₇亚段、马五₉亚段则主要形成于短期海侵沉积期，岩性以粉晶云岩、灰质云岩及泥晶灰岩为主。

2. 横向岩性相变显著

1）海退期的地层岩相分布格局

马五₁₀亚段、马五₈亚段、马五₆亚段等海退期的蒸发岩主要形成于与外海相对隔离甚至完全隔绝的局限海沉积环境（包洪平等，2004）。其大区域的沉积相带分布（岩相古地理）格局，具有围绕东部盐洼呈环带状展布的特征。总体上东部地区水体受局限程度高、多发育盐岩沉积，而在靠近古隆起的盆地中西部地区，则以硬石膏岩及蒸发潮坪云岩为主。下面就以马五₆亚段沉积期蒸发岩为例来说明短期海退期的沉积相带（古地理）分布格局（图 3-24）。马五段的膏盐岩主要集中发育在马五₆亚段，表明是海退持续时间较长的一个蒸发岩沉积期，在中东部盐洼盆地形成了厚层膏盐岩沉积层。沉积相带呈环绕米脂盐岩盆地的环带状分布特征，由内向外依次发育盐洼盆地、盆缘膏云斜坡、含膏云质缓坡及环隆蒸发云坪等沉积相带，具有"牛眼式"的相带分布格局，基本反映了"干化蒸发"条件下的蒸发岩形成特征（包洪平等，2004）。

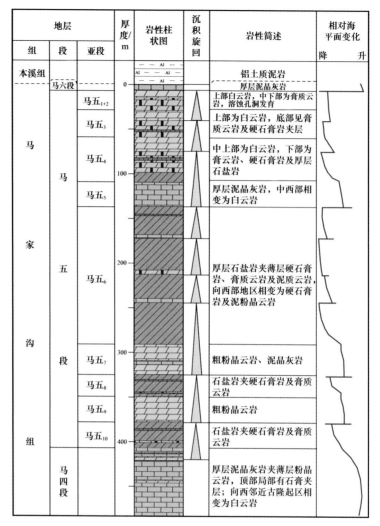

图 3-23　盆地中东部马家沟组五段沉积演化及地层划分

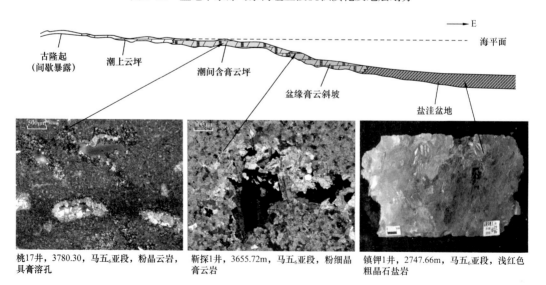

桃17井，3780.30，马五$_6$亚段，粉晶云岩，具膏溶孔

靳探1井，3655.72m，马五$_6$亚段，粉细晶膏云岩

镇钾1井，2747.66m，马五$_6$亚段，浅红色粗晶石盐岩

图 3-24　马五段沉积期内次一级海退期岩相古地理格局及相带分布模式图

膏盐岩主要分布在靖边—志丹及其以东地区（且靖边—志丹地区主要为硬石膏岩分布区，盆地东部则主要为石盐岩分布区），而乌审旗—吴起—富县的环带上则基本没有膏盐岩，主要发育泥粉晶云岩，表明膏盐岩及白云岩的分布明显受沉积相带的控制。

2）海侵期的小层岩相分布格局

前已述及，马五段虽整体为一个海退沉积层序，但其内部具有明显的震荡性旋回沉积特征，具体表现在蒸发岩沉积层之间也发育有短期海侵形成的碳酸盐岩沉积层，马五$_9$亚段、马五$_7$亚段、马五$_5$亚段等即是此类夹在蒸发岩之间的短期海侵沉积层。与马五$_{10}$亚段、马五$_8$亚段、马五$_6$亚段等蒸发岩沉积时的局限海沉积环境显著不同，马五$_9$亚段、马五$_7$亚段、马五$_5$亚段等短期海侵层序整体上处于与外海基本沟通的正常浅海沉积环境，主要发育正常海相的碳酸盐岩沉积层。在大的沉积相带分布格局上，短期海侵沉积层也具有围绕东部洼地呈环带状、或半环状分布的特征。总体上东部地区水体相对较深，多发育石灰岩，而在靠近古隆起的盆地中西部地区，则主要发育白云岩。

靖边西侧（靖西）地区的马五段沉积期处在间歇暴露的古隆起区的东侧，其东为膏盐洼地沉积区，西为间歇暴露的中央古隆起区，在大的古地理格局上构成了区域岩性相变的沉积基础，也为其后白云岩化作用提供了特殊的成岩作用环境。虽然马五段沉积期整体处于大的蒸发岩—碳酸盐岩旋回的相对低水位期（海退期），但其间也存在次一级的短期海进旋回的沉积，下面就以马五$_5$亚段为例来说明短期海侵沉积期间的古地理格局。

马五$_5$亚段是夹在大的海退沉积层序中的一次短期海侵沉积。其岩相古地理格局呈环带展布，自西向东依次发育环陆云坪、靖西台坪、靖边缓坡及东部石灰岩洼地（图3-25）。东部洼地位于潮下带，沉积期水体开阔，与广海相通，主要沉积深灰色富含生物碎屑的泥晶灰岩，在局部地区有云化的迹象；靖边缓坡总体处于潮间带，以石灰岩为主，间夹泥粉晶云岩；靖西台坪总体处于潮上和潮间交替发育带，马五$_5$亚段沉积早期处于潮下环境，如苏203井区马五$_5^3$小层，该带以白云岩为主，因古地形相对较高，水体较浅，在局部高能带可形成台内藻屑滩微相沉积；环陆云坪靠近中央古隆起，主要处于潮上

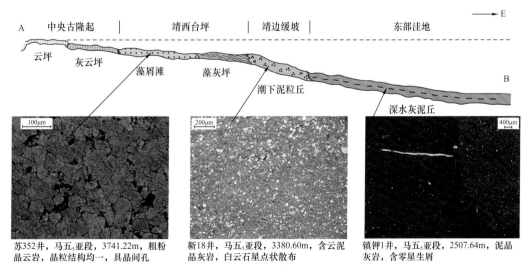

图3-25 马五段沉积期内次一级海侵期岩相古地理格局及相带分布模式图

带，沉积物以泥晶云岩为主，但在加里东期多被剥蚀殆尽。因此，靖西台坪相带是形成白云岩储层最有利的地区，主要发育藻灰坪、藻屑滩、灰云坪等沉积微相，颗粒滩是最有利的沉积微相。在靖西台坪区的局部高部位，是台内滩相颗粒碳酸盐岩发育的有利位置，经后期白云岩化后可形成有效的白云岩晶间孔储层，通过地质分析和地震储集体预测结合（图 3-26），在马五₅亚段预测了多个滩相沉积体（杨华等，2011b）。

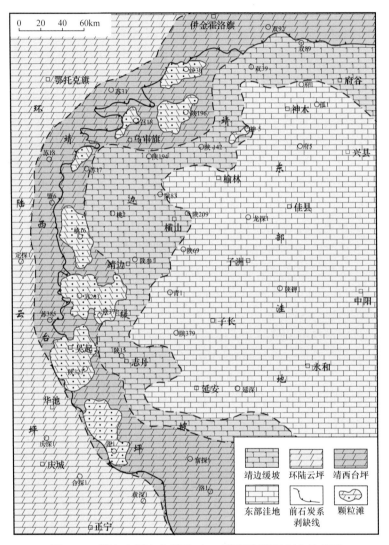

图 3-26　鄂尔多斯中东部马五₅亚段沉积期岩相古地理图

四、细分小层的岩相古地理编图

受控于海进—海退旋回性变化的影响，马五段本身就是由复杂的旋回性分布的膏盐岩与碳酸盐岩构成。因此按传统的优势相方法编图，难以在一张图中准确反映出马五段沉积期的岩相及古地理分布格局。因而必须考虑细分小层的岩相古地理编图，才能更深入地认识马五段的沉积及其岩相古地理的演化特征，也有利于在勘探实践中精确分析主力目的层储层发育的相控因素。

编图原则及思路：首先是根据对盆地内钻孔资料的精细地层对比与小层划分，选取细分小层的编图单元，以确保各编图单元具有可靠的等时性依据；其次是编绘各单元的地层厚度图、膏盐岩分布图、白云岩/地层厚度比图等关键的单因素平面分布图；再次是编绘各单元横跨不同岩相分区的岩相对比横剖面图、沉积模式图等重要的分析图件；最后再综合各类资料，平剖结合、系统编绘各小层的岩相古地理图。

1. 单因素图件编绘

在精细小层划分对比的基础上，系统编绘了马五$_1$亚段—马五$_{10}$亚段的地层厚度图。并针对马五$_5$亚段、马五$_7$亚段等重点层段，编绘了白云岩厚度图、白云岩/地层厚度比图等基础图件，为后续研究白云岩相变规律及白云岩化机理等奠定了基础；针对马五$_{10}$亚段、马五$_8$亚段、马五$_6$亚段等含盐层段，编绘硬石膏岩、盐岩厚度图（图 3-27），为确定沉积中心（盐洼区）提供基础。

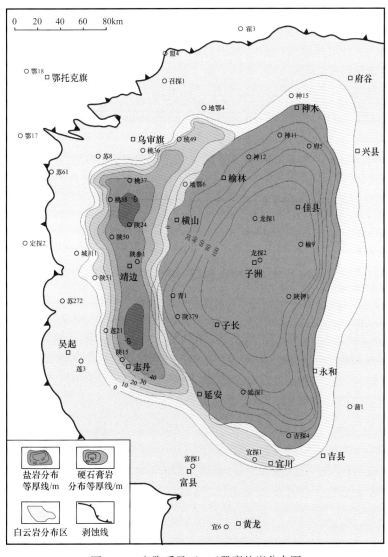

图 3-27　奥陶系马五$_6$亚段膏盐岩分布图

2. 基本分析图件编绘

一是针对不同沉积相区优选典型代表性井段，分别编绘了沉积相及相序分析的柱状剖面图，以便在纵向上更好地了解马五段沉积期的古地理演化特征；二是平面上选井编绘穿越不同相区的地层岩性横向对比剖面，以便在横向上了解岩性相变的规律性及相序演化特征；三是综合各方面资料分别编绘海进、海退期的沉积模式图及沉积演化模式图，以便在三维空间的格架下更好地理解沉积层序演化的系统规律。

3. 综合岩相古地理图编绘

在综合上述各类基础单因素图件及基本地质分析图件的基础上，系统编绘了马五$_1$—马五$_{10}$各亚段的岩相古地理图（图3-28）。

4. 针对目的层段更细分层的"工业化"岩相古地理图

为了更精准地反映主要储层段发育的相控特征，可以在精细地层对比和小层岩相古地理编图的基础上，开展更细分层的针对主力目的层段的岩相古地理编图，这对于油气勘探生产部署更具指导意义，可以真正地称其为"工业化的岩相古地理编图"。

如在本区奥陶系风化壳储层的研究中，在前期马五$_1$、马五$_2$等亚段编图的基础上，又开展了针对马五$_1^3$小层、马五$_1^4$小层等主力目的层的更细分的古地理编图，更进一步明确了在较小的时空尺度内含膏云坪相带对马五$_1^3$小层、马五$_1^4$小层有效储层发育的控制作用；在针对马五$_5$亚段等白云岩晶间孔储层段的研究中，对马五$_5$亚段进一步细分为马五$_5^1$、马五$_5^2$、马五$_5^3$三个小层，分别编绘各小层的岩相古地理图，以进一步明确白云岩化及有效储层时空演化的规律性。

5. 细分小层编图的沉积学研究及油气勘探意义

对马五段各小层沉积相及岩相古地理的精细研究在鄂尔多斯中东部地区奥陶系天然气勘探中发挥了十分重要的指导作用，主要表现在以下几个方面。

1）对有利沉积相带（相控储层）的预测更为精准

对于风化壳储层而言，通过针对主力目的层段的沉积相编图及储层相控因素分析，明确靖边气田及其周边地区的马五$_1^3$小层、马五$_1^4$小层主力风化壳储层段均以膏质结核云坪及含膏云坪相带为主，是有利于风化壳溶孔型储层发育的沉积相区。

而对于白云岩晶间孔储层，通过对马五$_5$亚段、马五$_7$亚段、马五$_9$亚段等中组合主力储层段的岩相古地理编图并结合白云岩化对储层发育控制作用的认识，明确马五$_5$亚段、马五$_7$亚段、马五$_9$亚段等中组合及盐下的白云岩储层发育主要受台坪相带颗粒滩微相的控制，使近期针对中组合及盐下目标的钻探均取得了较好的勘探成效。

2）对短期海侵层序中的白云岩化机理认识进一步深入

马五段发育马五$_5$亚段等短期海侵沉积层，通过对马五$_5$等亚段的岩相古地理编图，初步明确了其岩性变化的规律及白云岩分布的区位性特征；再通过从马五$_1$—马五$_{10}$各亚段系统的岩相古地理编图，进一步认识到白云岩化与沉积层序演化的旋回性之间的关系，

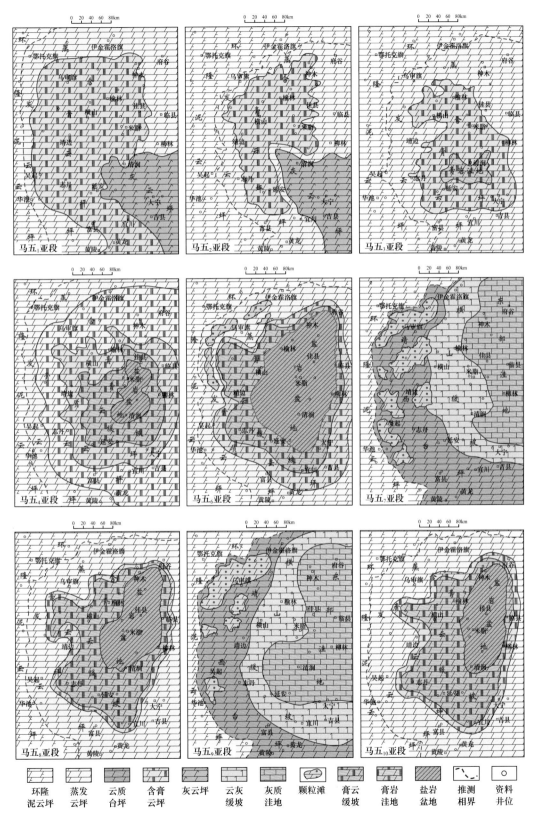

图 3-28 鄂尔多斯盆地奥陶纪马五₁亚段—马五₁₀亚段沉积期岩相古地理图

马五₅亚段沉积期岩相古地理图见图 3-26

图例：环隆泥云坪 | 蒸发云坪 | 云质台坪 | 含膏云坪 | 灰云坪 | 云灰缓坡 | 灰质洼地 | 颗粒滩 | 膏云缓坡 | 膏岩洼地 | 盐岩盆地 | 推测相界 | 资料井位

明确马五$_5$亚段等短期海侵沉积层的白云岩化主要发生在后续海退沉积期的膏盐岩沉积阶段，即由于石膏层的沉淀所造成海水介质中镁钙比的大幅增加所形成的富镁卤水为处于浅埋藏成岩阶段的早期沉积层提供了丰富的镁离子来源，并进而在综合研究的基础上提出了针对古隆起东侧地区以马五$_5$亚段为代表的短期海侵层序的白云岩成因模式，即大气淡水与"富镁卤水"混合的混合水白云岩化成因机理（杨华等，2011a）。当然这种成因类型仅适于马五$_5$亚段粗粉晶云岩，对于马五$_{1+2}$亚段等层段的泥粉晶结构的白云岩成因则另当别论，应仍以蒸发泵模式解释更为合理。

3）推动中组合岩性圈闭大区带成藏认识的形成

在大区岩性相变认识的基础上，提出古隆起东侧的奥陶系马五段中下部（马五$_5$亚段—马五$_{10}$亚段）发育白云岩晶间孔型储层（明显有别于靖边地区马五$_{1+2}$亚段的溶孔型储层），向东区域性相变为石灰岩，在燕山期鄂尔多斯盆地东部抬升后即构成有效的上倾遮挡条件；邻近古隆起地区白云岩储层与上古生界煤系烃源岩配置关系良好，有利于煤系生烃的规模性运聚，其中岩性相变带附近是天然气岩性圈闭聚集成藏的有利区带，形成了中组合岩性圈闭大区带成藏的认识（杨华等，2011a）。

在奥陶系中组合（马五$_5$亚段—马五$_{10}$亚段）白云岩岩性圈闭气藏的勘探中已落实了桃33井、苏203井、苏127井等多个含气富集区，其中10余口井获日产百万立方米以上高产工业气流，使中组合成为继风化壳之后最重要的碳酸盐岩勘探新领域。

4）催生奥陶系盐下"侧向供烃成藏"模式的建立

鄂尔多斯中东部地区奥陶系马五$_6$亚段发育厚层膏盐岩，分布面积约$5 \times 10^4 km^2$，封盖条件较好，因此，盐下深层一直是天然气勘探关注的重要领域。但早期囿于对盐下气源及圈闭运聚等方面的认识，盐下勘探长期未取得实质性进展。近期在对马五段碳酸盐岩—蒸发岩层序细分小层的岩相古地理编图工作的基础上，在盐下白云岩储层发育、膏盐岩盖层分布、源—储配置输导、岩性相变遮挡等方面的认识进一步深化，逐步形成了由上古生界煤系烃源岩侧向供烃成藏的盐下天然气运聚成藏新模式（杨华等，2014），为盐下天然气勘探带来了新的启示。近年来，针对鄂尔多斯盆地奥陶系盐下领域的天然气勘探，已有多口井在马五$_6$亚段膏盐层之下的马五$_7$亚段白云岩储层中试气获工业气流，并显示出局部高产富集的特征，实现了盐下勘探的重大突破。

此外，细分小层的岩相古地理编图工作对于"深时"岩相古地理研究也有重要的促进意义。"深时"（Deep Time）是以Soreghan G S教授为代表的古气候研究学者提出的古气候研究计划，着眼于从沉积记录研究前第四纪地质历史时期的地球古气候变化，并试图为未来气候预测提供依据（孙枢等，2009）。这一设想的提出主要基于地球的气候系统表现为一个在时间、空间以及各种尺度上的连续统一体，要想全面了解地球气候系统的变化范围，以及控制这种变化的因素，必须要从整个地球历史的角度，从空间尺度和时间尺度、各种精度下开展工作（Soreghan等，2003）。同样对于岩相古地理研究，也完全有必要引入"深时"岩相古地理的工作思路，在连续的时间、空间及各种尺度上展开统一、精细的岩相古地理编图工作，这对于古气候学、古生物学、考古科学乃至沉积学研究都具有十分重要的促进意义（Kim等，2013；Brian，2013；Fouache等，2010）。那么从这一角度来看，细分小层的岩相古地理编图则可以看作是"深时"岩相古地理的一项十分重要的基础性工作。

因此，细分小层的岩相古地理编图，可能代表了古地理学发展的一个重要方向，尤其是对于海相沉积层，因其代表的时限短、规律性更好把握；同时，小层古地理精细分析对于大区沉积环境研究，乃至受沉积环境继承性影响的近地表浅埋藏成岩作用研究（如白云岩化等）也具有重要的指示意义；再者，对于油气勘探而言，与主要勘探目的层段厚度相当尺度的小层古地理编图，或可助力于储层发育及圈闭成藏等研究工作的深入，但这对陆相地层则可能难度较大。

第四节　马家沟组沉积微相分析

一、微相的概念

"微相"一般指在薄片、揭片和光片中能够被分类的所有古生物学和沉积学标志的总和（Erik Flügel，1989）。通过对碳酸盐岩微观特征的研究，可以归纳出具有相带指示意义的微相类型。Wilson 根据现代碳酸盐岩沉积的研究资料（Wilson，1981），归纳出 24 个标准的微相类型（简称标准微相）。其所采用的划分标准是以 9 个沉积相带为总纲，以各相带所出现的最能反映沉积环境的特征岩石类型作为标准微相类型，基本上是以环境—水动力条件—岩石结构的思路进行微相的分类。后续的微相研究，大多以此模式为准进行对比套用。

实际上，由于各地区、各年代碳酸盐岩岩石结构及环境特征的复杂性，这种微相类型划分方案很难作为一个全球性的统一标准，而只能作为一个参考性的方案或鉴别的框架。具体研究中应根据研究对象和目的的不同进行有针对性的划分，这对于合理有力地运用微相分析方法，进而对沉积环境、沉积模式等沉积学问题深入研究无疑是极为重要的，已成为微相研究的一个重要方向。如 Robert G.Maliva 等（1992）根据微体化石（及超微化石）和颗粒组构的不同将挪威北海的白垩系/古近系—新近系石灰岩微相类型的划分及对其形成环境和空间分布模式的探讨，余素玉（1982）按结构类型对微相类型的划分，杨承运等（1988）按沉积环境能量序列对碳酸盐岩微相的划分，何海清（1997）对浙江二叠系栖霞组沉积微相的分析等，都极大地推进了微相分析在沉积学研究中的不断深化。

二、马家沟组微相类型划分

包洪平等（2000b）曾对鄂尔多斯地区奥陶系马家沟组的沉积微相进行了较为系统的分析，认为该区奥陶系沉积所涵盖的古环境范围主要为陆表海边缘及陆棚等沉积环境，并对其微相进行类型划分，主要以矿物组成、微观结构和生物化石（及其碎屑）组成特征为原则，并将微相类型进行成因系列划分，以分析其组合规律及形成环境特征。近期在上述分析的基础上，又进行必要的补充完善，将本区奥陶系马家沟组沉积划分为 20 个典型的微相类型，并按成因联系将之划归为六个微相系列（表3-4）。

表 3-4　微相类型划分表

微相系列	微相类型
与生物礁（丘）有关的微相系列（MFS1）	生物骨架礁灰岩微相、角砾状礁灰岩微相、藻粘连灰岩微相
与隐藻席有关的微相系列（MFS2）	藻层纹云岩微相、藻叠层灰岩微相、藻绵层灰岩微相
与局限—强烈蒸发条件有关的微相系列（MFS3）	石盐岩微相、硬石膏岩微相、泥晶云岩微相、斑状含膏（盐）云岩微相
与开阔海环境有关的微相系列（MFS4）	含生屑泥晶灰岩微相、微亮晶—泥晶藻球粒灰岩微相、泥晶生屑灰岩微相、含石膏假晶泥晶灰岩微相
与滩沉积有关的微相系列（MFS5）	亮晶颗粒灰岩微相、残余颗粒云岩微相
次生晶粒结构微相系列（MFS6）	粗晶次生灰岩微相、粉细晶云岩微相、土状粉晶云岩微相、麦粒状云岩微相

三、微相特征

1. 与生物礁（丘）有关的微相系列（MFS1）

在对盆地东缘保德及柳林地区古生界野外剖面和镜下薄片进行详细观察和分析的基础上，提出该区奥陶系马家沟组存在生物礁沉积。根据显微结构特征的不同，可区分出藻粘连灰岩、生物骨架礁灰岩、角砾状礁灰岩三个微相类型，分别代表了礁核初生、礁体发育、礁前塌积的沉积环境及礁体发育阶段的差异。

生物骨架礁灰岩微相：该微相在本研究区南部的柳林县野外剖面中多次反复出现，是本区最重要的微相类型之一。在镜下多表现为浑圆的晶粒状结构特征，与晶粒结构的次生灰岩颇为相似，因此前人在该区研究观察中常把它作为次生灰岩而没有引起足够的重视，并且认为该区不利于生物礁的发育因而不存在生物礁体。但通过对柳林地区下古生界的薄片观察及保德地区的野外剖面考察中发现，这种晶粒结构的石灰岩与通常所说的次生灰岩有本质的不同，它实际上是生物骨架结构受一定成岩作用改造影响所致，是一种疑似苔藓虫的造礁生物形成的礁岩结构。它与膏盐岩层去膏化交代成因之次生灰岩的晶粒结构在微观结构上的差异主要表现在以下几方面：

（1）该微相结构的晶粒多为浑圆状，且有"凸面体"的外形特点（过凸多面体任意外表面作延展平面，该多面体都在延展平面的同一侧），这显示出晶体原始生长的特性，而非次生交代成形的特点（图 3-29a）；而次生灰岩则多为致密镶嵌、港湾交错状的它形粒状结构特征（图 3-31e）。

（2）该可疑生物结构的"晶粒"大小较均一，一般达细—中粒级，显示其受某种"统一"规律制约的自范性特点，而次生灰岩中晶粒大小相差则较大，一般为细—中粒级。

（3）该可疑生物结构的晶粒中一般不含矿物晶体的包裹体，而次生灰岩则大都含有粉晶粒状白云石矿物包裹体。

（4）该可疑生物结构"晶粒"一般较浑浊、透明度差，镜下颜色明显发黄，反映其与生物有机体密切相关，而次生灰岩的晶体则一般干净明亮，呈无色透明状。

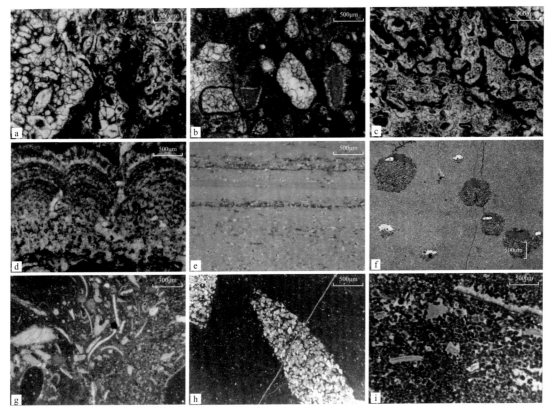

图 3-29　奥陶系马家沟组主要微相类型的显微结构特征（微相图版 Ⅰ）

a. 生物骨架礁灰岩微相，柳林，马四段；b. 角砾状礁灰岩微相，柳林，马四段；c. 藻粘连灰岩微相，柳林，马四段；d. 藻叠层灰岩微相，柳林，马四段；e. 泥晶云岩微相，毛发状石膏假晶成层分布，兴县，马三段；f. 斑状含膏云岩微相，陕 78 井，3641.40m，马五$_1$亚段，具球状膏云结核，部分溶蚀成孔；g. 泥晶生屑灰岩微相，兴县，马四段；h. 泥晶灰岩微相，见沿生物掘穴的白云岩化，兴县山梁沟，马四段；i. 微亮晶球粒灰岩微相，具棘皮、腕足类等生屑，兴县，马四段

（5）该可疑生物结构的"晶粒"间一般填充暗色、富有机质的物质（可能为生物有机体的残余），而次生灰岩的晶粒间一般为亮晶充填结构。

（6）该可疑生物结构中有时可见双壳类等生物碎片，反映其可能的共生生物的组合特征，这在次生灰岩中一般是不可能存在的。

另外，在宏观上与该微相相关层段常出现层间滑脱构造，这与礁体的影响直接相关，因为生物丘、礁在厚度上明显大于同期沉积层，其岩石密度也较周围礁外灰泥质沉积层高，这必然使基底岩石局部受到很大压力，而造成下陷和挤压构造（库兹涅佐夫，1983），如果下伏及周围地层是可塑性沉积，则极易形成层间滑脱构造。

角砾状礁灰岩微相：该微相主要由骨架礁灰岩破碎而成的角砾组成。角砾成分单一，分选中等，次棱角状磨圆，显示其搬运距离不是太远，为近源或就地破碎沉积的结果。角砾内部结构与前述礁灰岩微相的结构基本相同，为等粒浑圆的晶粒状结构。粒间为富有机质、泥质的灰泥沉积物充填（图 3-29b）。

藻粘连灰岩微相：该微相在镜下常表现为隐藻类（蓝藻门）在生命活动中通过分泌黏液物质，或通过藻丝缠绕捕获粘连或缠绕生物碎屑、藻屑颗粒，形成一种具特殊的粘连结构的岩石——"粘结岩"。在镜下可见明显的藻丝遗迹，粘连捕获的颗粒组分以组成礁骨架同类生物的碎屑为主（图 3-29c），偶尔也见以隐藻球粒及棘屑为主的颗粒。

2. 与隐藻席有关的微相系列（MFS2）

该系列微相的形成主要与隐藻席的发育有关，都具有与隐藻生命活动有关的层纹状、叠层状构造，但由于形成环境及气候条件的不同，在微相结构上又有不同的表现形式，形成不同的微相类型，本书将之概括为三种主要的微相类型：藻层纹云岩微相、藻叠层灰岩微相和藻绵层灰岩微相。

藻层纹云岩微相：该微相的镜下特征为白云质呈泥晶—细粉晶晶粒结构，具毫米级的藻成因纹层构造，纹层多呈显微波状、平行状或线纹状。富藻层为泥晶云质结构，颜色昏暗、富含有机质。该微相中有时可见陆源石英粉砂、石膏假晶及干裂构造等。

藻叠层灰岩微相：该微相在本区虽然不是特别发育，但却是重要的具环境指示意义的相带。在镜下主要表现为丘状（或皮壳状）藻叠层构造（图 3-29d）及柱状叠层构造，其间可见怒亚藻等骨骼钙藻。叠层结构的"暗层"为富有机质泥晶灰质结构，"亮层"为微亮晶灰质结构，具备一般"叠层石"结构的基本特征。

藻绵层灰岩微相：该微相类型也是本区较不常见的微相，仅在柳林地区的马四段中见到。镜下表现为隐藻成因的绵层状结构，常见方解石充填的鸟眼构造，并具均匀散布的粉晶白云石晶体。

3. 与局限—强烈蒸发条件有关的微相系列（MFS3）

本微相系列与干旱炎热的气候及水体循环受限制的环境条件有关，主要形成以蒸发盐类矿物为主或与之有关的微相组合，包括以下四个典型微相类型：石盐岩微相、硬石膏岩微相、泥晶云岩微相和斑状含膏（盐）云岩微相。

石盐岩微相：该微相主要分布于盆地东部米脂—绥德地区马家沟组中，而以马五段最为发育。由榆 9 井的钻探揭示，该区马五段蒸发岩的厚度可达 400m 以上，以石盐岩为主，夹少量硬石膏岩和白云岩，三者构成云—膏—盐完整的蒸发岩旋回（张吉森等，1991；王泽中等，1992）。由油基钻井液钻井取心的岩心观察表明，石盐岩颜色有白色、浅红色及灰黑色三种，纯度较高，几乎全由石盐矿物组成，杂质含量多不足 3%，且主要为黏土矿物。石盐矿物晶粒粗大，多在 0.5～1cm 之间。岩石呈块状构造，可见薄层黑色泥质夹层或条带。

硬石膏岩微相：该微相与石盐岩微相具有相似的沉积条件，同为强烈蒸发条件的产物。该微相比前述石盐岩微相具有更广泛的分布范围，在整个鄂尔多斯盆地东部地区的马家沟组马一段、马三段、马五段均有广泛的分布。岩石在宏观上多呈块状、斑状、瘤状（或鸡笼铁丝状）构造，颜色多为浅灰色。镜下主要表现为粉晶晶粒结构特征，晶体呈刃状或小板条状，排列无明显的定向性，具雪花状构造特征，反映其可能遭受成岩期后的塑性形变的影响。在层序上硬石膏岩常分布于厚层石盐岩之中或其下，与石盐岩形成连续的变化序列。

泥晶云岩微相：该微相类型在盆地东部地区普遍发育，是本区极为重要的一种微相类型。其微相特征为基质呈白云石的泥晶结构，层理多呈水平纹理或不显层理。在该基质结构的背景下广泛发育有毛发状的石膏假晶（图3-29e），有时与石盐假晶、"V"形干裂、微冲刷面等同时出现（图3-30）。石膏假晶大小在0.02～0.2mm，多呈零散状分布，局部有顺层集中趋势。在与硬石膏岩微相过渡、未经淡水淋滤成岩作用影响的层位则表现为含膏泥晶云岩的原始微相结构特征。在宏观上表现为块状—中薄层状构造，呈浅灰—深灰色，常与膏盐岩呈互层状产出或呈夹层状分布于厚层膏盐岩中。

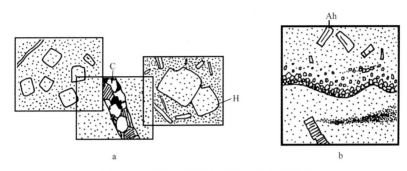

图3-30 泥晶云岩微相显微结构特征素描

a. 可见有石盐假晶（H），细针柱状硬石膏和裂隙充填的方解石（C）；b. 可见硬石膏（Ah）板状散布，在小的"冲刷"界面上有似粒序状的白云石排布

斑状含膏（盐）云岩微相：该微相类型在中东部地区较为常见，是本区奥陶系有利于溶孔型储层发育的一种特殊微相类型。其微相特征为岩石整体泥质含量较低，基质呈白云石的泥晶结构，多具水平纹层构造。在泥晶白云石基质结构的基础上，极为广泛地发育有大量球状石膏结核或石盐结核，大小多在2～3mm之间（局部大者可达3～5mm），整体较为均一，在基质中的分布也较均匀，是白云石与膏（盐）矿物"非层状分异"形成的一类特殊的矿物"共生"组合现象。在膏（盐）矿物经淡水淋滤作用溶蚀改造后，即可发育为有效的白云岩储层（图3-29f）。在宏观上多表现为中厚层块状构造，浅灰—褐灰色，多与膏盐岩呈互层状产出；相带分布上主要出现在含膏云坪相中，横向分布极为广泛。

4. 与开阔海环境有关的微相系列（MFS4）

该微相系列主要与海水普遍较深和与广海自由连通的环境条件有关，沉积了反映陆表广海和潮下较深水带的微相组合。根据结构特征的不同，可划分为含生屑泥晶灰岩微相、微亮晶—泥晶藻球粒灰岩微相、泥晶生屑灰岩微相及含石膏假晶泥晶灰岩微相4个微相类型，反映其相应的沉积环境也有一定的差异。

含生屑泥晶灰岩微相：基质以泥晶方解石结构为主，常含有钙质生物化石或其碎片（图3-29g），生物类型较为多样，较常见的有腕足类碎片、海百合碎片、三叶虫碎片，以及相对较完整的介形虫、腹足类、头足类化石和骨骼钙质藻类等。化石碎片磨圆程度差，几乎无分选性。有时生物扰动构造较发育（图3-29h），并沿之发育斑状的云化，形成所谓的"豹皮灰岩"（潘正莆等，1990）。宏观上常呈厚层状构造，生物扰动构造发育，有时可见网状的生物潜穴构造。风化面上亦常见头足类完整化石。厚层石灰岩间常重复地夹有极薄层（厚3～5cm）的泥岩或泥灰岩层，而单层石灰岩的厚度则多在1m以上。

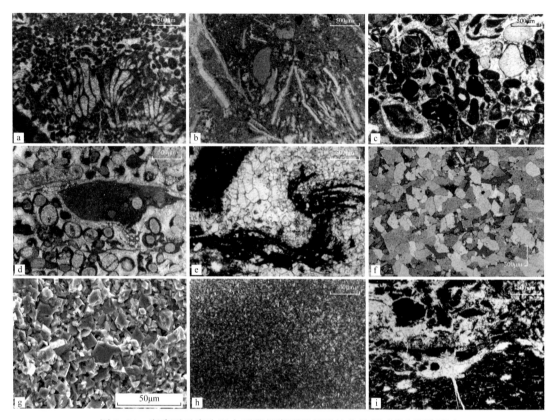

图 3-31　奥陶系马家沟组主要微相类型的显微结构特征（微相图版Ⅱ）

a. 微亮晶球粒灰岩微相，见原地生长绿藻化石，兴县，马四段；b. 泥晶生屑灰岩微相，生屑主要为瓣腮类，柳林，马四段；c. 亮晶颗粒灰岩微相，颗粒主要为砂屑和棘屑等，柳林，马四段；d. 残余颗粒云岩微相，颗粒主要为鲕粒，偶见团粒，兴县，马四段；e. 粗晶次生灰岩微相，见揉皱变形的残余泥质条带，柳林，马三段；f. 粉细晶云岩微相，发育晶间孔，榆 3 井，3050.52m，马五$_{1-4}$亚段；g. 土状粉晶云岩微相，发育晶间微孔（2~3μm），米探 1 井，2617.16m，马四段，扫描电镜；h. 麦粒状云岩微相，兴县，马四段；i. 泥晶灰岩与砂屑灰岩间的微侵蚀面构造，保德，马四段

微亮晶—泥晶藻球粒灰岩微相：该微相中主要颗粒类型为隐藻成因的藻球粒（团粒），大小均一，多呈椭球状，球粒内部为均一的泥晶结构，颜色深暗（图 3-29i）。此外亦可见少量砂、砾屑及团块，生屑在局部亦可见及，以三叶虫、介形虫、软体、腕足类为主，棘屑少见，偶见疑似珊瑚的原地生长生物化石（图 3-31a）。颗粒间一般为泥晶充填，局部为微亮晶及亮晶胶结结构。

泥晶生屑灰岩微相：该微相分布较局限，仅在柳林地区马二段的中部见及。又可分为两个亚类，一类以混合生屑为特征，另一类为单一生屑类型。混合生屑类型生屑主要由棘屑、介屑及部分软体类碎屑为主，同时还伴有少量磨圆度较高的砂屑，生屑大小混杂、分选性差，颗粒间为灰泥基质充填；单一生屑类型中生屑以双壳类为主，分选相对较好，而且粒度总体偏大，粒间灰泥基质充填，并富含有机质、泥质（图 3-31b）。

含石膏假晶泥晶灰岩微相：该微相为本区较常见的一种微相类型。其微观特征为基质呈方解石的泥晶结构，局部微细纹层较发育，有时呈均一构造，最显著的特征是发育零散的柱状石膏假晶，常见生物钻孔及星散状分布的粉晶白云石晶粒。

5. 与滩沉积有关的微相系列（MFS5）

这一微相系列主要与浅水高能沉积环境有关，均有由高能颗粒类型组成和具亮晶胶结结构等特征。按矿物组成的不同，又可分为亮晶颗粒灰岩微相和残余颗粒云岩微相两个微相类型。

亮晶颗粒灰岩微相：颗粒主要为砂屑、生屑（主要为棘屑）和鲕粒，一般分选、磨圆均较好（图3–31c）。粒间均为亮晶胶结物充填，胶结结构均为粒状方解石晶粒结构。该微相的颗粒一般均由复成分颗粒构成，且棘屑似乎无论在哪一种构成中都是必居其中的重要组成部分，一般常见的颗粒构成有砂屑、棘屑、鲕粒、生屑、团粒、砂屑、生屑和粉屑。

残余颗粒云岩微相：该微相的颗粒及粒间填隙结构都由白云石构成，组成颗粒的白云石晶粒比粒间填隙结构的晶粒明显要细小，一般颗粒为细粉晶或泥晶级，胶结物为（粗）粉晶—细晶级。颗粒类型从其残余结构的形态看主要以鲕粒为主，并有少量砂、砾屑及团粒（图3–31d）。鲕粒多为等晶粒的细粉晶结构，圆度极高，原始的核心与圈层结构已因云化而消失。砂、砾屑为泥晶白云石结构，并偶见其中包含有鲕粒。据其结构分析可能为浅水经常性暴露条件下早期云化的鲕粒滩沉积。

6. 次生晶粒结构微相系列（MFS6）

该微相系列主要由晶粒结构的碳酸盐矿物组成，其晶粒一般明显较粗，以细—中晶或粗晶结构为主，反映次生成岩变化作用的强烈影响，原生沉积构造多已消失，只能凭残余的结构及其与上下层序的关系推断其原始沉积环境。依据矿物成分的不同，又可分为粗晶次生灰岩微相、粉细晶云岩微相、土状粉晶云岩微相及麦粒状云岩微相四个微相类型。

粗晶次生灰岩微相：组成该微相的方解石常为粗晶甚至巨晶晶粒结构，但一般以粗晶为主，亦可见中—细晶结构。晶粒间多为它形致密镶嵌结构，等晶粒结构与不等晶粒结构均可见及，但以等晶粒结构为主。方解石内常含有白云石包裹体（或其结构残余），有时可见含有陆源粉砂（尤其在中细晶灰岩中）。局部可见揉皱变形的黑色条带状构造（图3–31e）。在宏观上常表现为块状构造，钻孔岩心的颜色为蔷薇红色（或粉红色），常见斑状交代充填构造，层间夹带有不规则状、条带状或夹层状灰黑色泥灰质条带或角砾状构造。

粉细晶云岩微相：这种微相呈明显的等晶粒结构，白云石一般呈半自形—自形晶结构。常含有残余的不规则状、砾状结构及生屑残余结构（图3–31f）；宏观上常呈块状构造，由于云化改造层理构造一般不甚显著。根据其晶粒大小和构造特征又可分为两个亚类，一类是呈层状的粉晶云岩，另一类是呈块状构造的细晶（或中—细晶）云岩。根据其残余结构等方面的成因标志分析，前者可能与潮坪相带准同生白云岩受早表生期的大气淡水改造有关，后者可能与生物礁丘相的石灰岩混合水成岩云化作用有关。这类微相中由于白云石自形程度较高，常富含晶间孔及溶孔，可作为良好的油气储层的指示，因而成为盆地中东部地区天然气勘探的重要目标之一。

土状粉晶云岩微相：该微相类型虽在晶粒结构特征上与粉细晶云岩微相有一定相似

性，也具等晶粒结构，但其又具有一定的纹层构造特征。晶粒极为细小，大小较为均一，多在 7～10μm 之间，与泥晶云岩微相的晶粒大小较为接近，但其白云石晶粒的自形程度却明显优于泥晶云岩微相，由于其白云石多呈自形晶粒结构，因而多发育一定的晶间孔隙，但孔隙极为细小，一般孔径 2～3μm（图 3–31g）。该微相可作为良好的油气储层的指示，是近期盆地中东部奥陶系盐下天然气勘探的重要储层类型之一。

麦粒状云岩微相：这类微相在本区并不常见，但其结构较为特殊，反映了白云岩的一种特殊成因类型。镜下常表现为白云岩呈麦粒状晶形结构，白云石晶粒间常具泥晶灰质残余（图 3–31h）。

四、微相形成环境分析

1. 与生物礁（丘）有关的微相系列形成环境

生物骨架礁灰岩微相：按现代生物礁的生态环境类比，礁一般形成于水体透明、低浊度、咸度正常的海水中，通常为深度在 30～45m 且水体温暖（一般不低于18℃）的热带—亚热带海域中（当然也有一些礁体可在少数较极端的条件下形成，不过其规模一般较小）（库兹涅佐夫，1983），这种生态环境对造礁生物的生长繁殖极为有利，具有极高的生物生产量，因而极易发育成有别周围地层的生物建隆构造。

角砾状礁灰岩微相：根据其微相的结构特征及其与礁灰岩微相的关系分析，该微相可能主要形成于礁前塌积的环境中。

藻粘连灰岩微相：该微相主要位于礁灰岩微相的底部，反映其可能形成于礁核发育的初期，为形成礁体的先驱分子-早期繁殖构成的障积丘（层），造礁生物在此基础上繁殖生长形成礁核。其形成环境应以海侵早期的浅水陆棚环境为主。

2. 与隐藻席有关的微相系列形成环境

藻层纹云岩微相：从微相结构特征（缺乏钙质生屑而富石膏假晶）分析，该微相主要形成于潮坪环境，且以潮上坪和潮间上带为主，较为靠近陆源地区。

藻叠层灰岩微相：叠层结构一般反映潮坪环境的沉积特征，从本区该类微相的微观结构分析，可能主要为潮间带的沉积。

藻绵层灰岩微相：该微相结构特征反映其主要为潮间带的产物，这是因为鸟眼构造通常被看作是潮间上带的指相标志。

3. 与局限—强烈蒸发条件有关的微相系列形成环境

该微相系列在地层分布上构成了本区奥陶系马家沟组蒸发岩系的主体。关于蒸发岩的成因，存在各种各样的成因假说，不同阶段有不同的理论模式，许靖华（1985）曾对此进行了历史回顾和系统评述。

对本区蒸发岩的成因也有人提出了各种解释模型，如薛平（1986）用"陆表海台地型蒸发岩模式"解释包括本区在内的华北奥陶系蒸发岩成因；张吉森等（1991）用局部隆起和坳陷控制的半封闭海域模式来解释鄂尔多斯地区盐岩的成因；王泽中等（1992）用浅水台地坳陷模式来解释本区蒸发岩成因。这三种成因解释中都认为该区蒸发岩是在与外海连通的条件下形成的，蒸发盆地始终未与外海完全隔绝。

包洪平等（2004）通过对本区蒸发岩在微相分布模式、地球化学特征、蒸发岩剖面结构、微相接触关系等方面的综合分析，认为本区蒸发岩形成于蒸发盆地与外海周期性隔绝的干化蒸发作用条件下，其干化蒸发条件的形成与蒸发盆地西南部的"L"形中央古隆起、北部伊盟古陆、东部的水下低隆起及沿此水下低隆呈堤状分布的生物礁的存在密切相关。

本微相系列的几个微相分别形成于以强烈蒸发为主的潟湖环境的不同阶段。

泥晶云岩微相：形成于蒸发浓缩的最早阶段，但其早期可能以方解石质灰泥的形式存在，在进一步的蒸发浓缩过程中，由于盐度的增高及石膏（硬石膏）的沉淀，导致 Mg/Ca 比值的急骤升高从而使其发生准同生期的云化作用，形成现今面貌的含膏泥晶云岩微相。

斑状含膏（盐）云岩微相：该微相主要形成于由白云岩向硬石膏岩过渡的蒸发浓缩较早阶段。在正常的海水蒸发浓缩过程中，各类矿物受海水中盐类矿物离子的含量和溶解度（或溶度积）常数的制约，基本按照方解石（白云石）—石膏（硬石膏）—石盐等顺序先后沉淀，使各矿物层之间形成良好的"成层性分异"。但在实际的蒸发沉淀作用过程中，常会出现偏离理想的蒸发结晶过程的特殊事件干扰，如伴随着间歇性的海平面上升、下降会引起局限蒸发盆地内水体介质的暂时变化，从而导致部分层段出现"非层状分异"的矿物"共生"现象。沉积相序演化分析表明，在主要沉积环境的过渡转换期，如海侵层序向海退层序的过渡期间，常在碳酸盐岩沉积层的顶部形成富含膏盐矿物"结核"或"散晶"的"非层状分异"；此外，横向上在云—膏—盐的区域性相带变化中，更易在白云岩向膏质岩类过渡的相带中形成"云中含膏"的"非层状分异"。

硬石膏岩微相：形成于蒸发作用的中期阶段，在其形成作用过程中潟湖可能并未完全与外海隔离，回流机制也可能在此过程中起一定作用。其早期化学沉淀矿物可能为石膏，在晚期的埋藏成岩阶段逐步失水而转化为硬石膏，但也可能在化学沉淀阶段直接以硬石膏的形式沉淀，目前尚无这方面的确切证据。

石盐岩微相：形成于潟湖干化蒸发的晚期阶段，但在干化过程中可能经历多次的海水回灌及石盐溶解—再沉淀的"洗盐精练"过程，这主要受高水位晚期（或低水位期）次一级海平面变化的控制。

4. 与开阔海环境有关的微相系列形成环境

该系列微相主要形成于开阔陆棚环境中，但据岩石结构所反映的水动力学特征、化石碎片及其组合所反映的古生态环境特征、化石埋藏所反映的古环境特征等方面的微相分析结果，各种微相类型的形成环境又略有不同。

含生屑泥晶灰岩微相：形成于外陆棚环境，主要分布于风暴浪基面以下的陆棚区域中。

微亮晶—泥晶藻球粒灰岩微相：总体反映了开阔海低能潮下的沉积环境特征。虽然主要处于正常浪基面之上，但由于受陆表海对波浪作用的阻尼运动影响，其水体能量还是较低。

泥晶生屑灰岩微相：总体反映内陆棚的较深水沉积环境，根据其结构及颗粒构成分析，这一微相的两个亚类可能分别反映异地风暴层和原地风暴层的沉积特征。

含石膏假晶泥晶灰岩微相：在层序上，该微相常与含膏盐假晶的泥晶云岩微相呈交互出现的趋势，按 Walther 相序原理，它们应有相（邻）近的沉积环境，其形成可能与短期海平面的周期性变化有关。石膏假晶所代表的石膏晶体的形成时间可能与上覆泥晶云岩准同生云化期毛发状石膏晶体的形成同期，由浅埋藏期上覆富 SO_4^{2-} 离子的流体下渗所致。即在该微相中的石膏假晶是一种成岩环境的标志，而非沉积期的产物。因此，该微相应主要反映开阔海潮坪环境的沉积特征。

5. 与滩沉积有关的微相系列形成环境

本区发育的滩沉积微相主要与水下隆起的障壁环境有关，属障壁滩性质，颗粒成分主要为砂屑、生屑和鲕粒，反映其颗粒来源较为复杂，有机械成因的，也有生物成因和化学沉淀成因的。机械成因的砂屑为侵蚀先成碳酸盐岩沉积或搬运异地半固结碳酸盐岩沉积物而成。由于组成滩相的碳酸盐岩颗粒中几乎均有棘屑的分布，甚至局部可见棘屑的成层分布，反映该类微相可能由原来的浅水陆棚环境演化而来，这是因为棘屑常反映正常海环境的生态特征。因此该系列微相的发育与海平面下降期间水体变浅、沉积物处于正常浪基面之上，甚至间歇性地露出水面有关。

亮晶颗粒灰岩微相：主要形成于浅水环境中，其暴露的时间和程度可能有限。在含生屑泥晶灰岩微相与其上部亮晶颗粒灰岩微相的接触面上，可常见侵蚀面及钙结壳构造（图 3-31i），反映下部微相早期曾经历过抬升暴露的阶段，也反映其上部的亮晶颗粒灰岩微相是形成于浅水的沉积条件下。

残余颗粒云岩微相：据其结构分析该微相可能为浅水经常性暴露条件下早期云化的鲕粒滩沉积。由于长期的暴露，使得早期形成的滩沉积物一度处于受大气淡水影响的混合水成岩环境之下，进而形成混合水白云岩化的成岩透镜体。

6. 次生晶粒结构微相系列形成环境

该微相系列的主要岩石结构形成于成岩作用阶段，其结构特征主要反映成岩环境的性质，因此已不能完全按沉积微相的划分标准对其进行微相类型的划分，只能因其都具"次生"成因为主的性质将其笼统归为一类。但由于成岩环境对沉积环境有一定的继承性，以及成岩作用类型对沉积物类型具明显的选择性，因此，对其成岩作用特征的研究也有助于认识其沉积环境及对沉积微相的恢复。

粗晶次生灰岩微相：根据各种结构构造特征分析，其成因可能与膏盐岩层在潜水面以下的缓慢交代作用有关，属后生期或晚表生期次生成岩变化的产物。其横向分布的稳定性一般较差，常与风化壳的发育程度有关。

粉细晶云岩微相：对鄂尔多斯地区奥陶纪白云岩的成因问题，也有不少学者进行了不同角度的探讨。如冯增昭等（1998）将本区的粉晶—极细晶云岩归为"回流渗透"成因，将粗粉晶—细晶云岩解释为深埋藏热水云化成因；杨承运（1995）通过对本区西部两口探井奥陶系白云岩剖面的研究，提出以混合水模式为主的多期次、多成因"序列"性云化模式来解释该区巨厚白云岩的成因问题；高继安等（1997）通过对本区西北部陕 196 区马五₅亚段白云岩的晶形晶粒、有序度及沉积构造和产状等特征的分析研究后认为，陕 196

井区的马五₅亚段白云岩体为混合水云化成因；包洪平等（2017b）则提出咸化海水与大气淡水混合的沉积与层序演化相结合的成因观点。

土状粉晶云岩微相：该微相主要分布在海侵旋回的四级或五级层序的界面附近。目前初步分析认为其可能形成于石膏类矿物沉淀前的较高浓缩阶段，此时海水浓度已相对较高，但 Mg/Ca 比值并没有显著增加，在白云岩化结晶作用发生时，白云石成核数量较高，但生长结晶速度并不是很快，其岩石结构出现白云石晶粒较细但自形程度却很高的特征。由于该微相是近期天然气勘探钻井取心中新发现的一种岩石结构类型，因而对其成因及形成环境的认识还有待进一步研究。

麦粒状云岩微相：关于该类白云岩的成因争议颇多，邬金华（1992）认为其成因与准同生期流体垂直下渗造成的重结晶和后期压力增加条件下的白云石出溶作用有关；冯增昭等（1991）将其解释为去膏化白云石交代成因，但冯增昭（1998）又认为本区的这种麦粒状云岩是深埋藏热水交代成因的粗砂糖状云岩中的一个变种，即它仍为深埋热水交代成因，因为二者在阴极发光显微镜下具一致的发光特性（都呈均匀的暗红色发光），所以，他认为二者是同一云化事件的产物。但在柴达木马海盆地第四纪沉积中，可见原生沉积的叶片状石膏和菱形石膏（刘淑琴等，1992），其形态和基本结构特征与麦粒状云岩中的"麦粒"极为相似，可见其去膏化成因的可能性更大。

五、微相与层序的关系

1. 层序是微相有规律的组合叠置

从广义上讲，地层学也包括将成层的岩石划分成在一定程度上均一的各种小段地层的工作。在一个具体的地层剖面中，每个划分出来的小段都在某些方面与上、下小段不同，这种不同的段实际上就是不同的"相"（Walker，1990），每个段都是由突变接触或渐变接触与另一个段分开。这些段在空间上的组合叠置就构成了地层序列，可以称之为广义上的层序。简单地说，层序代表了相的组合和叠置关系，有关相模式建立、沉积体系分析及海平面变化旋回等，都是对这种组合及叠置关系的一种成因解释，其间差异主要在于所选空间尺度、时间尺度以及综合层次的不同。

因此，利用层序与相的这种关系并结合沃尔索相律的基本思路，借助微相分析的方法可深化对本区碳酸盐岩—蒸发膏盐岩体系的层序结构特征的研究，并逐步形成对微相空间分布规律与层序演化关系的新认识。

2. 不同体系域的微相构成及空间分布

海进体系域：在层序中位于初始海侵面（层序底界面）和最大海泛面之间，形成于海平面变化旋回的初始阶段，这时海平面上升速率较高，碳酸盐岩的生产速率相对较低，沉积水体明显加深，在最大海泛面时达到最大深度。在区内主要发育与开阔海有关的微相系列中的含生屑泥晶灰岩微相、泥晶生屑灰岩微相，以及与生物礁（丘）有关的微相系列中的生物骨架礁灰岩微相、藻粘连灰岩微相。其中研究区中部地区以与开阔海环境有关的微相系列为主；东部柳林—兴县地区以发育与生物礁（丘）有关的微相及与碳酸盐灰泥丘

（Mud-mound）有关的藻粘连灰岩微相为主，这主要与东部地区存在南北向水下隆起、有较高的碳酸盐岩生产率、有利于生物建隆的形成有关。

高位体系域：层序中位于海侵体系域之上，低位体系域或层序顶界面之下。形成于海平面变化旋回的中间阶段，海平面上升速度开始减慢，并在经历一个相对静止期后开始逐渐下降。这一阶段碳酸盐岩的生产速率较高，多发育向上变浅的碳酸盐岩沉积序列。在本研究区内主要发育微亮晶—泥晶藻球粒（或藻砂屑）灰岩微相、含石膏假晶泥晶灰岩微相、与滩沉积有关的微相和与隐藻席有关的微相等。在高水位晚期也可发育与局限—强烈蒸发条件有关的微相系列中的泥晶云岩微相以及角砾状礁灰岩微相。其中与滩沉积有关的微相系列及角砾礁灰岩微相主要分布在研究区东部，与隐藻席有关的微相系列及泥晶云岩微相等主要分布于研究区西部中央古隆起区及内部坳陷区。

低位体系域：位于层序的最上部，其顶面即为层序的上界。形成于海平面变化旋回的最后阶段，这时海平面开始显著下降，局部地区暴露地表形成侵蚀面。低位体系域一般在Ⅰ型层序中较为发育，在深水盆地形成盆底扇、低位楔等，如鄂尔多斯盆地西缘深水海盆的奥陶系海底扇沉积（魏魁生等，1996）。但在本研究区内主要发育Ⅱ型的高频层序，由于低水位期持续时间较短，相对海平面下降幅度也有限，并未造成广泛的侵蚀作用（盆底扇、低位楔物质供给的主要原因），而主要造成研究区中部台内坳陷盆地与广海的隔绝，形成与局限—强烈蒸发条件有关的微相系列，并在研究区东部地区发育对早期形成的高位体系域沉积的成岩改造作用。本区次生晶粒结构微相系列中的粉细晶云岩微相可能与低水位期淡水透镜体迁移造成的混合水云化成岩环境有关。

第四章 岩石地球化学与白云岩化

第一节 碳酸盐岩—膏盐岩体系地球化学

一、碳酸盐岩—膏盐岩体系发育的地质背景

1. 古隆起控制了局限海盐洼（膏盐湖）的形成

奥陶纪由于中央古隆起的存在，使鄂尔多斯地区截然分化为两个沉积水域，中央古隆起以东为华北海域，中央古隆起以西、以南为秦祁海域。由于古隆起的障壁与阻隔作用，在中央古隆起东侧形成较大范围的局限海蒸发环境，尤其是在马家沟组沉积期，由北部的伊盟古陆、西南部的中央古隆起及东部的吕梁古隆起等的共同围限作用，控制了陕北盐洼盆地（米脂盐洼）的形成，并在马家沟组沉积期的部分时间形成了与外海基本隔绝的"干化蒸发"条件（包洪平等，2004）。

这在海退沉积期的表现尤为突出，此时由于周围古陆与古隆起区大多暴露于水上，对隔绝开阔外海起重要的障壁作用，形成以陕北盐洼（米脂盐洼）为中心、向外依次发育盐洼盆地相—盆缘云质膏岩相—含膏云坪相的相带展布及区域性岩性分布格局（图4-1）。因此，马家沟组马一段、马三段、马五段巨厚石盐岩沉积层的形成，以及膏盐岩沉积相带由盐洼中心向古隆起方向依此呈现的盐—膏—云的"牛眼状"岩相分布格局，正是其时古隆起环盐洼分布的结果（包洪平等，2004）。

另外，在海侵沉积期，中央古隆起对其中东部的区域岩性相变也起重要的控制作用。海侵期由于海平面大幅上升，古隆起对外海的障壁作用大为减弱，导致鄂尔多斯大部分地区（包括海退期的中东部盐洼沉积区）整体以碳酸盐岩为主。但此时中央古隆起对中东部地区的区域岩性相变仍起重要的控制作用。由中央古隆起向东，依次发育浅水台地颗粒滩相—灰云缓坡—较深水灰泥洼地沉积，岩性也依次呈现出白云岩—白云岩夹石灰岩—石灰岩的区域性岩性相变规律。

2. 海平面升降控制碳酸盐岩与膏盐岩旋回性交替发育

鄂尔多斯地区在经历了寒武纪末短期的抬升剥蚀后，于奥陶纪又开始了新一轮的海侵沉积。但冶里组沉积期—亮甲山组沉积期的初始海侵沉积范围较为有限，仅限于鄂尔多斯西缘、南缘及东缘地区的半环状区域，主要发育滨浅海—广海陆棚相的内源碳酸盐岩沉积。

至马家沟组沉积期，受区域性海平面上升的影响，海侵范围迅速扩大，形成了覆盖鄂尔多斯大部分区域的海相沉积层，位于盆地中西部地区的中央古隆起是奥陶纪沉积的重要"分水岭"，古隆起以东为局限海台地沉积，古隆起以西、以南则为正常广海的较深水斜坡—广海陆棚沉积。

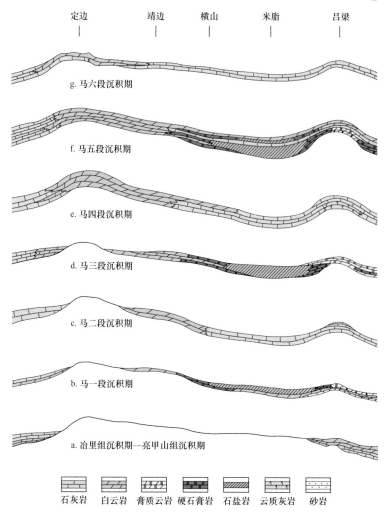

图 4-1　鄂尔多斯盆地中东部早奥陶世沉积演化模式图

中东部地区局限海台地沉积最为突出的特征就是碳酸盐岩与蒸发膏盐岩交替发育的旋回性沉积建造。该区马家沟组自下而上可划分为马一段、马二段、马三段、马四段、马五段、马六段 6 个段，其中马一段、马三段、马五段岩性以膏盐岩及蒸发潮坪云岩为主，代表海退期局限海蒸发环境的沉积特征；马二段、马四段、马六段则以碳酸盐岩为主，局部层段含少量硬石膏岩夹层，代表了海侵期水体基本连通的广海沉积特征。由马一段—马六段构成了 3 个大的层序旋回。此外大旋回内还存在次一级的小旋回，以马五段为例，在从马五$_{10}$—马五$_1$十个亚段中，马五$_{10}$亚段、马五$_8$亚段、马五$_6$亚段、马五$_4$亚段下部、马五$_3$亚段下部为短期海退形成的以蒸发膏盐岩为主的沉积层，而五$_9$亚段、马五$_7$亚段、马五$_5$亚段、马五$_4$亚段上部、马五$_3$亚段上部及马五$_{1+2}$亚段则为短期海进形成的以碳酸盐岩为主的沉积层。

3. 主要沉积岩石的岩石学特征

本区奥陶系碳酸盐岩—膏盐岩体系主要由石灰岩、白云岩、硬石膏岩及石盐岩构成

（局部层段也可发育部分云质灰岩、膏质云岩等过渡性岩类；图 4-2 ），现将主要岩类的典型岩石学及分布发育特征简述如下。

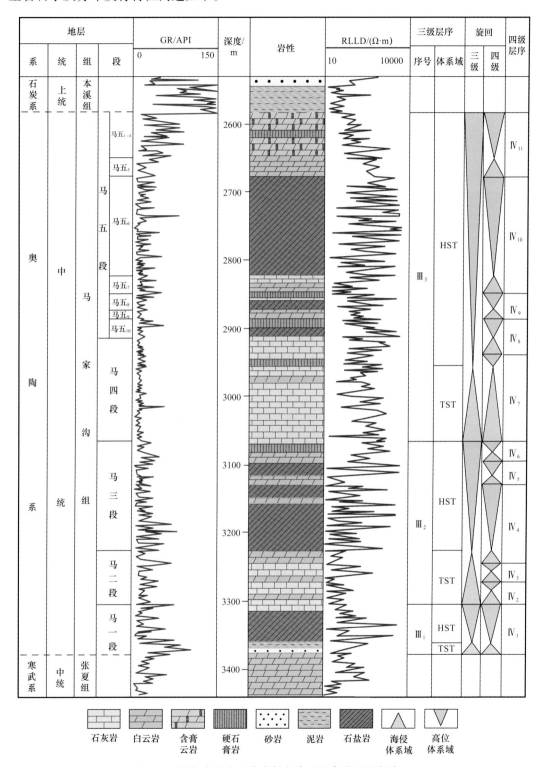

图 4-2　鄂尔多斯盆地中东部奥陶系马家沟组层序旋回

石灰岩：形成于海侵沉积期的正常海沉积环境，组成矿物主要为方解石。多以大段厚层的形式出现，主要分布在盆地东部的马四段、马五$_5$亚段、马六段及马二段，岩性以泥晶灰岩、泥—粒结构的石灰岩为主，多含介形虫、腹足类等生物碎屑，局部具斑状云化构造（图4-3a—c）。

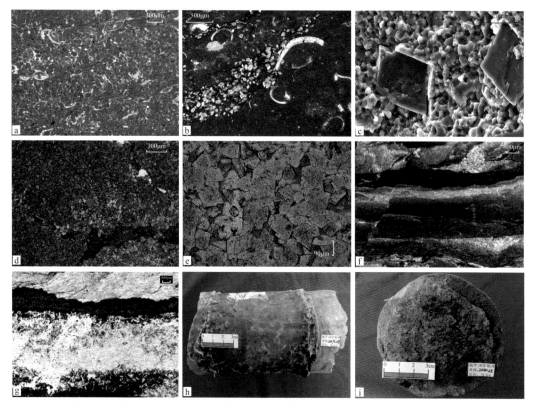

图4-3 鄂尔多斯盆地奥陶系碳酸盐岩—膏盐岩体系主要岩类的结构构造特征

a. 榆48井，马五$_5$亚段，2767.18m，生屑泥晶球粒灰岩，局部见亮晶微亮晶胶结，单偏光；b. 高平1H井，马四段，2663.35m，含生屑泥晶灰岩，局部斑状云化，单偏光；c. 高平1H井，马四段，2642.0m，含云泥晶灰岩，基质为泥晶方解石它形致密结构，较大的自形菱面体晶粒为白云石，扫描电镜；d. 桃18井，马五$_5$亚段，3702.12m，粉晶云岩，红色为孔隙铸模，单偏光；e. 鄂9井，马四段，3859.60m，细晶云岩，白云石细晶晶粒结构，自形度较高，发育晶间孔（红色孔隙铸模），单偏光；f. 陕473井，马五$_6$亚段，3767.01m，含膏泥粉晶云岩，可见干裂错断构造，单偏光；g. 镇钾1井，马五$_{10}$亚段，2579.26m，硬石膏岩夹泥粉晶云岩薄层，硬石膏细晶粒状结构，具雪花状构造，单偏光；h. 高平1H井，马五$_6$亚段，2473.28m，烟灰色、白色石盐岩，巨晶粒状结构，粒径1～2cm，夹云质薄层，岩心照片；i. 高平1H井，马五$_6$亚段，2441.25m，棕红色石盐岩，中粗晶粒状结构，粒径0.3～0.6cm，岩心照片

白云岩：海侵期与海退期均有一定规模的沉积，组成矿物主要为白云石。其形成受海水咸化及膏质物沉淀导致的白云岩化作用所控制，具明显的区位性及层控性分布特征（图4-1），在与石灰岩共生的海侵沉积层序及与膏盐蒸发岩共生的海退沉积层序中均有一定规模的发育，但其白云岩结构及成因却有较大差异。海侵期沉积的马四段、马五$_5$亚段及马二段中的白云岩多以粉晶或细晶结构为主（图4-3d、e），一般呈中厚层或大段厚层分布；海退期沉积的马一段、马三段及马五段中的白云岩则多以泥粉晶结构为主，常呈薄层或与硬石膏岩呈互层状分布，一般都具有较为明显的纹层状构造（图4-3f）。

硬石膏岩：主要形成于高位—海退沉积早期，组成矿物主要为硬石膏。由盐洼盆地受局限程度增高而导致海水蒸发浓缩及膏质物的沉淀所形成，主要发育在马五段及马三段海退沉积层序中，区位分布上以靠近盐洼盆地的边缘更为发育，多呈中厚层状、与白云岩层交互发育。岩性以白色硬石膏岩为主，硬石膏晶体外形多呈毛发状，岩石多具雪花状构造，局部夹云质条带或薄层白云岩（图 4-3g）。

石盐岩：主要形成于海退沉积期，组成矿物主要为石盐，偶见钾石盐等蒸发末期矿物。此时由于盐洼盆地与外海基本隔绝，进入干化蒸发的中晚期阶段，海水高度浓缩而开始石盐岩的结晶沉淀。本区石盐岩主要发育在马一段、马三段及马五段的海退沉积层序中，区位分布上整体局限于陕北盐洼盆地沉积区，多呈大段厚层状集中发育，局部夹白云质薄层，岩石多呈纯净透明的粗晶—巨晶晶粒结构，部分层段呈灰白色、烟灰色或浅棕红色（图 4-3h、i）。

二、碳酸盐岩—膏盐岩体系的 4 个阶段形成模式

耶奈克（1923）提出关于海水蒸发时连续沉积相的概念以及四阶段的蒸发模式：Ⅰ—石灰岩和白云岩；Ⅱ—石膏；Ⅲ—石盐（+ 石膏）；Ⅳ—Na-Mg 硫酸盐，而后钾盐。并给出了每一阶段中海水的浓度和剩余体积。但在实际的沉积作用过程中，由于受蒸发盆地的封闭性、海平面升降变化等因素的影响，真实地层的发育情况要更为复杂一些。尤其是在旋回性的沉积层序中，多数蒸发旋回尚未达到蒸发旋回的最后阶段即被新一轮的海平面上升导致的外来海水注入所中断，这在鄂尔多斯盆地奥陶纪蒸发岩的形成过程中自然也不例外。因此，结合本区奥陶系碳酸盐岩—蒸发膏盐岩的发育特征，将其海相沉积中的化学沉淀作用过程划分为如下四个主要阶段。

1. 早期阶段：方解石（文石）沉淀

海水轻微浓缩时，溶解度最小的碳酸盐（主要是方解石、文石等）开始沉淀，这也是现代热带海洋环境中正在发生的碳酸盐沉积作用的原因所在，其中也有广泛的生物化学作用的参与。在本区主要形成泥晶灰岩、含生屑粒泥结构的石灰岩，局部浅水环境还发育颗粒滩相石灰岩沉积，但大多在后来又因发生白云岩化作用而形成白云岩。

2. 中期阶段：石膏（硬石膏）沉淀与白云岩化

当海水进一步蒸发、盐度达 15%～17% 时，石膏类矿物开始析出。此时陕北盐洼盆地与外海隔绝程度较高，海水对流循环受到明显的限制，主要形成硬石膏岩及膏质云岩沉积层；另外，近期研究表明，本区碳酸盐岩—膏盐岩体系中白云岩化作用大多都与膏质物的沉淀有关（包洪平等，2017），即主要由于 $CaSO_4$ 的沉淀，引起 Mg/Ca 比的升高，进而导致先期灰质沉积物（处于浅埋藏成岩环境）发生强烈的白云岩化作用，形成本区规模分布的白云岩地层。

3. 晚期阶段：石盐沉淀

当海水浓度为 26% 时，石盐矿物开始结晶。奥陶纪陕北盐洼盆地在马一段沉积期、马三段沉积期及马五段沉积期均达到了这一蒸发阶段，此时陕北盐洼盆地由于中央古隆

起、吕梁古隆起等周边隆起的阻隔，与外海几乎完全隔绝，从而进入了强烈的蒸发浓缩阶段（包洪平等，2004；邵东波等，2019），形成厚层纯净的石盐岩层。

4. 末期阶段：钾石盐沉淀（与干化蒸发）

当海水极端干化蒸发、浓缩至盐度达 33%（密度达 1.31）时，钾石盐开始结晶。本区奥陶系尚未发现规模分布的钾石盐层，但在盐洼东部绥德地区盐矿探井的马五$_6$亚段棕红色石盐层中，发现钾石盐含量较高的薄层盐岩（陈郁华等，1998），局部层段钾元素含量最高可达 4.92%（袁鹤然等，2010）。钾石盐晶形多为不规则粒状、它形拉长粒状，其次为自形半自形立方体，与石盐密切共生，钾石盐矿物主要呈浸染状分布在石盐晶粒间，有时也呈细小晶体被石盐包裹。此外，发现共生矿物中还有钾铁盐、少量光卤石等蒸发末期的盐类矿物，说明本区部分盐岩层段确曾进入干化蒸发的最末期阶段，只是目前尚未发现规模富集的钾石盐矿层，但局部凹陷中仍有形成较厚层钾石盐矿层的潜力（陈文西等，2010；张永生等，2013）。

三、常量及微量元素组成特征

1. 常量元素组成

表 4-1 为本次所选代表性岩样的常量及微量元素分析结果，结合对本区碳酸盐岩—膏盐岩体系的岩石薄片、扫描电镜等的矿物相分析可知，表中 NaCl、CaO、MgO 基本代表了岩样中石盐、硬石膏、方解石及白云石等主要自生造岩矿物的元素构成，Al_2O_3、SiO_2 等则主要由伊利石、长石、石英等陆源碎屑矿物及少量自生石英元素构成。

由表 4-1 可见，对于白色、烟灰色石盐岩而言，由于其岩石纯度较高，石盐矿物占绝对主体，NaCl 含量多达 90% 以上，部分高达 98% 以上，仅含极少量的黏土杂质及自生石英等；而对于棕红色石盐岩而言，则成分较为混杂，除了主要造岩矿物石盐岩外，尚含一定量的白云石，及伊利石、石英、长石等陆源碎屑矿物，因而其 NaCl 含量一般在 50%～70%，而 MgO、Al_2O_3、SiO_2 含量明显偏高，分别达 1.5%～4%、1%～3% 和 4%～10% 之间，并出现较明显的 K 元素含量异常（K_2O 含量高出白色石盐岩的 3～5 倍）。

硬石膏岩中，除硬石膏含量占绝对优势外，多含一定量的白云石及陆源碎屑矿物，因而导致其元素分析中 CaO 含量多在 50% 以上，且 MgO、Al_2O_3、SiO_2 含量相对石盐岩而言明显偏高。

而对于石灰岩及白云岩而言，其岩性也整体较为纯净，其中方解石、白云石占绝对优势，黏土矿物含量较低，导致 Al_2O_3 含量多在 0.5% 以下，但由于岩石中常含一定量的自生石英，因而其 SiO_2 含量一般在 1%～4%，个别可达 5% 以上。

此外，就各类岩石的整体分析结果看，岩石中 Fe 含量都普遍较低，全铁（TFe_2O_3）含量一般都在 1% 以下，棕红色石盐岩 Fe 含量高于白色石盐岩，硬石膏岩的 Fe 含量略高于其他岩类；而 Mn、Ti、P 等元素含量则普遍都很低，大部分样品的 MnO 含量仅达 0.01% 或小于 0.01%，TiO_2 含量多在 0.1% 以下，P_2O_5 含量则多在 0.05% 以下。

表 4-1 碳酸盐岩—膏盐岩体系主要岩类常量元素含量分析表

样号	井号	井深/m	层位	岩性	常量元素含量/%											烧失量/%
					SiO$_2$	Al$_2$O$_3$	MgO	Na$_2$O	NaCl	K$_2$O	P$_2$O$_5$	TiO$_2$	CaO	TFe	MnO	
S1	高平1H	2440.57	马五$_6$	棕红色石盐岩	10.49	3.33	3.86	—	45.21	0.68	0.04	0.13	10.84	0.61	0.01	—
S2	高平1H	2469.78	马五$_6$		3.97	1.14	1.53	—	61.97	0.41	0.02	0.07	9.72	0.25	0	—
S3	高平1H	2476.58	马五$_6$		8.56	2.64	2.78	—	69.08	0.67	0.04	0.10	4.41	0.63	0	—
S4	高平1H	2442.00	马五$_6$	白色、烟灰色石盐岩	0.68	0.11	0.18	—	98.40	0.13	0.01	0.03	0.49	0.03	0	—
S5	高平1H	2470.13	马五$_6$		1.04	0.26	0.32	—	94.60	0.13	0.01	0.04	1.25	0.06	0	—
S7	高平1H	2473.65	马五$_6$		0.64	0.09	0.07	—	98.49	0.07	0.01	0.03	0.64	0.03	0	—
S8	陕473	3746.95	马五$_6$	硬石膏岩	4.75	0.66	10.63	*	—	0.20	0.01	0.03	52.78	1.04	0.01	23.01
S9	陕473	3744.83	马五$_6$		9.89	2.49	7.07	*	—	1.07	0.03	0.09	52.02	0.76	0.01	17.56
S10	陕473	3744.57	马五$_6$		12.20	3.33	4.59	*	—	1.34	0.05	0.16	53.14	1.06	0.01	10.69
S11	高平1H	2450.23	马五$_6$	泥粉晶云岩	3.97	0.79	13.77	—	25.75	0.25	0.02	0.06	18.72	0.35	0	—
S12	高平1H	2450.40	马五$_6$		9.65	2.96	15.57	—	13.17	0.69	0.04	0.13	19.30	0.91	0.01	—
S16	米116	2425.97	马五$_5$	泥粉晶云岩	9.53	0.63	17.18	1.99	—	0.54	0.01	0.02	26.97	0.54	0.01	41.10
S17	米116	2424.65	马五$_5$		1.33	0.27	19.37	2.39	—	0.22	0.01	<0.01	28.97	0.54	0.01	46.42
S18	米116	2424.19	马五$_5$		1.24	0.32	19.91	0.20	—	0.17	0	0.01	32.32	0.77	0.01	44.61
S19	米116	2423.71	马五$_5$	石灰岩	1.08	0.33	0.90	*	—	0.11	0.01	<0.01	56.01	0.12	0	41.60
S21	米116	2423.47	马五$_5$		1.37	0.41	0.97	*	—	0.12	0.01	0.01	53.76	0.12	0	42.19
S22	米116	2423.09	马五$_5$		1.71	0.60	0.54	*	—	0.19	0.01	0.02	53.57	0.13	0.01	42.18
S25	陕473	4023.34	Ma4	粉细晶云岩	1.57	0	21.61	0	—	0.14	<0.01	0.01	30.13	0.11	<0.01	46.40
S26	陕473	4026.25	Ma4		2.84	0.02	20.98	*	—	0.10	<0.01	<0.01	30.23	0.16	<0.01	45.63
S27	陕473	4030.13	Ma4	云斑灰岩	1.70	0.16	6.86	0.03	—	0.14	0.01	<0.01	47.58	0	<0.01	43.47
S28	陕473	4039.17	Ma4		1.89	0.28	9.36	0.02	—	0.16	<0.01	0.01	44.05	0.10	<0.01	44.10

注：* 表示未检测到；— 表示未分析。

2. 微量元素组成特征

在本次针对中东部碳酸盐岩—膏盐岩体系的地球化学研究中，除前述常量元素的分析外，还对 Sr、Ba、Li、Be、V、Cr、Co 等 20 余种微量元素的含量做了检测分析（表 4-2、图 4-4），其中 Ta、W、Re、Tl、Bi 等元素因在大部分样品中都低于检测限，所以表中未列出。

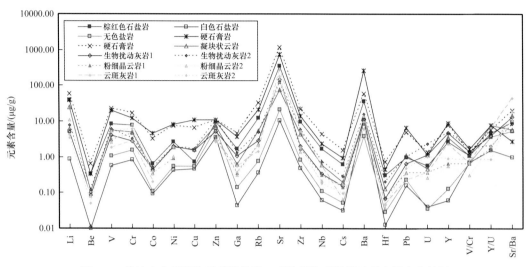

图 4-4　盆地中东部奥陶系碳酸盐岩—膏盐岩体系微量元素含量变化特征

系统分析表明，在碳酸盐岩—膏盐岩体系形成的内生沉积作用过程中，Sr、Ba、Li 等元素整体含量相对较高，可达数十微克每克至数百微克每克；V、Cr、Ni、Cu、Zn、Rb、Zr、Y 等元素含量中等，一般在数微克每克至十余微克每克；而 Be、Co、Ga、Nb、Cs、Hf、U 等元素则含量甚微，大多在 1μg/g 以下。此外，由于海水蒸发浓缩程度的不同所导致的灰—云—膏—盐的不同结晶阶段，各种微量元素的析出丰度也存在较大的变化。但由图 4-4 可见，上述各元素无论绝对含量如何，但其在石灰岩—白云岩—硬石膏岩—石盐岩之间的相对含量变化却呈现出惊人相似的一致性，即各元素在硬石膏岩和棕红色石盐岩（纯度相对较低）中含量明显较高，石灰岩、白云岩大多居中，而在纯净的白色石盐岩中的含量却总是最低的，除了 Cu、Pb 两元素在棕红色石盐岩中的含量略有异常外，Li、Be、V、Cr、Co、Ni、Zn、Ga、Rb、Sr、Ba、Nb、Cs、Hf、U、Zr、Y 等元素几乎都具有上述一致的规律性变化。

1）Sr、Ba、Li 等含量较高的元素

Sr、Ba 在硬石膏岩中总体含量较高，Sr 含量多在 700μg/g 以上，最高达 1187.78μg/g，且 Sr/Ba 比值也较高，高者可达 20～50，Ba 含量多在数十微克每克至数百微克每克；而在较纯的石盐岩中，Sr、Ba 含量通常都在 100μg/g 以下，Sr/Ba 比值通常都在 10 以下；在石灰岩和白云岩中 Sr 含量一般在 50～200μg/g 之间，Ba 含量则多在 10～15μg/g 之间，变化相对较小，Sr/Ba 比值在白云岩偏低，多在 10 以下，而石灰岩中则稍偏高，以 10 以上者居多。

Li 含量变化从数微克每克至百余微克每克，但总体上在白云岩和硬石膏岩中含量较

表 4-2 盆地中东部奥陶系碳酸盐岩—膏盐岩微量元素分析数据表

试验编号	井号	井深/m	层位	样品岩性	Li 锂	Be 铍	V 钒	Cr 铬	Co 钴	Ni 镍	Cu 铜	Zn 锌	Ga 镓	Rb 铷	Sr 锶	Zr 锆	Nb 铌	Cs 铯	Ba 钡	Hf 铪	Pb 铅	U 铀	Y 钇	V/Cr	Y/U	Sr/Ba
					微量元素含量 / (μg/g)																			元素含量比值		
Q1925204	高平1	2469.78	马五6亚段	棕红色石盐岩	39.39	0.34	8.58	7.77	0.65	2.66	0.74	9.57	1.71	12.11	345.46	9.55	1.67	0.62	35.40	0.31	0.98	0.58	2.708	1.10	4.65	9.76
Q1925205	高平1	2470.13	马五6亚段	棕红色石盐岩	9.81	0.08	2.02	1.08	0.20	0.94	0.58	5.62	0.37	2.79	55.35	2.28	0.37	0.14	11.48	0.07	0.42	0.09	0.509	1.86	5.50	4.82
Q1925194	高平1	2442.00	马五6亚段	略显棕色石盐岩	3.43	0.02	1.72	1.87	0.10	0.51	0.60	5.01	0.15	1.02	12.27	0.85	0.17	0.07	15.68	0.03	0.23	0.06	0.209	0.92	3.36	0.78
Q1925209	高平1	2473.65	马五6亚段	白色石盐岩	5.20	0.00	1.06	1.57	0.11	0.56	0.55	6.22	0.14	0.78	20.66	0.85	0.11	0.05	3.79	0.03	0.23	0.04	0.131	0.67	3.67	5.45
Q1925211	高平1	2476.58	马五6亚段	白色石盐岩	118.76	0.88	17.73	8.85	2.29	5.57	1.43	11.60	3.74	23.61	200.07	16.37	3.31	1.08	42.58	0.53	1.47	0.76	5.875	2.00	7.77	4.70
Q1925212	陕473	3746.95	马五6亚段	硬石膏岩	21.34	0.21	4.80	4.34	0.80	1.98	1.52	68.54	1.45	5.99	734.09	5.75	0.88	0.25	14.68	0.20	1.48	0.52	5.124	1.11	9.84	50.02
Q1925213	陕473	3744.83	马五6亚段	硬石膏岩	38.78	0.33	20.38	12.14	4.52	8.24	11.01	11.08	3.76	21.48	723.66	14.16	2.34	0.93	263.11	0.45	6.66	1.16	8.942	1.68	7.69	2.75
Q1925214	陕473	3744.57	马五6亚段	硬石膏岩	58.01	0.64	22.81	17.12	3.29	7.56	6.51	10.71	4.64	32.75	1187.78	22.40	4.39	1.53	58.67	0.74	4.97	1.36	7.815	1.33	5.74	20.25
Q1925202	高平1	2450.23	马五5亚段	白云岩	32.46	0.14	5.79	3.83	0.58	1.77	1.18	5.88	1.11	7.07	62.18	5.33	0.97	0.38	15.06	0.19	0.65	0.47	3.975	1.51	8.52	4.13
Q1925203	高平1	2450.40	马五5亚段	白云岩	118.58	0.59	19.01	14.88	2.59	6.99	5.01	12.74	4.19	27.38	80.92	18.49	3.62	1.43	49.30	0.63	2.95	1.07	7.190	1.28	6.72	1.64
Q1925219	米116	2425.97	马五5亚段	凝块状云岩	24.99	0.11	5.51	4.93	0.46	1.94	1.65	7.37	0.62	5.47	76.91	4.33	0.61	0.20	13.30	0.13	1.11	0.47	3.594	1.12	7.65	5.78
Q1925223	米116	2424.65	马五4亚段	柱状叠层云岩	9.20	0.04	4.32	3.15	0.26	1.81	2.95	5.66	0.34	2.88	109.09	1.80	0.32	0.12	11.18	0.05	1.17	0.56	1.099	1.37	1.95	9.76
Q1925227	米116	2424.19	马五4亚段	生物扰动云岩	5.35	0.08	4.42	3.03	1.35	3.69	1.34	5.96	0.37	2.83	58.21	2.40	0.40	0.13	13.21	0.07	1.06	1.34	1.100	1.46	0.82	4.41
Q1925228	米116	2423.71	马五4亚段	生物扰动云岩	4.87	0.09	3.97	2.73	0.44	2.02	1.55	5.18	1.09	2.94	150.17	2.02	0.34	0.15	11.16	0.07	0.66	1.18	4.819	1.46	4.09	13.45
Q1925230	米116	2423.47	马五4亚段	生物扰动灰岩	6.90	0.20	4.90	3.38	0.49	2.13	1.57	8.34	1.27	3.64	135.15	3.51	0.45	0.20	13.25	0.08	0.77	1.58	5.121	1.45	3.23	10.20
Q1925232	米116	2423.09	马五4亚段	生物扰动灰岩	7.65	0.12	6.18	3.22	0.52	2.03	1.68	10.68	1.34	4.90	132.16	5.79	0.75	0.28	15.49	0.21	1.02	2.35	4.885	1.92	2.08	8.53
Q1924667	陕473	4023.34	马四段	粉细晶云岩	6.25	—	3.00	4.65	0.35	0.91	—	3.63	0.35	2.25	126.68	1.66	0.31	0.14	8.54	0.07	0.36	0.37	0.64	0.64	1.73	14.84
Q1924681	陕473	4026.25	马四段	粉细晶云岩	10.72	0.08	2.52	8.16	0.34	1.02	—	3.05	0.30	2.18	152.87	1.35	0.21	0.17	14.10	0.04	0.36	0.26	0.55	0.31	2.11	10.84
Q1924679	陕473	4030.13	马四段	云斑灰岩	4.14	—	1.82	2.76	0.21	—	2.66	2.66	0.55	1.43	277.41	5.15	0.55	0.06	6.13	0.05	0.23	0.36	2.36	0.66	6.54	45.23
Q1924682	陕473	4039.17	马四段	云斑灰岩	3.39	0.05	5.13	6.17	0.40	1.87	—	3.06	0.38	2.06	181.15	1.82	0.18	0.10	9.69	0.05	0.48	1.01	0.89	0.83	0.88	18.70
Q1924663	陕473	4054.68	马四段	粉细晶云岩	9.40	—	2.73	5.84	0.43	1.12	0.43	7.12	0.54	3.06	166.56	2.35	0.47	0.18	12.47	0.07	0.70	0.59	1.16	0.47	1.98	13.36
元素分析检出限 /(μg/g)					1	0.05	2	2	0.2	1	0.2	2	0.2	1	0.2	0.05	0.01	0.02	0.5	0.01	0.1	0.003	0.01			
元素克拉克值 /(μg/g)					20	2.8	120	102	25	84	60	70	19	90	370	165	20	3	425	3	14	2.7	33	1.18	12.22	0.87

注: 一表示含量低于检出限而未检出。

高，一般在数十微克每克以上，最高可达 142.65μg/g；Li 含量在石盐岩中变化较大，在个别石盐岩层段中含量较高者也达数十微克每克至百余微克每克，石灰岩中则多在 10μg/g 以下。

2）V、Cr、Ni 等含量中等的元素

V、Cr 总体在硬石膏岩中含量相对较高，多在 10～20μg/g，而在大部分石灰岩、白云岩及纯石盐岩中含量相对较低，多在 3～8μg/g 之间，仅个别白云岩中 V、Cr 含量明显偏高，可能与局部层段白云岩受成岩期的热液浸蚀交代有关。V、Cr 元素含量变化具有一定的一致性，因而 V/Cr 比值多在 1～2 之间（在部分纯的碳酸盐岩及石盐岩中 V/Cr<1）。

Ni 元素与 Co 元素在含量变化规律上有一定的相似性，都是在硬石膏岩中含量相对较高，达 7～8μg/g，而在石盐岩、石灰岩及绝大部分白云岩中含量较低，多小于 2μg/g，仅在个别白云岩层段有含量明显偏高者（最高达 18.37μg/g），且出现高含量异常者与 Li、V、Cr、Co 出现高异常的为同一样品。

其他 Cu、Zn、Zr、Y 等元素基本也表现出与 V、Cr、Co、Ni 相似的变化规律，即在硬石膏岩中含量相对较高，在石盐岩、石灰岩及绝大部分白云岩中含量较低，但个别白云岩中有含量明显偏高者。

3）Be、Co、Nb、U 等含量较低的元素

Be 元素含量在大部分岩石中低于 0.2μg/g，仅在硬石膏岩和棕红色石盐岩中含量稍高，可达 0.3～0.9μg/g。在较纯的石灰岩、白云岩中 Be 含量多小于 0.1μg/g，而在纯的石盐岩中 Be 含量极低，甚至低于其检出限（0.05μg/g）。

Co 元素在硬石膏岩中含量相对较高，达 3～5μg/g；而在石盐岩、石灰岩及绝大部分白云岩中含量较低，多在 1μg/g 以下。仅个别白云岩中有含量明显偏高者（最高达 8.06μg/g），推测可能也与局部层段白云岩受热液交代蚀变有关。

其他如 Ga、Nb、Hf、Pb、U 等元素在碳酸盐岩—膏盐岩体系中的含量也都较低，多小于 1μg/g，但在硬石膏岩中含量大多明显较高，个别白云岩及石盐岩层段也出现明显较高的异常，且与前述中高含量元素出现异常者多为同一样品，说明其物质来源及化学活动性具有较高的一致性。

四、不同岩类的稀土元素地球化学特征

稀土元素是地球化学行为极为相似的镧系元素的统称，因为其在地壳岩石中含量极微，且在表生地球化学作用过程中变化较小，所以在沉积学研究中常被用作示踪陆源碎屑物来源（陈衍景等，1996）。但是对于内源的碳酸盐岩及蒸发膏盐岩中稀土元素的地球化学行为特征，目前尚缺乏系统的分析和研究工作。尝试从沉积地球化学角度出发，分析奥陶纪华北海域的海水在局限海蒸发环境下，由正常海水—蒸发浓缩海水在不同阶段的结晶沉淀作用所形成的各种不同矿物相中稀土元素的含量变化及其配分曲线形态特征，以探索碳酸盐岩—膏盐岩体系在沉积和结晶演化过程中稀土元素的地球化学行为，进而为蒸发盐类矿物的沉积学研究探寻新的地球化学方法和思路。

通过对本区奥陶系碳酸盐岩—膏盐岩共生体系中不同岩类的稀土元素地球化学系统取样分析表明，由于碳酸盐岩、硬石膏岩、石盐岩矿物组成及其形成时海水盐度等介质条件的差异，导致各岩类在稀土元素含量及配分模式等方面也存在较大不同（表 4-3）。

表4-3 鄂尔多斯盆地中东部奥陶系碳酸盐岩—膏盐岩稀土元素含量分析表

样品编号	井号	井深/m	层位	样品岩性	La 镧	Ce 铈	Pr 镨	Nd 钕	Sm 钐	Eu 铕	Gd 钆	Tb 铽	Dy 镝	Ho 钬	Er 铒	Tm 铥	Yb 镱	Lu 镥	LREE	HREE	ΣREE/(μg/g)	δEu	δCe	La'/Yb'
Q1925191	高平1	2440.57	马五6亚段	浅棕红色石盐岩	9.484	18.135	2.198	7.863	1.517	0.265	1.369	0.246	1.212	0.237	0.683	0.116	0.724	0.107	39.5	4.69	44.2	0.55	0.92	8.85
Q1925204	高平1	2469.78	马五6亚段	石盐岩	4.79	9.24	1.22	4.49	0.77	0.124	0.71	0.109	0.528	0.103	0.297	0.053	0.31	0.045	20.6	2.15	22.8	0.50	0.90	10.37
Q1925194	高平1	2442.00	马五6亚段	白色、烟灰色石盐岩	0.32	0.59	0.08	0.28	0.05	0.011	0.05	0.008	0.040	0.008	0.024	0.003	0.02	0.003	1.3	0.15	1.5	0.68	0.87	9.52
Q1925205	高平1	2470.13	马五6亚段	白色、烟灰色石盐岩	0.86	1.65	0.20	0.79	0.13	0.028	0.12	0.021	0.101	0.019	0.061	0.009	0.06	0.008	3.7	0.40	4.1	0.67	0.93	9.26
Q1925209	高平1	2473.65	马五6亚段	白色、烟灰色石盐岩	0.28	0.53	0.07	0.24	0.05	0.007	0.03	0.005	0.027	0.006	0.015	/	0.01	/	1.2	0.10	1.3	0.50	0.89	13.56
Q1925212	陕473	3746.95	马五5亚段	硬石膏岩	6.54	17.59	2.77	10.40	1.55	0.225	1.17	0.190	0.912	0.172	0.477	0.072	0.44	0.066	39.1	3.49	42.6	0.49	0.99	10.07
Q1925213	陕473	3744.83	马五5亚段	硬石膏岩	7.18	15.00	2.01	7.66	1.94	0.361	1.80	0.375	1.848	0.331	0.884	0.148	0.91	0.136	34.2	6.43	40.6	0.58	0.94	5.36
Q1925214	陕473	3744.57	马五5亚段	硬石膏岩	11.65	21.09	2.51	9.12	1.81	0.327	1.50	0.295	1.566	0.311	0.926	0.162	1.04	0.154	46.5	5.96	52.5	0.59	0.90	7.57
Q1925202	高平1	2450.23	马五5亚段	白云岩	3.96	8.45	1.04	3.82	0.82	0.183	0.77	0.142	0.729	0.144	0.404	0.065	0.41	0.061	18.3	2.72	21.0	0.69	0.98	6.57
Q1925219	米116	2425.97	马五5亚段	白云岩	1.66	4.33	0.65	2.50	0.57	0.103	0.48	0.104	0.625	0.145	0.476	0.083	0.51	0.076	9.8	2.50	12.3	0.58	1.00	2.18
Q1925223	米116	2424.65	马五5亚段	白云岩	0.61	1.49	0.24	1.01	0.25	0.038	0.21	0.043	0.224	0.041	0.118	0.018	0.10	0.015	3.6	0.77	4.4	0.49	0.95	4.10
Q1925227	米116	2424.19	马五5亚段	白云岩	0.75	1.73	0.26	1.09	0.25	0.043	0.23	0.048	0.237	0.041	0.111	0.015	0.10	0.014	4.1	0.79	4.9	0.53	0.93	5.31
Q1925228	米116	2423.71	马五5亚段	石灰岩	13.58	25.68	3.29	11.74	2.10	0.289	1.58	0.237	1.012	0.175	0.429	0.057	0.32	0.047	56.7	3.85	60.5	0.46	0.90	29.14
Q1925230	米116	2423.47	马五5亚段	石灰岩	14.66	27.47	3.53	12.60	2.22	0.311	1.68	0.261	1.102	0.188	0.437	0.059	0.33	0.046	60.8	4.11	64.9	0.47	0.89	29.75
Q1925232	米116	2423.09	马五5亚段	石灰岩	12.84	24.16	3.06	11.03	1.98	0.289	1.53	0.233	1.019	0.177	0.437	0.060	0.32	0.046	53.4	3.83	57.2	0.49	0.90	26.79
Q1924667	陕473	4023.34	马四段	粉细晶云岩	0.72	1.35	0.18	0.61	0.11	0.017	0.10	0.015	0.106	0.019	0.060	0.006	0.07	0.004	3.0	0.38	3.4	0.48	0.89	7.43
Q1924681	陕473	4026.25	马四段	粉细晶云岩	0.44	0.86	0.12	0.45	0.10	0.015	0.08	0.010	0.083	0.013	0.049	0.002	0.05	0.002	2.0	0.29	2.3	0.53	0.89	6.14
Q1924679	陕473	4030.13	马四段	斑状灰岩	4.73	8.72	1.20	3.92	0.76	0.111	0.59	0.098	0.488	0.090	0.258	0.041	0.34	0.051	19.4	1.96	21.4	0.48	0.86	9.40
Q1924682	陕473	4039.17	马四段	斑状灰岩	1.81	2.88	0.35	1.16	0.21	0.032	0.19	0.026	0.150	0.026	0.078	0.007	0.08	0.006	6.4	0.55	7.0	0.49	0.82	16.24
检出限					0.01	0.01	0.01	0.01	0.01	0.003	0.01	0.003	0.003	0.003	0.003	0.003	0.01	0.003						
球粒陨石标准值（Boynton，1984）					0.310	0.808	0.122	0.600	0.195	0.074	0.259	0.047	0.322	0.072	0.210	0.032	0.209	0.033	2.1	1.18	3.3	1.00	1.00	1.00

注：La'/Yb'表示镧、德元素球粒陨石标准化后的比值。

1. 不同岩类的稀土元素含量特征

石灰岩：马五$_5$亚段石灰岩的稀土元素含量相对石盐岩类而言普遍较高，稀土元素总量（ΣREE）多在 30μg/g 以上，且石灰岩高于含云质的云斑灰岩；在稀土元素的分布上具明显富集轻稀土的特征（图 4-5，蓝色线系），La'/Yb'比值（La、Yb 球粒陨石标准化后的比值）多在 20 以上，具较明显的负 Eu 异常，δEu 值主要分布在 0.45～0.50 之间。

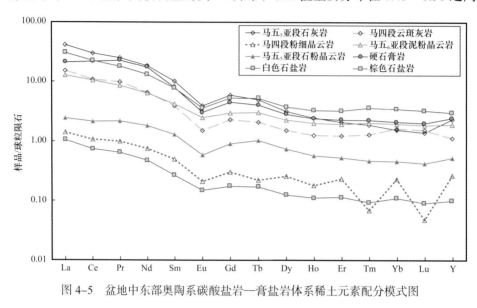

图 4-5 盆地中东部奥陶系碳酸盐岩—膏盐岩体系稀土元素配分模式图

马四段的云斑灰岩稀土元素总量、轻/重稀土异常幅度都明显降低，随云质含量增高、稀土总量也逐渐降低，并部分出现马四段晶粒结构白云岩的部分特征，如末端重稀土的奇偶优势等。

白云岩：马五$_6$亚段白云岩的稀土元素含量相对石灰岩而言明显降低，稀土元素总量多在 10～30μg/g 之间，且在稀土元素的分布上也显示出轻重稀土的差异性明显减小，La'/Yb'比值多在 2～10 之间，负 Eu 异常的特征则与石灰岩接近且略有降低，其重稀土元素在配分曲线上多呈走平趋势，个别样品还略有向右走高的倾向（图 4-5，绿色线系）。

马四段晶粒结构的白云岩中稀土含量明显较低，总量多在 10μg/g 以下，整体低于马五$_6$亚段白云岩；轻重稀土分异也较马五$_6$亚段明显，La'/Yb'比值多在 6～12 之间，并在重稀土中表现出明显的奇偶优势。

硬石膏岩：硬石膏岩的稀土元素含量变化特征与石灰岩类较为接近，具有整体偏高的趋势，稀土元素总量多在 40～50μg/g 之间，但轻重稀土分异明显较石灰岩类降低（图 4-5，紫色线系），La'/Yb'比值多在 5～10 之间，负 Eu 异常仍然存在但略有降低，δEu 值主要分布在 0.5～0.6 之间。

石盐岩：纯净的石盐岩（表 4-3 中的白色、烟灰色石盐岩）中稀土元素含量均极低，稀土总量多小于 2μg/g，几乎所有稀土元素的球粒陨石标准化值都在 0.1～1 之间、甚至更低；配分曲线形态仍以富集轻稀土为特征（图 4-5，红色线系），也具弱的负 Eu 异常，δEu 值主要分布在 0.6～0.7 之间，但重稀土元素的配分形态渐于趋平。

对于杂质含量较高，且含少量钾的浅棕色、砖红色石盐岩，其稀土元素含量及分布特征则与纯净的石盐岩截然不同，而与马五$_6$亚段泥粉晶云岩及硬石膏岩的稀土分布特征较为接近。其稀土总量多在5～20μg/g之间，富集轻稀土的特征依然存在，La'/Yb'比值分布在9～12之间，重稀土配分曲线形态也具趋平走势。

2. 沉积演化序列中的稀土元素变化趋势

碳酸盐岩—膏盐岩体系属于内源生物化学或化学沉淀的沉积体系，由石灰岩—白云岩—硬石膏岩—石盐岩—钾石盐构成的岩相序列基本代表了海水蒸发浓缩，乃至完全干化蒸发的全过程，为分析这一蒸发浓缩沉积过程中稀土元素地球化学行为的变化特征，把不同沉积阶段岩石的稀土分析结果各取代表性样品显示在同一张稀土配分曲线图中（图4-5），以直观对比稀土元素在蒸发浓缩过程中的含量及配分曲线形态的变化特征。由图可反映出如下几个重要的趋势性变化规律。

1）各岩类具有基本相似的配分曲线形态

碳酸盐岩—膏盐岩共生体系中的石灰岩、白云岩、硬石膏岩及石盐岩，均具有基本相似的配分曲线形态。即都具富集轻稀土，均有一定的负Eu异常，基本不具明显的Ce异常，只是稀土元素的含量在不同类型的岩石间存在较大差异。

2）石灰岩和硬石膏岩的稀土含量明显高于纯的石盐岩

如图4-5中的蓝色曲线所示，石灰岩（蓝色曲线）和硬石膏岩（棕色曲线）稀土元素的球粒陨石标准化值都在1以上，部分轻稀土在10以上，而纯的石盐岩（桃红色曲线）稀土元素的球粒陨石标准化值却大部分都在1以下，只有个别样品的首位轻稀土La略高于1；而白云岩（绿色曲线）的稀土含量则整体介于二者之间，多是前面的部分轻稀土高于1、后面的轻稀土及重稀土小于1。

3）代表蒸发浓缩最后阶段的棕红色石盐岩稀土含量反而明显增高

在由石灰岩—白云岩—硬石膏岩—石盐岩分步结晶演化的过程中，虽然各类岩石中的稀土元素含量整体呈下降趋势，但在石盐结晶沉淀的最晚期阶段形成的浅棕红色石盐岩中（红色曲线），其稀土含量却出现了显著增高的现象，这主要由于浅棕红色石盐岩的出现代表了盐盆地"干化蒸发"的最后阶段，因为此时海水中的稀土元素通过不断浓缩，最终还是会存在于最晚期的沉积物中，不管是以什么形式。

其配分曲线的整体形态与川西—藏东三江地区花岗岩及湖南香花岭地区430Ma的花岗岩体（李生等，2002）极为相似，说明其可能受到了邻近地区中酸性火山碎屑物的影响。此外，钇元素的异常通常代表强烈的火山喷发作用（许靖华，1989），本区烃源层段岩石中普遍可见明显的Y异常，也反映其可能受到了强烈的中酸性火山碎屑物加入的影响。

第二节　西缘上奥陶统烃源层系地球化学

一、烃源岩岩矿特征

1. 主力烃源岩层段的矿物构成

传统将乌拉力克组（平凉组）主力烃源岩层段描述为灰黑色泥页岩，并认为伊利石、蒙皂石类黏土矿物是其主要矿物构成。通过对泥页岩层段的 X 射线全岩衍射分析表明（图 4-6），其中黏土矿物总量仅占 20%～30%，大量矿物相其实仍以石英，长石类陆源碎屑矿物为主，其中石英占 40%～60%，长石类矿物占 3%～7%；其次为方解石、白云石、铁白云石等碳酸盐矿物，再次为黄铁矿、菱铁矿等，占 1%～3%。

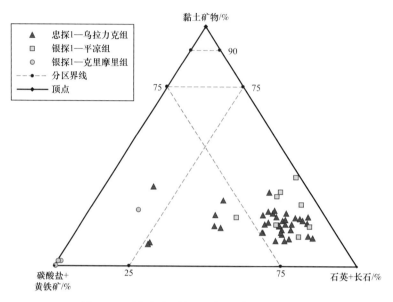

图 4-6　西缘奥陶系烃源层段矿物组成三角图

传统之所以将其归之为"泥质岩类"，主要是由于其中的石英、长石类碎屑颗粒太过细小，大部分都在 10μm 以下，部分甚至达到"泥级"（3.9μm）以下，通过扫描电镜的分析，也基本可以确定这一论点。不过其中的石英类矿物可能并不完全是"陆源碎屑"成因，至少有一部分可能为自生硅质沉淀或交代成因，如其中可常见硅质放射虫的存在（大小多在 0.1～0.3mm），是自生硅质存在的有力证据。

2. 主要造岩矿物的结构特征

烃源岩 X 射线物相分析表明，主力烃源层段的岩石（即所谓泥页岩类）的造岩矿物仍以石英、长石类矿物为主，次为伊利石等黏土矿物及方解石、铁白云石等碳酸盐矿物，以及黄铁矿、菱铁矿等含铁矿物等（图 4-7）。它们的组成含量等特征虽在不同层段、地区存在较大变化，但其基本结构及分布特征却具有大体一致的相对稳定性。现将主要造岩矿物的结构特征描述如下。

石英：部分以粉砂级单晶颗粒形态随机散布于黏土基质中。另有部分以极细（直径＜5μm）颗粒与黏土矿物交织混杂在一起，构成"泥质"纹层的基本结构单元，大多既不自形、也无磨圆特征。

长石：多以半自形晶粒为主，大小以 5～10μm 居多，扫描电镜下可见聚片双晶形态，呈偶然零星散布的碎屑颗粒形式混杂于黏土基质中。

方解石：以裂缝充填、细碎生物骨骼残余等形式为主，多具一定晶体形态，晶体大小多在 5～8μm 之间。

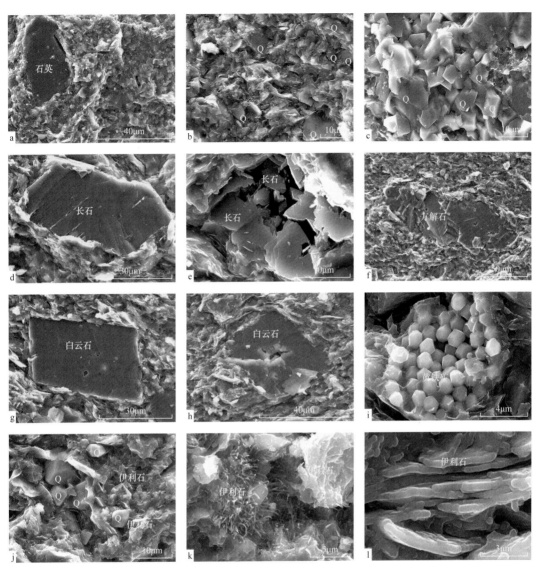

图4-7　西部乌拉力克组烃源岩主要矿物构成及岩石结构图版（Q代表石英类矿物）

a. 乌海西桌子山，含石英颗粒泥页岩；b. 银探1井，1499.55m，石英与黏土矿物混杂分布；c. 银探1井，1499.55m，斑状集中分布的微晶石英集合体；d. 忠平1井，4264.99m，长石颗粒；e. 银探1井，1498.26m，长石颗粒；f. 忠平1井，4260.60m，方解石，可能为生屑；g. 忠平1井，4264.99m，白云石晶体；h. 忠平1井，4272.58m，白云石晶粒，具空心内核；i. 忠平1井，4257.22m，草莓状黄铁矿集合体；j. 忠平1井，4250.94m，伊利石与石英混杂分布；k. 乌海西桌子山，蜂窝状与丝缕状伊利石；l. 梁探1井，4918.20m，乌拉力克组，云母片层间具微缝隙

　　铁白云石：具明显次生交代成因特征，晶体多具菱面体外形，个别晶体表面可见菱面体溶蚀坑。晶粒大小多在10～12μm之间。局部见自形铁白云石包裹黄铁矿微球的现象，显示其形成应在埋藏成岩之后，而非沉积期自生沉淀的产物。

　　黄铁矿：主要有微球状集合体和个别星散状自形晶两种产出状态。微球状集合体产出时，单个黄铁矿晶粒多在0.6～1.0μm之间，以五角十二面体晶形居多，个别呈八面体晶形，自形度均极高；个别星散状大晶体形式产出时，晶体大小多在8～10μm，基本都呈五角十二面体晶体形态。

黏土矿物：在乌拉力克组烃源岩层段中主要以伊利石和伊/蒙混层黏土矿物为主，与泥级长石、石英等微粒交织混杂在一起，构成泥页岩的岩石基质微层。黏土矿物微晶多呈微细鳞片、弯曲片状结构，晶片大小多在2～7μm。局部可由于黄铁矿微球、微细石英晶粒等的支架，可见残余的少量架状微孔隙及黏土晶片间微缝隙，大小多在1～3μm之间。

3. 黏土矿物含量与有机质丰度之间关系

虽然在已知烃源岩层段内（乌拉力克组主力烃源层）的系统取样分析表明，有机质丰度与黏土矿物含量之间的相关性并不十分明显（图4-8），但由散点图的整体分布特征可见，有机碳含量大于0.5%的样品，其黏土矿物含量多处于10%～30%的区间范围内，且在这一特征的区间内（TOC>0.5%、黏土含量10%～30%），TOC与黏土含量确实又表现出较好的相关性。这表明黏土矿物含量是有机质富集的必要条件，却不是充分条件，这主要是因为有机质富集受多重因素的影响和控制。黏土矿物并非唯一的控制因素，其对有机质富集的影响主要表现在黏土矿物晶粒细碎、比表面积大，因而对有机质的吸附保存有明显的控制作用，并可及时隔绝沉积物与外界富氧水体的交换流通，有效抑制微生物对有机质的降解破坏作用。

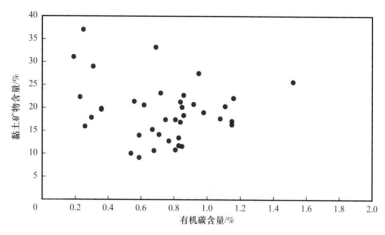

图4-8　有机碳含量与黏土矿物含量关系散点图

二、常量元素组成

对盆地西缘奥陶系乌拉力克组、南缘平凉组及背锅山组主要烃源层段岩样的常量元素分析表明（表4-4），其主要元素构成为 Si、O、C、Al、Ca、Fe、Mg、K，其次为少量 Ti、Mn、Na、P 等。这与其岩石的矿物构成主要为石英、黏土矿物及长石类硅酸盐矿物，以及方解石、白云石等碳酸盐矿物有直接关系，尽管从这一点上讲，主要元素的组成与主要矿物构成具有高度的一致性，因而并不具有特殊的环境地球化学指示意义，但其中部分含量变化较大的元素（如 Fe、P 等）仍具一定的地球化学指示意义（图4-9、图4-10）。

如 Fe 是一种变价元素，在沉积环境下主要存在二价铁（Fe^{2+}）与三价铁（Fe^{3+}）两种价态，对沉积与成岩介质的氧化—还原条件有较强的指示意义。显微镜及扫描电镜的观察分析表明，本区奥陶系烃源层中的含铁矿物主要有铁白云石和黄铁矿两种，均为沉积及早

表 4-4 盆地西南缘上奥陶统主要烃源层段常量元素分析结果表

采样地点	深度/m	层位	岩性	分析结果 /%											
				SiO_2	TiO_2	Al_2O_3	TFe	MnO	MgO	CaO	Na_2O	K_2O	P_2O_5	烧失量	总计
忠平1井	4220.33	乌拉力克组	灰黑色页岩	60.31	0.64	13.74	5.14	0.03	3.09	4.56	0.7	3.95	0.08	7.21	99.45
忠平1井	4222.48	乌拉力克组	灰黑色页岩	56.86	0.57	12.81	5.33	0.03	3.62	6.64	0.6	3.6	0.08	9.48	99.62
忠平1井	4225.97	乌拉力克组	灰黑色页岩	63.12	0.6	12.86	4.08	0.02	2.67	4.33	0.64	3.81	0.08	7.15	99.36
忠平1井	4251.88	乌拉力克组	灰黑色页岩	65.11	0.49	10.5	3.63	0.02	2.71	4.33	0.43	3.43	0.07	8.37	99.09
忠平1井	4255.18	乌拉力克组	灰色砂质泥岩	71.28	0.5	10.55	3.16	0.01	2.02	2.28	0.27	3.44	0.07	5.7	99.28
忠平1井	4259.67	乌拉力克组	灰黑色页岩	67.06	0.39	8.68	3.53	0.02	2.62	4.55	0.17	2.86	0.06	9.08	99.02
忠平1井	4266.8	乌拉力克组	灰色砂质泥岩	78.61	0.28	6.56	1.58	0.01	1.28	2.67	0.17	2.22	0.46	5.34	99.18
忠平1井	4267.75	乌拉力克组	灰黑色页岩	66.76	0.38	8.67	1.95	0.02	2.23	6.38	0.17	2.94	0.05	9.49	99.04
忠平1井	4270.15	乌拉力克组	灰黑色钙质页岩	60.52	0.16	3.75	2.22	0.03	2.19	13.87	0.09	1.24	0.04	15	99.11
余探1井	3963.45	乌拉力克组	灰黑色页岩	71.07	0.27	14.82	1.68	0	2.45	0.21	0.88	4.25	0.03	3.73	99.39
余探1井	3967.03	乌拉力克组	灰黑色页岩	53.46	0.74	18.72	3.21	0.02	3.35	4.3	0.7	5.47	0.2	8.5	98.67
余探1井	3970.67	乌拉力克组	灰黑色页岩	51.41	0.43	18.86	4.59	0.02	3.42	4.17	0.82	5.21	0.11	8.71	97.75
余探1井	3971.38	乌拉力克组	灰黑色页岩	50.41	0.66	23.38	2.11	0.01	3.75	2.96	0.79	6.73	0.1	8.4	99.30
平凉官庄	PL-1	平凉组	深灰色页岩	47.59	0.3	15.61	2.77	0.02	4.18	10.34	0.38	5.13	0.06	12.88	99.26
平凉官庄	PL-2	平凉组	深灰色页岩	56.58	0.28	14.52	1.58	0.01	3.11	8.02	0.09	4.56	0.04	10.62	99.41
平凉官庄	PL-3	平凉组	灰黑色泥灰岩	28.27	0.12	4.88	0.72	0.04	1.24	33.77	0.22	1.35	0.04	29.14	99.79
平凉官庄	PL-4	平凉组	深灰色页岩	51.06	0.41	15.35	3.1	0.01	3.77	8.79	0.32	5.35	0.13	11.37	99.66
淳2井	3182.2	背锅山组	深灰色石灰岩	5.4	0.05	1.65	0.49	0.02	1.47	48.85	0.5	0.38	0.03	40.59	99.43
淳2井	3184.04	背锅山组	深灰色石灰岩	6.11	0.04	1.32	0.47	0.01	1.48	48.94	0.84	0.28	0.03	40.07	99.59
淳2井	3285.3	背锅山组	深灰色含泥灰岩	14.08	0.12	4	1.66	0.03	2.61	39.92	0.45	0.93	0.04	34.73	98.57

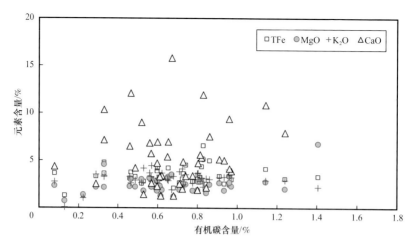

图4-9 常量元素与有机碳含量关系散点分布图

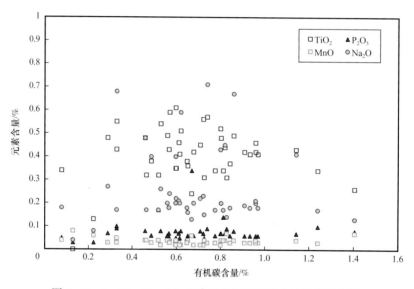

图4-10 P、Ti、Mn、Na元素含量与有机碳含量关系散点图

成岩期成因，其中铁元素均为二价铁（Fe^{2+}），指示还原性较强的沉积水体及成岩介质条件，而这对于沉积物中有机质的聚集和保存是极为有利的环境条件。此外，Fe又是重要的生命元素，无论原核生物还是真核生物、单细胞还是多细胞生物，Fe都是必需的营养元素，同时，大规模噬铁微生物的活动还可引起大量的铁沉淀（Henry L.E 等，2010）可见铁与生物的繁盛及沉积物中有机质的富集有着极为密切的关系。

P也是构成生命体的基本元素之一，在一些极其重要的细胞成分如核酸、核苷酸、磷蛋白和磷脂中都能发现磷的存在。此外，微生物有机体能够固定磷酸盐，可通过促进形成无机沉淀物或将磷酸盐同化为细胞的有机成分或细胞内的多聚磷酸盐颗粒，这种形式的磷在一定条件下释放，可能会与海水中的钙发生化学沉淀而形成磷灰石颗粒（Henry.L.E 等，2010）。因此对磷元素的追踪分析对于指示有利烃源层形成的环境条件也有着重要的指示意义。

本区奥陶系烃源层中全铁含量（TFe）一般在1.5%～5%之间，个别较高者可达10%

以上；但在较纯的石灰岩或泥质石灰岩层段中 Fe 含量又明显偏低，多在 1% 以下。

烃源岩层中的磷含量（P_2O_5）一般在 0.02%~0.1% 之间，个别较高者可达 0.2% 以上，可能与局部层段的火山碎屑来源的碎屑磷灰石有关。

其他常量元素如 Na、Ti、Mn 的含量则相对较低，如 MnO 的含量主体都处于 0.01%~0.04%；TiO_2 含量都处在 0.1%~0.7%，高于各类岩浆中的相关元素的平均含量（岩浆岩中基性岩和中性岩 Ti 含量明显偏高），说明其在风化作用过程中得到了相对富集，因为 Ti 和 Nb 是风化作用中最不活动的元素；Na_2O 含量则在 0.1%~1% 之间变化，个别可达 2% 以上，可能与局部层段长石含量的增高有关。TiO_2 含量的增高则可能与中基性火山活动提供了凝灰质碎屑组分有关，因其中常含有较多的榍石、金红石、钛铁矿等含钛矿物。

三、微量元素地球化学特征

在地球化学研究中，通常将不计入矿物分子式而在该矿物中存在的元素称为微量元素，无论是在矿物中还是岩石中其含量均较微少。本次研究中除前述常量元素外，还针对 Li、Be、V、Cr、Co 等 22 种元素做了微量元素的检测分析，并对镧系 14 个元素及 Y 元素做了稀土元素的对比分析（下文单独阐述），以探索该区奥陶系海相烃源岩形成过程中的元素地球化学特征。

由于所分析的元素较多，此处就不对各个元素含量特征分别予以详细的描述，仅综合归类整理其分析结果见表 4-5。另外，为便于比较其含量的高低变化特征，统一将各微量元素与其在地壳中的平均含量（克拉克值）进行归一化（标准化）处理，并浓缩在同一张图上，以对其含量的高低变化作出较为直观的判断比较（图 4-11）。

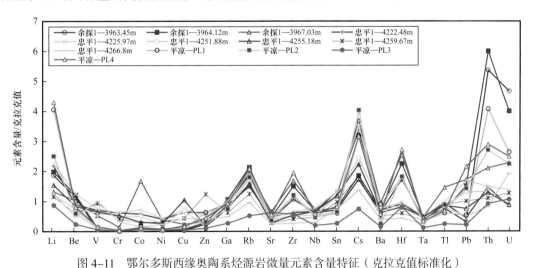

图 4-11 鄂尔多斯西缘奥陶系烃源岩微量元素含量特征（克拉克值标准化）

如图 4-11 所示，在众多微量元素中，相对于其克拉克值而言，Be、V、Cr、Co、Ni 等铁族元素，以及 Cu、Zn、Ga、Nb、Sn、Ba、Ta、Tl 等元素含量明显偏低；Rb、Zr、Pb 元素含量中等，虽有高有低，但总体偏差不太；而 Li、Cs、Hf、Th、U 元素含量则明显偏高，部分甚至高于其克拉克值的 2~3 倍，已属较为显著的高正异常。

通常 Th、U 等放射性元素的含量增高多与火山物质的加入有关，说明在富泥质的深水沉积物的形成过程中，同时伴随有凝灰质火山碎屑物的加入，这从余探 1 井 3963~

表 4-5 盆地西部奥陶系乌拉力克组（平凉组）烃源层微量元素分析数据表

采样地点	深度/m	微量元素含量/（μg/g）																						Sr/Ba
		Li	Be	V	Cr	Co	Ni	Cu	Zn	Ga	Rb	Sr	Zr	Nb	Sn	Cs	Ba	Hf	Ta	Tl	Pb	Th	U	
余探1井	3963.45	37.4	3.2	8.64	1.17	2.01	1.9	1.74	16.7	16.5	135	151	176	12.3	1.64	5.16	271	5.17	0.84	0.65	4.42	51.5	12.6	0.557
余探1井	3964.12	39.8	3.4	13.8	1.35	2.2	3.14	4.38	20.2	20.2	192	172	248	13.6	1.8	5.55	293	6.75	0.96	0.59	21.1	57.6	10.8	0.587
余探1井	3967.03	26.5	2.87	64.6	14.4	41.9	32.2	14.2	23	19	173	243	278	14.5	2.69	11.1	402	7.62	0.94	1.24	24	20.2	6.14	0.604
忠平1井	4220.33	43.7	3.04	92.4	66.9	15.4	37.5	140	53.3	18.6	180	156	114	14.1	3.19	10.7	321	3.21	1.07	0.84	10.9	17.1	2.39	0.486
忠平1井	4222.48	43.6	2.54	84.8	63.5	14.6	34.6	38.6	44.4	17.6	169	180	103	13.3	3.07	10.1	301	2.72	0.96	0.79	6.29	14.1	2.25	0.598
忠平1井	4225.97	45.2	3.51	91.5	64.9	18.4	36.8	44.8	36.3	19	178	163	109	15.6	3.05	10.5	318	2.94	1	0.84	23.7	14.3	3.71	0.513
忠平1井	4245.92	23.2	1.51	173	17.5	68.3	142	78.5	76.9	15	113	122	63.2	5.08	1.16	7.45	135	1.94	0.24	1.18	175	6.36	2.83	0.904
忠平1井	4251.88	24.3	2.12	73.2	53	12.7	21.5	41.8	11.4	14.7	143	147	87.7	10.8	2.68	7.33	358	2.43	0.85	0.72	18.4	12.7	2.42	0.411
忠平1井	4255.18	30.9	2.35	79.2	54.2	7.78	22	63.2	11.4	14.8	143	109	89.1	13.2	2.74	6.69	266	2.41	0.98	0.73	10.6	12.4	2.4	0.410
忠平1井	4264.14	22.1	1.47	104	35.9	3.22	18	21.1	8.81	9.73	92.8	104	55.6	7.05	1.68	4.51	181	1.46	0.54	0.6	6.87	8.29	2.17	0.575
忠平1井	4266.80	25	1.39	122	33.2	3.97	20.1	26.8	27.7	9.43	87	91.7	46.1	6.17	1.71	4.11	168	1.32	0.49	0.68	7.06	7.86	5.18	0.546
忠平1井	4267.75	23.5	1.61	139	45.9	4.47	21.1	23.3	18.5	12.1	115	111	66.3	8.86	2.12	5.66	199	1.79	0.71	0.8	8.31	10.4	2.41	0.558
平凉官庄地区	PL1	81.2	2.08	16.3	3.61	3.82	7.01	6.46	44.5	16.6	183	169	194	9.76	1.39	9.54	385	5.31	0.66	0.52	7.54	39.1	7.12	0.439
平凉官庄地区	PL2	50.2	1.7	12.1	2.1	1.45	2.87	13	22.1	14.2	162	134	199	10.4	1.49	12.1	109	5.46	0.66	0.6	20	26	6.05	1.229
平凉官庄地区	PL3	17.5	0.67	7.52	1.43	1.75	5	2.88	7.35	5.15	47	232	95.3	3.93	0.62	2.23	62.4	2.41	0.24	0.21	3.1	8.82	2.87	3.718
平凉官庄地区	PL4	86	2.29	19.5	3.73	2.88	5.82	10.2	32.1	17.7	188	207	322	11.7	1.91	9.49	247	8.16	0.69	0.58	30.1	27.8	6.74	0.838

3970m 附近明显可见凝灰岩夹层的存在即可得到确证，且火山作用类型偏向于中酸性，指示其可能代表了聚敛构造背景下的区域火山活动特征。

显微镜及扫描电镜的岩石学观察表明，奥陶系海相烃源层段岩石组成虽以黏土矿物、石英、长石等陆源碎屑矿物为主，但也不乏沉积期及早成岩期化学沉淀或交代成因的自生矿物，如方解石、铁白云石、黄铁矿及自生石英等，这势必造成岩石中的微量元素构成不仅受原始沉积物烃源岩系化学组成的影响，也会受到后期沉积及成岩过程中化学作用的影响，因此其岩石中微量元素的构成及变化就显得比单纯的岩浆岩及化学沉积岩类更趋复杂，其微量元素组成所代表的地球化学信息既有物源区烃源岩方面的信息，又反映沉积区水体介质环境方面的信息，这就需要结合具体的岩石矿物组成和元素异常特征进行综合分析，以正确把握其在微量元素组成方面的异常所代表的地球化学行为究竟是受何种地质作用过程所主控。

通常而言，在表生地质作用环境下，Zr、Hf、Fe、Al、Th、Nb、Sc 和稀土元素在风化作用中是不活动的，而 Ca、Na、P、K、Sr、Ba、Rb、Mg、Si 活动性则较强。变价元素 Mn、Cr、V、Fe 和 Ce 的地球化学行为则主要取决于氧化—还原条件。

此外，对微量元素含量与有机质丰度之间相关性的分析表明，大部分微量元素与有机碳含量之间并无明显的相关性。图 4-12 是对各微量元素按量级归类，分别对含量在数百微克每克、数十微克每克、数微克每克及小于 1μg/g 四个类别分别作图，分析各微量元素含量与有机碳含量的相关性，总体而言，仅 Mn、As、Tl 等元素的含量与有机碳含量之间的相关性较高，相关系数 R^2 分别为 –0.593、0.152、0.101，其他元素含量与有机碳含量的相关性均很低，R^2 都低于 0.05（表 4-6）。

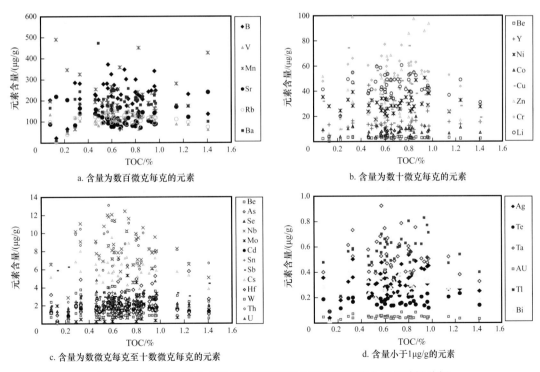

图 4-12　西缘乌拉力克组烃源层段微量元素与有机碳含量相关性分析

表 4-6 盆地西部乌拉力克组烃源岩层段微量元素与有机碳含量相关性统计表

含量较高元素（数百微克每克）	B	V	Mn	Sr	Rb	Ba	Sr/Ba	Fe/Mn	Mg/Ca
相关性，R^2	0.0126	0.0405	−0.5928	0.0004	0.0137	0.0015	0.0281	0.0152	0.0496
含量中等元素（数十微克每克）	Be	Y	Ni	Co	Cu	Zn	Cr	Li	Hf
相关性，R^2	0.0157	0.003	0.0222	0.0213	0.00006	0.024	0.0193	0.0229	0.0099
含量较低元素（数微克每克）	As	Se	Nb	Mo	Cd	Sn	Sb	Cs	W
相关性，R^2	0.1518	0.0502	0.0043	0.0431	0.0281	0.0189	0.011	0.0184	0.0044
极微量元素（<1μg/g）	Ag	Te	Ta	Au	Tl	Bi	Th	U	ΣREE
相关性，R^2	0.0289	0.0052	0.0014	0.0002	0.1011	0.0179	0.0152	0.0131	0.1277

四、稀土元素地球化学

1. 稀土元素的总体含量特征

近期通过对奥陶系烃源层段的稀土元素系统取样分析（表4-7）表明，乌拉力克组（平凉组）烃源岩中各稀土元素的含量多在数微克每克至数十微克每克（Eu、Tb、Ho、Tm、Lu等元素甚至小于1μg/g），稀土元素总量都在300μg/g以下，一般在30～180μg/g之间。总体而言，富泥质岩类稀土元素含量明显较高，而当碳酸盐矿物含量较高时，稀土元素含量则明显降低（图4-13、表4-7）。这从另一侧面也说明，稀土元素含量变化主要受陆源碎屑物来源控制，而自生化学沉淀作用过程对其影响则较小。

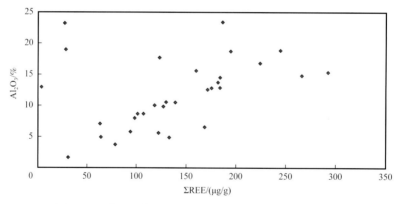

图 4-13 黏土矿物含量（Al_2O_3）与稀土总量关系散点图

2. 稀土元素配分特征

对本区烃源层段岩石稀土元素含量分析结果用球粒陨石标准化后的配分模式进行成图分析表明（图4-14），尽管稀土元素含量在各个样品中不尽相同，但它们的配分模式却惊

表 4-7 盆地西缘奥陶系烃源层段稀土元素含量特征表

| 地层 | 采样地点 | 井深/m | 稀土元素含量（μg/g） | | | | | | | | | | | | | | | 特征值及异常系数 | | | | | | | |
			La	Ce	Pr	Nd	Sm	Eu	Gd	Tb	Dy	Ho	Er	Tm	Yb	Lu	Y	LREE	HREE	ΣREE/（μg/g）	δEu	δCe	δY	La'/Yb'	δCe/δY
乌拉力克组	忠平1井	4220.33	39.4	83.9	8.5	30.5	5.57	0.95	4	0.56	3.43	0.65	1.93	0.28	1.94	0.3	18	168.8	13.09	181.9	0.58	1.06	0.87	13.72	12.90
	忠平1井	4222.48	36.9	80.8	8.05	29.1	5.39	0.95	4.33	0.67	3.68	0.74	2.14	0.32	2.13	0.32	20.4	161.2	14.33	175.5	0.58	1.08	0.90	11.71	11.25
	忠平1井	4225.97	41.5	85.4	8.59	30.4	5.42	0.93	3.98	0.53	2.98	0.55	1.59	0.24	1.64	0.24	15.2	172.2	11.75	184.0	0.58	1.03	0.86	17.10	14.66
	忠平1井	4251.88	31.3	69.3	6.12	19.7	2.73	0.48	2.35	0.41	2.49	0.49	1.53	0.23	1.57	0.23	14	129.6	9.30	138.9	0.56	1.14	0.92	13.47	13.94
	忠平1井	4252.00	26.3	52.5	5.48	19.8	3.45	0.68	3.04	0.47	2.84	0.52	1.56	0.23	1.54	0.23	14.7	108.2	10.43	118.6	0.62	1.00	0.87	11.54	10.37
	忠平1井	4255.18	28	60.9	5.94	20.7	3.63	0.63	2.81	0.43	2.76	0.49	1.55	0.23	1.52	0.22	13.7	119.8	10.01	129.8	0.58	1.08	0.85	12.45	11.97
	忠平1井	4259.67	24.5	45.1	4.99	17.7	3.4	0.62	3.14	0.48	3.04	0.57	1.73	0.26	1.69	0.26	16	96.31	11.17	107.5	0.57	0.93	0.88	9.80	8.62
	忠平1井	4266.80	24.1	57.1	9.17	41.9	10.9	1.94	9.98	1.32	6.53	1.04	2.58	0.3	1.62	0.22	31.6	145.1	23.59	168.7	0.56	0.92	0.87	10.05	6.15
	忠平1井	4267.75	26	44.3	4.91	15.8	2.25	0.45	1.95	0.3	2.03	0.42	1.31	0.2	1.33	0.21	11.8	93.71	7.75	101.5	0.64	0.88	0.93	13.21	12.09
	忠平1井	4270.15	18.1	32.1	3.77	13.6	2.79	0.48	2.4	0.37	2.19	0.39	1.2	0.17	1.12	0.17	12.6	70.84	8.01	78.85	0.55	0.89	0.98	10.92	8.84
	余探1井	3963.45	69.6	124	11.8	37.1	5.65	0.64	3.96	0.73	4.34	0.91	2.92	0.49	3.55	0.54	22.6	248.8	17.44	266.2	0.39	0.96	0.82	13.25	14.27
	余探1井	3967.03	34.5	80.1	9.28	36.8	7.66	1.73	6.94	1.14	6.9	1.33	3.86	0.54	3.39	0.49	40.4	170.1	24.59	194.7	0.71	1.06	0.96	6.88	6.92
	余探1井	3970.67	53.1	108	11.5	40.9	7.67	1.36	6.22	1.01	6.08	1.2	3.46	0.49	3.14	0.45	36.3	222.5	22.05	244.6	0.58	1.01	0.97	11.43	10.09
	余探1井	3971.38	36	76.1	8.28	30.2	6.32	1.33	6.28	1.28	8.33	1.69	4.91	0.68	4.41	0.63	51.7	158.2	28.21	186.4	0.63	1.02	1.00	5.52	5.61
平凉组	平凉官庄	PL-1	37.5	72	7.2	24	4.33	0.69	3.56	0.63	3.83	0.74	2.23	0.35	2.59	0.39	19.4	145.7	14.32	160.0	0.52	0.99	0.83	9.78	10.18
	平凉官庄	PL-2	45.2	81.8	8.28	28	4.97	0.67	4.16	0.67	4.05	0.79	2.38	0.35	2.36	0.38	22.1	168.9	15.14	184.1	0.44	0.95	0.89	12.94	11.16
	平凉官庄	PL-3	31.2	55.8	5.9	21.5	3.83	0.7	3.64	0.58	3.68	0.72	2.17	0.35	2.51	0.41	23	118.9	14.06	133.0	0.56	0.93	1.02	8.40	8.46
	平凉官庄	PL-4	64	128	14.1	49.8	9.12	1.43	7.48	1.15	6.81	1.35	3.96	0.6	4.03	0.63	38.6	266.5	26.01	292.5	0.51	0.98	0.92	10.73	10.24
背锅山组	淳2井	3182.20	7.13	13.0	1.43	5.08	0.99	0.19	0.93	0.13	0.82	0.18	0.48	0.074	0.48	0.071	6.19	27.85	3.16	31.01	0.59	0.93	1.18	10.12	8.82
平凉组	淳2井	3396.06	13.1	26.1	3.04	11.4	2.38	0.48	2.26	0.34	2.08	0.44	1.21	0.18	1.19	0.18	13.7	56.54	7.87	64.41	0.63	0.96	1.04	7.48	7.19
乌家沟组	淳2井	4181.40	1.041	1.678	0.152	0.535	0.090	0.016	0.098	0.012	0.073	0.016	0.044	0.007	0.046	0.008	0.628	3.51	0.30	3.82	0.52	0.90	1.33	15.39	11.54
球粒陨石标准值（Boynton，1984）			0.310	0.808	0.122	0.600	0.195	0.074	0.259	0.047	0.322	0.072	0.210	0.032	0.209	0.033	2.100	2.11	1.18	3.29	1.00	1.00	1.00	1.00	1.78

注：La'/Yb' 表示镧、镱元素球粒陨石标准化后的比值。

人的相似，都具明显富集轻稀土的特征，La'/Yb'（球粒陨石标准化后镧/镱比值）大多在 5 以上，重稀土元素配分呈明显的平台特征，基本不具 Ce 异常，但 Eu 负异常较为明显，Gd 元素略显正异常，Y 元素也显明显的正异常。这似乎预示着这些元素具有基本相似的物质来源和区域构造环境相对稳定的构造—沉积背景。

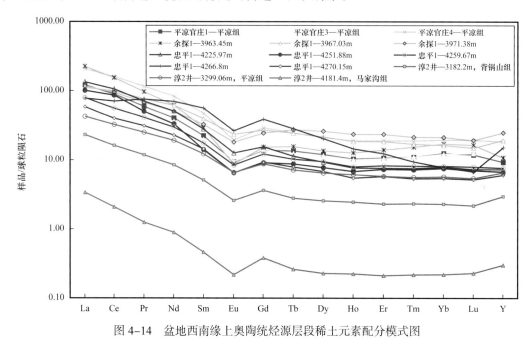

图 4-14　盆地西南缘上奥陶统烃源层段稀土元素配分模式图

其配分曲线的整体形态与川西—藏东三江地区花岗岩及湖南香花岭地区 430Ma 花岗岩体（李生等，2002）也较为相似，说明其陆源碎屑沉积物物源可能主要来自花岗质物源区或是受到了邻近地区中酸性火山碎屑物的强烈影响。此外，Yb 元素的异常通常代表强烈的火山喷发作用（许靖华，1989），本区烃源层段岩石中普遍可见明显的 Y 异常，也反映其可能受到了强烈的中酸性火山碎屑物加入的影响。

3. 特征稀土参数

δEu 值主要分布在 0.4～0.7 之间，展示出较明显的 Eu 元素负异常的特征，因为 Eu 元素是在表生风化条件下化学活动性相对较敏感的变价元素，因而 Eu 元素的负异常可能较普遍地代表了在表生风化条件下 Eu 元素与其他稀土元素之间的分异作用（表 4-6）。

δCe 值大部分处于 0.90～1.10 之间，显示出基本正常而未出现明显的分异作用特征。Ce 虽为变价元素，但其在弱酸性风化条件下极易水解而滞留原地，因此在实际风化残留物中与其他稀土元素的分异并不十分强烈。

ΣCe/ΣY（轻稀土/重稀土比值）与 La'/Yb'（镧与镱球粒陨石标准化后的比值）均总体较高，ΣCe/ΣY 大多在 6～12 之间，La'/Yb' 除个别元素外，大多都在 7 以上，这两个指标显示出轻稀土明显富集的特征，与碱性岩类、酸性岩类的稀土配分参数指标较为接近，反映其物源区可能以中酸性及偏碱性烃源岩为主。

第三节 奥陶系白云岩及白云岩化特征

一、有关白云岩成因问题的复杂性

白云石化作用及白云岩成因长期以来一直是地学界争论的难点问题，因涉及 Mg^{2+} 来源、白云石化交代作用的热力学、地质背景的稳定性，以及成岩流体的循环动力学等诸多复杂问题，而一直未能得到完满的解决，只是形成了各种不同的成因假说。影响较大的主要有萨布哈蒸发泵模式、回流—渗透模式、毛细管浓缩模式、地下混合水带模式、区域性深埋藏模式及热液白云石化模式等（潘正甫等，1990；赫云兰等，2010），对于不同的地区可能各有一定的适应性。近年来，有关热液作用及微生物对白云岩化的影响受到越来越多的关注（陈代钊，2008；张涛等，2015；杨华，2012），尤其是针对现代盐湖环境中白云石自生沉淀物的考察及模拟自然环境的微生物白云石沉淀实验，基本证实了表生条件下的白云石化作用发生的普遍性（刘邓等，2015；王红梅等，2016；Jennifer 等，2016）；此外，对新近纪海相沉积白云石化的研究，也初步证实了在（近地表）浅埋藏环境下具备白云岩化作用发生的基本条件（张建勇，2013）。

鄂尔多斯盆地奥陶系广泛发育海相碳酸盐岩及蒸发岩沉积层，其中白云岩是有效储层发育的最重要的岩石类型，因而也是盆地下古生界天然气勘探关注的重点。由于该区白云岩岩石结构及产状特征复杂多变，对其成因的认识自然也存在各种不同的观点（李安仁等，1993；陈志远等，1998；张永生，2000；张传禄等，2001；杨华等，2004）。

近期通过对该区奥陶系白云岩结构、地球化学及区域分布规律的分析，结合对白云岩与共生岩类的岩石组合特征及其与层序演化关系的研究，探讨白云岩成因的区域地质背景及可能的成因机理，以期为白云岩中有效储层发育与分布规律的认识寻找出更为可靠的线索。

二、奥陶系白云岩主要结构类型

结构是白云岩类型划分和成因分析的关键因素，因此笔者将其作为鄂尔多斯地区奥陶系白云岩特征分析的基本要素，并结合其他相关因素的研究，探讨本区白云岩分布的规律及其可能的成因类型。

仅就晶粒结构的粗细而言（暂不考虑残余沉积结构、原始沉积构造等方面的因素），可将本区奥陶系白云岩划分为泥—细粉晶云岩、粗粉晶云岩、细（中）晶云岩三个主要的结构类型，因其在层位分布及空间展布等方面表现出一定的"规律性"（表 4-8），也便于从宏观地质背景的分析入手，构建各自不同的成因机理模型。

泥—细粉晶云岩：白云石晶粒细小，粒径多在 $5\sim30\mu m$ 之间，因而一般多保留有较多的原始沉积结构及构造特征（图 4-15a、b）。白云石自形程度相对偏低，多为半自形—它形晶粒，相互间多呈致密镶嵌结构，因而岩石基质通常较致密、孔隙性较差。该类白云岩在岩石结构上多具微细纹层状构造，部分层段多含有膏盐矿物假晶或铸模孔隙，反映其与蒸发岩类矿物在成因上具有一定的相关性。泥—细粉晶云岩在横向上多与膏、盐岩呈横向相变或过渡关系，泥—细粉晶云岩与膏盐岩在纵向上也常呈互层或夹层状产出的"共生组合"关系，也反映出其与膏盐岩类蒸发岩具有密切的成因联系。

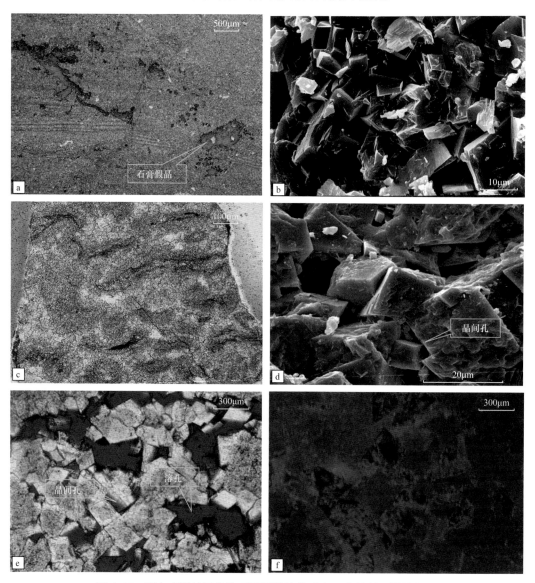

图 4-15　鄂尔多斯地区奥陶系不同结构类型白云岩的微观结构特征

a.陕 139 井，3155.20m，马五$_2$亚段，泥—粉晶云岩，具纹层、干裂错断及石膏假晶，常规薄片，茜素红染色，
单偏光；b.陕参 1 井，3445.67m，马五$_5$亚段，泥—粉晶云岩，自形—半自形晶粒结构，岩性致密，扫描电镜；
c.苏 203 井，3933m（岩屑），马五$_5$亚段，粗粉晶云岩，具残余颗粒暗影，玫瑰红铸体薄片，茜素红染色，单偏光；
d.陕 21 井，3309.93m，马五$_5$亚段，粗粉晶云岩，具白云石晶间孔，扫描电镜；e.定探 1 井，3928.85m，马四段，
细晶云岩，发育溶孔、晶间孔（玫瑰红色部分），分布较均匀，玫瑰红铸体薄片，单偏光；f.定探 1 井，3936.66m，
马四段，细中晶云岩，具深红、暗蓝等不同颜色发光（阴极发光）

　　粗粉晶云岩：白云石晶粒相对偏粗，粒径多在 50～80μm 之间，晶粒大小较均一，白云石自形程度明显偏高，多为自形—半自形晶粒结构（图 4-15c、d），部分层段晶间孔发育，因而可作为有效的晶间孔型白云岩储层。由于受重结晶改造较强，白云石晶粒较粗，原始的沉积构造及结构多保留不全，岩石大多呈较均一的块状构造特征，层理也不显

著；部分晶粒结构不均一的层段中也可显示较明显的残余颗粒结构特征。纵向上常有与泥—细粉晶云岩呈中厚层状交互层的接触关系，横向上则相变为泥晶灰岩或呈薄夹层状分布于泥晶灰岩中，尤其在马五₅亚段中泥—细粉晶云岩和石灰岩的共生组合关系表现尤为突出。

细（中）晶云岩：该类白云岩即前人所谓的"砂糖状云岩"。白云石晶粒明显较粗，粒径多在 100～300μm 之间，晶粒大小均一，白云石自形程度常较高，多为半自形—自形晶粒结构，大部分层段可见分布均匀的白云石晶间孔隙，常发育为较好的晶间孔型白云岩储层（图 4-15e、f）。这类白云岩多呈厚层块状产出，横向上也与大段厚层的块状石灰岩呈相变接触关系，或呈夹层状分布于厚层石灰岩中，这种共生组合关系在鄂尔多斯盆地马四段表现最为突出。纵向上细（中）晶云岩则与石灰岩或膏盐岩（以及与膏盐岩呈相变关系的泥—细粉晶云岩等）呈截变接触。

表 4-8　鄂尔多斯地区主要白云岩的结构产状及分布特征简表

主要白云岩类型	晶粒大小/μm	产状特征	共生矿物（假晶）	共生组合岩石	分布层位
泥—细粉晶云岩	5～30	中薄层	硬石膏、石盐	硬石膏岩、石盐岩	马五₁亚段—马五₄亚段、马五₈亚段、马五₁₀亚段、马五₆亚段的部分层段，马三段、马一段
粗粉晶云岩	50～80	中厚层	偶见石膏假晶	石灰岩	马五₅亚段、马五₇亚段、马五₉亚段，马五₆亚段的部分层段
细（中）晶云岩	100～300	厚层块状	较纯白云岩	石灰岩	马四段（桌子山组）、南部马六段、亮甲山组

三、白云岩产状及分布特征

1. 奥陶系总体的区域岩性分布格局

图 4-16 为横切鄂尔多斯盆地的东西向岩性剖面示意图，从大的区域岩性分布格局看，鄂尔多斯地区奥陶系总体上可分为中东部地区膏盐岩—碳酸盐岩交互区、中央古隆起区白云岩分布区、西部地区石灰岩—白云岩分布区三个大的岩性分区。

（1）中东部地区膏盐岩—碳酸盐岩交互区：中东部地区除东南缘在局地发育冶里组—亮甲山组的硅质云岩地层外，整体上表现为蒸发膏盐岩与碳酸盐岩交互的旋回性岩性分布特征。其中马一段、马三段、马五段主要为蒸发膏盐岩层（向米脂盐洼两侧相变为白云岩）；马二段、马四段、马六段则是以石灰岩为主的碳酸盐岩地层（马六段因加里东末期以后的风化剥蚀而仅在局部有少量残留）。

（2）中央古隆起区白云岩分布区：该区奥陶系岩性单一，基本全为白云岩地层，主体为大段厚层的块状云岩，多为细晶—中晶晶粒结构。

（3）西部地区石灰岩—白云岩分布区：该区处于中央古隆起以西的盆地西部地区，奥陶系主要为碳酸盐岩或泥质碳酸盐岩沉积层，下部（三道坎组—桌子山组—克里摩里组）岩性以石灰岩和白云岩交互的岩性为主，向上白云岩有明显减少的趋势；上部（乌拉力克组—公乌素组—蛇山组）则以泥质石灰岩、泥灰岩及泥页岩为主，泥质含量向上逐渐增多，反映出较深水斜坡环境的沉积特征，基本未见白云岩地层。

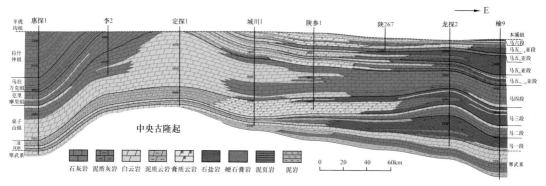

图 4-16　鄂尔多斯盆地奥陶系沉积岩相及白云岩分布剖面图（东西向）

2. 分层段的白云岩发育及分布特征

1）海退层序旋回中的白云岩发育及分布特征

主要形成于大规模海退的蒸发岩形成期。在鄂尔多斯东部的米脂盐洼区主要发育硬石膏岩、石盐岩等蒸发岩类，而在邻近中央古隆起的靖边—安边地区则相变为蒸发潮坪环境的白云岩，且多为泥粉晶晶粒结构的白云岩，部分白云岩层段中常含有膏云质结核，受后来风化壳期岩溶改造后，可发育为较好的风化壳溶孔型白云岩储层。靖边地区的马五$_{1+2}$气层即主要发育在此种类型的白云岩地层中。

2）短期海侵层序中的白云岩发育及分布特征

主要指长期海退背景下次一级的短期海侵层序中发育的白云岩。以马五段地层中的马五$_5$亚段为例，马五段沉积期整体处于大的蒸发岩旋回的低水位期（海退旋回中），但其间也伴随有短期海进旋回，马五$_5$亚段即是夹在其间的一次较重要的短期海侵沉积。马五$_5$亚段沉积期的岩相古地理格局呈自东向西的半环状展布，东部处于低洼部位的潮下带沉积环境，以石灰岩为主，向西至邻近中央古隆起的沉积区则主要处于相对浅水的台坪沉积环境，逐渐相变为以白云岩为主的地层，表现出具明显"相控性"的白云岩发育及分布特征。该类型的白云岩主要呈现为粗粉晶白云石的晶粒结构特征，白云石自形度较高，多发育有一定的晶间孔隙，常可作为有效的白云岩晶间孔型储层。

3）长期海侵层序中的白云岩发育及分布特征

该白云岩主要发育在马四段、马六段等长周期的海侵层序中。白云岩多呈大段厚层块状产出于纯碳酸盐岩地层中，与纯石灰岩呈共生组合（伴生）关系；岩石结构主体以白云石细晶晶粒结构为主，但也有部分层段晶粒稍粗，呈中晶晶粒结构或晶粒偏细呈粉晶结构。

在分布区位上马四段白云岩主要发育在中央古隆起及邻近地区，马六段（克里摩里组）则主要发育在盆地南缘台缘相带的白云岩化礁滩体地层中。

纵向上该白云岩则与海退及高位体系域的蒸发膏盐岩及泥粉晶云岩呈大的旋回性分布特征。

3. 白云岩地层分布的宏观规律性

1）纵向分布具有显著的层控性

在鄂尔多斯地区奥陶系，白云岩地层具有显著的"层控性"分布特征，即对于同一地区而言，同样是大套的碳酸盐岩层系，某些层段白云岩化极为强烈，大段地层几乎全部白云岩化，而有些层段却"无动于衷"，几乎没有白云岩化的迹象。

如图4-17所示，在鄂尔多斯盆地南缘的奥陶系中，马家沟组上部的马六段几乎全为大段的白云岩地层，而紧邻其上的平凉组及背锅山组则全为石灰岩和泥质灰岩，几乎没有白云岩，白云岩化作用似乎对"地质层位"表现出"强烈的选择性"特征。

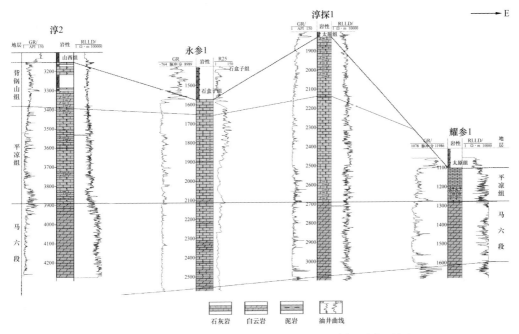

图4-17 鄂尔多斯地区南缘奥陶系地层对比剖面（东西向）

2）横向分布具有明显的区位性

鄂尔多斯地区奥陶系白云岩分布的另一特征是其具有明显的"区位性"。即对于同一层位而言，在同一套碳酸盐岩地层中，某些区域白云岩化强烈，大段地层几乎全部为白云岩，而另一些区域的白云岩化作用相对较弱，仅局部层段发生白云岩化，大段地层仍以石灰岩为主，白云岩多呈夹层状分布于大套石灰岩地层中，或与石灰岩呈互层状产出，整体表现出较为明显的"区位性"分布特征。

以鄂尔多斯中东部地区的马五$_5$亚段为例，其地层厚23～28m，为一套纯的碳酸盐岩地层，其岩性横向上表现出十分明显的"区位性"分布的特征（图4-18），即在靖西地区整体以粉晶结构的白云岩为主，向东至靖边及以东地区则相变为以石灰岩为主，局部夹白云岩薄层。这种相对较薄的短期海侵层序中白云岩区位性分布的原因可能主要与白云岩化作用受沉积相带的控制和影响有关。

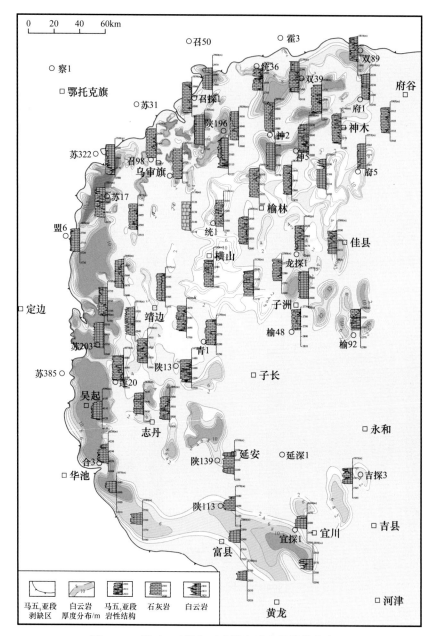

图 4-18　马五$_5$亚段白云岩厚度及岩性结构分布图

四、三种主要白云岩成因机理

通过对该区奥陶系白云岩宏观分布、地质产状及结构特征等方面的综合分析认为，其成因主要受蒸发泵吸准同生云化、淡水与富镁卤水混合水云化、回流渗透云化三种白云岩化机理控制，分别对应于本区的泥—细粉晶云岩、粗粉晶云岩、细（中）晶云岩这三种最主要的白云岩类型。下面将结合白云石矿物学、结晶学及岩石地球化学分析，探讨其各自白云岩形成的成岩作用环境与云化机理，以期激起学者对该区白云岩化作用研究的兴趣和认识的深入。

1. 蒸发泵吸（萨布哈）准同生云化

这是对鄂尔多斯地区中东部奥陶系蒸发潮坪云岩广泛适用的白云岩化成因模式。对全新世含白云石沉积物的研究（Wells，1962；Illing 等，1965；Hsu 等，1969；Hsu，1984；潘正甫等，1990），以及对白云石形成条件的实验研究（Land L.S. 等，1975；陈友明等，1979；王亚烈等，1996；赫云兰等，2010），已经使得在高盐度、高 Mg/Ca 比的蒸发潮坪及潟湖环境可在沉积期或稍后的"准同生"条件下即可发生广泛的白云石化作用的认识逐步得到沉积学界的认可。这类白云岩主要形成于海侵—海退层序的高位—低位体系域中，区域岩性分布上常与蒸发膏、盐岩相伴生。其白云岩化机理基本与萨布哈（Sabkha）蒸发潮坪的准同生云化模式相类同，即在炎热干旱的蒸发潮坪沉积环境下，早先形成的方解石质碳酸盐沉积物尚未埋藏即发生了白云石化交代作用。

本区也具备发生大规模的此类白云岩化作用的地质条件：

（1）在大规模海退的沉积背景下，中央古隆起区的障壁作用突显，该作用使东部盐洼沉积区与古隆起西侧的秦祁广海沉积区基本处于相对隔离的状态，处于强烈受限的局限海蒸发环境，在一定时期成为"干化蒸发"的膏盐盆地。

（2）在向西邻近古隆起的盐盆边缘沉积区则以蒸发潮坪沉积环境为主，先期沉积的潮坪相方解石质灰泥沉积物具备特殊的成岩环境。由于受盐洼沉积区石膏类矿物（$CaSO_4$）沉淀的影响而使沉积水体及成岩介质中的 Mg/Ca 比显著提高，富镁流体在"毛细管力"或"蒸发泵吸"作用下向潮上坪方向迁移，致使先期的灰质沉积物发生强烈的白云岩化作用（图 4-19）。

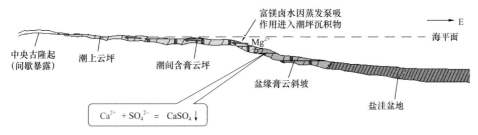

图 4-19　鄂尔多斯中东部蒸发环境准同生期白云岩化模式图

由于白云石化是在较高的离子浓度下发生，白云石结晶速度快、成核数量多，因而所形成的白云石晶粒整体偏细，且多保留有纹层状的原始沉积构造；有时还常见有膏盐矿物同步沉淀形成的膏盐矿物晶体（或为其晶体铸模孔及假晶），以及膏云质结核（或为核模孔）等，显示其白云石化作用与蒸发岩类矿物形成的密切关系。

2. 大气淡水与富镁卤水混合水云化

对于鄂尔多斯地区中部以马五$_5$亚段为代表的奥陶系，在其大的海退背景下的短期海侵层序中所形成的粗粉晶结构的白云岩，则可用大气淡水与富镁卤水混合的"混合水云化"模式给以较为合理的成因解释，但与传统意义上的混合水云化模式（Badiozamani，1973）又有所不同。传统的混合水云化指大气淡水与正常海水混合的白云石化作用，而本区是大气淡水与富镁卤水混合的白云石化作用。

马五$_5$亚段是夹在马五$_6$亚段与马五$_4$亚段蒸发岩层序之间的短期海侵沉积。其岩相古地理格局呈环带状展布，自西向东依次发育环陆云坪、靖西台坪、靖边缓坡及东部石灰岩洼地。在邻近古隆起的靖西台坪沉积区主要发育藻灰坪、藻屑滩、灰云坪等沉积微相，对后续白云岩化作用的发生最为有利。

在马五$_5$亚段沉积期后，进入马五$_4$亚段沉积期的沉积环境发生了较大变化，海平面开始相对下降，而后进入了蒸发岩沉积期，在盆地中东部地区出现利于膏、盐岩沉积的干化蒸发环境；伴随盆缘石膏的沉积及含膏云坪相的膏云岩形成，沉积水体中的Ca^{2+}和SO_4^{2-}显著减少，沉积水体中的Mg/Ca比值显著增大，形成"富镁卤水"。

高Mg/Ca比流体形成后，必然对其下伏及侧向的马五$_5$亚段先期沉积物产生影响，使原来产生于正常海环境的流体介质逐步被高Mg/Ca比流体所替代，并由此产生方解石向白云石转化的白云岩化交代作用。由此产生的Ca离子又为石膏的沉淀所利用，从而产生了一个石膏沉淀与白云石化交代相互依赖的地球化学循环动力与动态平衡体系。

此外，在进入马五$_4$亚段沉积期时，古隆起地区大部分时间处于间歇暴露的沉积环境，当发生大气降水时，大面积的降水会在陆地上汇聚后向古隆起两侧地区下渗，进入古隆起东侧先期沉积的马五$_5$亚段沉积层（已处于浅埋藏成岩环境）中；由于大气淡水的参与，在古隆起东侧地区的马五$_5$亚段沉积层中形成大气淡水与"富镁卤水"的混合水带，这种成岩介质环境对马五$_5$亚段的白云岩化作用产生显著影响，导致其晶体结构变粗和白云石自形程度的提高。这是本区古隆起东侧马五$_5$亚段白云岩晶粒明显较粗、自形程度较高的主要原因，明显有别于蒸发潮坪形成的马五$_{1+2}$亚段泥粉晶云岩。

图4-20是有关古隆起东侧地区马五$_5$亚段白云岩成因的大气淡水与富镁卤水混合的混合水云化成因模式：（1）在马五$_5$亚段沉积期，自东向西依次发育东部洼地、靖边缓坡、靖西台坪及环陆云坪，并在古隆起东侧靖西台坪区发育台内浅水颗粒滩沉积（图4-20a）；（2）古隆起东侧的浅水碳酸盐岩在马五$_4$亚段蒸发岩沉积期，由于区域海平面下降导致的古隆起区间歇暴露，形成大气淡水与蒸发卤水的混合水云化成岩作用环境，在先期颗粒滩沉积基础上形成了粗粉晶结构的白云岩储层（图4-20b）。

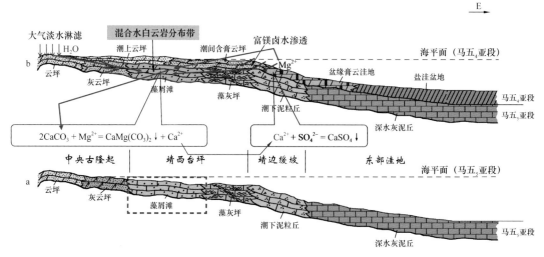

图4-20　马五$_5$亚段白云岩混合水云化模式图（据杨华等，2011）

这种白云岩化作用与前述的蒸发潮坪白云岩化的共同之处是白云石化作用的发生都与石膏类矿物沉淀所导致的 Mg/Ca 比升高有关，不同之处是蒸发潮坪环境的准同生云化作用主要发生在沉积作用的同期，基本未脱离原始的沉积作用环境，而混合水云化作用则是发生在沉积期后的近地表浅埋藏成岩作用环境中。

3. 回流—渗透云化

对于鄂尔多斯中西部地区以马四段为代表的大段厚层的细（中）晶结构的白云岩，用"回流—渗透"模式进行成因解释较为合理，该类白云岩主要分布在长周期的海侵层序中，而其白云岩化作用则主要发生在沉积期后的浅埋藏成岩作用环境下，这时已进入了长周期的海退沉积期，即马五段的蒸发膏盐岩—白云岩沉积旋回。马五段准同生白云岩化作用发生的沉积作用环境，也大大影响了其下伏马四段先期碳酸盐沉积物的成岩作用环境，即由于马五段沉积期蒸发膏盐类矿物的沉淀所形成的富镁卤水，除满足马五段的同期碳酸盐沉积物的准同生云化作用外，还长期稳定地影响着其下伏的马四段石灰质碳酸盐沉积的白云石化进程，即两种白云石化作用可同步进行，只不过一种是在"地表"，一种在"地下"，其水文条件、循环动力及白云石生长的结晶地质环境也有一定的差异。

马四段发生大规模白云岩化作用的地质条件如下。

（1）马四段沉积后，进入马五段沉积期的大规模海退背景下的蒸发岩沉积阶段，此时的区域构造及沉积背景，即如前述的马五段沉积期泥粉晶云岩的形成环境，在中央古隆起区的障壁作用下，东部盐洼沉积区主要处于强烈蒸发的局限海沉积环境，由于石膏类矿物沉淀使沉积水体 Mg/Ca 比显著提高，成为高盐度的"富镁卤水"；

（2）"富镁卤水"由于密度较高而向西侧的古隆起方向不断下渗，使下伏沉积层中孔隙流体的盐度及 Mg/Ca 比不断升高，进而改变了下伏马四段沉积物的成岩介质环境，使之具备了发生规模白云岩化的盐度及 Mg/Ca 比等基本地球化学条件；

（3）古隆起东侧的盐洼盆地在强烈蒸发沉淀、渐趋干化的过程中，在大的高潮及短期间歇性海侵的影响下，又不断受到古隆起西侧正常海水的回流补给，从而保证了膏盐矿物沉淀及下伏地层白云岩化作用能够不断地持续进行下去（图 4-21），尤其是大规模白云岩化作用所需的 Mg 离子来源能长期稳定地足量供应。

由于这种白云石化作用主要是发生在地下一定深度的浅埋藏成岩作用环境下，相对蒸发泵模式而言盐度相对偏低，Mg/Ca 比、温度、酸碱度等成岩介质环境也相对较为稳定，因而白云石的结晶速度相对较慢，所形成的白云石晶粒整体偏粗，且自形程度也明显较高，从而有利于形成大段厚层的细晶或中晶晶粒结构的白云岩。

五、不同成因白云岩的矿物学及地球化学特征

除岩石结构及宏观的区域分布特征外，各类白云石化作用形成的白云岩在地球化学特征上也表现出一定的差异，或可作为其白云岩化成因分析的微观证据或线索。

1. 白云石有序度及 Mg/Ca 比

泥粉晶云岩的白云石有序度整体偏低，多在 0.45～0.85 之间；而白云石 Mg/Ca 比则相对偏高，多在 0.9～1.0%（摩尔分数）之间（图 4-22），反映其白云石主要是在高矿化

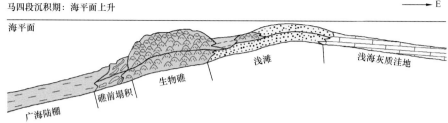

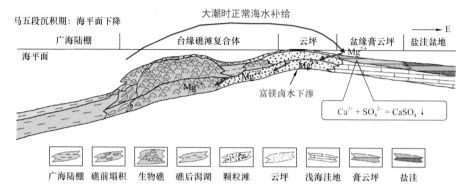

图 4-21　鄂尔多斯中西部马四段白云岩回流渗透云化模式图

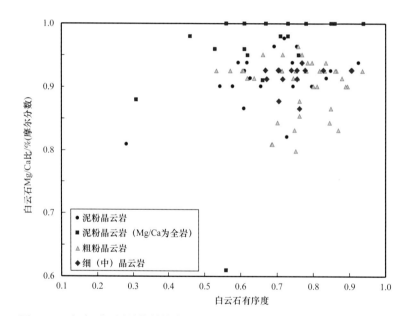

图 4-22　奥陶系不同晶粒结构白云岩的白云石有序度与镁钙比分布对比图

白云石有序度及 Mg/Ca 比数据均由 X 射线粉晶衍射方法求取；棕色方块表示因缺白云石 Mg/Ca 比分析数据，

故借用全岩 Mg/Ca 比代替之，以保证白云石有序度数据的量具有一定的代表性

度条件下快速结晶生长的特点。

　　而粗粉晶云岩及细（中）晶云岩的白云石有序度明显偏高，Mg/Ca 比相对偏低；细（中）晶云岩的 Mg/Ca 比整体处于前二者之间，但分布较为集中，反映其白云石化作用可能处于相对稳定的埋藏成岩作用环境下。

　　黄思静（1985）对四川盆地三叠系嘉陵江组第三、第四段白云石有序度的研究中也曾得出相似的结论，即由潮间—潮上带蒸发泵作用形成的白云石具有较低的有序度，而浅滩环境中形成的白云石则具有较高的有序度。

2. 微量元素

泥粉晶云岩相对粗粉晶云岩及细（中）晶云岩而言通常具有较高的 Fe、Mn 含量，Mn 含量多在 $60\sim400\mu g/g$ 之间，Fe 含量多在 $0.5\%\sim3.5\%$；而 Sr、Ba 含量则总体表现为高 Ba、低 Sr 的特征，Ba 含量多在 $20\sim200\mu g/g$ 之间，Sr 含量多在 $60\sim150\mu g/g$ 之间（图4-23）。这些特征总体反映其白云石从相对稳定的高盐度环境下快速结晶时，小离子半径的 Fe、Mn 类质同相混入多，而大离子半径的 Sr、Ba 类质同相混入少的特点［明显偏高的 Ba 含量可能与高盐度时少量重晶石（$BaSO_4$）矿物相的出现有关，而非白云石中的类质同相混入］。

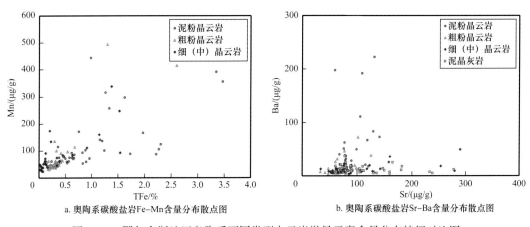

a. 奥陶系碳酸盐岩Fe-Mn含量分布散点图　　b. 奥陶系碳酸盐岩Sr-Ba含量分布散点图

图4-23　鄂尔多斯地区奥陶系不同类型白云岩微量元素含量分布特征对比图

粗粉晶结构的白云岩及细（中）晶结构的白云岩 Fe、Mn 含量较低，尤其粗粉晶云岩的 Mn 含量主要分布在 $30\sim150\mu g/g$，Fe 含量主要分布在 $0.1\%\sim0.6\%$ 的较小区间中，可能反映了在近地表浅埋的相对淡化的条件下，Fe、Mn 不易进入白云石矿物晶格的结晶特性。

在 Sr、Ba 含量上，粗粉晶云岩及细（中）晶云岩也明显有别于泥粉晶云岩，都具有 Ba 含量相对较低的特征，而细（中）晶云岩的 Sr 含量却也有部分明显偏高，可能反映了埋藏成岩过程中流体介质渐趋浓缩的特征。

3. 碳—氧同位素

泥粉晶云岩碳—氧同位素与粗粉晶云岩和细（中）晶云岩有较为明显的差异（图4-24），其 $\delta^{13}C$ 值与 $\delta^{18}O$ 值均明显偏负（$\delta^{13}C$ 多在 $0\sim-4\%$ 之间，$\delta^{18}O$ 多在 $-7.5\%\sim-11\%$ 之间）。反映其在地表环境快速结晶（交代）时，受到大气中 CO_2 的影响，对轻碳、轻氧具有较为明显的选择性。但也有可能反映准同生白云石化交代与微生物作用的影响有一定关系。

粗粉晶云岩与细（中）晶云岩的氧同位素（$\delta^{18}O$）较为趋近，但碳同位素（$\delta^{13}C$）却明显分离，细（中）晶云岩 $\delta^{13}C$ 显著偏正，可能代表了其在白云石化过程中与大气中 CO_2 的交换程度相对减弱。

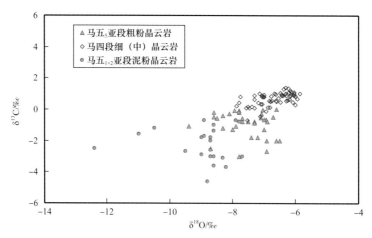

图 4-24　不同结构白云岩碳氧同位素组成（PDB）对比

六、白云岩储层发育特征

1. 储层（成因）类型

本区下古生界碳酸盐岩层系的天然气勘探证实，有效储层主要发育在白云岩层段，仅在盆地西部天环地区奥陶系的部分石灰岩层段发现少量岩溶缝洞型和溶孔型储层。因此，对本区碳酸盐岩层系而言，白云岩储层对该区天然气成藏的重要性尤为突出。综合分析表明，该区奥陶系白云岩中主要发育溶孔、白云石晶间孔、生物格架孔及微裂缝等主要孔隙类型，且不同孔隙类型对白云岩结构类型也表现出一定的"专属性"，例如溶孔及微裂缝主要发育在泥粉晶结构的白云岩中，主要由风化壳期的易溶膏盐矿物的溶蚀及风化抬升所致；晶间孔则主要分布在粗粉晶结构的白云岩和细（中）晶结构的白云岩中；而生物格架孔则主要发育在细（中）晶结构的白云岩中，是多孔的生物礁灰岩在早期浅埋藏阶段（强烈白云岩化后）保留的原始生物格架孔隙。因而可从主要孔隙类型与岩石类型匹配关系的角度，将本区奥陶系白云岩储层划分为泥粉晶云岩溶孔型、粗粉晶云岩晶间孔型和细（中）晶云岩晶间孔（格架孔）型三种主要的储集岩类型。

泥粉晶云岩溶孔型储层：储层岩石基质主要为泥—细粉晶结构，较为致密，但广泛发育密集的膏云质结核溶蚀成因的球状溶孔及风化微裂缝，部分层段以膏模孔为主要储集空间（图 4-25a、b）。该类储层一般具有较高的储渗性能，是靖边气田古风化壳气藏的主力储集岩类，主要分布在含膏云坪沉积相带之中。

粗粉晶云岩晶间孔型储层：基质以白云石的粗粉晶晶粒结构为主，白云石大小较均一，呈半自形—自形晶，广泛发育白云石晶间孔（图 4-25c、d），局部亦可见少量溶孔，储集性能中等，主要发育在古隆起西侧以马五₅亚段为代表的奥陶系中组合的短期海侵沉积层序中，其中靖西台坪沉积区的藻屑滩微相孔隙性最佳，目前已发现了苏 203 井区等多个天然气高产富集区块。

细（中）晶云岩晶间孔（格架孔）型储层：岩石以白云石的细晶或中晶晶粒结构为主，晶粒大小较均一，晶间孔发育（图 4-25e），分布较均匀，部分地区可见晶间孔与溶孔及生物礁的格架孔共存（图4-25f），具有良好的储渗性，通常储层厚度较大，横向具有一定的分布规模，主要形成于浅水台地颗粒滩相及台地边缘礁滩相的强烈云化层段中。

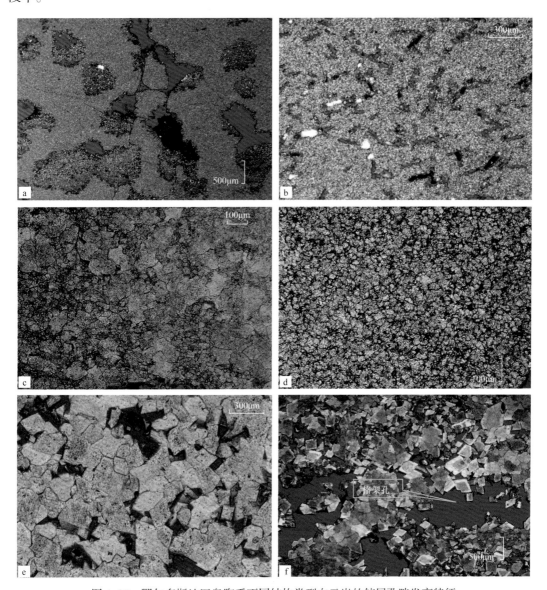

图4-25　鄂尔多斯地区奥陶系不同结构类型白云岩的储层孔隙发育特征

a.陕118井，2993.16m，马五$_1$亚段，泥粉晶云岩，发育膏云结核溶孔（红色铸体部分为，膏云质结核在准同生期由石膏的沉淀而成，表生期石膏再溶解形成溶孔，白云石残留底部呈"示底构造"），溶孔下部具粉晶白云石残余，单偏光，红色铸体薄片；b.陕30井，3629.10m，马五$_4$亚段，泥粉晶云岩，发育膏模孔（玫瑰红），单偏光，玫瑰红铸体薄片；c.苏203井，3931m（岩屑），马五$_5$亚段，粗粉晶云岩，发育晶间孔（玫瑰红），分布不匀，单偏光，玫瑰红铸体薄片；d.陕196井，3039m（岩屑），马五$_5$亚段，粗粉晶云岩，具白云石晶间孔（玫瑰红），分布均匀，单偏光，玫瑰红铸体薄片；e.天2井，4081.55m，桌子山组马四段，细中晶云岩，发育晶间孔（玫瑰红），均匀分布，单偏光，玫瑰红铸体薄片；f.旬探1井，3142.11m，马六段，细中晶云岩，具残留的生物格架孔（红色铸体部分，判断其为"残留的生物格架孔"，主要因该段地层为数十米的大段块状云岩、层理不显，为生物礁格架结构白云岩化所致，孔隙层段远离风化壳，且未见明显溶蚀改造痕迹），单偏光，红色铸体薄片

2. 影响白云岩储层形成的因素

1）相控性（沉积相、微相的控制）

白云岩储层的发育往往受到沉积相的继承性影响。如对于本区发育在泥粉晶云岩中的马五$_{1+2}$亚段风化壳溶孔型储层而言，并不是所有剥露至前石炭纪风化壳附近的泥粉晶云岩都可发育为有效的风化壳储层，实际上，有效的溶孔储层都分布在含膏云坪沉积相带之中，由于其中膏盐矿物的选择性溶解，才形成了有效的溶孔型储层，而一般的泥粉晶云岩基质（围岩）通常仍较致密，并不具备有效的储集性能，这已被盆地中部靖边风化壳气田的大规模勘探开发所证实（Feng Zengzhao 等，2013）；对于粗粉晶云岩而言，并非所有经白云岩化的马五$_5$亚段都是有效的白云岩晶间孔型储层，通常只有原始沉积为颗粒滩微相的沉积区在白云岩化后白云石结晶较粗、晶粒自形度较高，才具有普遍的白云石晶间孔隙，从而发育为有效的白云岩晶间孔型储层；同样对于细（中）晶结构的白云岩而言，只有原始孔渗性较高的礁滩沉积体，才易于发育为相对高渗的晶粒状云岩储层。

2）白云岩化时的成岩作用环境

白云岩化作用发生时，如果受到大气淡水的影响，往往会产生两个方面的作用，一是稀释了富镁卤水，使成岩流体浓度降低，进而减少白云石结晶的结晶中心形成总数（晶核形成数），这会使白云石生长更趋缓慢、结晶更趋自形、粗大；二是使先成白云石重结晶，并使其地球化学特征发生重组（Clyde H. Moore，2010），所形成的白云石晶粒常常较粗，自形度也较高，往往更易成为晶间孔发育的白云岩晶间孔型储层。

综合本区各类白云岩化作用发生的成岩作用环境分析，最易受到大气淡水影响的成岩介质环境，莫过于中央古隆起及其邻近区域，这是因为每当处于海退沉积期间，中央古隆起区会常常处于间歇性暴露的沉积环境之中，首当其冲地受到大气淡水的影响，当大气淡水汇聚下渗时，势必会改变处于浅埋藏成岩阶段的下伏早期沉积物的成岩介质环境，而此时也正是前述的混合水云化及回流渗透云化作用发生的主要阶段，使得成岩介质条件淡化，从而影响白云石结晶的速度，使之更易于结晶为偏粗、偏自形的晶体。

当由于蒸发渗透引起的浓缩卤水与间歇暴露产生的大气淡水下渗参与不断地交替发生时，其所形成的白云岩体往往容易发育为结晶偏粗、自形程度较高且晶间孔较普遍的白云岩晶间孔型储集体，这也许正是中央古隆起区域及其邻近地区在马四段发育规模分布的大段厚层白云岩晶间孔型储层的主要原因（杨华等，2004）。

3）层序旋回的界面附近更易于发育有效的白云岩储层

层序旋回的界面往往对应一定级别的旋回内的海退末期，在本区则常代表了一期蒸发旋回的结束或短期的沉积暴露，这一则导致界面附近更易发生广泛的白云岩化作用，二则更为有利于白云岩储层的发育。

如对于本区马四段而言，在邻近古隆起的区域发育大段的连续厚层白云岩，在远离古隆起的中东部地区白云岩化程度普遍较低，整体以石灰岩地层为主，但是仍发育有广泛分布的白云岩薄夹层，厚度多在2~8m，但横向分布较为稳定（图4-26），基本代表了四级乃至五级层序旋回的上界面附近。该类白云岩薄夹层主要为晶粒结构的粗粉晶云岩或细晶云岩，多发育有一定的晶间孔隙，常可作为有效的白云岩晶间孔型储层。其成因也主要与次级海退期的回流—渗透白云岩化作用向东迁移有关，短期的暴露与淡水的参与为晶间孔隙发育和有效储层的形成提供了有利条件。

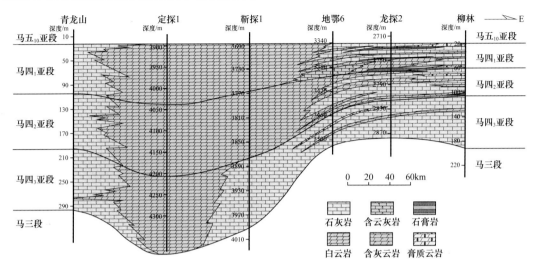

图 4-26　盆地中部奥陶系马四段地层岩性及白云岩（储层）分布剖面图

第五章　奥陶系储层发育特征

　　奥陶系是鄂尔多斯盆地古生界重要的天然气产出层位之一，深化其储层发育特征、成因机理及分布规律的认识，对进一步明确其中蕴含天然气藏的富集规律，指导下一步天然气勘探部署及新领域研究都具有十分重要的意义。自 20 世纪末，以靖边气田为代表的奥陶系古风化壳气藏被发现以来，针对盆地下古生界碳酸盐岩储层的研究工作不断得到关注（郑聪斌等，1993；侯方浩等，2002；何自新等，2004；黄正良等，2011，2015；任军峰等，2016；代金友等，2010），但大多集中于对盆地中东部奥陶系顶部风化壳储层（主要是马家沟组马五$_1$亚段—马五$_2$亚段）的研究，对远离风化壳的奥陶系内幕储层及盆地西南缘奥陶系台缘相带储层的研究还相对较少，本章拟分别对其进行阐述。

第一节　中东部马家沟组储层

　　20 世纪 80 年代末—90 年代初发现奥陶系顶部古风化壳气藏——靖边大气田（杨俊杰，1991），奠定了鄂尔多斯盆地天然气资源走向工业化规模开发利用的基础。进入 21 世纪以来，在碳酸盐岩天然气成藏新领域研究的基础上不断深化勘探，在靖边气田的西侧又发现了中组合岩性圈闭气藏——靖西中组合气田，实现了盆地碳酸盐岩新领域勘探的重大突破。近期又在盆地东部米脂地区的奥陶系盐下马四段白云岩中获得高产天然气流，取得了盐下勘探的历史性突破。下古生界碳酸盐岩领域 30 余年的勘探实践表明，盆地中东部奥陶系具有多层系成藏的地质条件，除了奥陶系顶部风化壳外，中组合及盐下等新领域仍具有较好的勘探前景。其中有效储层发育及分布规律的研究，是关乎该领域下一步勘探成效的重要地质因素。

　　盆地中东部地区的奥陶系仅发育马家沟组，前已述及，该区马家沟组为一套碳酸盐岩—膏盐岩交互的沉积层系，其中的碳酸盐岩在部分层段发育有效的天然气储层（主要发育在白云岩层段中）。

　　以靖边气田为代表的鄂尔多斯盆地中东部地区奥陶系顶部的古风化壳气藏，其主力产层是奥陶系马家沟组马五$_{1+2}$亚段及马五$_4$亚段的溶孔型储层；而靖边气田西侧靠近中央古隆起地区（靖西地区）新发现的气藏其主力产层则是马五段中部的马五$_5$亚段白云岩晶间孔型储层，无论从含气层位，还是储集空间类型，都与风化壳产层具有明显的差异。因此，随着勘探的深入，有必要从研究和认识的角度对其进行区别对待。鉴于此，近期勘探研究将盆地本部的奥陶系划分为三个含气组合（图 5-1）：马五$_1$亚段—马五$_4$亚段为上部含气组合（简称上组合，储层主要为风化壳溶孔储层，圈闭类型以古地貌型地层圈闭为主）；马五$_5$亚段—马五$_{10}$亚段为中部含气组合（简称中组合，储层主要为白云岩晶间孔储层，圈闭类型以岩性圈闭为主）；马四段及其以下为下部含气组合（简称下组合，储层主要为白云岩晶间孔储层，圈闭条件与中组合相近）。

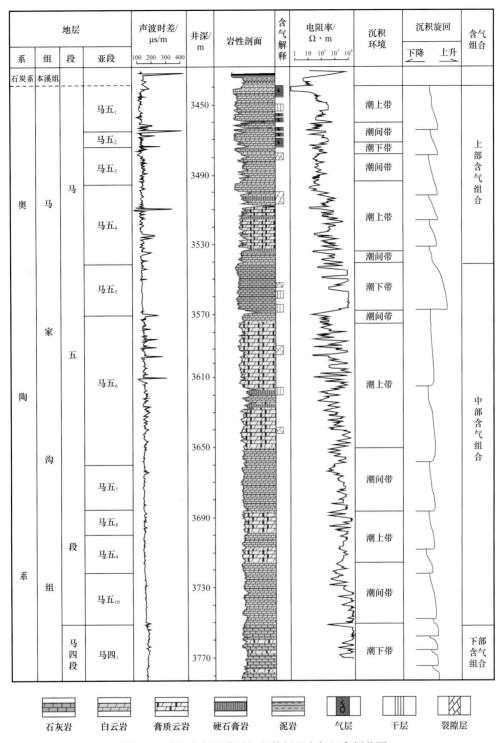

图 5-1　盆地中部奥陶系沉积特征及含气组合划分图

以该区马家沟组天然气成藏组合的划分为线索，分别论述几个含气组合的储层发育特征。

一、上组合（风化壳）储层

1. 储层岩石学特征

盆地中东部奥陶系马家沟组的上组合（马五$_{1—4}$亚段）主要发育风化壳溶孔型储集体，储层主要分布在蒸发潮坪云岩层段中，由于其中普遍发育准同生期形成的膏质或膏云质结核及膏盐矿物晶体等易溶矿物组构，因而易于在风化壳期的大气淡水作用下淋溶改造而形成有效的储集空间。

盆地中东部地区的奥陶系马家沟组马五段上部（马五$_1$亚段—马五$_4$亚段）广泛发育蒸发潮坪白云岩，因其主要形成于蒸发潮坪（萨布哈）沉积及成岩环境，其中的白云岩基质多呈泥粉晶结构，多具微细纹层及干裂角砾化构造，并伴生准同生期形成的膏质或膏云质结核，以及膏盐矿物晶体等易溶矿物组构，这是其在岩溶风化壳期能形成大量有效储集空间的主要原因。

2. 储集空间类型及成因

岩心观察及岩石薄片、扫描电镜等综合分析表明，靖边气田及其周边奥陶系风化壳储层主要发育在奥陶系马家沟组上部的白云岩中。储集空间主要由溶孔、膏（盐）晶体铸模孔、晶间孔及各种类型的微裂缝构成，基本不发育原生孔隙。此外，还可见缝合线、角砾间孔等次要孔隙类型，但其对储集空间的贡献均很有限。储层孔隙成因主要与表生期及风化壳期的溶解作用、准同生及埋藏成岩期的白云石化作用、成岩期和风化壳期的构造应力及风化造缝作用等有关。

球状溶孔：该类白云岩储层中孔隙类型主要是组构选择性溶孔，其形成主要与易溶膏盐矿物组构的淡水溶解作用有关，其中最主要的球状（斑状）溶孔，可能主要由（硬）石膏结核或膏云质结核在早表生期或风化壳期淋滤溶解而成。因此将该类溶孔称为"核模孔"似乎更为妥贴，其孔径大小一般在 3～5mm，多成层集中分布，呈近圆形或椭圆形，大小较均匀，是本区白云岩储层中占主导地位的储集空间，主要分布在马五$_3^3$小层和马五$_4^1$小层两个主力储集层段。在这两个主力储集层段中斑状溶孔极为发育，溶孔面积占岩心面积的 10%～30%，大多被泥粉晶白云石、方解石、自生石英等半充填，局部地区为方解石及白云石全充填，常见明显的"示底"充填构造特征（图 5-2a—d）。

晶体铸模孔：该类白云岩储层中晶体铸模孔隙也较为普遍，以膏模孔最为发育，具有重要的储集意义，可集中发育为有效储集层段，如靖边地区的马五$_2^2$小层白云岩储层即以膏模孔为主要储集空间，局部层段孔隙度可达 3%～6%。除膏模孔外，局部层段还可见石盐晶体溶解形成的盐模孔，但明显不及膏模孔发育得普遍。

膏模孔在本区主要呈板条状和针状两种形态，部分层段为方解石或自生石英充填，成为石膏假晶。板条状膏模孔由晶体偏大的板条状石膏溶解而成，孔隙形态较规则，大小多在 0.3～0.6mm 之间，孔隙长 / 宽比一般小于 5∶1，局部充填时多以方解石充填为主，次为白云石及少量自生石英；针状膏模孔则由晶体偏小的针状（或毛发状）石膏溶解而成，具明显单向延长特征，孔隙长轴为 0.3～0.5mm，短轴为 0.02～0.05mm，孔隙长 / 宽比一般大于 10∶1，局部充填时多以方解石充填为主，次为自生石英充填（图 5-2e、f）。

晶间孔、晶间溶孔：白云石晶间孔在本区马家沟组白云岩中普遍存在，孔隙的发育状况与白云岩的成因和结构紧密相关。泥晶云岩的白云石呈它形—半自形，晶间孔孔径多小于 $0.1\mu m$，为超微孔或隐孔，对有效储集空间的贡献不大。具有油气储集意义的晶间孔主要发育于粗粉晶云岩和细晶云岩中，由半自形—自形白云石晶体作为支撑格架而成，孔隙多为多面体或四面体几何形态，孔壁平直光滑，孔径大小一般为 $10\sim50\mu m$，如本区中部榆3井马五$_1^4$小层（图5-2g）。

晶间溶孔是在晶间孔的基础上经过淡水溶蚀扩大或碳酸盐等矿物发生选择性溶解所致。在镜下，常见白云石晶体被溶蚀成港湾状，孔隙形态呈不规则状，孔径大小一般为 $30\sim200\mu m$，分布不均，且大小悬殊。其发育程度取决于岩石结构及其被溶蚀的强度，粉细晶云岩较泥晶、粗晶云岩的晶间溶孔发育。

微裂缝：风化壳储层中普遍发育有微裂缝，虽就其成因类型来看存在风化裂隙（重力缝）、构造缝、成岩收缩缝、层间缝及缝合线等多种类型，但对储层物性（储、渗性能）起关键作用的主要是风化裂隙、构造缝和层间缝（图5-2h、i）。另外，各种裂隙都可因受溶蚀改造扩大而成为所谓的"溶缝"。

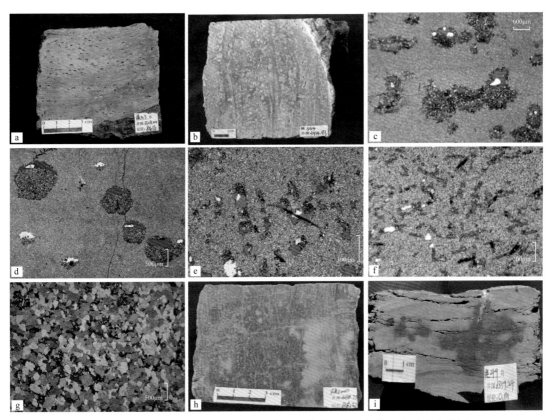

图5-2 鄂尔多斯中东部奥陶系上组合风化壳储层岩石结构及孔隙发育特征

a.陕313井，3508.00m，马五$_1$亚段，发育球状溶孔；b.陕344井，3914.93m，马五$_1^3$小层，发育斑状溶孔；c.陕344井，3915.50m，马五$_1^3$小层，发育球状溶孔；d.陕78井，3641.40m，马五$_1$亚段，发育球状溶孔；e.陕181，3549.00m，马五$_1$亚段，泥晶云岩，具膏模孔；f.陕30井，3629.10m，马五$_1$亚段，发育膏模孔；g.榆3井，3050.52m，马五$_1^4$小层，细晶云岩，发育晶间孔；h.陕300井，马五$_1^3$小层，泥粉晶云岩，发育网状风化裂隙，白云石、方解石等半充填；i.陕249井，马五$_1^3$小层，发育层间缝，泥质、白云石半充填

3. 储层物性特征

据岩心样品物性分析数据统计（表 5-1），马五$_1^3$小层、马五$_1^4$小层、马五$_4^1$小层储层物性相对更好一些，单层平均孔隙度多在 4%～7%，最大单块孔隙度可达 10% 以上，单层平均渗透率一般为 0.3～5mD，局部可达 10mD 以上；马五$_1^2$、马五$_2^2$物性相对较差，平均孔隙度一般为 3%～6%，渗透率 0.1～3mD 不等，但局部地区也见物性较好者。

表 5-1　靖边地区及其东侧奥陶系马家沟组风化壳储层物性表

层位	平均厚度 /m	孔隙度 /%		渗透率 /mD	
		平均	最大	平均	最大
马五$_1^2$小层	2.4	3.8	11.9	0.45	2.44
马五$_1^3$小层	2.9	5.4	14.7	2.89	5.60
马五$_1^4$小层	1.5	5.9	10.8	0.93	6.30
马五$_2^2$小层	2.3	3.7	6.5	1.40	0.90
马五$_4^1$小层	2.5	4.9	9.6	1.62	5.33

4. 储层分布及沉积相特征

根据对靖边地区 600 余口探井及开发井的钻井取心及测井资料的综合分析，奥陶系顶部风化壳附近马五$_1$亚段—马五$_4$亚段白云岩中广泛发育溶孔型储层，但储层的分布又具有明显的层控性，主要集中在马五$_1$亚段的中下部、马五$_2$亚段下部及马五$_4$亚段的顶部。其中马五$_1$亚段储层分布最为稳定，是靖边气田的主力产层。

由于靖边气田的奥陶系上组合风化壳储层主要分布在马五$_5$亚段以上的白云岩地层中，因此有必要介绍马五$_5$亚段以上各小层（马五$_1$亚段—马五$_4$亚段）的沉积相特征。

马五$_1$亚段：主要形成于潮间带—潮上带沉积环境，发育含膏云坪、颗粒滩、泥云坪等亚相环境的沉积。纵向上自身构成一个小的向上变浅的层序旋回。马五$_1^1$小层、马五$_1^2$小层、马五$_1^3$小层的含膏云岩形成于含膏云坪亚相（图 5-3）中，因早表生期或风化壳期淋滤而发生膏溶作用，形成规模分布的有效溶孔型白云岩储层，是靖边气田的主力产层；在马五$_1^4$小层的局部地区由颗粒滩沉积经混合水白云岩化，可形成细晶结构的白云岩晶间孔型储层（图 5-2g）。

马五$_2$亚段：形成于潮间带沉积环境，主要发育云坪、泥云坪等亚相环境的沉积，局部也发育含膏云坪沉积。纵向上与五$_3$亚段上部一起构成一个小的层序旋回。该地层以富含均匀散布的膏盐矿物为特征（膏、云质缺乏层状分异），由于表生淋滤—充填作用常形成方解石质的膏盐矿物假晶也可在局部发育为有效的膏模孔型白云岩储层。

马五$_3$亚段：形成于潮下带—潮间带沉积环境，主要发育云坪、灰泥坪等亚相环境的沉积，局部洼地在间歇暴露期也发育膏盐洼地沉积。纵向上与马五$_4$亚段上部及马五$_2$亚段一起构成两个主要的层序旋回。该地层由于膏盐矿物含量较少，或由于膏质物集中成层分布（膏、云分异良好），风化壳期淋溶塌陷后多呈岩溶角砾状构造，岩性较为致密，较少发育为有效储层。

马五$_4$亚段：主要形成于潮间带—潮上带沉积环境，发育（潮上）含膏云坪、膏盐洼地、（潮间）云坪等亚相环境的沉积。纵向上与马五$_5$亚段及马五$_3$亚段的下部一起构成四个小的层序旋回（大体相当于 Vail 的四级层序）。其中最上部层序刚好位于加里东风化壳期风化淋滤深度带的下限附近，在马五$_4^1$小层含膏云岩（形成于含膏云坪亚相）中发生膏溶作用，形成有效的溶孔（核模孔）型白云岩储层。

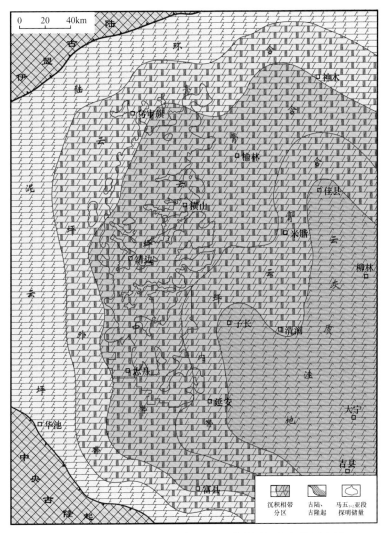

图 5-3　盆地中东部地区奥陶系马五$_1^3$小层沉积相带展布图

二、中组合储层

1. 储层岩石学特征

中组合白云岩储集体主力储层以夹在蒸发潮坪泥粉晶云岩中的粗粉晶—细晶结构的晶粒云岩为主，亦可见具残余颗粒结构的粉晶云岩，部分层段也偶然可见具溶孔的泥粉晶云岩。晶粒云岩中的白云石晶粒大小一般在 40～150μm，晶粒结构较均一，通常自形程度较高，多为半自形—自形，岩石整体构造多为块状或厚层状，纹层一般不发育。由于储层岩石中的白云石晶体通常具有较好的自形度，由晶粒支架可构成具多面体或三角形几何形态的孔隙格架，即所谓晶间孔隙。

2. 储集空间类型及成因

晶间孔、溶孔及少量微裂缝是中组合储层的主要孔隙类型。储层孔隙成因主要与近地表浅埋藏成岩期的白云石化作用及早表生期的溶蚀改造作用有关，靖边西侧局部靠近风化壳的中组合储层，也可能受到风化壳期的风化造缝作用及淋溶作用的改造。

晶间孔：由于储层岩石中的白云石晶体通常具有较好的自形度，多由半自形—自形的白云石晶粒构成，晶粒支架构成的晶间孔多呈多面体或三角形几何形态，孔壁平直光滑，孔径大小一般为 10～50μm，面孔率为 1%～5%，少数可达 10% 以上，如古隆起东侧的苏203、陕 196 等井的马五$_5$亚段粉晶云岩储层，以及莲 19、召探 1 等井的马五$_7$亚段、马五$_9$亚段储层等（图 5-4a、c、d、i）。

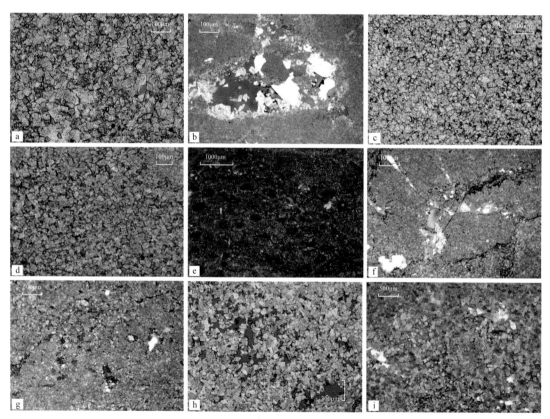

图 5-4　鄂尔多斯中东部奥陶系中组合储层岩石结构及孔隙发育特征

a. 苏 203 井，3929m（岩屑），马五$_5$亚段，粗粉晶云岩，发育晶间孔；b. 苏 203 井，3921.25m，马五$_5$亚段，溶孔被白云石、石英半充填；c. 陕 196 井，3039m（岩屑），马五$_5$亚段，粗粉晶云岩，发育晶间孔；d. 合 3 井，4291.3m，马五$_7$亚段，粗粉晶云岩，发育晶间孔；e. 桃 38 井，3612.03m，马五$_7$亚段，残余砂屑，具粒间孔及膏模孔；f. 莲 19 井，4150.17m，马五$_7$亚段，角砾化泥粉晶云岩，具溶孔；g. 莲 19 井，4152.01m，马五$_7$亚段，粗粉晶云岩，晶间溶孔、溶孔；h. 召探 1 井，3189.66m，马五$_9$亚段，粉细晶云岩，发育晶间（溶）孔；i. 桃 17 井，3782.74m，马五$_{10}$亚段，粗粉晶云岩，具晶间孔溶孔：在晶间孔的基础上经过淡水溶蚀扩大或碳酸盐等矿物发生选择性溶解所致。在镜下，常见白云石晶体被溶蚀成港湾状，孔隙形态呈不规则状，孔径大小一般为 $10\sim50\mu m$，分布不均，且大小悬殊。其发育程度取决于岩石结构及其被溶蚀的强度，通常细晶云岩较泥晶及粗晶云岩的晶间溶孔更为发育（图 5-4b、e—h）。

3. 储层物性特征

白云岩晶间孔型储集体孔隙度一般为 $2\%\sim7\%$，渗透率为 $0.1\sim2mD$，厚度一般在 $3\sim10m$。毛细管压力曲线具宽缓平台是晶间孔型粉—中细晶云岩储层的显著特征。总体上看，该类储层通常孔喉分选较好，歪度值为 $0.53\sim1.69$，属粗歪度，具较好的储渗性能，是本区较好的孔隙型储层。

4. 储层分布及相控特征

中组合储层主要发育在马五$_5$亚段、马五$_7$亚段、马五$_9$亚段等夹在蒸发岩层序中的短期海侵沉积层段中。尤其是在古隆起东侧地区，马五$_5$亚段、马五$_7$亚段、马五$_9$亚段海侵沉积期大多处于相对浅水的高能沉积环境，常发育有利的滩沉积，再经沉积期后白云岩化改造后，最有利于形成白云岩晶间孔型储层。

因此，受沉积环境及与沉积环境相关的继承性白云岩化作用的控制，有利的中组合白云岩储层主要发育在古隆起东侧的台坪沉积相区。以中组合的马五$_5$亚段为例，在靖边西侧的靖西台坪沉积相区，马五$_5$亚段白云岩化程度最高，储层也最为发育，多呈大段厚层的粗粉晶云岩晶间孔储层，孔隙性较好，横向呈环绕古隆起的半环状分布，具有较大的分布规模；而在远离中央古隆起的靖边缓坡及东部洼地沉积相区，其白云岩储层则一般为夹层状分布在厚层石灰岩之中，横向上也多呈透镜状展布，分布规模相对较为局限（图 5-5）。

除了大的沉积相带外，沉积微相对有效储层的发育也起重要的控制作用。以马五$_5$亚段储层的发育特征为例，通过对马五$_5$亚段沉积微相的精细分析，马五$_5$亚段自下而上依次发育藻粘结岩丘、藻屑滩、潮上云坪微相（图 5-6），整体呈现为由初始海侵（马五$_5^3$小层）—高水位沉积（马五$_5^2$小层）—低水位沉积（马五$_5^1$小层）的完整海侵沉积序列。其中相对高水位期沉积的藻屑滩微相沉积层段由于沉积期就具备较好的孔隙性，在混合水云化阶段更有利于孔隙流体的循环交替，因而也最易于在埋藏的较早期云化形成晶体结构相对较粗、自形度相对较高的粗粉晶云岩，进而发育为有效的白云岩晶间孔型储层。因此从储集性与微相结构间的关系来看，沉积微相对有效储层的发育确有较大的控制和影响作用。

三、下组合储层

1. 储层岩石学特征

下组合储层所涉层系较广，包括马四段、马三段、马二段，乃至马一段等众多层段，地层厚度达 400～500m，既包括以碳酸盐岩为主的海侵沉积层段，又包括含有膏盐岩的海退沉积层段，单从成因及岩性组合就足见其储层发育的复杂性。

从目前已有探井资料看，在下组合所发育的石灰岩、白云岩、硬石膏岩、石盐岩及少量的泥质岩等众多岩类中，仅在白云岩中发现有效储层，膏盐岩及泥质岩类通常都被看作是致密的封盖层，这里自然也概莫能外；石灰岩通常也极为致密，目前尚未在其中发现有效储集层段。白云岩中的大多数层段也都较为致密，仅在个别层段中发育有效的储层。

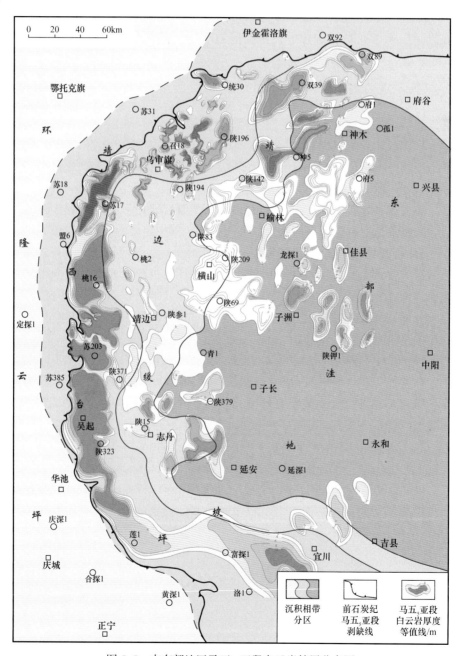

图 5-5　中东部地区马五₅亚段白云岩储层分布图

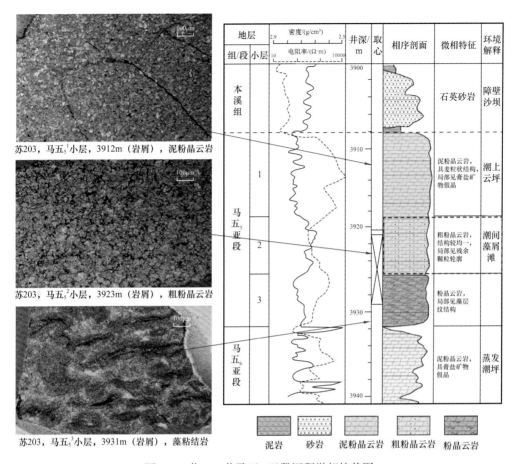

苏203，马五₅¹小层，3912m（岩屑），泥粉晶云岩

苏203，马五₅²小层，3923m（岩屑），粗粉晶云岩

苏203，马五₅³小层，3931m（岩屑），藻粘结岩

| | 泥岩 | 砂岩 | 泥粉晶云岩 | 粗粉晶云岩 | 粉晶云岩 |

图 5-6　苏 203 井马五₅ 亚段沉积微相柱状图

2. 储层孔隙发育特征

下组合储层储集空间以基质孔为主，裂缝及大的溶蚀孔洞不占优势。储层中主要发育白云石晶间孔与组构选择性溶孔这两类储集空间，呈现为在各自储集层段中较为均匀分布的基质孔的发育特征（图 5-7），而各类裂缝及大的溶蚀孔洞在储集空间类型中并不占有太大优势。这主要与下组合远离奥陶系顶部的风化壳，不具备形成像风化壳储层那样的风化裂隙及大的溶蚀孔洞的地质条件有关。

下组合是奥陶系盐下气藏的主要储集层系，属于碳酸盐岩—膏盐岩共生体系的内幕成藏系统，多层段发育有效的白云岩储层，主要存在两种有效的储层类型，一是海侵层序中的白云岩晶间孔型储层，二是海退层序中的含膏云岩溶孔型储层。

海侵层序中的白云岩晶间孔型储层：由浅水台地颗粒滩沉积经浅埋藏期的白云岩化作用所形成的粉—细晶云岩构成，由于白云岩晶粒结构较粗（通常为粗粉晶—细中晶晶粒结构），白云石自形程度较高，因而大部分层段多发育有一定的晶间孔隙而成为有效的白云岩晶间孔型储层。以马四段白云岩为例，多个层段发育粉细晶云岩储层，孔隙度在邻近古隆起区多在 3%～8%，渗透率为 0.1～2mD，单层厚度多在 5～8m，是区内储集规模大、储层物性好的晶间孔型白云岩储层发育层段（图 5-7a—c）。除马四段白云岩外，马二段海侵层序中也常发育该类白云岩储层（图 5-7g—i）。

海退层序中的含膏云岩溶孔型储层：该类储层主要发育在含膏云坪相带形成的"非层状分异"的含膏云岩中，膏盐结核与泥粉晶云岩基质几近同期形成，因此结核中通常也含有少量泥粉晶结构的白云石晶粒。如遇间歇性暴露，其中的膏盐矿物及结核多遭受短期的大气淡水淋滤而形成有效的（含膏）白云岩溶孔型储层。如本区马三段海退层序的白云岩夹层中即发育此类白云岩溶孔型储层（图 5-7d—f），局部层段孔隙度可达 6%～9%，渗透率为 0.3～5mD。

图 5-7　鄂尔多斯中东部奥陶系下组合储层岩石结构及孔隙发育特征

a.靖探 1 井，3802.3m，马四段，粉细晶云岩，发育晶间孔；b.靳 6 井，3688.43m，马四段，粗粉晶云岩，具残余
颗粒结构，发育晶间孔；c.米探 1 井，2617.16m，马四段，土状粉晶云岩，发育微细晶间孔，孔径为 3～5μm；
d.靳 6 井，3868.88m，马三段，泥粉晶云岩，发育球状溶孔；e.莲 1 井，3699.4m，马三段，泥晶云岩，具膏模孔；f.龙
探 2 井，2938.17m，马三段，含盐云岩，部分盐晶被溶成盐模孔；g.米探 1 井，3047.78m，马二段，灰褐色土状粉晶
云岩；h.米探 1 井，3047.92m，马二段，土状粉晶云岩，发育晶间微孔；i.桃 112 井，3838.39m，马二段，
细晶云岩，具残余颗粒结构，发育晶间孔（蓝色铸体）

3. 储层分布及相控特征

下组合在多个层段发育有效白云岩储层，但不同层段的岩性及孔隙发育特征存在较大差异，特别是有效储层的发育具有较强的层控性分布特征。

首先，下组合也属于碳酸盐岩与膏盐岩交互共生的沉积体系，其地层岩性结构本身就表现出极强的旋回性分布特征，在大的储盖组合上天然呈现出碳酸盐岩储集层段与膏盐岩

封盖层段交互叠置的发育分布特征。

其次，下组合的有效储层主要在白云岩体中，而白云岩在碳酸盐岩地层中的分布受白云岩化作用的制约，本身就具有较强的层控性（包洪平等，2017b）分布特征。如马四段、马二段主要发育海侵沉积背景下形成的晶间孔型白云岩储层，而马三段、马一段则主要发育海退沉积背景下形成的溶孔型白云岩储层。此外，各段内部又受次一级层序旋回的控制，纵向上白云岩储层的分布也具有多层段旋回性叠置的发育特征。

从规模性发育的白云岩储层的宏观展布特征来看，下组合储层分布也极具显著的相控性分布特征。以马四段为例，马四段形成于大规模的海侵沉积期，从中央古隆起区向东至东部洼地沉积区，马四段白云岩储集体受区域岩相古地理格局的控制，在宏观上大致呈现为西部、中部、东部的三相带展布模式（图5-8）。

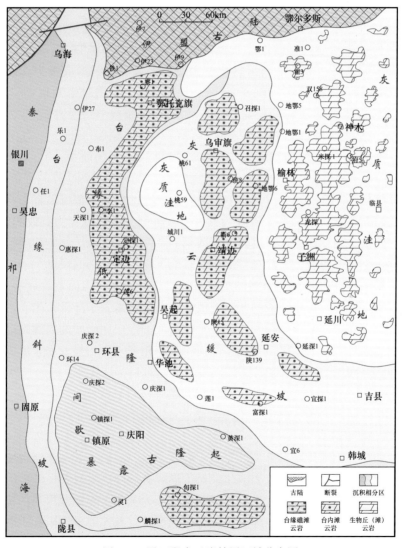

图5-8　马四段白云岩储层区域分布图

西部台缘礁滩云岩分布区：西侧靠近中央古隆起区基本处于台地边缘的浅海沉积区，尤其是在位于伊盟隆起与中央古隆起之间鞍部位置的鄂托克旗—定边一带，向西面向祁连海的广海海域，水体浅、能量高，生物生产率也相对较高，广泛发育浅海台地相生物礁及颗粒滩沉积，当马四段沉积结束进入马五段海退沉积期后，原来的礁滩沉积此时处于浅埋藏成岩环境，最易受到白云岩化改造，形成大规模连片状分布的晶粒结构的白云岩储集体（杨华等，2004；包洪平等，2017b）。

中部台内滩云岩分布区：由中央古隆起向东至乌审旗—靖边—延安一带，马四段沉积期总体处于潮下缓坡沉积环境，受四级和五级海平面变化旋回控制，部分时间也处于相对浅水的间歇性沉积环境之下，有效白云岩储层是间歇性滩沉积经后期白云岩化改造的结果，多呈夹层状分布在厚层石灰岩之中，储集空间也以白云石晶间孔为主，但储集性明显较台缘礁滩体型白云岩储层要差。

东部台内丘（滩）云岩分布区：东部的神木—子洲地区，马四段沉积期总体处于较深水的沉积环境，整体的沉积水体能量相对较弱。但在局部的早期古沉积底形的相对高部位，由于生物的繁盛（主要是蓝藻和底栖生物群落）形成一定规模的生物丘（滩），进而发展成为局部的生物建隆（其中生物扰动极为强烈），这对于在后续的短期海平面下降旋回中的海平面下降所导致的白云岩化作用及白云岩储层的形成极为重要。因此，该区主要发育斑的白云岩储层或灰质云岩储层，白云岩化作用对生物扰动构造具有较强的选择性，并具有强烈的层控性发育特征，大部分四级或五级层序旋回的顶部，白云岩化程度较高，发育为纯白云岩或含灰云岩储层。该类储层由于受生物丘（滩）发育规模的控制，横向上连续性相对较差，呈多处发育的透镜状展布，其间为丘间洼地所分割。

尽管有利储集层段都发育在白云岩中，但并非所有的白云岩都可发育为有效的储集层段，实际情况是大多数白云岩层段都较为致密，仅少部分层段发育为有效的白云岩储层。进一步的研究分析表明，这主要受沉积相（微相）及四级或五级层序旋回的控制。以马四段为例，在鄂托克旗—定边—吴起一带的浅海台地沉积相带上马四段储层最为发育，但由于该区在圈闭等方面的因素制约而整体成藏条件都相对较差，因而不是勘探关注的重点；而在中部乌审旗—靖边—延安一带的云灰缓坡带及东部神木—子洲云灰隆起带上，虽然白云岩化作用不十分强烈，但部分层段（多位于四级或五级层序旋回的界面附近）仍发育有较好的白云岩晶间孔型储层，且由于该相带横向沉积相变较为明显，易于形成有效的岩性圈闭遮挡条件，因而成为近期下组合天然气勘探的重点目标区带。

第二节　西南部台缘相带储层

鄂尔多斯西缘及南缘奥陶纪分别处于贺兰海槽和秦岭海槽与鄂尔多斯台地的边缘过渡部位，在奥陶纪中后期的构造及沉积演化中易于形成有利储层发育及烃源岩沉积的台缘相带。马家沟组沉积晚期（相当于克里摩里组沉积期）为鄂尔多斯地区重要的构造及沉积环境转折期，奥陶纪华北地台西、南缘被贺兰海槽和秦岭—祁连海槽围限，表现为台地区与其西缘和南缘的古地形差异更趋显著，并可能出现明显的古地形坡折，形成台地与海槽之间的斜坡过渡带，导致沉积相带产生明显分异，在古隆起的西侧及南侧边缘地区形成明显的台地边缘沉积相带。台地边缘斜坡带水体相对较浅、水质清、透光性好、能量适中，适合珊瑚、层孔虫和藻类等造礁生物生活，具备形成礁滩沉积的条件，从而发育有利的礁、滩沉积。

近年来对国内奥陶系生物礁的研究表明，奥陶纪珊瑚、层孔虫和藻类等造礁生物繁盛，也具有形成生物礁的地质条件（顾家裕等，2001；朱忠德，2006）。叶俭等（1995）对鄂尔多斯盆地南缘奥陶系的研究也证实，该区奥陶系存在由床板珊瑚、钙藻、层孔虫等造礁生物形成的生物礁体。

野外露头剖面和盆地西缘、南缘部分探井已在奥陶系发现礁滩沉积。礁滩相石灰岩经后期成岩改造还可形成具有较好储集性能的白云岩体，是盆地下古生界天然气聚集成藏的有利目的层系。

一、盆地西缘奥陶系储层

1. 白云岩型储层

1）储层岩石学特征

盆地西缘奥陶系的桌子山组和克里摩里组为大套纯碳酸盐岩地层，其中桌子山组主要为大段厚层的白云岩地层，多为粗粉晶—细晶晶粒结构，通常具有较好的储集性能；克里摩里组则以厚层石灰岩为主，部分层段间夹白云岩薄层，尤其克里摩里组上部层段常可见颗粒滩沉积，成岩期白云岩化后可在局部形成有利的白云岩型储层。

2）储集空间类型

白云岩型储层的储集空间主要为晶间孔和晶间溶孔，其特征如下：

晶间孔：多见于粉细晶、中粗晶云岩中，或见于云斑灰岩的斑状白云石晶体间，经成岩期白云岩化或低中程度的重结晶作用形成，孔径为 0.02～0.45mm，面孔率最大可达 12%，通常为 5%～7%，孔间的连通性较好（图 5-9a—c），是白云岩中最常见的孔隙类型。

晶间溶孔：是白云岩型储层中另一重要的储集空间类型。多见于细晶云岩中，晶间孔经表生—晚成岩期溶蚀作用改造后扩孔，局部边缘不规则，或溶蚀后晶间孔彼此联通形成了晶间溶孔，多未被充填，面孔率通常为 3%～5%，最大可达 8%（图 5-9d）。

3）储层物性特征

大量探井取心的岩心样品物性分析表明，盆地西缘的奥陶系白云岩通常都具有较好的储层物性条件（图 5-10），尤其是在桌子山组白云岩中，孔隙度一般在 3%～7%，渗透率一般在 0.05～10mD。部分样品孔隙度达 10% 以上，个别样品甚至可达 15% 以上；克里摩里组和三道坎组白云岩物性则稍微偏低，但孔隙度也多在 2%～5% 之间，渗透率多在 0.01～1mD，仍属相对较好的有效储层。

4）白云岩分布特征

西部台缘带的白云岩储层主要发育在桌子山组，且多以大段厚层的白云岩储集体为主，如在定边地区白云岩储层厚度可达 300m 以上，西缘冲断带地区储层厚度也可达 100～200m，由于受圈闭有效性及气源供给条件等因素的限制，桌子山组乃至三道坎组在本区整体成藏有效性差，至今未发现有利的含气显示。因此桌子山组及三道坎组白云岩储层对西部地区的天然气勘探而言，基本不具实际的勘探意义。

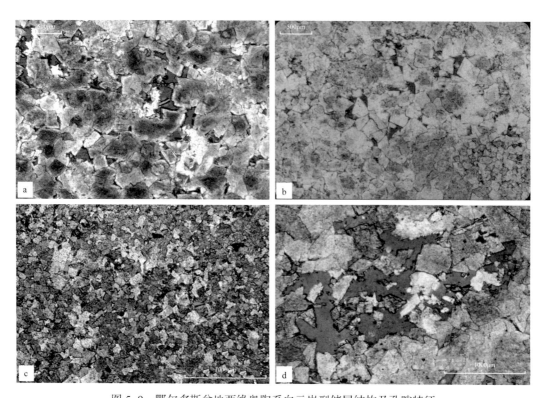

图5-9 鄂尔多斯盆地西缘奥陶系白云岩型储层结构及孔隙特征

a. 余探1井，4331.53m，桌子山组，细晶云岩，发育晶间孔；b. 芦参1井，5259.5m，桌子山组，粉细晶云岩，发育晶间孔；c. 定探1井，4044.6m，马四段，细晶云岩，晶间孔发育；d. 余探1井，4332.55m，桌子山组，中粗晶云岩，具晶间溶孔

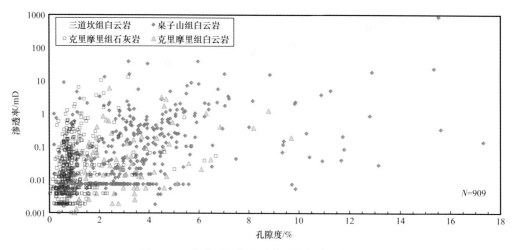

图5-10 盆地西部奥陶系储层物性分析散点图

但对于该区的克里摩里组白云岩储层来说，一则白云岩多呈透镜状分布在大段厚层的致密灰岩中，可在局部形成有效的岩性圈闭体；二则克里摩里组与其上覆的乌拉力克组烃源岩层直接接触，构成良好的"源—储配置"，因而在本区的天然气勘探中占有较为重要的地位。

克里摩里组白云岩在本区主要发育在两个有利区域，一是靠近台地的台缘浅滩沉积区，白云岩厚度多在 20～30m；另一个则是向海一侧台缘隆起带上的生物礁体发育区，白云岩厚度偏薄，一般在 10～20m（图 5-11）。目前在偏东部一侧的白云岩分布区已取得一定的勘探发现，偏西一侧的白云岩分布区由于埋藏深度大、中浅层断裂较发育，导致钻探难度较大而尚未取得实质性的勘探发现。

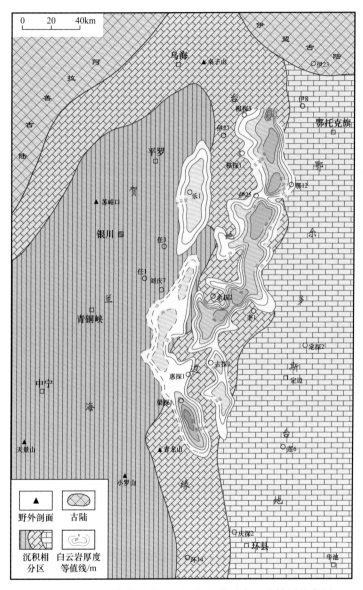

图 5-11　盆地西缘克里摩里组沉积相带及白云岩储层分布图

2. 礁滩型储层

1）储层岩石学特征

克里摩里组沉积期发生构造转换，台地区与其西缘和南缘的古地形差异更趋显著，导致局部隆起上发生生物建隆作用，进而在局部形成有利的礁滩体储层。尤其是在克里摩里组中上部的厚层块状石灰岩中，常发育受后期溶蚀改造的礁滩型储集体。

2）储集空间类型

盆地西部的台缘礁滩孔隙型储集体主要发育在克里摩里组，储集空间类型以组构选择性溶孔、白云岩晶间孔及生物格架孔为主（图5-12）。

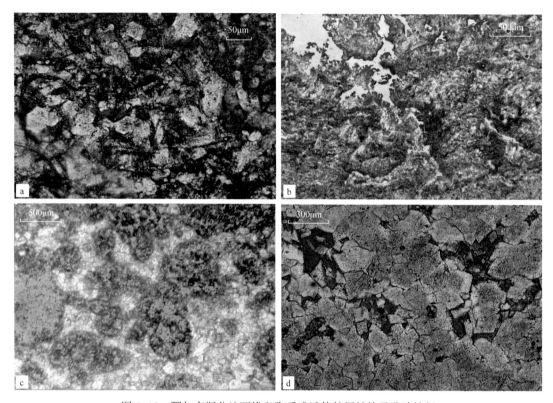

图5-12　鄂尔多斯盆地西缘奥陶系礁滩体储层结构及孔隙特征
a. 棋探1井，克里摩里组，4444m，海绵礁灰岩；b. 青龙山露头剖面，O_1k，藻叠层礁（丘）云质灰岩；c. 天1井，
3936m，O_1k，藻屑灰岩溶孔；d. 芦参1，5144m（岩屑），克里摩里组，细晶云岩

石灰岩礁滩相储集体主要发育组构选择性溶孔及海绵礁骨架孔，白云岩礁滩相储集体则主要发育白云石晶间孔。

格架孔：为生物礁体骨架结构中的架状孔隙，是原始生物礁体格架结构间原有孔隙成岩演化的残留。在未发生白云岩化的石灰岩礁体中，该类孔隙大部分由于沉积成岩作用而为灰泥基质及方解石充填而致密化，仅在局部地区得到了有效保留，如棋探1井区克里摩里组海绵礁灰岩中发育的海绵架状孔隙，但在发生强烈白云岩化作用的白云岩礁体中则可得到较好的保存。

组构选择性溶孔：主要发育于高能的颗粒滩相碳酸盐岩沉积中，孔隙大小及形态受特殊碳酸盐岩结构组分控制，基本保留原始颗粒组分形态，孔径大小50~300μm，分布较均一，而原始的颗粒间灰泥基质则保存完整，灰质成分只是受到新生变形及重结晶作用改造而微亮晶化。

溶孔由文石质或高镁方解石质碳酸盐岩颗粒组构在早表生期的淡水淋滤溶解下而成，如天1井区克里摩里组藻屑灰岩中的藻屑颗粒被选择性溶蚀，形成了孔隙性较好的藻屑溶孔灰岩储层。

晶间孔：该类储层岩石的白云石晶粒较粗，多为半自形—自形白云石晶粒结构，孔隙发育较均一，孔径大小一般为 $30\sim70\mu m$，孔隙特征与古隆起东侧奥陶系下组合马四段白云岩储层的晶间孔特征较接近。

3）储层物性特征

根据已有探井取心的岩石样品物性分析，礁滩型储层孔隙度一般介于 2%～7%，渗透率为 0.03～5mD，不同微相的物性条件存在较大差异。生物礁储集体多具较好的孔隙度，局部经后期岩溶作用改造后，孔渗性能又会有明显的提高，如棋探 1 井在克里摩里组钻遇海绵礁灰岩储层段时，曾经历钻井液的大规模漏失，试气日产水达到 $315m^3$，表明其具有极好的储层物性条件；颗粒滩相石灰岩储层中，大多由于后期成岩作用过程中强烈的孔隙充填和胶结，而使物性条件显著变差，通常孔隙度和渗透率均较低，如古探 1 井在克里摩里组上部钻遇含砾屑灰岩含气显示层段，测井解释孔隙度仅 2% 左右，因储层太过致密，试气仅获得低产天然气流。

4）储层分布特征

礁滩型储层主要发育在中奥陶世桌子山组沉积期、克里摩里组沉积期，此时盆地西南边缘处于由被动大陆边缘向活动大陆边缘转化的时期，贺兰海槽两侧形成了高能的台地边缘相带，为礁滩型储层发育创造了沉积条件。不同时期的台地边缘相带均位于天环地区西缘，只是随盆地演化及沉积条件的转变在一定范围内迁移，在平面上沿棋探 1 井—余探 2 井—古探 1 井呈近南北向带状展布（图 5-13）。

3. 岩溶缝洞型储层

1）岩石学特征及识别标志

岩溶是地下水和地表水对可溶性岩石的破坏和改造作用，及其形成的水文现象和地貌现象（杨景春等，2001）。而古岩溶则指地质历史中的岩溶，通常被年轻的沉积物或沉积岩所覆盖（James 等，1988）。

本区可形成规模性岩溶缝洞型储层的岩溶作用主要发生在克里摩里组石灰岩地层中，主要识别标志如下。

岩石学标志：岩溶作用不仅形成各种类型的溶蚀孔洞和岩溶地貌，而且伴随机械、重力及化学等方式的沉积作用，形成特殊的沉积物和岩石，被称为岩溶角砾岩（图 5-14），这是古岩溶鉴别的最重要标志之一。

录井标志：古岩溶作用在录井中表现为钻时加快、放空及钻井液的漏失，如李 1 井钻时加快并漏失钻井液 $5m^3$；天 1 井放空 1.1m，漏失钻井液合计 99.5m³；天深 1 井漏失钻井液 $323m^3$，放空 0.75m。

测井标志：岩溶发育层段测井上往往表现为高—中等自然伽马、低密度、高声波时差、扩径严重、电阻率降低，并出现幅差。

地震标志：地震属性表现为短轴状强反射（明显有别于周边地区的中等振幅的连续层状反射区），"甜点"属性剖面为高值，即低频、强振幅。

2）储集空间类型

岩溶作用对本区克里摩里组石灰岩和白云岩进行改造，形成溶洞、溶孔及溶缝，构成洞穴型储层重要的储集空间类型。

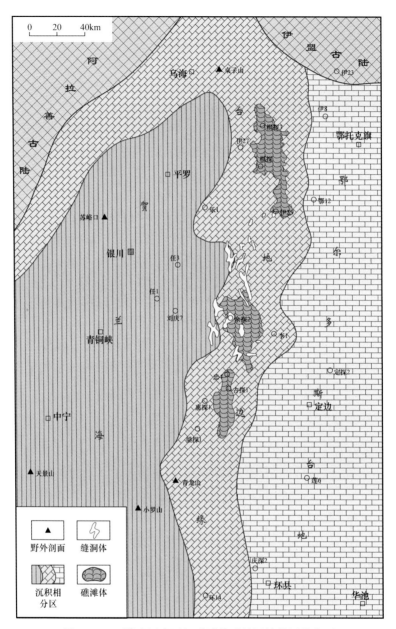

图 5-13　西缘克里摩里组礁滩体及缝洞体储层分布图

溶洞：主要发育在研究区西缘克里摩里组石灰岩中，这些孔洞规模较大，洞穴高度通常在几米，甚至到十几米，被完全充填时多不具备储集能力，当部分被充填时往往成为重要的储集空间，可储集大量天然气，如天 1 井在克里摩里组洞穴层中试气就曾获得了 $16.4 \times 10^4 m^3/d$ 的天然气流。

溶孔：克里摩里组地层除了溶洞外，还存在一些小的选择性溶孔和晶间（溶）孔，选择性溶孔主要见于各种生物灰岩或含生物灰岩及颗粒灰（云）岩内，多表现为生物化石的部分物质被溶蚀形成溶孔，一些颗粒灰岩发生局部白云岩化形成的灰云岩内晶间孔被溶蚀扩大、形成晶间溶孔，也成为主要的储集空间类型。

图 5-14　鄂尔多斯盆地西部奥陶系岩溶缝洞型灰岩储层特征

a. 鄂 19 井, 3947.32m, 克里摩里组, 洞穴充填泥质角砾岩; b. 鄂 19 井, 3947.32m, 克里摩里组, 洞穴充填泥质角砾岩, 显微照片; c. 余探 1 井, 4051.1m, 克里摩里组, 洞穴充填角砾岩; d. 鄂 19 井, 克里摩里组, 3948.74m, 洞穴充填泥质角砾岩的砾间微孔, 显微照片

溶缝：研究区克里摩里组石灰岩中溶缝较为发育，这些溶缝多未被充填，切割先期形成的石灰岩或岩溶角砾，以及一些生物碎屑，溶缝之间相互切割，构成网状储集系统。溶缝不仅是一种很好的储集空间，同时也是油气运移的重要通道，对形成储层有重要的意义。

3）洞穴充填特征

由于岩溶缝洞型储集体主要发育在盆地西部奥陶系石灰岩地层中，石灰岩由于其易溶性、再叠加构造抬升导致的张裂作用，极易在风化壳期形成较大规模的岩溶缝洞体系（包括地下暗河等）。由于后期的岩溶塌陷，大多数岩溶洞穴均已垮塌，因此现今所见的岩溶缝洞型储层实际上多为洞穴充填的泥质角砾岩（图 5-14a—c），只不过由于周围地层的围限，洞穴充填物通常未经强烈的压实，成岩程度相对较低，多数充填洞穴也仍具一定的储集性。如该区鄂 19 井在克里摩里组洞穴充填泥质角砾岩及泥岩中，局部层段孔隙度可达 5%～10%，但渗透率相对较低（图 5-14d）。

风化壳晚期由于岩溶垮塌及石炭系埋藏的影响，大部分洞穴体经历了塌陷、充填的致密化过程，由于塌陷、充填的非均衡性，导致岩溶洞穴体在储集性上具较强的非均质性，主要存在塌陷半充填型和垮塌充填型两种类型（表 5-2）。

塌陷半充填型：为洞穴塌积岩、洞穴冲积岩、洞穴淀积岩对洞穴充填，充填不完全，可以形成有效储集空间。测井上表现为低自然伽马、低电阻、低密度、高声波时差和扩径明显的特点，地震上表现为中强振幅反射。

垮塌充填型：为洞穴塌积岩、洞穴填积岩对洞穴充填，充填完全，一般较难形成有效储集空间。测井上表现为高自然伽马、电阻率差异明显、高声波时差和扩径的特点，地震上表现为中振幅反射。

表5-2 盆地西部奥陶系岩溶缝洞洞穴体储集特征对比表

岩溶孔洞类型	测井响应	地震响应	钻井、录井	岩性特征	模式示意图	代表井
塌陷半充填型	低自然伽马、低电阻、低密度、高声波时差、扩径明显	中强振幅反射，对应为波峰	钻时加快、放空钻井液漏失	以洞穴塌积岩、洞穴冲积岩、洞穴淀积岩为主		天1
垮塌充填型	高自然伽马、高声波时差、电阻率差异明显、扩径	地震响应为中振幅反射，对应为波谷	钻时加快	以洞穴塌积岩、洞穴填积岩为主		鄂19

4）有利岩溶缝洞体形成的条件分析

鄂尔多斯西部地区克里摩里组主要为一套碳酸盐岩沉积层，尤其是石灰岩占据了地层岩石的主体，具备易于发生溶蚀的物质基础。由于当时该地区处于岩溶古地貌高地和岩溶斜坡之间，具有岩溶发育的有利水文条件，加之加里东期形成的同期断裂为岩溶作用提供的渗滤通道，因而造就了天环地区古岩溶作用发育的基本地质条件。

物质基础：盆地西部克里摩里组沉积期为碳酸盐岩台地到台地边缘沉积，发育一套以纯石灰岩为主、夹白云岩的沉积组合，按岩性组合特征可分为三段，上部主要发育在台地边缘较为高能的浅水环境，形成砂屑灰岩、生屑灰岩及含生屑灰岩等颗粒灰岩，为岩溶作用最有利的岩石组合；中部形成于开阔台地较深水环境，主要为泥微晶石灰岩；下部局部处于局限台地环境，发育灰云岩、云灰岩及白云岩的岩石组合。该套碳酸盐岩在区域上稳定分布，厚度通常在0～180m之间，为古岩溶发育提供了物质基础。

古水文条件：采用"印模法"恢复天环地区古岩溶地貌显示，天环地区大部分位于岩溶高地，向西过渡为岩溶谷地，这种古地貌过渡带正好处于地下水渗流带和潜流带转换部位，水动力作用强，有利于岩溶作用的发生。天环地区的古地貌格局使克里摩里组向西倾斜，部分岩石被上覆乌拉力克组和拉什仲组沉积覆盖，向东克里摩里组逐渐出露，直接接受大气淡水的溶蚀作用，并使大气淡水沿克里摩里组内部下渗从而发生顺层溶蚀。

岩溶通道：西部地区在拉什仲组沉积后，随着加里东运动使鄂尔多斯地块整体抬升，该区由于邻近古隆起而构造作用相对较为强烈，因而在抬升过程中于奥陶系顶部形成了众多小型断裂，这些断裂为表生期大气淡水淋滤提供了渗滤通道，为古岩溶作用的发生提供了有利的构造条件。

根据上述岩溶发育基础及水文地质条件分析，建立了如下图的岩溶发育模式（图5-15），用以指导和理解天环地区古岩溶发育特征。由图可见，岩溶缝洞型储集体主要分布在纯石灰岩发育的克里摩里组中上部层段，且多具有"似层状"分布的特征，反映岩溶作用对原始的沉积组构具有一定的选择性，原岩具颗粒结构或生物骨架结构且具有一定原始孔渗性能的石灰岩，可能更易受到后期岩溶淋滤作用的改造而进一步发展为岩溶缝洞型储集体。

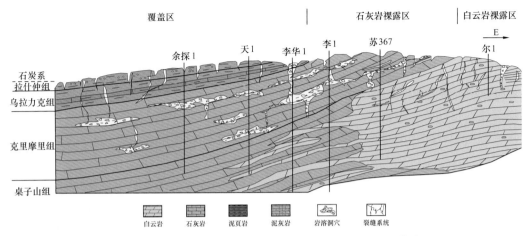

图 5-15　盆地西部奥陶系克里摩里组前石炭纪古岩溶发育模式图

在横向上，岩溶缝洞型储集体主要发育在克里摩里组石灰岩地层的裸露区，或者是靠近裸露区的克里摩里组覆盖区，如靠近克里摩里组裸露区的天 1 井、余探 1 井等，尽管克里摩里组上覆有乌拉力克组及拉什仲组等不易被岩溶改造的泥灰岩地层，但仍见到孔隙性较好的岩溶缝洞体储层，说明岩溶作用多具有顺层发育的特征；在远离克里摩里组裸露区的更西侧地区，尽管局部受断裂系统影响，在克里摩里组石灰岩中也有一定的岩溶作用发生，但其岩溶缝洞体储层的发育规模通常相对较小。近期勘探表明，岩溶缝洞型储集体在平面上主要分布在克里摩里组的台地边缘相带中，在天环北部地区最为发育，其形成可能受沉积相带、前石炭纪岩溶古地貌及局部断裂活动等多方面因素的影响和控制。

二、盆地南缘奥陶系储层

中晚奥陶世，古秦岭洋板块向华北板块下部俯冲消减，导致华北板块南缘发生挠曲变形，随着古秦岭洋俯冲作用的进行，在华北板块南缘逐渐形成"沟—弧—盆"构造体系，并在弧后伸展构造背景下，于鄂尔多斯南缘形成了弧后盆地型的碳酸盐岩沉积区。在台—盆过渡的台地边缘区，由于存在水体能量、温度和光照条件等较适合造礁生物繁盛的浅水海域，特别有利于台缘礁滩体的发育，其中部分层段的礁滩沉积经成岩期白云岩化改造，可形成良好的白云岩储集体。

1.礁滩型储层

1）储层岩石学特征

奥陶纪马家沟组沉积末期开始，鄂尔多斯南缘地区的古地形差异逐渐加大，导致在局部断隆基础上发生进一步的生物建隆作用，进而形成有利的礁滩相储层，这在南缘的马六段—平凉组极为普遍。平凉组主要为大段的厚层块状石灰岩，由于灰质的次生胶结作用较强，岩性普遍较为致密；马六段则主要为厚层块状的晶粒云岩，由于岩石结构中白云石晶粒普遍较粗，自形程度也较高，大多具有较好的储集性能。

2）储集空间类型

盆地南缘台缘礁滩相带的储集空间类型以生物格架孔、组构选择性溶孔和白云岩晶间孔为主。

石灰岩礁滩相储集体主要发育组构选择性溶孔及海绵礁骨架孔，白云岩礁滩相储集体则主要发育白云石晶间孔。

生物格架孔：为生物礁体骨架结构中原始架状孔隙的残留。在未发生白云岩化的石灰岩礁体中，该类孔隙大部分由于沉积成岩作用而为灰泥基质及方解石充填而致密化，仅在局部地区得到有限的留存，如旬探1井区平凉组珊瑚礁灰岩，大多孔隙性较差，但在发生强烈白云岩化作用的马六段白云岩礁体中，架状孔隙则得到了较好的保存（图5-16 a、c）。

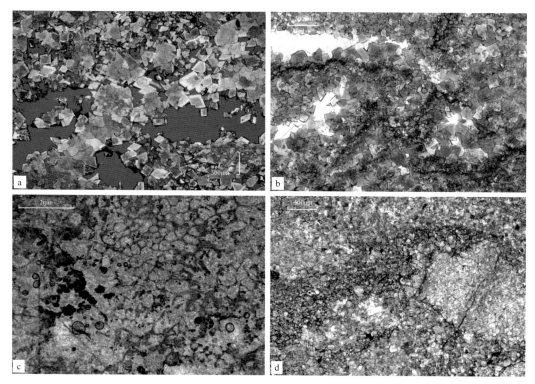

图5-16　鄂尔多斯盆地南缘奥陶系礁滩体储层岩石结构及孔隙特征

a. 旬探1井，3142.11m，马六段，细中晶云岩；b. 淳2井，4182.55m，马六段，藻架云岩，藻架孔方解石充填；
c. 麟探1井，3443.26m，平凉组，粉晶珊瑚灰岩；d. 淳2井，4183.30m，马六段，礁前角砾云岩

组构选择性溶孔：多发育在藻架礁碳酸盐岩沉积中，孔隙大小及形态受原始结构组分控制，分布不一，原始灰泥基质受重结晶作用改造而较致密。如淳2井区马六段藻架间的不明组构被选择性溶蚀，形成窗格状孔隙，后又被亮晶方解石所胶结充填（图5-16b）。

白云岩晶间孔：存在于泥微晶方解石或粉细晶白云石的晶粒之间，晶体多为半自形—自形晶粒结构，孔隙发育，岩石结构变化较大。石灰岩中孔径多为1～3μm，白云岩中孔径一般为20～50μm，整体在马六段白云岩中晶间孔发育程度最好（图5-16a、d）。

3）储层物性特征

盆地南部马六段白云岩化礁滩体储层物性较好。以白云石晶间孔、格架孔占绝对

优势，溶孔随机分布，构成连通性良好的孔隙系统。如盆地南部旬探 1 井马家沟组马六段白云岩储层，岩性以深灰色孔洞状细中晶云岩为主，储集空间以晶间孔和格架孔为主，还有少量裂缝和缝合线。岩心分析某孔洞发育段平均孔隙度达 10.3%，平均渗透率达 623.0mD，储集性能较为优越。而平凉组中未云化的石灰岩型礁滩体则整体物性较差，仅个别层段孔隙度能达 2%～4%，渗透率多在 0.3mD 以下。

2. 白云岩型储层

1）储层岩石学特征

该类储层主要分布在马家沟组各类晶粒结构的白云岩中，白云石晶粒结构较均一，以粉晶—细晶为主，多为自形—半自形晶粒结构，大多具有一定的孔隙性。由于白云岩化程度极高，原始沉积组构较难恢复，因而笼统称为白云岩储层，其中的大多数可能是由原始的颗粒滩相碳酸盐岩沉积经成岩期的白云岩化改造而成。马六段也主要为厚层块状的晶粒云岩，由于岩石结构中白云石晶粒普遍较粗，自形程度也较高，大多具有较好的储集性能。

2）储集空间类型

南缘白云岩储层的储集空间类型以白云岩晶间孔为主，通常也伴有一定数量的溶孔、晶间溶孔及构造裂隙等（图 5-17）。其中最主要的晶间孔及溶孔等的发育特征与前述白云岩化礁滩型储层中晶间孔及溶孔的特征大体相近，此处不再赘述。

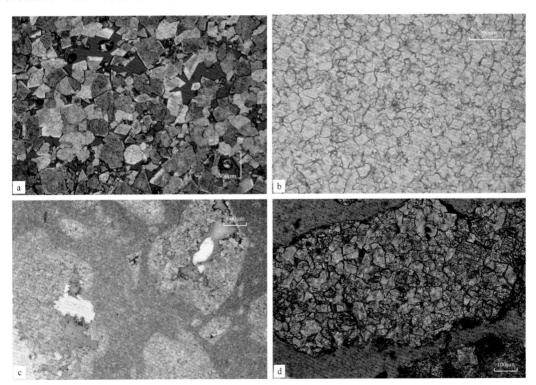

图 5-17 鄂尔多斯盆地南缘奥陶系白云岩型储层岩石结构及孔隙特征

a. 旬探 1 井，3299.98m，马六段，中晶云岩；b. 麟探 1 井，3663.17m，马六段，粗粉晶云岩；c. 麟探 1 井，3918.16m，马五段，粉晶云岩，生物钻孔组构中具溶孔；d. 麟探 1 井，3888m，马五段，粗粉晶云岩，具晶间孔

3）储层物性特征

盆地南部马家沟组白云岩虽不及礁滩体储层物性好，但也有相对较高的储渗性能，尤其是大段连续的白云岩地层中，总有物性相对较好的白云岩层段出现，纵向上构成断续相通的规模储集体。如盆地南部淳探 1 井马家沟组马六段白云岩储层，测井解释视孔隙度一般在 4%～6% 之间，累计储层厚度达 70.5m（表5-3），基本上可看作是鄂尔多斯盆地下古生界碳酸盐岩层系中最为优质的孔隙性储层之一。

表 5-3　盆地南缘淳探 1 井奥陶系马六段白云岩储层测井解释成果表

层位	井段 / m	厚度 / m	累计储层厚度 / m	视电阻率 / Ω·m	视孔隙度 / %	声波时差 / μs/m	泥质含量 / %	解释结论
马六段	2721.5～2724.4	2.9	70.5	269.1	4.18	157.17	4.01	干层
	2735.6～2737.8	2.2		118.9	4.8	157.86	5.26	干层
	2739～2740	1		160.2	6.42	158.54	6.62	干层
	2741.5～2743.1	1.6		156.8	5.19	163.27	7.54	干层
	2768.8～2772.6	3.8		126.7	4.95	165.54	3.09	干层
	2772.5～2774.8	2.3		82.1	5.34	183.65	5.5	可疑气层
	2801.5～2804.6	3.1		195.2	3.31	168.02	3.92	干层
	2810.8～2813.3	2.5		104.2	2.7	152.56	6.17	干层
	2814.1～2816.6	2.5		180.4	3.96	153.57	4.59	干层
	2831.1～2834.5	3.4		202.5	3.81	156.21	9.72	干层
	2836.8～2838.3	1.5		154.2	3.65	152.06	5.65	干层
	2849.3～2851.3	2		85	5.23	156.86	8.96	干层
	2853.4～2855.9	2.5		98	4.34	165.04	8.47	干层
	2857.5～2869.3	11.8		137	4.38	153.21	5.63	干层
	2864.9～2867	2.1		59.4	4.23	151.05	10.34	干层
	2868.6～2871	2.4		83.7	3.55	164.13	8.02	干层
	2874.3～2876.4	2.1		98.3	3.84	159.39	4.22	干层
	2905.8～2908	2.2		121.5	4.7	156.18	4.67	干层
	2980.6～2983.4	2.8		90.3	3.64	160.08	1.4	干层
	3001.4～3010	8.6		103	4.16	158.01	1.01	干层
	3012.8～3016.9	4.1		126.1	3.98	158.13	1	干层
	3019.8～3021.1	1.3		164.4	6.14	163.47	1	干层
	3022.8～3023.5	0.7		181	6.59	158.3	1	干层
	3025～3026.1	1.1		149.6	5.03	163.3	1.78	干层

3. 盆地南缘储层发育的地质条件

1）存在台—盆过渡的斜坡背景

盆地南缘奥陶纪是一个沉积水体逐渐变深的过程。早—中奥陶世主要为浅水碳酸盐岩台地环境，与盆地中东部地区相应时期沉积特征相似。中奥陶世晚期—晚奥陶世，古秦岭洋板块向华北板块下部俯冲消减，导致华北板块南缘发生挠曲变形，随着古秦岭洋俯冲作用的进行，在华北板块南缘逐渐形成沟—弧—盆体系，并在弧后形成伸展环境。在台—盆过渡的台地边缘地区，存在水体能量、温度及光照等条件适合造礁生物繁盛的较浅水海域，从而发育礁滩沉积体。

2）中晚奥陶世构造拉伸，堑—垒构造导致古沉积底形差异明显

研究表明，中晚奥陶世鄂尔多斯地块南缘由于构造拉伸及块断作用较为强烈，导致在地块南缘的斜坡沉积环境中的古沉积底形出现明显的高低差异（叶俭等，1995），局部出现凸起和凹陷相间的堑垒构造（图5-18）。凸起区可能发育礁滩沉积，凹陷区水体相对较深，靠近断裂处还可能形成局部的碎屑流沉积。

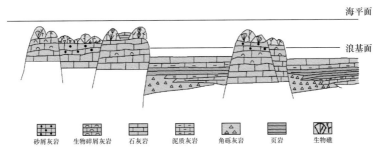

图5-18　鄂尔多斯盆地南缘中晚奥陶世堑垒构造及生物礁发育模式图（据叶俭等，1995，修改）

4. 储层分布特征

1）中晚奥陶世发育多期叠置的礁滩复合体

马家沟组沉积中晚期，随着西南部秦祁海域海侵规模的进一步扩大，在鄂尔多斯台地的西南边缘地区形成了较浅水高能沉积环境，由于面向开阔广海，水体能量、光照、盐度等环境因素持续稳定，这对于造礁生物的繁盛发育极为有利。近期研究在盆地南缘奥陶系发现大量造礁生物化石（姜红霞等，2011，2013；包洪平等，2016；张月阳等，2020），包括珊瑚、层孔虫、绿藻（钙化粗枝藻为主）和蓝藻（蓝细菌）等生物门类，主要形成珊瑚礁、层孔虫礁、藻礁等主要的造礁生物组合，附礁生物也极为丰富，主要有三叶虫、腕足类、介形类、大棘皮类和丛状的蓝细菌等，为典型的台地边缘礁生物组合。经与塔中台地以及扬子台地的晚奥陶世台缘礁对比，发现造礁生物的属种和礁岩类型均存在较多相似之处，说明中国晚奥陶世生物礁的发育具有一定的等时性，也表明当时的气候及海洋环境等较适于造礁生物群落的繁盛，因而在鄂尔多斯南缘形成了较大规模的生物礁发育区和与之相关的颗粒滩沉积等，共同构成了台缘礁滩复合体建造。

通过对盆地南缘与礁滩体有关的相带展布及沉积演化的综合分析表明，南缘奥陶系礁滩复合体具有多期发育的特征，并随构造及海侵演化特征的不同在横向上有一定的迁移变化（图5-19）。在马家沟组沉积期的马五段沉积期，是第一期礁滩体的发育形成期，礁滩体较为靠近台地边缘一侧，礁滩体建隆幅度不是太大，但横向展布规模相对较为广泛；马六段沉积期随着鄂尔多斯台地渐趋隆升，而南缘向海一侧则快速沉降，所形成的第二期礁滩体建造向远离台地方向迁移，礁滩体建隆幅度加大，但横向展布规模略有变小的趋势；至平凉组沉积期，伴随台地隆升和南缘海盆沉降作用的加剧，海岸线向海迁移且海域水深急剧加大，导致这时形成的第三期礁滩体建造进一步向海迁移，礁滩体建隆幅度加大，但横向展布规模却显著减小。从总体的空间结构特征看，礁滩体发育具有多期叠置并逐渐向海迁移建造的演化特征，这就为后来马家沟组及平凉组多层系礁滩体储层的形成奠定了较好的沉积基础。

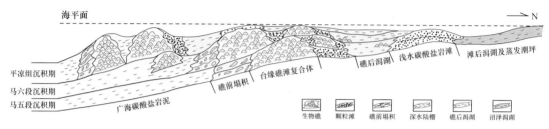

图5-19　鄂尔多斯盆地南缘中晚奥陶世沉积演化及礁滩体叠置发育模式图

2）有利储层发育区

近期针对盆地南缘奥陶系台缘礁滩体的天然气勘探工作中，在礁滩相带发育规律研究的基础上，通过井—震标定的礁滩体地震反射特征，利用地震勘探和探井等资料，对地下礁滩体沉积的分布进行了预测，在盆地南部预测出了麟游北和旬邑两个有利礁体发育区（图5-20），总面积约1200km²，并预测了灵台南—旬邑北台缘滩相储层发育区面积约800km²，为该区台缘相带礁滩体勘探提供了有利目标靶区。

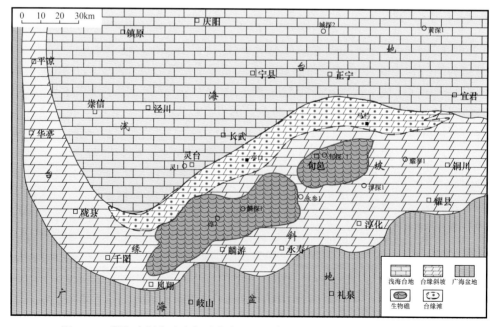

图5-20　鄂尔多斯盆地南部马家沟组沉积期沉积相带展布及礁滩体分布图

第三节 储层发育的主控因素

鄂尔多斯盆地奥陶系碳酸盐岩储层发育层位、有效储层分布区位等具有较大的差异性。由于该区碳酸盐岩储层发育受层序旋回（层控）、沉积相带（相控）、岩溶古地貌（溶控）及埋藏成岩期孔隙充填（埋控）等多种地质因素的作用差异所控制或影响，导致其具体的储层发育分布规律较为复杂。

一、层序旋回的控制

1. 层序旋回控制盆地南缘礁滩相储层的有效发育层段

台地边缘礁滩沉积大多经次生溶蚀改造或白云岩化改造才可形成有效的碳酸盐岩储集体，并与周围的致密灰岩构成碳酸盐岩岩性圈闭体系。

南缘马家沟组的礁滩沉积主要形成于高水位期（高位体系域），但其发生白云岩化的时间却是在层序演化的低水位期，此时早期在高水位期形成的礁滩相碳酸盐岩沉积物恰好进入了浅埋藏成岩环境，而这时由于低水位期海平面的下降，使得古隆起北侧局限台地沉积区及南侧滩后潟湖的膏质物发生沉淀，导致沉积水体中 Mg/Ca 比的大幅度增加，富镁离子的水体随海平面下降不断向南部沉积层下渗，导致处于浅埋藏成岩环境的先期礁滩沉积层发生大规模的白云岩化作用，形成大规模的白云岩储集体（图 5-21）。

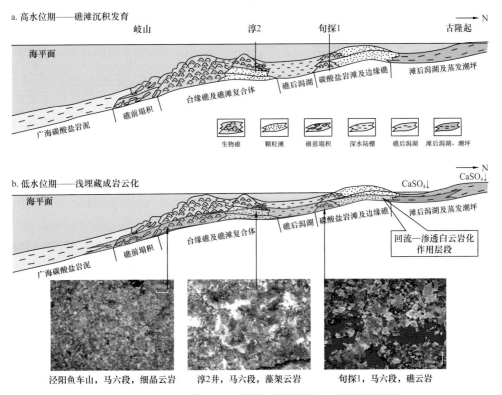

图 5-21 盆地南缘奥陶纪马家沟组沉积及白云岩化模式图

而到了平凉组沉积期，尽管也有礁滩沉积的发育，但这时盆地本部已全面抬升、导致沉积作用完全停止，该区北部不再具备马家沟组沉积期的潟湖区膏质物沉淀及富镁离子水体的形成机制，因而使该区几乎没有机会能得到有效的白云岩化作用的改造，因此地层中仍然以石灰岩为主，岩性整体较为致密。

因此，盆地南部地区礁滩沉积的白云岩化作用除受原岩颗粒大小、疏松程度控制外，还受层序影响：对于连续的海进，势必导致原岩的埋藏，从而阻止了原岩与高镁水（海水）的接触，不利于白云岩化作用的发生。但是对于持续稳定的高水位期，由于礁滩相石灰岩及浅埋藏阶段多经历间歇性暴露，易于白云岩化作用的持续进行，所形成的白云岩层厚度大、云化彻底，多发育有孔渗性较好的晶间孔型储层。

2. 层序控制中东部马家沟组白云岩储层的纵向旋回性分布

海平面升降及升降幅度的大小，直接决定了鄂尔多斯盆地中东部地区马五段储层的沉积及成岩环境，从而造成海退沉积半旋回、海侵沉积半旋回及其内部发育不同的储层类型，主要表现在以下两个方面。

第一，海平面频繁的升降变化导致膏溶孔型白云岩储层与晶间孔型白云岩储层纵向上呈旋回性分布。马五$_5$亚段沉积期、马五$_7$亚段沉积期、马五$_9$亚段沉积期为海侵期，水体明显加深，早期沉积的岩性以纯碳酸盐岩为主，仅局部见少量膏质成分溶蚀，后期发生"混合水白云岩化"作用，以发育晶间孔型白云岩储层为主要特征。而马五$_{1-4}$亚段沉积期、马五$_6$亚段沉积期、马五$_8$亚段沉积期及马五$_{10}$亚段沉积期由于发生海退，加上气候炎热，在蒸发泵吸作用下发生准同生白云岩化作用，并伴生膏质成分，后期溶蚀后形成膏溶孔，因此，以发育膏溶孔型白云岩储层为主要特征。因此就整体而言，盆地中东部地区的马五段在纵向上具有溶孔型白云岩储层与晶间孔型白云岩储层多层段交互出现的旋回性分布特征。

第二，在海侵沉积半旋回的3个亚段中，虽然岩相古地理特征及成岩环境都大致相似，但是由于海侵幅度的不同，同样影响着这3个亚段岩性及储层分布的细微差异。马五$_5$亚段沉积期为最大的海侵期，相对马五$_7$亚段沉积期、马五$_9$亚段沉积期而言，其海水含盐度更低，基本与外海一致，其白云岩化程度明显较马五$_7$亚段沉积期、马五$_9$亚段沉积期低，因此盆地中东部地区马五$_5$亚段岩性以石灰岩为主，仅在靠近中央古隆起区域发育白云岩，而马五$_7$亚段、马五$_9$亚段岩性基本以白云岩为主，仅局部发育石灰岩。由于马五$_5$亚段沉积期为最大的海侵期，中央古隆起东侧地区为潮下—潮间带沉积环境，储层类型基本为晶间孔型白云岩储层；马五$_7$亚段沉积期、马五$_9$亚段沉积期海侵幅度明显不如马五$_5$亚段沉积期，古隆起东侧地区水位相对较浅，沉积环境为潮间—潮上带，而在潮上带极易发育类似海退沉积半旋回的膏溶孔，因此，马五$_7$亚段、马五$_9$亚段以发育晶间孔型白云岩储层为主，同时也发育少量的膏溶孔型白云岩储层。

二、沉积相带的控制

1. 含膏云坪相带控制岩溶风化壳储层的空间展布

对靖边气田奥陶系风化壳储集层段沉积特征的研究表明，发育有效储集空间的马五$_1^3$

小层、马五$_4^1$小层等储层段主要形成于富含膏盐等易溶矿物组构的（潮上）含膏云坪相带中，而形成于潮间—潮下环境中的泥粉晶云岩，由于原始沉积物缺乏膏盐矿物组分，孔隙通常均不发育。

横向上，即使是同期形成的蒸发岩层，由于沉积时所处古地形位置的高低差异，其沉积物特征也存在一定的变化，最突出的表现是围绕鄂尔多斯东南部的古地形洼地，由内向外沉积上呈现出环带状的相带分异格局。如针对马五$_1^3$小层而言，由云灰质洼地向外依次发育含膏云坪、环隆（陆）泥云坪等相带。其中含膏云坪相带又可根据膏质物发育程度进一步划分为内带、中带、外带三个带（图5-3），位于含膏云坪中间的中带膏质物最发育，分布也最均匀稳定，成为有利于膏溶孔隙储层形成的沉积层段，靖边气田的主体即位于此带上；外带由于靠近古隆起区，易受到大气淡水的淡化影响，膏质物含量相对较低；内带则受正常海水影响，浓缩程度低于中带，膏质物含量也相对较低。

2. 台坪相带是中组合白云岩晶间孔储层发育的有利相带

古隆起东侧为中组合台坪相带的有利发育区。沉积演化史分析表明，马五$_5$亚段、马五$_7$亚段、马五$_9$亚段同为夹在蒸发岩层序中的短期海侵沉积，沉积相带自东向西围绕盆地东部石灰岩盆地（马五$_6$亚段沉积期、马五$_8$亚段沉积期、马五$_{10}$亚段沉积期膏盐洼地）呈环带分布，依次发育东部石灰岩洼地、靖边缓坡、靖西台坪及环陆云坪。

东部洼地位于潮下带，沉积期水体开阔，与广海相通，主要沉积深灰色富含生物碎屑的泥晶灰岩，在局部地区也有白云岩化的迹象；靖边缓坡总体处于潮间带，以石灰岩为主，间夹泥粉晶云岩；靖西台坪总体处于潮上和潮间交替发育带，在靖西台坪的局部高部位，是台内滩相颗粒灰岩发育的有利位置，经后期后可形成云化滩储层，成为有利的白云岩晶间孔型储层。

马五$_7$亚段、马五$_9$亚段沉积格局与马五$_5$亚段具有相似性，总体表现为东部洼地沉积深灰色泥晶灰岩，向西经缓坡向台坪过渡，颗粒滩沉积体主要发育在台坪相带。与马五$_5$亚段相比，马五$_7$亚段、马五$_9$亚段滩沉积颗粒更粗大，为粗粉晶—细晶云岩，如合3井马五$_7$亚段与召探1井马五$_9$亚段，说明较马五$_5$亚段沉积期海侵幅度稍弱，水体相对较浅，水动力条件更强。

台坪相带中的藻屑滩微相控制中组合白云岩储层的发育。在前人研究的基础上，根据电性、沉积微相和岩性组合特征将古隆起东侧马五$_5$亚段从上到下细分为三个小层，即马五$_5^1$小层、马五$_5^2$小层和马五$_5^3$小层，从微相特征研究白云岩晶间孔储层的分布规律。

以苏203井为例（图5-6），马五$_5$亚段全云化，马五$_5^3$小层沉积时相对海平面快速上升，该区处于潮下低能藻粘结岩丘微相带，局部发育藻纹层的泥—粉晶云岩；马五$_5^2$小层沉积时海平面由快速上升逐渐转变为缓慢下降，沉积环境演变为相对高能的潮间藻屑滩相带，结构较均一的粗粉晶云岩主要发育在此段；马五$_5^3$小层沉积时相对海平面的上升造成该区已处在潮上低能环境，云坪相带的泥粉晶云岩广布，局部可见膏盐矿物假晶。沉积微相在纵向上的演变规律决定了古隆起东侧马五$_5$亚段藻屑滩沉积主要分布在马五$_5^2$小层，经后期混合水云化形成粗粉晶结构的白云岩，多发育为有效的晶间孔储层，具有优良的储集性能。

三、前石炭纪岩溶古地貌的控制

1. 风化壳期岩溶古地貌控制风化壳储层的溶孔发育程度

加里东运动末期，鄂尔多斯地区整体抬升，遭受了长达一亿多年的风化剥蚀，在奥陶系顶面形成沟壑纵横、槽台相间（侵蚀沟槽与岩溶台地相间分布）的岩溶古地貌特征。受当时西高东低古构造格局的影响，由西向东依次发育岩溶台地、岩溶阶地、岩溶盆地等古地貌单元，奥陶系顶面岩溶作用强度也具有由西向东依次减弱的特征。靖边—横山之间的南北向带状区域因主体处于岩溶斜坡区，马五$_1$亚段—马五$_2$亚段大部分保存较齐全，岩溶作用强度也较大，在马五$_1^3$小层、马五$_2^1$小层等（有利孔隙发育的）含膏云坪相带形成的沉积层段中形成较好的有效孔隙层段，在较大的范围内连续稳定分布，形成靖边气田的主力储集层段。而横山—安塞以东的盆地东部地区则主体处于岩溶盆地区，马五$_1$亚段等主力储集层段的岩溶作用强度则明显减弱，大部分地区处于中—弱溶蚀区（图5-22）。

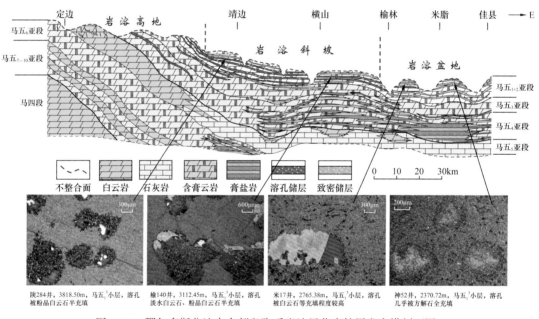

图5-22　鄂尔多斯盆地中东部奥陶系岩溶风化壳储层发育横剖面图

靖边地区风化壳作用的影响深度一般在60～80m（以硬石膏矿物的出现深度作为风化壳的底界），而在盆地东部地区则多在30～50m之间，也反映出由西向东风化及岩溶作用强度依次减弱的变化趋势。

2. 岩溶剥蚀作用强度控制主力孔隙层段的剥露和缺失

由于岩溶作用强度的不同，奥陶系顶部地层的剥蚀程度也大不相同。由盆地东部的岩溶盆地区向西到岩溶台地区，奥陶系顶部剥露地层层位由新变老。靖边气田以西地区由于区域抬升剥蚀强烈，马五$_1$亚段—马五$_2$亚段大都剥蚀殆尽而缺失马五$_1^3$小层主力储集层段，马五$_4^1$小层有利储集层段又随之剥露至近地表附近，在经历风化淋滤之后形成有效的风化壳溶孔型储层（图5-23）。

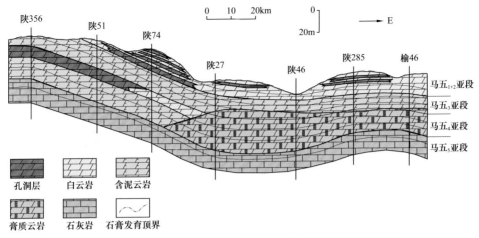

图 5-23　靖边西侧奥陶系上组合岩溶风化壳储层发育模式图

四、埋藏成岩期孔隙充填的控制

1. 主要孔洞充填物类型及组合特征

显微薄片镜下观察表明，盆地中东部地区风化壳储层中充填孔隙的矿物主要为粉晶白云石、淡水白云石、方解石、自生石英及硬石膏等（图 5-24），此外还可见地开石等少数矿物。孔洞充填矿物很少单独出现，而且由于形成于不同的充填阶段，孔洞充填物一般以如下几种组合形式集中出现，并与储层的储集性能密切相关。

白云石为主的充填：多以半充填为主，白云石一般充填于孔洞的中下部，同时充填少量的淡水方解石、石英、地开石等矿物，由于白云石晶间孔较为发育且充填疏松，孔洞充填程度相对较低，储集性能好。靖边气田及其邻近的区域就是以白云石充填为主。

白云石—石英充填：白云石充填于中下部，上部发育自由生长的晶型完好的石英，储集性较好；若局部被硅质充填，储集性能则明显降低。

方解石为主的充填：由于方解石多晚于白云石充填，方解石会充填早期残留在顶部的孔洞及细晶白云石形成的晶间孔，这类储层一般较致密；而局部残留的未被方解石充填孔洞（白云石充填）则具有较好的储集性。盆地东部地区的风化壳储层总体以方解石充填为主，充填程度相对较高，局部可使先成孔隙充填殆尽而丧失储集性能。

方解石—石英充填：这两种矿物的组合充填一般会造成早期孔洞空间的大量丧失，储集性能明显下降，是后期造成储层致密的主要因素之一。

2. 孔洞充填物充填序列

孔洞充填期次的研究对于分析风化壳储层发育的主控因素具有重要的意义，本次主要基于微观薄片观察，并选取典型的充填物进行地球化学指标的对比分析，进而确定不同充填物的形成期次。

1）显微薄片观察揭示的充填序列

在盆地马家沟组风化壳岩溶储层的显微薄片中，经常可以观察到大量溶蚀孔洞的"示顶底"构造，即孔洞中最先充填的是泥粉晶白云石及少量淡水白云石，且主要集中于孔洞的底部，然后才在上部再逐渐充填其他孔洞充填物，主要为方解石或者自生石英、硅质等（图5-24），这就为分析充填期次提供了必要的依据。

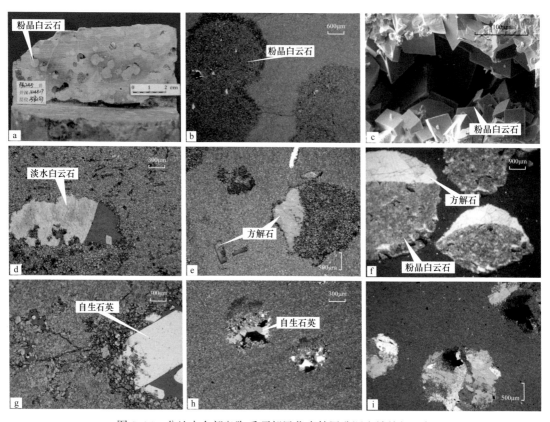

图5-24　盆地中东部奥陶系顶部风化壳储层孔洞充填特征图版

a.陕245井，3248.17m，马五₁亚段，泥粉晶云岩，球状溶孔被粉晶白云石半充填，岩心；b.陕245井，3248.17m，马五₁亚段，粉晶白云石半充填的溶孔，单偏光；c.陕34井，3436.26m，马五₁¹小层，充填溶孔的粉晶白云石自形极好，扫描电镜；d.米17井，2765.38m，马五₁²小层，见充填溶孔的淡水白云石，单偏光；e.陕139井，3154.97m，马五₂亚段，方解石充填溶孔、膏模孔，单偏光（茜素红染色片）；f.莲3，3944.57m，马五₃¹小层，溶孔被白云石、方解石全充填，单偏光；g.陕301井，3362.25m，马五₃³小层，溶孔为白云石、石英半充填，单偏光；h.陕326井，3966.07m，马五₃¹小层，溶孔为白云石、硅质全充填，正交偏光；i.陕109井，3260.04m，马五₄¹小层，球状溶孔为硬石膏全充填，正交偏光

通过对200余口钻遇风化壳储层探井的孔洞充填物的镜下观察，根据不同充填物之间的分布关系，基本可以确定主要充填物的早晚期次，最早一期为风化壳岩溶发育期，伴随膏质的溶解，结核中的泥粉晶白云石沉淀并堆积于孔洞底部，并形成少量淡水方解石，而在盆地东部岩溶盆地区，膏质溶解残留白云石的同时，也沉淀了大量方解石，且以粗晶为主，大多数的孔洞被完全充填；而铁方解石、自生石英等均是在埋藏阶段由于不同地区成岩流体环境的差异变化而逐渐充填的。

2）孔洞充填物地球化学特征

孔洞充填物的流体包裹体形态、成分及均一温度特征能够较为直观地反映其形成时的流体特征及成岩环境，本次通过对充填物包裹体的测试分析，具有以下四点认识。

第一，充填物中由于方解石及石英的晶体粗大，所以目前获得的包裹体数据大多来自上述两种矿物中，在白云石中很少。包裹体以盐水包裹体为主，有单液相和气液相两种类型，部分含有烃类单气相和气液相两种类型包裹体，以及少量 CO_2 气液相包裹体。其次，孔洞充填物包裹体均一温度的统计分析表明，均一温度介于 90～220℃，其间为连续过渡，显示孔洞充填是储层埋深达到一定程度后持续发生；均一温度分布在 90～130℃、140～170℃ 区间出现两个主峰，分别对应晚三叠世和晚侏罗世—早白垩世两个埋藏演化阶段。

第二，碳、氧同位素也可以作为判断成岩环境和充填物充填期次的重要手段，也是本次分析测试工作的一个重点。为了取得良好的效果，在样品的选取上主要采取了三种方法：（1）针对白云岩基质取样分析；（2）针对岩心样品中的白云石颗粒进行取样分析；（3）从岩心孔洞及裂缝中提取充填物进行取样分析。采用这样的取样方法对成岩演化及充填物的充填期次分析都奠定了坚实的基础。

第三，通过对孔洞充填物的碳、氧同位素分析，进一步深化对孔隙充填序列的认识。首先，在由白云岩基质（$\delta^{13}C$ 介于 $-1‰～1‰$，$\delta^{18}O$ 介于 $-9‰～-6‰$）向白云石充填物（$\delta^{13}C$ 介于 $-1‰～1‰$，$\delta^{18}O$ 介于 $-12‰～-9‰$）、再向方解石充填物（$\delta^{13}C$ 介于 $-10‰～1‰$，$\delta^{18}O$ 介于 $-15‰～0‰$）的演进序列中，$\delta^{18}O$ 同位素逐渐偏负，显示埋深和孔隙水温度的逐渐增加，同时也表明了充填物非同时充填，白云石先充填，方解石后充填（不属于风化壳期充填，而是形成于埋藏阶段），指示了埋藏成岩环境的不同阶段。

第四，对比白云岩基质和孔洞底部充填的淡水白云石的同位素特征可以发现，其碳同位素基本近似，但充填白云石的氧同位素值要小于白云岩基质的氧同位素值，不仅表明了二者的先后关系，还说明充填白云石接受了成岩改造，造成氧同位素偏负。

3. 风化壳储层孔隙充填机理

通过对盆地风化壳储层孔洞充填物的分析，认为盆地风化壳储层受风化壳期溶蚀、沉淀及不同埋藏阶段流体环境及成岩作用影响，其孔洞充填主要经历了三个阶段（表5-4）。

表5-4 盆地风化壳储层白云岩基质与孔隙充填期次及特征

成岩阶段	早表生成岩阶段	浅埋藏阶段	深埋藏阶段
主要成岩作用	去盐化、云膏化	硅化、高岭石化	去云化、黄铁矿化、方解石化、埋藏云化
地下水特征	大气淡水	孔隙酸性压释水	有机质脱羟基作用产生的压释水
充填期次	第一期	第二期	第三期
主要填充物	淡水方解石、淡水白云石、泥质、砂质及机械破碎物	石英、高岭石、黄铁矿	黄铁矿、方解石、有机质、铁方解石、铁白云石

第一期充填作用发生在早表生成岩阶段。在表生期和裸露岩溶期的近地表环境下，形成具有淡水岩溶特征的充填物。因源于大气降水渗入的水循环过程，岩溶作用以淡水为主体，当水流交替滞缓或水中 CO_2 溢出、水—岩平衡达到过饱和时，膏质等被溶蚀，矿物质沉淀充填于岩溶缝洞中，主要为淡水方解石或淡水白云石，晶粒较围岩稍粗，常有泥

质、砂质及机械破碎物伴生，所以第一期孔洞充填物几乎与孔洞同时形成。

第二期充填作用发生在浅埋藏阶段。随着埋藏深度不断增大，地温不断升高，储层中有机质不断发生分解、还原，排放出大量的 CO_2 和 H_2S，使得储层中流体的 pH 值降低，当 pH<7 时，蒙皂石将加速转化为伊利石，释放出 SiO_2，生成石英（硅质）充填于溶孔中；当溶孔孔隙度较大时，生成的石英晶形较好，否则为不规则状。

第三期充填作用发生在深埋藏阶段。充填物主要为铁白云石和铁方解石，也有少量有机质、黄铁矿等。

4. 孔洞充填程度及类型是造成风化壳储层差异的主要因素

对风化壳储层的孔洞充填类型统计表明（图 5-25），在白云石、方解石、石英、硅质

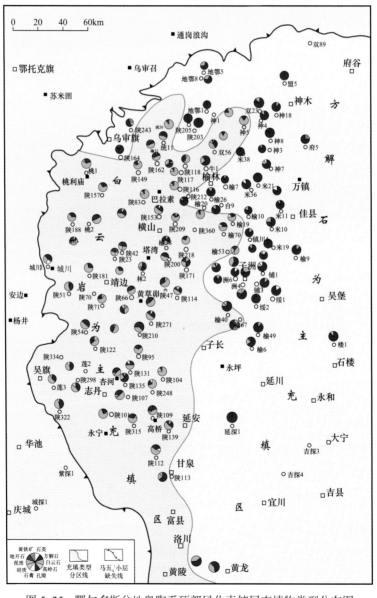

图 5-25　鄂尔多斯盆地奥陶系顶部风化壳储层充填物类型分布图

及膏质等几种充填物类型中，白云石充填以细晶为主，一般充填于孔洞的下部，晶间孔较为发育，有利于储集性能的提高；而方解石、硅质等矿物的充填不利于孔洞的保存，储层一般较致密，仅在局部充填较弱的部位发育较好储层。风化壳期，靖边气田西侧、南侧与靖边气田区同处于岩溶斜坡区，溶蚀作用强烈，有利于溶蚀孔型储层的发育，且从充填物类型上看，也都以白云石充填为主，而且孔隙充填程度较低（气田本部平均为67%，西侧及南侧地区一般在80%左右）；盆地东部地区马家沟组沉积与靖边地区相比较，硬石膏结核等易溶组分明显减少，溶蚀孔洞的发育程度也明显不及气田本部，而且岩溶风化壳期主要处于岩溶盆地环境，属于岩溶水的聚集区，方解石沉淀及充填作用强烈，孔洞充填物多以方解石充填为主，充填程度普遍较高；从整体上看，以靖边气田为中心，向东西两侧及南侧充填物中白云石的含量逐渐下降，而方解石、硅质的含量明显上升，储层也渐趋致密，仅在局部充填相对较弱的部位发育较好的溶孔型储层。

上述对比分析表明，孔洞充填物中白云石的含量与储层的物性具有较好的相关性，有效储层发育区一般均处于以白云石充填为主的区域，因此在勘探中对孔洞充填物的分布统计对于有利风化壳储层发育区的优选具有重要意义。

第六章 烃源条件分析

对于鄂尔多斯盆地下古生界乃至中新元古界天然气成藏而言，上古生界石炭系—二叠系的海陆过渡相煤系烃源岩和下古生界奥陶系的海相烃源岩，都可为其成藏构成有利的烃源供给。其中上古生界煤系烃源岩分布范围广，生烃强度大，气源供给最为充足，但是能否形成有效的源—储配置则是下古生界碳酸盐岩能否靠其供给而有效成藏的关键因素。下古生界烃源岩发育层位以奥陶系为主，可以划分为盆地西南缘上奥陶统台缘斜坡相和中奥陶统马家沟组盐下台内洼陷两大海相烃源岩体系，二者均具有一定的生烃潜力。寒武系则因其富泥质岩类以"红层"为主，总体生烃能力极为有限；而对于中新元古界的生烃潜力而言，由于其勘探及认识程度较低，目前尚处于初期的探索阶段。

第一节 奥陶系海相烃源岩

盆地下古生界主要发育西南缘上奥陶统烃源层和盆地中东部局限海烃源层两个海相烃源灶，其形成环境、沉积特征及烃源岩的发育特征等都有很大不同，故需分别论述。盆地西南缘的中、上奥陶统烃源主要形成于台地边缘—斜坡沉积环境，分布范围相对较小，但有效烃源层厚度较大；而盆地中东部的局限海烃源层主要发育在马家沟组局限海蒸发岩沉积层序中，虽然在横向分布上有较大的范围，但由于有机质丰度较低，有效烃源层厚度薄，因而其总体生烃能力相对较为有限。

一、盆地西南缘上奥陶统烃源岩

1. 烃源层发育的构造—沉积背景

1）中晚奥陶世发生了构造转换

对鄂尔多斯地区奥陶纪区域构造演化的分析表明（图6-1），自早奥陶世冶里组沉积期—亮甲山组沉积期到中奥陶世马家沟组沉积期及克里摩里组沉积期，鄂尔多斯西缘及其本部地区都处于整体沉降为主的构造演化进程中，总体表现为一个大的海侵沉积序列。但是到了晚奥陶世乌拉力克组沉积期开始，整体构造格局发生了巨大转变，突出表现为鄂尔多斯本部地区整体构造抬升，而西缘及南缘则发生快速的构造沉降，呈现出本部与西南边缘差异性的隆升—沉降的构造格局，这可能主要由于晚加里东期的区域性聚敛闭合构造背景下的局部构造陷落所致。

2）上奥陶统形成于水体不断加深的沉积背景

对鄂尔多斯西缘奥陶系主要沉积层岩石学特征和沉积环境的研究表明，西缘地区的上奥陶统主要形成于沉积水体不断加深的构造背景下。以盆地西缘桌子山地区奥陶系剖面为例（图6-2、图6-3），中奥陶统三道坎组以混合沉积的陆源碎屑岩和含石英颗粒的砾屑云岩及粉晶云岩为主，其中石英砂岩多为钙质胶结，砂粒具"双众数"粒度分布特征，为典型的滨浅海沉积环境；到了桌子山组沉积期，虽以碳酸盐岩沉积为主，但内碎屑颗粒结构特征仍较突出，尤其局部还可见亮晶砂屑结构的层段出现，反映其形成于明显的浅水高能沉积环境；而到了克里摩里组沉积期，水体明显有了一定程度的加深，岩性多以泥晶结构或粒—泥晶结构的石灰岩为主，反映水体能量明显降低，局部甚至可见保存较为完整的三叶虫化石，反映其沉积水体具有一定的深度；到了乌拉力克组沉积期，则以较深水相的泥页岩为主，间夹薄层泥灰岩或泥质灰岩，尤其是极为普遍的灰黑色笔石页岩层的出现，更可作为其较深水沉积环境的标志性特征。到了拉什仲组沉积期及公乌素组沉积期—蛇山组沉积期，则主体均为浊积成因的陆源碎屑沉积，反映更为深水的深海盆地相沉积环境特征。从以上各层位岩性分析可以看出，鄂尔多斯西缘奥陶纪总体呈现为早中期陆源碎屑注入少，而晚期陆源碎屑注入不断得到加强的沉积演化过程。这主要是由于其周围的构造环境由稳定向构造活动性加强的区域性变化所至。其中克里摩里组沉积期和乌拉力克组沉积期刚好处在构造活动性由稳定向活动转化的过渡时期，因而表现出碳酸盐岩沉积与陆源砂泥质沉积交互混杂的沉积特征。

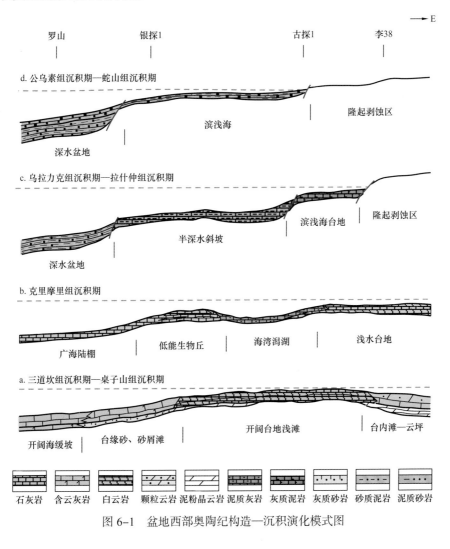

图6-1　盆地西部奥陶纪构造—沉积演化模式图

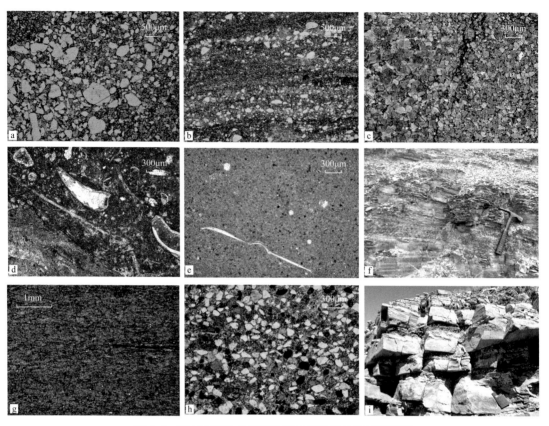

图 6-2　鄂尔多斯盆地西部奥陶系岩性及结构特征图版

a.乌海桌子山，三道坎组下部，钙质石英砂岩，滨岸浅滩；b.乌海桌子山，三道坎组中部，砂质粉细晶云岩，
滨岸浅滩；c.桌子山（老石旦东），桌子山组中部，中细晶云岩，浅水台地；d.桌子山（老石旦东），桌子山组上部，
生屑泥粒灰岩，浅水台地；e.桌子山，克里摩里组上部，泥晶灰岩，含三叶虫、放射虫等生屑，浅水潮下；f.乌海，
西桌子山一线天，乌拉力克组，笔石页岩，浅海斜坡；g.乌海，西桌子山一线天，乌拉力克组，笔石页岩，浅海斜坡；
h.桌子山电视塔，拉什仲组，钙质粉细砂岩，深水浊积；i.乌海桌子山，公乌素组，中厚层粉细砂岩夹灰绿色泥岩，
深水浊积

由此可见，由中奥陶世的三道坎组沉积期—桌子山组沉积期—克里摩里组沉积期，到晚奥陶世的乌拉力克组沉积期—拉什仲组沉积期—公乌素组沉积期—蛇山组沉积期，在盆地西缘地区总体表现为水体在不断加深的沉积环境演化特征，这与鄂尔多斯本部（中东部地区）存在一定差异（尤其是在晚奥陶世），充分反映出这一时期鄂尔多斯地区构造分异作用逐步加剧和其在沉积环境上的差异性响应特征。

2.烃源岩特征

20 世纪 70—90 年代曾对盆地奥陶系的生烃潜力做过较为系统的评价研究，也曾认为西缘的奥陶系平凉组（相当于西缘北段的乌拉力克组和拉什仲组）烃源岩是下古生界最好的生烃层。但由于受当时勘探及认识程度的限制，并没有明确指出主力生烃层段及有利成藏聚集目标。进入 21 世纪以来，随着对盆地下古生界天然气勘探新领域的勘探力度不断加大，对西缘奥陶系烃源岩特征和成藏潜力的认识也取得了一定程度的深化，尤其是随着区域甩开探井的增多，对烃源岩层段取心分析的资料也不断丰富，为进一步客观评价其生

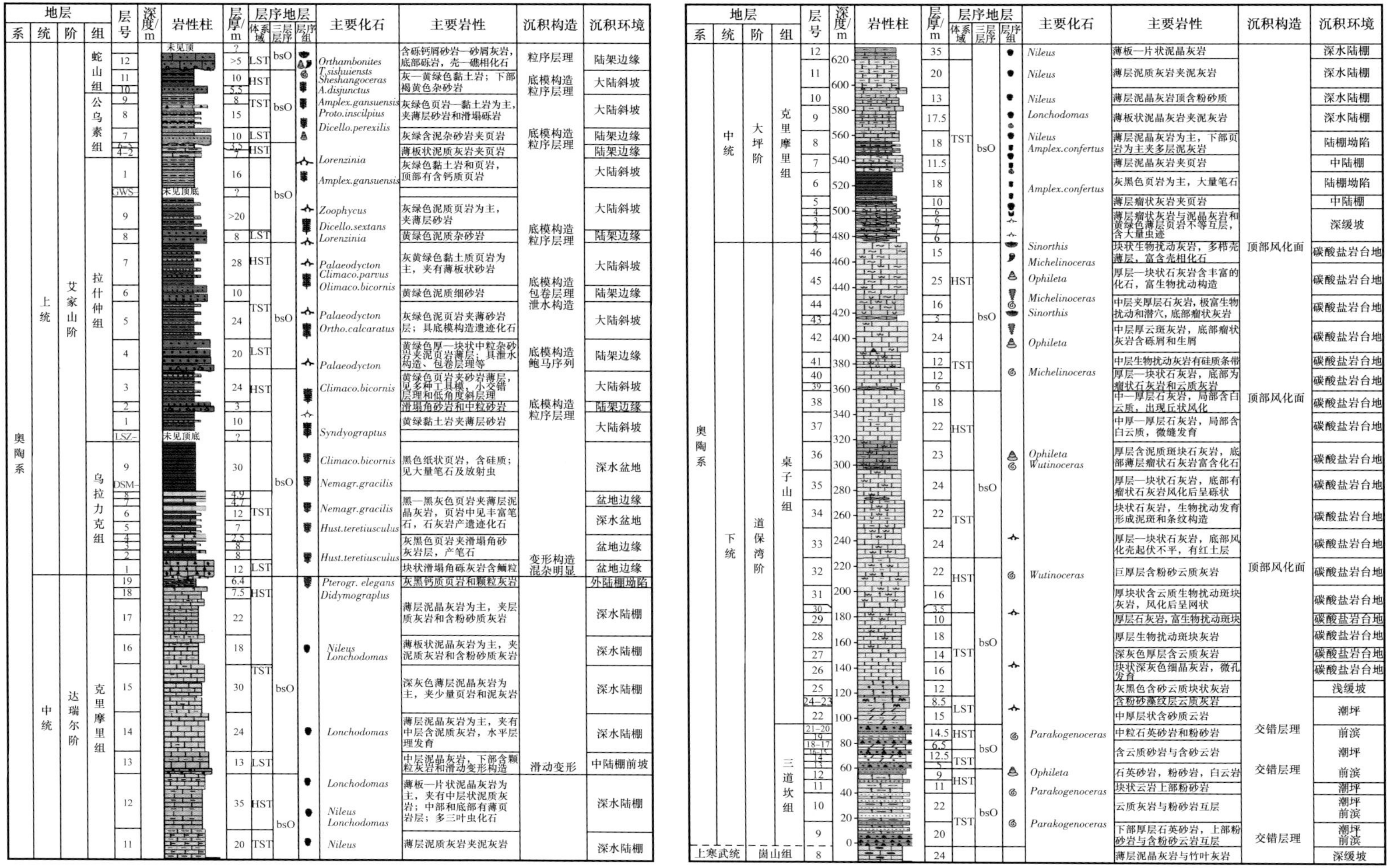

图 6-3　内蒙古某子山地区奥陶系地层柱状图（据申晓颖等，2010）

烃潜力奠定了基础。

1）岩石学特征

盆地西缘奥陶系虽然均形成于海相沉积环境，但由于其形成时受不同时期气候、水体深浅等所控制的生物繁盛程度的差异，以及氧化—还原条件、沉积速率等所制约的有机质保存条件等方面因素的影响，导致本区奥陶系各组段沉积层的有机质丰度在纵向上存在较大差异。

由各组段的有机碳实际分析资料可见（表6-1），桌子山组以大段厚层的纯碳酸盐岩地层为主，其有机碳含量（TOC）大多在0.10%～0.25%之间，最高0.30%，平均仅0.17%，有机碳含量总体上较低，如果单纯以有机碳含量标准看，则基本不具有效的规模生烃能力。而克里摩里组虽仍以碳酸盐岩为主，但其中夹多个层段的富泥质层，导致其个别层段仍具较高的有机质含量，现有探井取心及露头剖面岩样分析资料的统计表明，其有机碳含量一般在0.2%～0.9%之间，最高可达1.99%，平均值为0.60%，总体上属于相对较好的有效烃源层段。

表6-1 鄂尔多斯盆地西部奥陶系潜在烃源层系有机碳分析数据统计表

层位	地层厚度/ m	岩性特征	有机碳分析数值/ %			统计样品个数/ 个
			主要分布区间	平均值	最大值	
拉什仲组	90～160	灰绿色钙质页岩与黄绿色粉砂岩、泥质粉砂岩互层	0.15～0.40	0.27	0.8	68
乌拉力克组	60～90	灰黑色页岩，夹薄层泥晶灰岩	0.20～0.80	0.53	1.86	220
克里摩里组	150～210	深灰色泥晶灰岩、灰质泥岩	0.20～0.90	0.60	1.99	96
桌子山组	260～330	灰色泥微晶灰岩、粉细晶云岩	0.10～0.25	0.17	0.30	111

乌拉力克组以泥页岩与泥质石灰岩交互的沉积为主，总体有机碳含量相对较高，一般分布于0.20%～0.80%之间，最高也达1.86%，平均值为0.53%，有利烃源层段的厚度在本区可达30～50m之间，是本区奥陶系相对优质的主力烃源层段；而向上至拉什仲组，则以陆源碎屑沉积为主，局部层段间夹薄层状泥灰岩，整体有机碳含量相对偏低，主要分布于0.15%～0.40%，最高值为0.80%，平均值为0.27%，总体上也可算作相对有效的烃源层段。

桌子山组主要为碳酸盐岩沉积层，大多形成于浅水高能环境，尽管在这一环境下光照条件好、水体能量较高、含氧量丰富，导致浅海生物的大量繁盛，但也正是由于其含氧高、水体能量强，又导致了生物死亡后又被快速分解，因而真正能在地层中保留下来的有机物质大大减少。如在桌子山组、克里摩里组的纯碳酸盐岩层段，虽然可见大量的钙质生物化石，如棘皮动物、海绵骨针、钙藻以及钙化蓝藻化石等（图6-4），但其实际的有机碳含量却极低，TOC多在0.05%～0.15%之间，其能保存下来的多为生物体的钙质骨骼化石，软体部分早已荡然无存，并未能以有机质的形式被保存下来。且早期生命活动期间以有机质形式为主的蓝藻类生物体也是在沉积条件下很早就被钙质交代而"石化"后，才保留下其生命活动的遗迹。

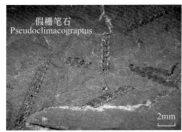
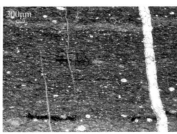
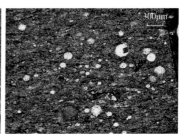

a. 银探2井，3871.20m，平凉组，
笔石页岩

b. 银探1井，1495.90m，平凉组，
放射虫笔石页岩

c. 桌子山青年农场，乌拉力克组页岩，
放射虫

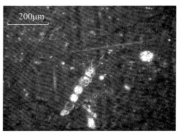

d. 桌子山老石旦，克里摩里组，
三叶虫化石

e. 桌子山，克里摩里组，
含生屑泥晶灰岩

f. 银探1井，1570.51m，克里摩里组，
泥粒灰岩

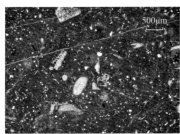

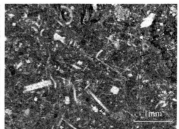

g. 桌子山，三道坎组下部，生屑灰岩

h. 桌子山，桌子山组上部，头足类化石

i. 青龙山，桌子山组，含藻屑海绵骨针灰岩

图 6-4　鄂尔多斯盆地西缘奥陶系主要沉积层生物及岩性特征

而对于像拉什仲组、公乌素组及蛇山组这些以陆源碎屑为主的深水浊积沉积层，由于深水环境生物生产率本身较低，且陆源碎屑物质的大量、快速注入，"冲淡、稀释"了有机质含量本就不高的原始深水沉积物中的有机物质，导致其沉积层中的有机质丰度总体不高，只有当碳酸盐岩夹层出现频率较多或泥岩中钙质含量较多时，其有机质丰度才略有提升。如拉什仲组中下段的大部分富钙质泥页岩层段即是如此，反映出当石灰岩含量增多时，陆源碎屑的注入程度降低，从而使沉积层中的有机质丰度有所提升。

通过以上两个端元条件的分析可见，处于二者之间的半深水沉积环境自然就是最有利于有机质富集的沉积环境，本区克里摩里组、乌拉力克组有机质丰度均相对较高，是盆地西缘最有利的烃源岩层，岩性主要为灰黑色泥岩（图 6-5）、页岩及泥晶灰岩。自克里摩里组沉积期开始，西缘秦祁海域的沉积水体明显加深，并伴有陆源泥质沉积物的增多，到乌拉力克组沉积期水体进一步加深，陆源泥质沉积物开始大于内源的碳酸盐岩沉积物，使碳酸盐岩呈薄夹层状分布于泥页岩中。

2）有机岩石学特征

对该区奥陶系烃源岩的显微镜检分析表明，其中的有机组分绝大多数都是以腐泥组为主（主要为无定形的疑源类），一般可占干酪根组成的 80% 以上，其次为少量镜质组（主要为固体沥青、光学性质类似于镜质体）与惰质组，一般占5%～20%；再次为壳质组，大部分样品含量均极低，仅个别样品含量可达5%～10%。据此划分其烃源岩的干酪根类型以Ⅰ型为主，部分为Ⅱ₁型。

对其有机质组分构成的分组段统计分析表明（表6-2），桌子山组腐泥组占比相对较低，而代之以壳质组及惰质组含量的相对增加，西缘北段部分样品的桌子山组壳质组＋惰质组含量甚至达10%以上，个别达27%（任1井）。克里摩里组及乌拉力克组的腐泥组含量则明显增高，大部分样品腐泥组含量都在90%以上，部分甚至几乎全为腐泥组（含量达100%）；而拉什仲组及公乌素组腐泥组则又相对偏低，大部分处在85%～95%之间（图6-5）。

表6-2　鄂尔多斯盆地西缘奥陶系烃源岩有机质显微组分分析数据表

地区	井号/剖面	层位	井深/m	干酪根组分/%					类型指数	干酪根类型
				腐泥组	树脂体	壳质组	镜质组	惰质组		
西缘北段	乐1	公乌素组	1518	94.8		0		0	90.55	Ⅰ型
	余3	拉什仲组	3798.9	89		0		1.00	80.5	Ⅰ型
	梁探1	拉什仲组	4602.44	74.4		0.2	24.60	0.80	55.25	Ⅱ₁型
	余探1	拉什仲组	3827.71	85		0		0	73.75	Ⅱ₁型
	余探1	拉什仲组	3829.03	99		0		0	98.25	Ⅰ型
	乐1	拉什仲组	1754	95.6		0.6		0	93.05	Ⅰ型
	天2	拉什仲组	3963.96	93.75	0	3.75		0	93.75	Ⅰ型
	西桌子山	乌拉力克组	5	82.2	0	17.20		0.60	68.7	Ⅱ₁型
	西桌子山	乌拉力克组	16	77.4	0	21.80		0.80	60.25	Ⅱ₁型
	西桌子山	乌拉力克组	19	84.2	0	14.80		1.00	72.1	Ⅱ₁型
	忠平1	乌拉力克组	4236.26	100	0	0	0	0	100	Ⅰ型
	忠平1	乌拉力克组	4240.24	100	0	0	0	0	100	Ⅰ型
	忠平1	乌拉力克组	4241.11	100	0	0	0	0	100	Ⅰ型
	余探1	乌拉力克组	3882.3	97		0		0	94.75	Ⅰ型
	余探1	乌拉力克组	3883.07	93		0		0	87.75	Ⅰ型
	余探1	乌拉力克组	3883.72	97		0		0	94.75	Ⅰ型
	余探1	乌拉力克组	3884.1	99		0		0	98.25	Ⅰ型
西缘南段	平凉官庄	平凉组		91.5	0	3.5		0.50	89.38	Ⅰ型
	平凉官庄	平凉组		85.75	0	3.25		1.00	78.88	Ⅱ₁型
	平凉官庄	平凉组		92.5	0	1.5		0.75	88.56	Ⅰ型
	平凉官庄	平凉组		91.25	0	5.5		0.50	91.44	Ⅰ型

地区	井号/剖面	层位	井深/m	干酪根组分/%					类型指数	干酪根类型
				腐泥组	树脂体	壳质组	镜质组	惰质组		
南缘	岐山交界	平凉组		96.71		0		0	94.24	Ⅰ型
	岐山烂泥沟	平凉组		99.6		0		0	99.3	Ⅰ型
	淳探1	平凉组		91.25	0	0.25		2.25	84.44	Ⅰ型
	淳2	平凉组		91.2		0		1.60	84.2	Ⅰ型
	淳2	平凉组		97.4		0		1.20	95.15	Ⅰ型
西缘北段	乐1	克里摩里组	3196.5	97.4		0		0	95.45	Ⅰ型
	乐1	克里摩里组	2921.5	95.8		0		0	92.65	Ⅰ型
	棋探5	克里摩里组	4576.25	100		0	0	0	100	Ⅰ型
	西桌子山	克里摩里组		98.46		0		0.26	97.24	Ⅰ型
	余探1	克里摩里组	3978.24	89		0		0	80.75	Ⅰ型
	余探1	克里摩里组	3979.98	84		0		0	72	Ⅱ₁型
	天2	克里摩里组	4035.03	90.25	0	0		2.00	82.44	Ⅰ型
	天2	克里摩里组	4065.18	87	0	0		1.75	76.81	Ⅱ₁型
	定探2	克里摩里组	3783.31	93.75	0	0.25		0.75	89.19	Ⅰ型
	鄂7	克里摩里组	4035.17	99		0		0	98.25	Ⅰ型
	乐1	桌子山组	2378.5	97.8		0		0	96.15	Ⅰ型
	任1	桌子山组	962	63	0	27		10.00	66.5	Ⅱ₁型
	任2	桌子山组	670.17	88.75	0	11.25		0	94.38	Ⅰ型
	任2	桌子山组	911.78	87.25	0	12.75		0	93.63	Ⅰ型
	定探2	桌子山组	4079	95.75	0	0		0.50	92.44	Ⅰ型
	天2	桌子山组	4182.87	86.5	0	4.75		1.25	82	Ⅰ型
	鄂6	桌子山组	3849.8	95.2	0	0		0	91.6	Ⅰ型
	任3	桌子山组	2120.03	82.75	0	14.75		2.50	87.63	Ⅰ型

3）生烃母源生物类型

前人对奥陶系生油岩的研究认为（Reed 等，1986），其石油成因与微体生物 *Glecapsomorpha prisca*（原始粘球藻）的有机质有关，这种藻类属于疑源类中常见的一种圆球形类型。国内学者研究认为塔里木盆地奥陶纪 *G.prica* 球形藻也是 Kukersite 型生油岩的主要生烃母质（孙永革等，2014）。

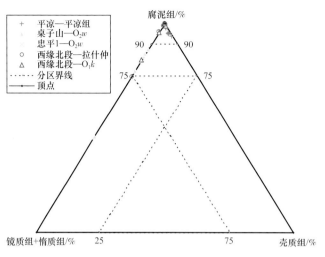

图6-5　西缘奥陶系烃源层段有机质构成三角图

徐正球等（1995）对鄂尔多斯盆地奥陶系平凉组烃源岩的研究中，将大量无定形显微有机组分的母质来源归因于"疑源类"的单细胞浮游藻类，根据其腐泥化程度划分为部分腐泥化、表面腐泥化和腐泥化颗粒三种类型，并根据其残余形貌特征识别出40个藻类属种，并大体分为圆球形、具刺形、棱形三个大类（图6-6）。

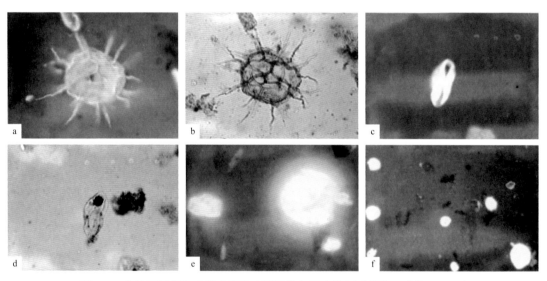

图6-6　盆地西缘奥陶系微观藻类（疑源类）形态特征（据徐正球等，1995）

a、b. 毛发球藻（*Gorgonisphaeridium*），橙黄色荧光，平凉官庄，平凉组，×300；c. 船形梭藻（*Navifusa*），亮黄色荧光，平凉官庄，平凉组，×300；d. 船形梭藻（*Navifusa*），透射光，平凉官庄，平凉组，×300；e. 光卵球藻（*Leiovalia*）和光面球藻（*Leiosphaeridia*），亮黄色荧光，平凉官庄，平凉组，×200；f. 疑源类，亮黄色荧光，平凉官庄，平凉组，×120

微体藻类（疑源类）：对西缘奥陶系乌拉力克组（平凉组）烃源层段的疑源类微体化石分析表明，烃源岩中残留的微体生物化石主要为单细胞藻类，它们可能是构成烃源岩中有机质的主要生源母质。根据对忠平1井烃源层段（采样井段4166.92～4278m）40件岩心样品的疑源类分析鉴定（鉴定单位为南京伊洛岗地质科技有限公司），其中有30件岩屑样发现可资鉴定的疑源类，主要见 *Leiosphaeridium*（光面球藻）、*Dictyotidium*（光面球藻）、

Lophosphaeridium（瘤面球藻）、*Goniosphaeridium*（角球藻）、*Amsdenium*（阿莫斯登藻）、*Nanocyclopia*（矮怪藻）等属，具体属种如下（图 6-7、图 6-8）。

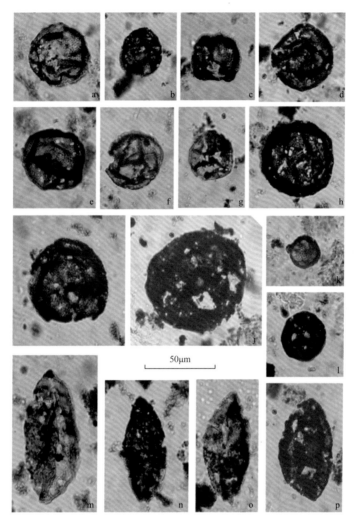

图 6-7　忠平 1 井烃源层段岩心样品的疑源类分析照片

a—j. *Leiosphaeridium* spp. 样品井深：a. 4278m；b、e. 4241.83m；4246.92m；d. 4246.92m；f. 4239.54m；
c、g、i. 4257.7m；h、j. 4260.16m；k. *Nanocyclopia* sp. 样品井深：4237.04m；l. *Dictyotidium* sp. 样品井深：4246.92m；
m—p. *Leiosphaeridium* sp. 样品井深：m、p. 4277.23m；n. 4257.7m；o. 4257.22m

（1）*Dictyotidium* sp.

（2）*Leiosphaeridium* spp.

（3）*Lophosphaeridium aequicuspidatum* Playford and Martin，1984

（4）*Florisphaeridium abruptum* Uutela and Tynni，1991

（5）*Cymatiosphaera* sp.

（6）*Cymatiosphaera nabalaensis* Uutela and Tynni，1991

（7）*Nanocyclopia* sp.

（8）*Dictyotidium* sp.

（9）*Amsdenium* sp.

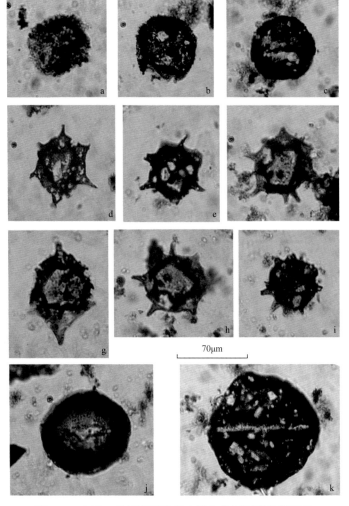

图 6-8　忠平 1 井烃源层段岩心样品的疑源类分析照片

a. *Dictyotidium*? sp. 样品井深 4195.97m；b. *Lophosphaeridium sylvanium*. 样品井深 4275.41m；c. *Dictyotidium* sp. 样品
井深 4260.16m；d. *Amsdenium* sp. 样品井深 4250m；e. *Amsdenium* sp. 样品 1 井深 4251.88m；f. *Amsdenium* sp. 样品 2
井深 4251.88m；g. *Goniosphaeridium origospinosum*. 样品井深 4251.88m；h. *Amsdenium* sp. 样品 3 井深 4251.88m；
i. *Amsdenium* sp. 样品 4 井深 4251.88m；j. *Nanocyclopia* sp. 样品井深 4250m；k. *Leiosphaeridia* spp. 样品井深 4250m

（10）*Lophosphaeridium sylvanium* Playford and WIcandes，2006

（11）*Leiosphaeridia* spp.

（12）*Goniosphaeridium origospinosum* Eisenach（1934）1969

（13）*Leiosphaeridium* sp.

　　各属种化石的出现频率见表 6-3 所列，显现其分异度和保存状况一般。以上忠平 1
井获得的疑源类化石，其组合面貌与描述、报道自北欧爱沙尼亚 Rapla 钻井中奥陶世的
疑源类组合（Uutela 等，1991）有可比较之处。其中 *Florisphaeridium abruptum* 见于爱沙
尼亚中奥陶统，*Dictyotidium* sp. 见于爱沙尼亚上奥陶统，*Goniosphaeridium origospinosum*
和 *Nanocyclopia* sp. 分别见于波兰和波罗的海地区的奥陶系，*Lophosphaeridium sylvanium*
与 *Amsdenium* sp. 见于美国的上奥陶统。早先尹磊明（2006）记述了甘肃奥陶系平凉组的

表 6-3　忠平 1 井疑源类化石统计表

序号	数量/粒 井深/m	*Dictyotidium?* sp.	*Leiosphaeridium* spp.	*Lophosphaeridium aequicuspidatum* Playford and Mart.	*Florisphaeridium abruptum* Uutela and Tynni, 1991	*Cymatiosphaera* sp.	*Cymatiosphaera nabalaensis* Uutela and Tynni, 1991	*Nanocyclopia* sp.	*Dictyotidium* sp.	*Amsdenium* sp.	*Lophosphaeridium sylvanium* Playford and Wicandes,	*Leiosphaeridia* spp.	*Goniosphaeridium origospinosum* Eisenach (1934) 1969	*Leiosphaeridium* sp.	统计用盖玻片数	年代地层
1	4166.92														4	
2	4168.85														4	
3	4169.71														4	
4	4195.97	1									6				4	
5	4198.36		9												4	
6	4219.15														4	
7	4220.18		2								1				4	
8	4221.85		1												4	
9	4224.00														4	
10	4225.18										1				4	奥陶系
11	4226.58		5								2				4	
12	4230.02														4	
13	4233.39		1												4	
14	4234.51		2								1				4	
15	4236.26		3												4	
16	4237.04				1						1				4	
17	4238.12		9												4	
18	4239.54		22										1		4	
19	4241.83		25								3	3	3		4	
20	4245.23		5								2				4	

序号	井深/m 数量/粒	Dictyotidium? sp.	Leiosphaeridium spp.	Lophosphaeridium aequicuspidatum Playford and Mart.	Florisphaeridium abruptum Uutela and Tynni, 1991	Cymatiosphaera sp.	Cymatiosphaera nabalaensis Uutela and Tynni, 1991	Nanocyclopia sp.	Dictyotidium sp.	Amsdenium sp.	Lophosphoeridium sylvanium Playford and Wlcandes,	Leiosphaeridia spp.	Goniosphaeridium origospinosum Eisenach (1934) 1969	Leiosphaeridium sp.	统计用盖玻片数	年代地层
21	4246.92	36							1						4	
22	4248.94	17													4	
23	4250.00	80				1		1		7				13	4	
24	4251.88									42					4	
25	4253.58	23					1			9				3	4	
26	4255.71													1	4	
27	4257.22	35											1	5	4	
28	4257.70	9												1	4	
29	4260.16	50	1											2	4	
30	4261.71										1				4	奥陶系
31	4263.87														4	
32	4264.85	2													4	
33	4266.42														4	
34	4268.46	17													4	
35	4269.40														4	
36	4271.00	8													4	
37	4287.52			1							1			1	4	
38	4275.41										39				4	
39	4277.23	60									4	5		5	4	
40	4278.00	31									11			4	4	

疑源类化石组合，与当前组合比较，前者疑源类分异度较高，有较多具刺饰疑源类，如 *Micrhystridium digitatum*、*Cheleutochroa differta*。当前疑源类组合反映了中、晚奥陶世疑源类组合面貌，与甘肃奥陶系平凉组的疑源类化石组合面貌较接近。

后生生物：鄂尔多斯西缘及南缘奥陶纪生物极为繁盛，这一时期在全球范围所出现的主要海生生物门类在本区也几乎都有出现，如头足类、三叶虫、笔石、珊瑚、腕足类、层孔虫、海绵动物、介形类、棘皮类、牙形石等，此外还有植物界的蓝藻（蓝细菌）、绿藻门、红藻门等藻类生物（图6-9），它们是营光合作用的初级生产者，可为海生动物的生命活动提供基本的营养物质。

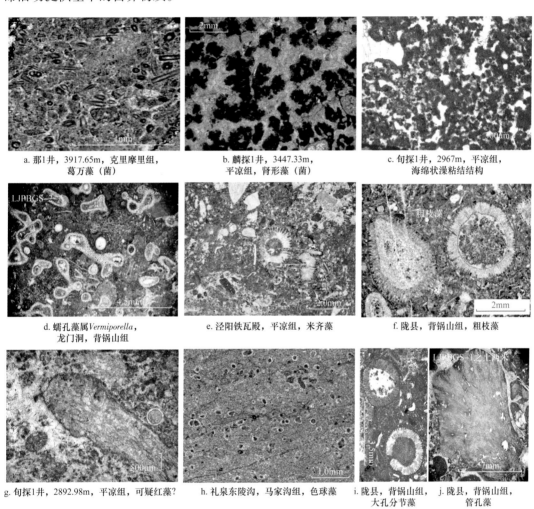

a. 那1井，3917.65m，克里摩里组，葛万藻（菌）

b. 麟探1井，3447.33m，平凉组，肾形藻（菌）

c. 旬探1井，2967m，平凉组，海绵状藻粘结构造

d. 蠕孔藻属*Vermiporella*，龙门洞，背锅山组

e. 泾阳铁瓦殿，平凉组，米齐藻

f. 陇县，背锅山组，粗枝藻

g. 旬探1井，2892.98m，平凉组，可疑红藻？

h. 礼泉东陵沟，马家沟组，色球藻

i. 陇县，背锅山组，大孔分节藻

j. 陇县，背锅山组，管孔藻

图6-9 盆地西南缘奥陶系各种藻类生物显微结构特征

尤其是到了晚奥陶世，随着海水深度的加深，鄂尔多斯西南缘地区海生生物的分异度更趋加大，甚至还出现了造礁生物群落的繁盛区域，如盆地南缘富平—耀县晚奥陶世生物礁（叶俭等，1995），以及深水沉积的放射虫硅质岩（李文厚等，1997）、西缘上奥陶统平凉组深水笔石页岩（付力浦，1977）等，均反映了这一时期水体加深，与区域性大洋环境连通性加强的古地理特征。

但是，并非沉积时生物繁盛就一定能形成良好的烃源层。如盆地南缘旬邑地区旬探1

井平凉组 2950～3010m 的礁灰岩层段，可见珊瑚等底栖生物为主构成的生物骨架结构及生屑滩（图 6-10），最能彰显其沉积时生物的大量存在，但其现今岩石的有机质丰度反而都较低，化验分析 TOC 仅 0.2%～0.3%，表明沉积时生物生命活动的能量物质（有机质）在其死后即已经被大量分解，而仅有极少部分在地层得以保存，说明前述的浅水高能环境确实对有机物质的保存起了决定性的破坏作用。

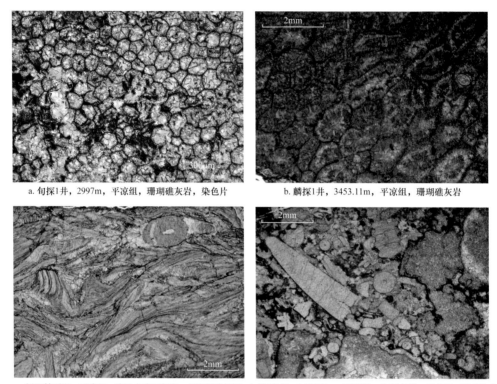

a. 旬探1井，2997m，平凉组，珊瑚礁灰岩，染色片　　　b. 麟探1井，3453.11m，平凉组，珊瑚礁灰岩

c. 泾阳铁瓦殿，平凉组，腕足类碎屑灰岩，另有部分棘屑　d. 麟探1井，3456.76m，平凉组，生屑灰岩，棘皮类、珊瑚为主

图 6-10　盆地西南缘奥陶系礁滩体生物灰岩显微结构特征

再如旬探 1 井平凉组 2860～2900m 藻屑灰岩井段，显微镜下可见蓝藻、绿藻等藻类生物极为繁盛，甚至异化"颗粒"组分都由藻屑钙化而成，但由于其主要形成于浅水高能的潮间带沉积环境（藻屑颗粒间主要由亮晶胶结、反映较高水体能量环境），导致其实际埋藏成岩后的有机质丰度也很低，TOC 多在 0.15%～0.2% 之间。因而由上述两个高能环境岩性实例可见，沉积时生物的繁盛程度并不是形成较高有机质丰度烃源岩的决定性因素，沉积时水体的动荡和氧化还原条件也是生命有机质能否得以有效保存为烃源有机质的至为重要的关键因素。

微球状黄铁矿所反映的生烃母质信息：黄铁矿是一种铁的硫化物矿物（FeS_2），在沉积岩中较为常见。尤其是在富有机质的沉积层中更为常见，一则是由于硫和铁都是生物体生命活动的重要元素（蛋白质结构中含硫和铁、是必需的营养元素），二则由于黄铁矿也是还原环境的标志性矿物，指示了有利于有机质大量保存的缺氧条件。

尤为特别的是本区有机质含量较高的乌拉力克组主力烃源层段中，更为普遍地出现一种微球状黄铁矿集合体，微球大小为 8～12μm，且呈鱼籽状成群出现，并和少量无定型有机质残片相伴生，单个黄铁矿晶体大小均匀，多在 0.6～0.8μm，主要呈五角十二面体和八面体晶形（图6-11）。其成群集中出现的形态特征与塔里木盆地奥陶系Kukersite型生油岩中的 *G. prisca* 粘球藻群形成的有机质形态极为相似，因此分析认为，其可能也是由相似的蓝细菌群被黄铁矿化交代所致。据此推断克里摩里组及乌拉力克组的主力烃源层段的生烃母质可能主要由蓝细菌群落构成，其在半深水环境中也极为繁盛，主要以漂浮状生活在水面—光照可及的水深范围内，以或散或聚的形式大量繁殖生存，除为海生动物提供初级食物链的能量供应外，未分解的残留部分沉落海底，与同期其他沉积物共同构成了有利的烃源岩层。

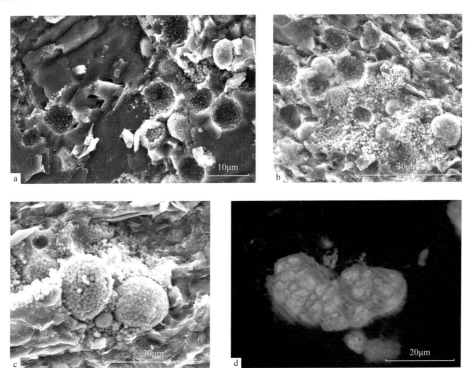

图6-11　西缘奥陶系烃源层中可疑为葡萄球菌的黄铁矿化证据
a.忠平1井，4255.57m，乌拉力克组，葡萄球状黄铁矿集合体；b.忠平1井，4262.89m，乌拉力克组，葡萄球状
黄铁矿集合体；c.忠平1井，4269.73m，乌拉力克组，葡萄球状黄铁矿集合体；d.塔里木盆地奥陶纪，
G. prisca 葡萄球菌（据孙永革等，2014）

3. 烃源岩分布特征

1）烃源岩纵向分布

在单井测井烃源岩判识评价的基础上，通过连井地质剖面的综合分析表明，在盆地西缘这一特定的较深水沉积水域，乌拉力克组—拉什仲组烃源层段的横向分布较为稳定，尤其是在平行岸线的近南北方向上。如图6-12所示，在从银探1井—棋探2井近300km的范围内，乌拉力克组底部的Ⅰ类烃源岩层段均可连续追踪对比，表明较深水的沉积环境及相对稳定的构造背景，为有利烃源层的规模发育提供了基本的保障条件。但在垂直海岸的方向上，有利烃源层的厚度则有较大变化，总体呈现为随着向西水体加深、烃源岩厚度有一定加厚的趋势。这主要由于沉积背景和加里东期抬升剥蚀两方面的原因所致。沉积背景方面主要是由于沉积期在鄂尔多斯中东部抬升而西部沉降的构造背景下，向西的较

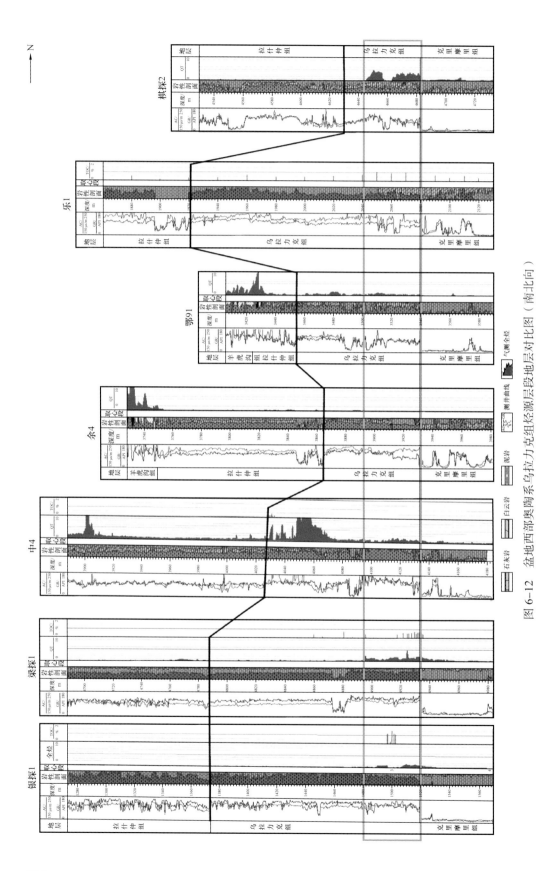

图 6-12　盆地西部奥陶系乌拉力克组烃源层段地层对比图（南北向）

深水沉积区更利于沉积环境的长期稳定，而向东一方面沉积环境变浅，不利于有机质保存，另一方面也不利于保证沉积环境在一定时期的相对稳定，因而导致烃源层发育呈向东变薄变差的趋势；构造方面，由于加里东末期的构造抬升在中央古隆起区表现更为强烈，从而导致在其西侧的邻近地区奥陶系顶部的抬升剥蚀也较为强烈，由西向东越是靠近古隆起，抬升剥缺的地层就越多（包括烃源层段的剥蚀），致使向东邻近中央古隆起区乌拉力克组，乃至克里摩里组都被大面积剥蚀，而使残存的烃源层也呈向东整体减薄的趋势。

盆地南缘的奥陶系主力烃源层则主要分布上奥陶统平凉组及背锅山组的深灰色含泥生屑灰岩、灰黑色含生屑泥灰岩等泥质含量较高的较深水域沉积层段中（图6-13）。这套烃源层段纵向上与其下部的马家沟组白云岩储集层段直接接触，可对马家沟组天然气成藏构成有效的气源供给。此外，平凉组、背锅山组在局部也发育一定的礁灰岩储层，自身也构成自生自储型的源—储配置。

2）主力烃源层段的平面分布特征

对于同期形成的烃源层段，其有机质丰度在横向上也存在一定的差异，这主要是由于其沉积环境的横向变化所致。如以乌拉力克组沉积期烃源层为例，其沉积环境可分为台缘半深水斜坡和深海盆地两个大的沉积相区，其中半深水斜坡相区的有机碳含量（TOC）多在0.15%～1.5%，而深海盆地相区TOC一般在0.1%～0.4%（表6-4），表明半深水斜坡区有机质丰度明显高于深海盆地沉积相区。究其原因主要是由于深海盆地相区陆源碎屑注水较多，加之深海盆地区本身生物生产率也较低；而在半深水斜坡沉积相区，生物相对较繁盛，虽仍有较多陆源碎屑物质的加入，但由于其大多以细碎屑的泥质物为主、对有机质微粒的吸附保存本身就有一定的积极作用，其总体的有机质丰度仍相对较高。如在内蒙古桌子山地区的一线天剖面，乌拉力克组以笔石页岩为主，间夹部分泥晶灰岩薄层，除石灰岩夹层中有机碳含量较低外（＜0.2%），泥质岩中的TOC则多在0.5%～1.5%之间，说明其总体的构造及沉积环境相对稳定，长期处于有利于生物生长发育的生态系统之中。另外该相区南部银洞子地区的银探1井，在乌拉力克组底部钻遇厚约30m的灰黑色泥岩，除个别夹层外，有机碳含量大多稳定分布在1.0%～1.2%，也说明其当时的构造及沉积环境长期稳定，对生物有机体的生长发育和有效保存较为有利。

对盆地南缘奥陶系平凉组及背锅山组主力烃源层的有机质丰度特征分析也表明，在靠近台地的浅水沉积区有机质丰度相对较低，TOC一般在0.15%～0.3%之间，而半深水斜坡区则有机质丰度明显增高，TOC大多大于0.3%，局部层段的部分样品TOC甚至可达2%以上（表6-5）。

在对盆地西缘已有探井奥陶系烃源岩的综合解释成果分析的基础上，下古生界奥陶系烃源岩主要分布在上奥陶统乌拉力克组、中奥陶统克里摩里组和桌子山组中，岩性为灰色、深灰色泥岩、泥灰岩和含泥质碳酸盐岩，其中乌拉力克组烃源岩最好。

盆地西部在奥陶系沉积期处于鄂尔多斯台地向广海盆地过渡的斜坡部位。在乌拉力克组沉积期所形成的台缘过渡环境下，主要发育一套半深水斜坡相沉积，对海相烃源层的形成最为有利，尤其是在较深水的斜坡低洼区多发育灰泥洼地微相，构成了本区奥陶系的主力烃源发育区（图6-14），所形成的灰质泥页岩是较好的烃源岩类型。

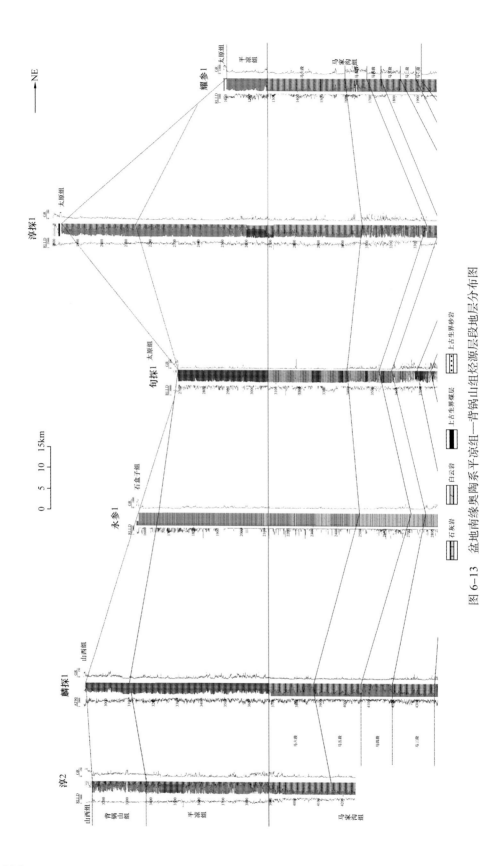

图6-13 盆地南缘奥陶系陶平凉组—背锅山组烃源层段地层分布图

表 6-4 鄂尔多斯西缘奥陶系乌拉力克组不同沉积相区有机碳分析数据统计表

沉积环境	剖面 / 井号	样品数	岩性	有机碳含量 /%		
				最低	最高	平均
台缘斜坡	西桌子山	19	灰黑色页岩	0.39	1.58	0.92
	乐1	7	灰黑色页页岩	0.39	1.76	0.93
	任3	4	灰黑色泥页岩	0.24	1.2	0.68
	梁探1	13	灰黑色泥页岩	0.11	0.74	0.51
	忠平1	48	灰黑色泥页岩	0.24	1.16	0.70
	余探1	17	灰黑色泥页岩	0.3	1.86	0.62
	惠探1	4	灰黑色泥页岩	0.66	0.84	0.74
	银探1	5	灰黑色泥页岩	1.11	1.52	1.23
	平凉官庄	11	泥页岩夹石灰岩	0.15	0.85	0.55
深水海槽	青龙山	3	深灰色泥岩	0.12	0.22	0.16
	牛首山	1	粉砂质板岩	0.19	0.19	0.19
	米钵山	9	泥质板岩	0.24	0.41	0.32
	小罗山	2	泥质板岩	0.29	0.36	0.33

表 6-5 鄂尔多斯南缘奥陶系平凉组、背锅山组烃源层段有机碳分析数据统计表

沉积环境	井号 / 剖面	地质层位	样品数	岩性	有机碳含量 /%		
					一般	最高	平均
台缘浅注	旬探1	平凉组	12	灰色含云泥晶灰岩	0.15～0.3	0.31	0.21
	耀参1	平凉组	5	深灰色粒屑灰岩	0.15～0.2	0.42	0.22
半深水斜坡	麟探1	平凉组	58	深灰色含泥灰岩	0.3～0.7	2.08	0.55
	淳2	平凉组	2	深灰色含泥灰岩	0.3～0.6	0.63	0.48
	淳探1	平凉组	1	灰色含泥泥晶灰岩		0.52	0.52
	永参1	平凉组	1	灰色含泥晶灰岩		0.27	0.27
	岐山烂泥沟	平凉组	3	深灰色含泥灰岩	0.3～0.5	0.53	0.43
	耀县桃曲坡	平凉组	3	灰黑色泥质灰岩	0.4～0.7	0.83	0.65
台缘斜坡	淳2	背锅山组	13	深灰色含生屑泥灰岩	0.3～0.5	2.91	0.70
	麟探1	背锅山组	6	深灰色生屑泥质灰岩	0.15～0.3	0.49	0.23
	淳探1	背锅山组	4	深灰色生屑泥质灰岩	0.5～0.6	0.74	0.53

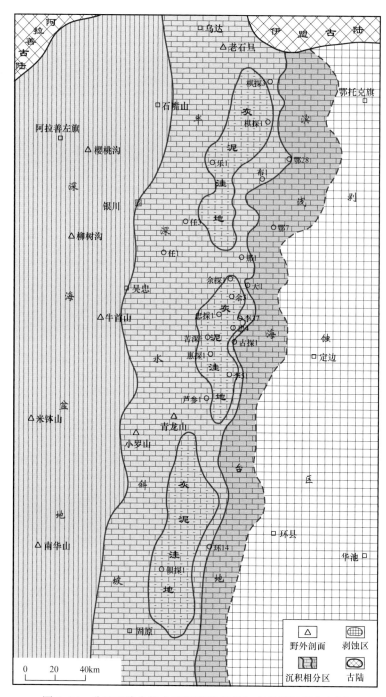

图 6-14 盆地西缘乌拉力克组沉积相带与有利烃源岩分布图

综合盆地西缘及南缘奥陶系主要烃源层段的有机质丰度的统计分析表明，发育在上奥陶统的海相烃源岩 TOC 主要分布在 0.2%～0.8% 之间（图 6-15），这一区间的样品占比可达 65%～70%，TOC 大于 0.3% 的样品占比约在 60%，说明其烃源品质主体处于有机碳下限标准以上，总体具有相对较好的生烃能力。相比较而言，盆地西缘烃源层的有机碳主峰更为集中、偏上，有机碳含量变化也相对较小；而南缘烃源层的有机碳主峰则相对较发散，有机碳含量变化也较大，局部甚至可见部分大于 2% 的样品。

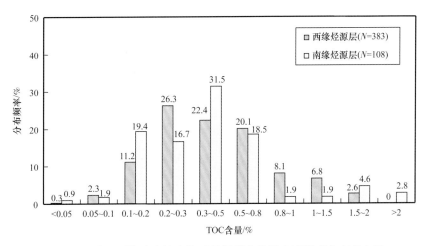

图 6-15 盆地西缘及南缘奥陶系烃源岩有机质丰度频率分布直方图

值得注意的是，该区奥陶系海相烃源层虽总体的有机质丰度不高，但其空间分布规模却较大，或可在一定程度上弥补有机质丰度偏低的不足。

如图 6-16 所示，在盆地西缘地区，上奥陶统海相烃源岩的累计厚度多在 60m 以上，大部分地区在 100～200m 范围内，局部可达 200m 以上；而盆地南缘上奥陶统海相烃源岩的累计厚度则多在 80m 以上，大部分地区在 100～300m 范围内，局部可达 400m 以上。

另外从烃源岩品质差异分布来看，深水斜坡相烃源岩有机碳含量多在 0.5%～1.2%，其厚度一般在 50～80m；而广海陆棚相烃源岩有机碳含量多在 0.2%～0.6%，但其累计厚度则多在 200～400m，总体而言，烃源岩的品质与规模呈现出较强的互补性特征。

再从宏观分布特征来看，盆地西缘及南缘地区的上奥陶统海相烃源岩，呈环绕鄂尔多斯台地西南边缘的"L"形连续带状展布，总体分布面积约 $1.5 \times 10^4 km^2$，整体展现出一个大型烃源灶的区域分布特征。

二、盆地中东部局限海蒸发环境烃源岩

1. 沉积环境

盆地中东部地区奥陶系仅发育中奥陶统马家沟组，马家沟组为膏盐岩与碳酸盐岩间互的旋回性沉积，按照沉积旋回划分，马一段、马三段、马五段为三个海退期沉积，主要发育膏盐岩，马二段、马四段、马六段为三个海侵期沉积，主要发育碳酸盐岩。其中马五段是马家沟组最后一期蒸发旋回形成的沉积地层，内部又可进一步细分为马五$_{10}$亚段、马五$_8$亚段、马五$_6$亚段和马五$_4$亚段 4 个主要的膏盐岩层段，尤以马五$_6$亚段的膏盐岩沉积厚度大（局部膏盐层沉积厚度可达 150m 以上）、分布范围最广，面积约 $5 \times 10^4 km^2$，主要分布在盆地中东部的陕北米脂盐洼沉积相区。

马一段沉积期、马三段沉积期、马五段沉积期海退期的沉积相带展布特征基本类同，呈环绕东部盐洼的环带状展布格局。由盆地东部向西侧的中央古隆起区依次可划分为盐湖、盆缘膏云斜坡、含膏云坪 3 个主要的相区。

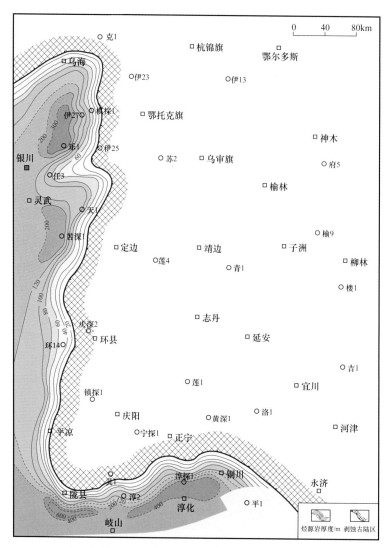

图 6-16　盆地西南缘上奥陶统有利烃源岩分布图

　　盐湖区主要发育石盐岩，间夹薄层白云岩及云质灰岩；盆缘膏云斜坡相区沿盐湖边缘宽缓的斜坡带半环状分布，主要岩性为白云岩、硬石膏岩互层，间夹泥质岩层，云质岩及硬石膏层；含膏云坪相带岩性以泥质云岩、含膏云岩为主，局部间夹硬石膏岩及泥质岩薄层。

　　马二段沉积期、马四段沉积期、马六段沉积期海侵期的沉积相带展布特征基本类同。沉积物类型以碳酸盐岩沉积为主，基本没有盐岩层，仅夹少量膏岩层。在盆地中东部地区沉积相带主要由开阔海灰质洼地、滨岸浅滩、含灰云坪相构成。

　　开阔海洼地相带的岩性以厚层块状云岩、云质灰岩为主，夹中薄层含泥灰岩硬石膏岩，偶见石盐岩薄夹层；滨岸浅滩主体岩性仍为纯碳酸盐岩夹薄层富泥质碳酸盐岩层，局部云化程度高（尤其在靠近中央古隆起区）；环陆云坪相总体呈环绕古陆及古隆起的半环状展布，岩性以泥粉晶结构的白云岩为主，夹间中薄层硬石膏岩及薄层凝灰质泥岩层，纯的白云岩层段相对较少，整体上富含泥质，总体反映以潮上带蒸发环境为主的沉积特征。

2. 有利烃源发育的岩性

根据已有探井取心的化验分析资料，在盆地东部奥陶系马家沟组的碳酸盐岩—膏盐岩地层中，有机质含量总体都相对较低。根据对盆地东部米脂地区一口奥陶系全取心探井（镇钾1井）的系统分析（涂建琪，2016），奥陶系全井段的岩样的TOC一般都在0.3%以下，马五$_5$亚段以下的盐下样品中TOC大于0.3%的样品数占比不足10%，TOC最高值也仅0.7%。热解分析S_1+S_2通常都在0.2mg/g岩石（表6-6），总体显示出较低品质的烃源发育特征。

表6-6 镇钾1井奥陶系马家沟组烃源岩热解分析数据表

序号	井号	层位	岩性	深度/m	TOC/%	S_1/mg/g岩石	S_2/mg/g岩石	S_3/mg/g岩石	S_1+S_2/mg/g岩石	CP/%	IP/%	T_{max}/℃
1	镇钾1	马五$_4$亚段	深灰色泥岩	2488.73	0.31	0.09	0.32	0	0.41	0.03	0.22	444
2	镇钾1	马五$_5$亚段	深灰色泥岩	2523.44	0.29	0.03	0	0	0.03	0	1.00	443
3	镇钾1	马五$_9$亚段	深灰色石灰岩	2560.60	0.14	0.17	0.05	0	0.22	0.02	0.77	607
4	镇钾1	马四段	灰色石灰岩	2611.45	0.12	0.07	0.03	0	0.10	0.01	0.70	606
5	镇钾1	马四段	深灰色石灰岩	2641.71	0.15	0.01	0	0	0.01	0	1.00	608
6	镇钾1	马四段	灰色石灰岩	2705.03	0.19	0	0	0	0	0	—	606
7	镇钾1	马四段	灰色石灰岩	2710.71	0.11	0	0	0	0	0	1.00	606
8	镇钾1	马五$_6$亚段	灰色石灰岩	2731.39	0.14	0	0	0	0	0		607
9	镇钾1	马五$_7$亚段	灰色灰质云岩	2763.71	0.21	0	0.06	0	0.06	0.01	0	599
10	镇钾1	马五$_8$亚段	深灰色泥岩	2849.95	0.26	0.01	0.01	0.29	0.02	0	0.50	519

注：因有局部的断层重复，表中层位与井深并不连续。

其中有机质含量相对较高的样品通常都分布在泥质含量较高的含泥碳酸盐岩或泥质碳酸盐岩中，纯的碳酸盐岩以及硬石膏岩和石盐岩中则有机质含量总体较低，TOC大多都小于0.05%（图6-17、图6-18）。

700余块岩心样品有机碳含量分析的统计结果，TOC大于0.15%的样品多分布在泥质岩及富含泥质的泥质云岩或含泥灰岩薄夹层中，其中泥质岩类TOC多在0.15%～0.45%之间，泥质云岩及泥质灰岩一般在0.10%～0.25%；而较纯的白云岩、石灰岩层段则TOC多小于0.15%。表明黏土矿物的存在对有机质的有效保存有极为重要的作用。

3. 有机质赋存特征

1）富有机质层多呈薄夹层或纹层状产出

大量的岩心观察及取样分析表明，该区奥陶系富有机质的烃源层多呈薄夹层或纹层状产出，夹层厚多在10～30cm之间，纹层多呈毫米级，夹层可能与米级旋回有关的气候变化有关，纹层则可能主要与季节性气温变化有关。如图6-19所示，纹层状泥粉晶云岩中

a. 榆9井，2318.61m，马五₅亚段，泥粉晶云岩，
具富泥质纹层，TOC为0.94%

b. 桃112井，3834.31m，马二段，泥质云岩，
具纹层构造，TOC为0.59%

c. 陕446井，4118.09m，马五₆亚段，纹层状泥粉晶
云岩，TOC在浅色层为0.19%，暗色层为0.35%

d. 陕446井，4121.30m，马五₆亚段，深灰色泥粉晶
云岩，TOC为0.55%

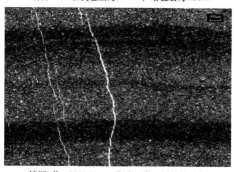

e. 镇钾1井，2543.71m，马五₇亚段，泥粉晶云岩，
具富泥质纹层，TOC为0.13%（单偏光）

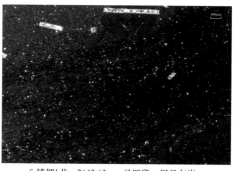

f. 镇钾1井，2643.63m，马四段，泥晶灰岩，
具石膏假晶，TOC为0.41%，单偏光

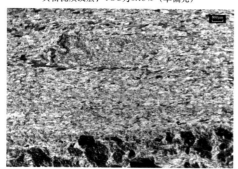

g. 镇钾1井，2501.20m，马五₄亚段，硬石膏岩，
夹云质团块，TOC为0.01%（正交偏光）

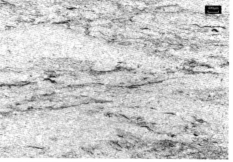

h. 镇钾1井，2595.26m，马五₁₀亚段，硬石膏岩，
TOC为0.04%（单偏光）

图 6-17 盆地东部奥陶系不同岩性及有机碳含量特征

有明显明暗层相间的纹层状构造，其中浅色层与暗色层的有机碳含量有较明显的差别。如图 6-20 所示，显微级别的纹层构造中，浅色层的 TOC 多在 0.15% 以下，而暗色层则有机碳含量明显较浅色层高出 1～2 倍，多在 0.2%～0.4% 之间。但总体来看，即使是感觉有机碳含量可能较高的非常"暗色的"纹层，其有机质含量也并不是很高，基本都在 0.8% 以下，而鲜有 TOC 能高过 1% 的。

因此，虽然认为具有明暗相间的纹层状云岩是较好的烃源岩，其暗色层与浅色层的比例多在 1∶1～2∶1 之间，但由于暗色层本身的有机质含量并不高，导致纹层状富泥白云岩烃源岩的整体 TOC 分析值也较低，一般都在 0.15%～0.3% 之间。因而单从 TOC 指标的角度看，其作为有效烃源岩的品质总体还是较差的。

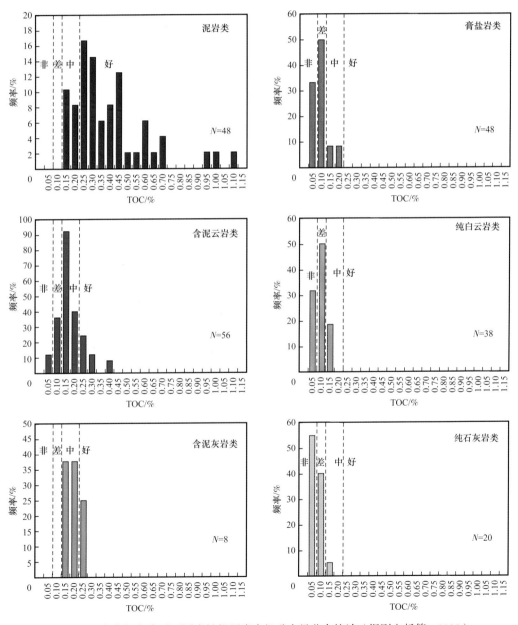

图 6-18　中东部奥陶系不同岩性烃源岩有机碳含量分布统计（据刚文哲等，2020）

a. 龙探2井，2656.93m，马五₇亚段，灰色泥粉晶云岩，夹约2cm厚的可疑黑色炭质薄层

b. 府5井，2481.58m，马四段，含泥质泥粉晶云岩，具水平纹层构造

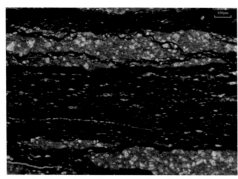

c. 龙探2井，2656.93m，马五₇亚段，泥粉晶云岩，TOC为0.14%

d. 府5井，2481.58m，马四段，含泥质泥粉晶云岩，TOC为0.59%

图6-19 含泥质泥粉晶云岩纹层构造及显微结构特征

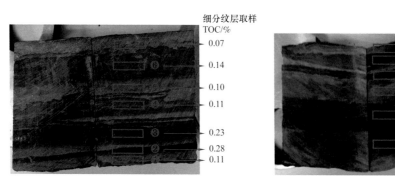

桃112井，马三段，3777.10m，含膏泥质云岩，岩样总TOC为0.15%

桃112井，马三段，3810.5m，含泥云岩，岩样总TOC为0.17%

图6-20 细分纹层取样有机碳分析图示（据李宁熙等，2019）

2）有机质组分分布不连续，多与黏土矿物相伴生

据显微岩石薄片及扫描电镜的观察分析，有机质组分在该区烃源层中的分布多呈不连续状，其分布多与黏土矿物的存在密切相关，多与黏土矿物相伴生。如图6-21a、b所示，在较纯的白云岩及石灰岩中，极少能见到有机质残片的存在；而在泥质（黏土矿物）含量较高的白云岩中，则多可见到与黏土矿物相伴生的有机组分（图6-21c、d）。

3）有机质主要来源于浮游藻类及细菌等生烃母质

对烃源岩干酪根的显微镜检分析表明，盆地东部奥陶系马家沟组气源岩的干酪根类型主要为Ⅰ型或Ⅱ₁型，显微分析有机组分以腐泥组无定型体为主（图6-22），大多占80%～85%，海相惰质组、镜质组的含量均在10%～15%；岩心及镜下观察均少见到水生动植物的实体及遗迹化石，因此推断这类高盐度的蒸发台地沉积环境的生烃母质可能主要为蓝细菌（蓝藻）、浮游藻类和疑源类等，而缺乏正常海沉积环境的底栖生物群落。

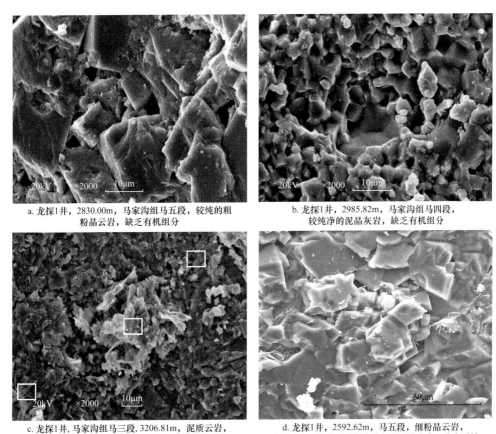

a. 龙探1井，2830.00m，马家沟组马五段，较纯的粗粉晶云岩，缺乏有机组分

b. 龙探1井，2985.82m，马家沟组马四段，较纯净的泥晶灰岩，缺乏有机组分

c. 龙探1井，马家沟组马三段，3206.81m，泥质云岩，有机质主要赋存在不均一分布的黏土团块及条带中

d. 龙探1井，2592.62m，马五段，细粉晶云岩，有机质主要伴生于晶间充填伊利石黏土中，分布零星

图 6-21　盆地东部奥陶系烃源岩扫描电镜微观特征图版

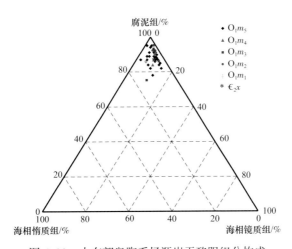

图 6-22　中东部奥陶系烃源岩干酪跟组分构成

根据对中东部奥陶系马家沟组烃源岩中干酪根抽提物的饱和烃色谱分析（图 6-23），其主峰碳数多在 C_{16}～C_{19} 之间，且具有一定的植烷优势，反映其有机质主要来源于富含类脂物的低等藻类及细菌类微生物。

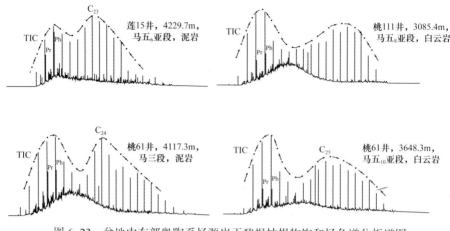

图 6-23　盆地中东部奥陶系烃源岩干酪根抽提物饱和烃色谱分析谱图

浮游藻类：近期针对鄂尔多斯盆地中东部奥陶系烃源岩的研究表明，在普通光学显微镜下，大部分马家沟组石灰岩、白云岩样品中未见到明显的成烃生物，仅在个别样品中发现线叶体和孢子聚合体（图 6-24）。孢子聚合体在单偏光下为棕色，聚合体长约 90μm，单体孢子为深褐色，直径约 15μm；线叶体为黑色，长约 100μm，宽为 15μm。在新富 5 井马五 $_5$ 亚段发现大量钙球藻，钙球藻为椭圆形—圆形，直径约 160μm，内部被黄铁矿充填。桃 112 井、大 113 井样品在镜下可见到零星分布的浮游藻类化石和沥青。浮游藻为椭圆形—圆形，直径为 20～30μm，在扫描电子显微镜下为黑色，部分被基质矿物掩盖；沥青在样品中以片状出现，大小不等。总体来看，马家沟组成烃生物以浮游藻类为主，主要分布在马家沟组三段和五段富纹层黑色/灰黑色含云泥岩、云质泥岩和泥云岩中，由于浮游藻个体较小，荧光条件下发现浮游藻类经历过生烃演化，导致难以观察到形状完美的浮游藻个体，很难识别出具体的浮游藻类型（图 6-25）。

蓝细菌（蓝藻）：盆地中东部奥陶系盐下烃源岩成烃生物的系统研究显示，该区盐下成烃生物除了浮游藻类外，细菌也是极为重要的成烃生物，可识别出的烃源岩成烃生物主要有浮游藻类和细菌，其烃源岩成烃生物具有浮游藻类和细菌二元成因的特征。

扫描电镜下细菌多以菌群形式出现，细菌化石体积较小，属于球菌类。当细菌分裂时，母细胞形状变圆且饱满，细胞中间逐渐形成横隔（图 6-26c），一个母细胞分裂成两个大小近似相等的子细胞（二细胞簇）。当细菌细胞分裂不完全时，也可形成三细胞簇。细胞分裂是连续的，子细胞中部可以再次形成横隔，开始二次分裂。不同分裂阶段的细菌大小存在差异，二细胞簇是由细胞二分裂产生的，其直径较小。图 6-26c 显示细菌母细胞直径约为 1μm，两个子细胞直径约为 0.5μm（图 6-26b、c），细菌附着在浮游藻类化石表面，并且以浮游藻类遗体为食，图 6-26c 可以观察到由于细菌降解作用使得浮游藻化石表面形成不规则的网状结构。

有学者通过野外观察发现，鄂尔多斯盆地中东部奥陶系马五 $_{1+2}$ 亚段发育有规模不一的各类微生物岩，生物碳酸盐岩与蓝细菌（过去称为蓝藻）生命活动相关，包括叠层石、菌纹层云岩、蓝细菌凝块岩以及与微生物相关的颗粒岩（图6-27）。Riding（2000，2011）按照微生物岩的宏观构造将微生物碳酸盐岩分为叠层石、凝块石、树枝石和均一石（图6-27），此次发现的微生物岩属于叠层石。研究区微生物岩的发育受控于波浪作用，主要发育于潮间—潮下带，与水动力能量的强弱有直接的关系，且在各自的沉积环境上具有一定的分带性，也常以微生物岩石组合的形式出现，潮间带主要发育近水平、微波状和半球状叠层石（图6-27）。与微生物岩形成有关的微生物在油气的生成过程中也发挥着重要的作用，一方面微生物大量生长的水域往往富营养化，在这种环境沉积的地层往往富含大量有机质，能形成好的烃源岩；另一方面，部分蓝细菌和藻类死亡后被埋藏，能够直接参与石油的形成。因此，微生物碳酸盐岩建造往往具有自生自储的特点，勘探远景良好。张廷山等（2002）通过研究中国四川盆地北缘寒武纪和志留纪凝块石的生物标志化合物发现，其具有如下特征：正构烷烃为低碳数（$nC_{15} \sim nC_{20}$）主峰；五环三萜烷以C_{30}藿烷为主；甾类化合物分布表现为C_{29}甾烷优势。综合这些特征及生物的演化规律，不难发现凝块石作为烃源岩时，有机质的生源构成主要是细菌和低等的菌藻类。已有研究常把微生物岩作为储层来进行评价，忽略了其可能具备的生烃潜力。而此次发现的微生物白云岩中，部分

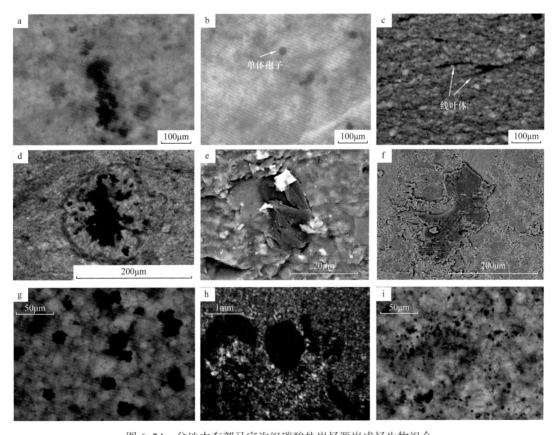

图6-24　盆地中东部马家沟组碳酸盐岩烃源岩成烃生物组合

a.孢子囊聚合体，石峡谷剖面；b.单体孢子，大59井；c.浮游植物线叶体，大113井；d.马五$_5$亚段钙球藻，新富5井；e.浮游藻，大113井；f.沥青，大113井；g.浮游藻类无定形体，桃112井；h.浮游藻类无定形体，桃112井；i.浮游藻类无定形体，黄铁矿发育，桃112井

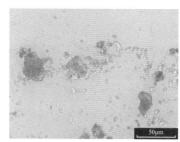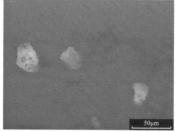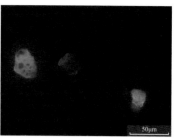

菌藻类，透射光　　　　　　　　　　　菌藻类，反射光　　　　　　　　　　　菌藻类，荧光

a. 桃111井，3092.1m，马五$_8$亚段，白云岩，TOC为0.66%，干酪根样品中菌藻类反射光下呈灰色/灰白色及绿色荧光

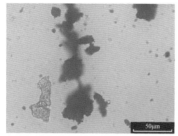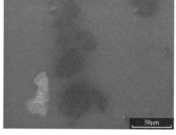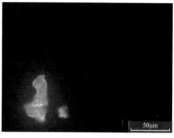

菌藻类，透射光　　　　　　　　　　　菌藻类，反射光　　　　　　　　　　　菌藻类，荧光

b.双168井，3426.4m，马二段，白云岩，TOC为0.13%，干酪根样品中菌藻类反射光下呈灰色/灰白色及绿色荧光

图 6-25　盆地中东部马家沟组盐下烃源岩干酪根样品中浮游菌藻类荧光显微镜下特征
（据刚文哲等，2020）

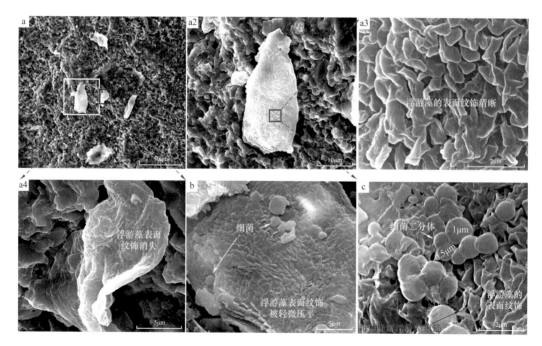

a.双168井，3225.5m，马三段，泥质灰岩，TOC为0.14%，TS为0.04%；b.桃109，3007.5m，云质泥岩，
TOC为0.45%，TS为1.23%；c.桃61，4120.5m，马三段，膏质泥岩，TOC为0.37%，TS为0.86%；

图 6-26　鄂尔多斯盆地马家沟组盐下烃源岩浮游藻类与细菌化石扫描电镜照片（据刚文哲等，2020）

层位呈灰黑色，应含有较多的有机质，可能具有一定的生烃能力，下一步应开展更为精细的评价工作。

图 6-27　鄂尔多斯盆地东缘三川河剖面马家沟组五段微生物岩

4）较高盐度有利于蓝细菌的发育繁盛

传统认识倾向于认为高盐度环境下有机质产量很低，难以形成优质烃源岩。与正常海洋环境相比，膏盐岩层系形成时的高盐度水体环境下生存的物种确实较少，但是这些物种却拥有非常大的产物通量。对现代蒸发环境—现代盐湖的研究发现，生物的种类随着盐度增加而减少，而生物的产量通常却随着盐度的增加而增加。如哥伦比亚盐湖嗜盐微生物的生物产能达 1690g/（m^2·a），总菌数高达（6.52～90.5）×10^4 细胞 /L 湖水，嗜盐菌生物量达 1542g/L 湖水。此外膏岩层系良好的厌氧条件有利于有机质的保存，国内外也发现了一些膏岩层系作为烃源岩的实例。综上所述，膏盐层系在咸水环境下能够发育生物并能够得到有效保存。

膏岩层系沉积形成烃源是在高盐度水体环境下形成的，因此具有特殊的生物组合特征及生烃物质。通过对现代膏盐岩典型沉积环境—现代盐湖的研究发现，绿藻和蓝藻是低盐度水体中的主要生物群，而嗜盐菌是高盐度环境时生物群的主导。在膏盐岩形成环境中能够生存的物种数量与正常环境相比偏少，主要包括蓝藻（浮游）、盐生杜氏藻（浮游）、光养噬硫细菌、嗜盐古细菌、卤虫藻（浮游）和真细菌等（图 6-28），但这些生物群拥有巨大的产物通量。在中国西藏扎布耶盐湖北湖，就发育大量红色嗜盐藻—杜氏盐藻。鄂尔多斯盆地马家沟组成烃生物主要为浮游藻类，主要发育在与膏岩相关的马三段、马五段与膏岩相邻或相间的黑色、灰黑色富纹层含云泥岩、云质泥岩和泥云岩中，也对应 TOC 较高的层位，因此，认为马家沟组烃源岩主要发育在局限台地相，盆地中东部地区受陕北盐湖的影响，更有可能发育以浮游藻为主的烃源岩。

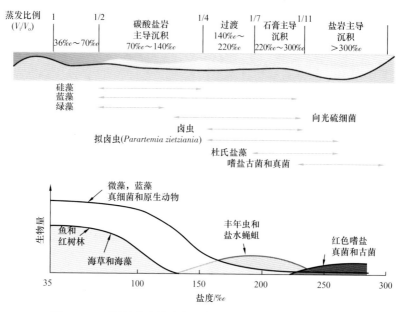

图 6-28　不同盐度水体中的生物群落（据刘文汇等，2016）

4. 有机质丰度

近期通过对盆地中东部奥陶系 700 余块岩心样品的有机碳（TOC）分析数据的整理统计（图 6-29），该区可能的烃源岩的有机碳数据大部分在 0.05%～0.3% 之间，TOC 大于 0.1% 样品约占 50%，TOC 大于 0.3% 样品则仅占 8.7%。从早期钻探的龙探 1、龙探 2 井局部层段取心分析的有机碳含量也表现出低有机质丰度的特征（图 6-30），其大部分样品的 TOC 都在 0.3% 以下。因此，如果以 0.3% 作为有效烃源岩的有机碳下限标准来衡量，该区所谓的"烃源岩"大部分处在下限标准以下或附近的范围，即真正"有效的烃源岩"在地层中的占比很少；即使是有效的部分其有机碳品质也相对较低，基本都处在 0.3%～0.8% 的范围内，靠近下限标准附近。

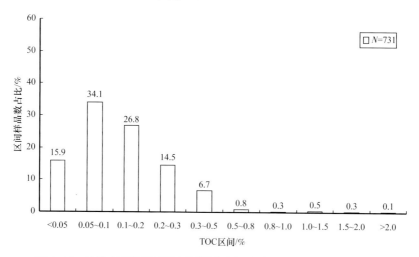

图 6-29　盆地东部奥陶系海相烃源岩有机碳（TOC）分布频率直方图

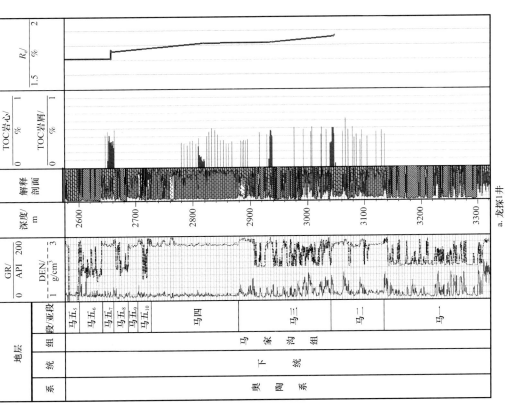

图 6-30　鄂尔多斯盆地东部奥陶系有机地化剖面图

b. 龙探2井

a. 龙探1井

因此，从整体上来看，盆地东部地区奥陶系海相烃源岩的烃源品质总体上相对较差，生烃潜力可能也相对较为有限。

5. 烃源岩分布

盆地东部奥陶系海相烃源岩由于有机质丰度低、厚度薄，其生烃潜力评价的关键是如何确定有效烃源岩的有机碳下限，以及如何利用钻井资料识别有效的烃源层段，进而对于烃源岩的空间分布和生烃潜力评价提供较为客观的地质依据。

近期研究曾尝试从工业化评价的角度将烃源岩地球化学实验分析资料和钻孔的测井资料相关性研究相结合，以探索针对盆地中东部地区奥陶系盐下更低丰度的海相烃源岩定量评价的有效方法。在测井有效烃源层判识的基础上，综合已有的有机地球化学及沉积相分析等资料，针对盆地中东部地区钻入下古生界探井开展了有效烃源层段的识别，并结合露头、剖面资料对海相烃源岩的分布进行了系统的编图分析（图6-31）。综合分析后认为：盆地东部马家沟组局限海台地相蒸发岩层系的薄层状泥质碳酸盐岩，有效烃源层厚度

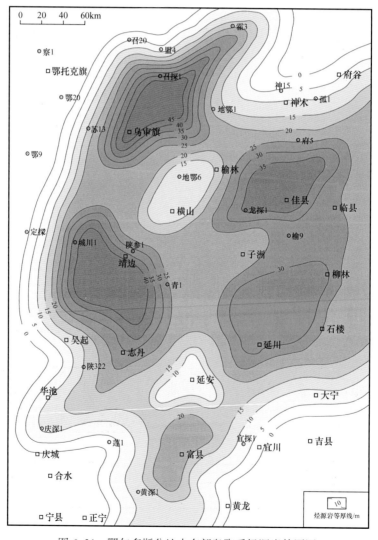

图6-31　鄂尔多斯盆地中东部奥陶系烃源岩等厚图

相对较薄（多在 10～20m 之间、稍厚的地区也仅在 25～35m 之间），加之有机碳含量整体较低，因而其总体生烃潜力也较为有限。

如果单从有机碳含量（TOC）指标来分析，即使累计厚度为 35m 的烃源岩有机质丰度都达到平均 0.3% 的标准，充其量也只相当于本区上古生界 0.2m 厚的煤层（TOC 一般可达 50%～80%）的有机碳含量，而这在上古生界的成藏体系中可以说是"微不足道"的，前已述及，本区上古生界的煤系烃源层系中煤层累计厚度一般可达 8～12m，暗色泥岩（多为碳质泥岩）厚度也达 60～120m，其与中东部奥陶系海相烃源层系在有机质分布规模上的差异至少可达 2 个数量级的差别。

6. 奥陶系烃源岩有机质热成熟特征

烃源岩中有机质的热成熟度是评价其生烃潜力、生烃量分析的关键指标。使用最普遍的指标一般为镜质组反射率（R_o）和最大热解峰温度（T_{max}）。对鄂尔多斯盆地中东部地区样品开展全岩热解分析，结果显示马家沟组 T_{max} 分布在 477～524℃ 之间，为高—过成熟（姚泾利等，2016），显示出较高的热演化程度。镜质组反射率 R_o 是作为有机质成熟度重要指标之一，早期主要应用于确定煤阶，然而下古生界海相烃源岩类型主要为 I－II$_1$型，不含或含有极少的镜质组，因此普遍以海相镜质体或原生沥青（R_{ob}）来代替。项目组在测定马家沟组 Rob 过程中，发现大部分马家沟组样品中沥青块体较小，甚至没有沥青，仅在个别样品中测得马家沟组 R_{ob} 为 2.27%～2.95%，根据公式：$R_o=0.618R_{ob}+0.4$（Jacob，1985）可得，马家沟组 R_o 分布范围为 1.8%～2.4%，属于高—过成熟，与长庆油田对盆地马家沟组热成熟度划分的结果一致（杨俊杰等，1996）。近期研究在龙探 2 井的马家沟组岩石中也发现可做 R_o 测定的少量海相镜质体，测得其镜质组反射率 R_o 在 1.68%～1.88% 之间（图 6-32），且随井深增大略呈增加趋势，表明测点具有一定的可靠性。二者分析测试都反映中东部奥陶系烃源层系有机质热演化已达高成熟演化阶段（局部可能达到过成熟演化初期），基本处于生气的高峰阶段。

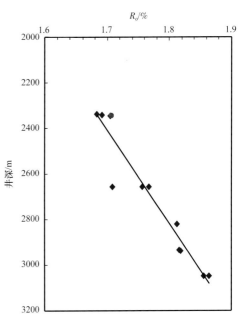

图 6-32　龙探 2 井奥陶系烃源岩 R_o 与埋深关系

7. 生烃潜力评价

20 世纪 70 年代以来，国内研究学者针对中国古生代陆表海碳酸盐岩有机质丰度低（0.1%～0.2%）、成熟度高（$R_o>1.5\%$）和分布广的特点，研究的重点多放在说明低丰度、高成熟度的碳酸盐岩仍能作为烃源岩。因此，中国海相烃源岩评价中的争论焦点之一就是有机质丰度的下限，针对碳酸盐岩层系的烃源岩提出了各自不同的有机碳下限标准从

表 6-7 可看出，中国学者所提出的有机质丰度下限明显低于国际标准。以前石油勘探部门采用 0.1% 为碳酸盐岩烃源岩的有机质丰度下限值，结果是：碳酸盐岩烃源岩无处不在，有的地区厚度在千米以上，计算的资源量相当可观，但勘探效果却很不理想。

表 6-7　海相生油岩评价的有机质丰度标准

学者		碳酸盐岩有机质丰度下限 /%	泥质岩有机质丰度下限 /%
国外	Hunt（1967，1979）	0.3	0.4～1.0
	Placas（1983）	0.4	
	Tissot（1984）	0.3	0.5
国内	傅家谟等（1986）	0.1～0.2	
	陈丕济（1986）	0.1	
	刘宝泉（1985）	0.05	
	郝石生（1989）	0.2	
	黄第藩（1995）	0.1	

有学者通过文献调研认为，国外海相大中型油气田的烃源岩有以下特点：（1）要形成工业性油气田，必须有大面积分布，有一定厚度，有机碳在 1%～2% 及以上的泥质、泥质碳酸盐岩，有机质含量很低（TOC<0.2%）的纯碳酸盐岩形成不了大油气田；（2）海相烃源岩的有机质类型主体是 Ⅱ 型，岩性主体为泥质岩和泥灰岩；（3）海相烃源岩厚度不一定要很大，只要有十几米至上百米高有机质丰度（TOC>2%）烃源岩，就能形成大中型油气田；（4）海相生油岩的分布受沉积相带和有机质生产力控制。概而言之，碳酸盐岩地层总体上有机质丰度虽不高，但其中包含了一些富集有机质的生油岩层段，它们通常是由泥灰岩或泥质灰岩组成（黏土含量为 10%～30% 或更高）。在许多含油气盆地碳酸盐岩地层中，由薄层状、纹层状富有机质泥灰岩或泥质灰岩层构成有效生油岩层段。北美地台和澳大利亚地台奥陶系烃源岩有机质丰度显示"低中有高"的特点，即大多数烃源岩有机质丰度并不高，但其中夹有高有机质丰度烃源岩薄层（岩性上以泥灰岩为主，厚度仅几厘米至几十厘米），后者对成烃起了重要贡献。

国内的许多研究学者认为，如果烃源岩的单位体积岩石排烃量不足而总体积足够大，可以弥补生烃潜力的不足，有机质丰度下限值可以降低。据此，无论是扬子地台，还是塔里木盆地，甚至华北地台，都有了厚达数千米的"优质"烃源岩层。然而，许多地球化学研究结果并不支持上述论点。对北海和 Wind River 盆地等的地球化学研究显示：排驱效率随烃源岩总厚度的增加而显著降低，在缺乏粗粒岩时尤其如此。在这种情况下，生成的烃类实际上分散滞留在厚层岩石中，对成藏是无效的。作为烃源岩，要有一定分布范围，有机碳含量要足够高，但厚度不必很大，十几米至上百米的厚度足以形成大中型油气田。国外许多含油气盆地的烃源岩是薄层状、纹层状富有机质的泥灰岩或泥质灰岩。北美地台和澳大利亚地台奥陶系烃源岩系中，大多数碳酸盐岩有机质丰度并不高（TOC 为

0.1%～2.0%），对成藏有重要贡献的是夹于其中的高有机质丰度（主要为5%～10%）的薄层，岩性以泥灰岩为主，单层厚度仅几厘米至几十厘米。

基于此认识，有学者选取龙探2井、城川1井、桃112井、宜探1井等30余口探井，细分层计算了中东部奥陶系深层烃源岩的生气强度。选择TOC不小于0.3作为烃源岩的有机碳下限，并根据各井烃源岩生烃强度做出鄂尔多斯盆地东部马一段—马三段烃源岩生烃强度分布图，马一段生气强度为（0.2～1.0）$\times 10^8 m^3/km^2$，马二段生气强度为（0.1～0.3）$\times 10^8 m^3/km^2$，马三段生气强度为（0.2～2.2）$\times 10^8 m^3/km^2$。以烃源岩相对较厚的马三段为例，其生烃强度分布总体与烃源岩厚度分布一致，西北部乌审旗地区，米脂以及华池地区为三个有利的生烃中心（图6-33），但其生烃强度也总体不高，大多都在$1.5 \times 10^8 m^3/km^2$以下。

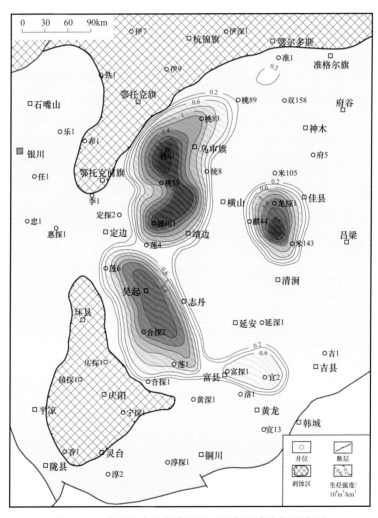

图6-33　盆地中东部奥陶系马三段烃源岩生烃强度图

刚文哲等（2020）利用烃源岩实测TOC含量平均值，根据总有机碳法公式，确定盐下烃源岩的总生烃量为$284.5 \times 10^8 t$，利用油气换算系数（1200m^3/t）得到盐下烃源岩的总生气量为$34.14 \times 10^{12} m^3$，进而确定烃源岩总生气强度为$2.88 \times 10^8 m^3/km^2$。并估算由此所形成的奥陶系盐下天然气总资源量为 $3577.12 \times 10^8 \mathrm{m}^3$，平均天然气资源丰度为 $309.67 \times 10^4 \mathrm{m}^3/$ km^2，有利生烃区主要分布在乌审旗—靖边—吴起一带。

笔者认为，这些都还是比较偏于乐观的关于盆地中东部奥陶系烃源岩生烃潜力的估算结果，但即使如此，其整体的生烃能力也还是有限。

第二节 上古生界煤系烃源

一、晚古生代的古地理环境及其演化特征

加里东构造运动的中晚期秦祁海槽关闭，鄂尔多斯地区与华北地块一起隆升为陆，并连接成一个整体，经历了长达 130～150Ma 之久的风化剥蚀，形成准平原化的碳酸盐岩岩溶古地貌。直至海西运动中期，鄂尔多斯才又与华北地块一起发生区域沉降，进入晚古生代海陆过渡相—内陆河湖相的沉积演化阶段。

鄂尔多斯西缘自石炭纪早期即开始接受沉积，而鄂尔多斯中东部地区（乃至广大的华北地块）则直至晚石炭世才开始接受沉积。在历经本溪组沉积期、太原组沉积期及山西组沉积早期的沉积之后，海水再次从鄂尔多斯地区退出，结束了该区海相沉积历史，早二叠世山西组沉积中晚期开始进入陆相沉积阶段。晚古生代该区经历了由潟湖、障壁、潮坪和三角洲为特征的陆表海到河流—三角洲发育的内陆湖盆沉积演化过程，沉积序列则从浅海碳酸盐岩与滨海碎屑岩和泥炭的间互沉积，逐渐过渡到陆相河流—三角洲碎屑沉积。

1. 晚石炭世本溪组沉积期

鄂尔多斯盆地受中央古隆起的控制，分为东西两个海域，中央古隆起沿新召苏木—鄂托克前旗—西峰一线呈南北向展布。东部海域，华北海由东向西浸入，哈 2 井—伊深 1 井—鄂 2 井—定探 1 井—黄陵—洛河以东，以潮坪—潟湖—障壁—（潮下）浅水陆棚沉积为特征，沉积体系向西超覆，形成东厚西薄的楔状地质体。

西部海域，限于布拉格苏木—大水坑以西地区，以裂陷海湾沉积为特征，与东部差异较大，发育近南北向延伸的潮坪—潟湖沉积，但在北部乌达和中部吴忠地区发育三角洲沉积，地层厚度与砂体厚度都较大，表现出快速堆积特点。

2. 早二叠世太原组沉积期

晚石炭世沉积之后，随着盆地进一步沉降，海水自东西两侧分别向中央古隆起和伊盟隆起浸漫，中央古隆起于水下形成一个统一的海域，但中央古隆起仍一定程度地制约着东西两侧的沉积作用。盆地东部地区以陆表海沉积为主，西缘地区转化为裂后坳陷，成为相对于陆表海沉积的坳陷带，表现为冲积扇、三角洲、潮坪—障壁岛—浅水陆棚碳酸盐岩等沉积体系共存，并形成陆源碎屑与碳酸盐岩的混合沉积。滨岸和浅水陆棚环境沉积的微晶灰岩、生物屑灰岩和煤层，成为上古生界的主要烃源岩。

3. 早二叠世山西组沉积期

太原组沉积后，区域构造环境和沉积格局发生了显著变化。因华北地台整体抬升，

海水从鄂尔多斯盆地东西两侧迅速退出，盆地性质由陆表海演变为近海湖盆，沉积环境由海相转变为陆相，东西差异基本消失，而南北差异沉降和相带分异增强。总体沉积面貌为以吴起、富县、宜川、延长地区为盆地沉降中心，发育浅湖沉积；周缘滨湖区则以三角洲沉积为特征，砂体发育，具向湖盆强烈进积的层序结构。该期可划分出米脂三角洲、靖边三角洲、杭锦旗三角洲、石嘴山三角洲、平凉三角洲和韩城三角洲等多个三角洲体系。三角洲平原的普遍沼泽化，沉积了一套煤系地层，形成上古生界的另一套主要烃源岩。

4. 中二叠世石盒子组沉积期

进入中二叠世，气候由温暖潮湿变为干旱炎热，植被大量减少，从而沉积了一套灰白—黄绿色的陆相碎屑岩建造。下石盒子组沉积初期，北部古陆显著抬升，物源丰富，盆地内季节性水系异常活跃，沉积物供给充分，相对湖平面下降，河流—三角洲体系向南推进，三角洲沉积异常发育。随后，伴随着北部物源区抬升的减弱，沉积物补给通量减小，河流萎缩，湖平面上升，河流作用减弱，湖泊作用增强，粗碎屑沉积逐渐被细粒沉积物取代。该期岩相古地理格局与山西组沉积期有一定的继承性，盆地周缘同样发育多个三角洲体系。

上石盒子组沉积期北部构造抬升作用进一步减弱，冲积体系萎缩，湖泊沉积体系向北扩展，气候变得较为干燥，植被锐减，以紫红色、黄绿色的泥质岩类为主，夹薄层长石岩屑砂岩透镜体，形成上古生界气藏良好的区域封盖层，岩相古地理格局为三角洲与湖泊沉积体系共存。

5. 晚二叠世石千峰组沉积期

海西旋回末期，秦岭海槽再度向北的俯冲消减，兴蒙海槽因西伯利亚板块与华北板块对接而消亡，华北地台整体抬升，海水自此彻底退出华北大盆地，研究区由前期的近海湖盆演变为内陆湖盆，沉积环境完全转化为大陆体系，以发育河流、三角洲和湖泊沉积为特征。该期气候变得更为干燥，沉积了一套紫红色碎屑岩建造。

二、煤系烃源岩发育特征

由前述古地理的演化特征可见，石炭纪—二叠纪早期是鄂尔多斯地区最好的成煤时期，障壁—潟湖、潮坪、三角洲平原沼泽沉积的煤系地层，为盆地上古生界提供了丰富的气源岩，煤、暗色泥岩和碳酸盐岩等主要烃源岩，在盆地内广泛分布。

1. 主力烃源岩以煤层和碳质泥岩为主，分布广泛

根据对区内上古生界煤系烃源层的有机地球化学分析资料，具有一定生烃潜力的烃源岩类型主要为煤层、碳质泥岩及石灰岩，其中煤层有机碳含量高、分布范围广（图6-34），是最为有效的优质烃源层；碳质泥岩也具有较高的有机碳含量，且厚度大、分布广，也是较好的烃源岩类；而石灰岩类有机碳含量相对较低，分布相对较为有限，生烃潜力在本区居于次要地位。

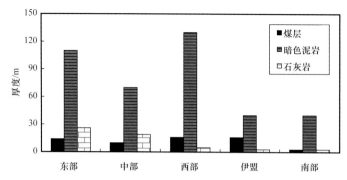

图 6-34 鄂尔多斯盆地石炭系—二叠系烃源岩厚度分区统计直方图

主力烃源岩主要分布于石炭系本溪组上部和二叠系下部太原组—山西组的含煤地层中，也因此称之为煤系烃源岩。煤系烃源岩以腐殖型为特征，有机质类型属Ⅲ型干酪根，总体以生气为主。石灰岩类烃源岩的干酪根以Ⅱ₂型为主。各类气源岩的展布总体呈现为西部最厚，东部次之，中部较薄，但区域分布都相对较为稳定，总体具"广覆式分布"的特征（图 6-35）。

煤层是上古生界对生成天然气贡献最大的一种岩性，煤层累计厚度一般为 8~20m，盆地西部及东北部厚度可达 25m 以上，环县—定边—靖边—清涧—蒲县一线以北煤层厚度一般大于 10m，庆阳—吴起—延安—宜川一线以南，煤层厚度小于 8m；有机碳含量高达 70.8%~83.2%，氯仿沥青"A"为 0.61%~0.8%，总烃为 1757.1%~2539.8%。

暗色泥岩（大部分是碳质泥岩）受沉积相的影响，除西部的乌达、韦州等地累计厚度大于 200m 外，一般厚度为 60~100m，东部蒲县地区厚度达 100~140m，伊盟地区、渭北地区一般小于 40m；有机碳含量为 2.25%~3.33%，氯仿沥青"A"为 0.037%~0.12%，总烃为 163.76%~361.6%。

石灰岩厚度自东向西厚度逐渐减薄，榆林—靖边—富县以东及西部的乌达等地厚度大于 10m，向北、向西南厚度逐渐减薄消失；有机碳含量为 0.3%~1.5%，平均值为 1.42%，氯仿沥青"A"平均值为 0.08%，总烃平均值为 493.2%。

2. 煤系烃源岩生气为主，生烃能力较强

根据烃源岩有机质特征、热模拟实验及烃源岩的埋藏史和热演化史的盆地模拟研究，鄂尔多斯盆地上古生界烃源岩从三叠纪开始生烃，早中侏罗世开始排出天然气，至晚侏罗世—早白垩世达到生烃和排气高峰期。其生气量占上古生界总生气量的 76%，成为上古生界天然气的主要供给期，并形成中东部为主的多个生烃中心，同时具备广覆式生烃的特点。中部生烃中心，烃源岩有机质成熟度 R_o 为 0.8%~1.8%，达到成熟至高成熟阶段；生气强度一般为（20~40）×10⁸m³/km²，东部生气强度可达 50×10⁸m³/km² 以上，西缘的乌达、韦洲及银洞子等地区形成三个局部生烃中心，生气强度达到（25~35）×10⁸m³/km²。现今中东部烃源岩排气强度可达 40×10⁸m³/km²，与西缘三个生烃中心相一致的排气强度为（20~25）×10⁸m³/km²（图 6-36）；紧邻有效供气中心的鄂托克旗—乌审旗—榆林—镇川堡是天然气运移和聚集的有利地区之一，为上古生界天然气的富集成藏奠定了雄厚物质基础。

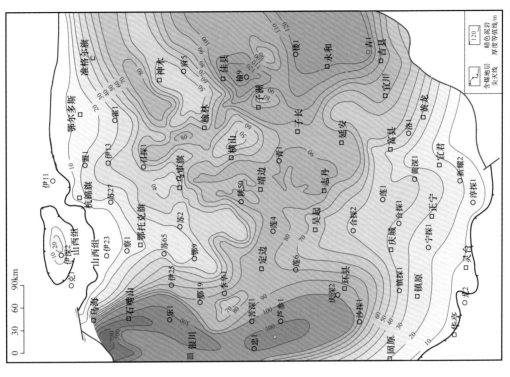

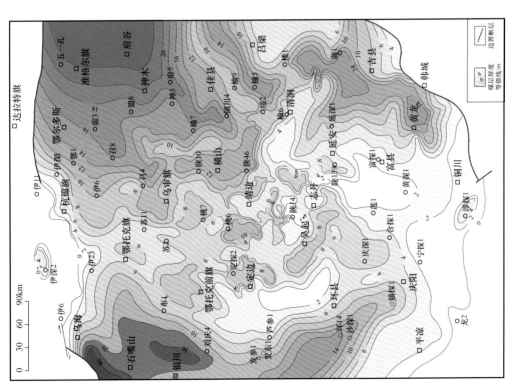

图6-35　鄂尔多斯盆地上古生界煤系烃源岩分布图

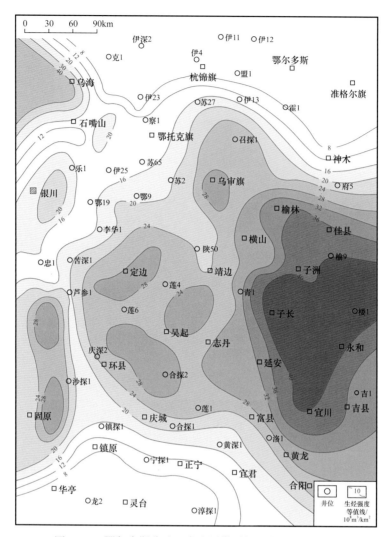

图 6-36 鄂尔多斯盆地上古生界煤系烃源岩生烃强度图

第七章　源—储配置与成藏组合

鄂尔多斯盆地属于多旋回的克拉通盆地，奥陶系沉积地层形成后，又经历了多期构造运动的变化及后续沉积作用的多期叠覆埋藏，形成奥陶系储集体与古生界烃源层系之间特殊的源—储配置关系，并在中生代及以后的埋藏演化过程中逐步聚气成藏，因而导致本区奥陶系在天然气成藏演化及成藏组合特征方面具有不同于其他碳酸盐岩盆地的鲜明特征。

第一节　奥陶纪沉积后的构造及成藏演化

一、经历五个重要的构造演化阶段

在经历了蓟县纪—震旦纪长达500～900Ma的隆升剥蚀作用后，从早寒武世晚期开始，鄂尔多斯地区又开始整体沉降、接受早古生代的海相沉积作用（图7-1），这与华北

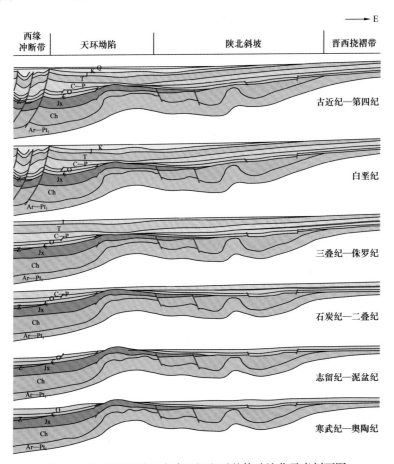

图7-1　鄂尔多斯盆地奥陶纪沉积后的构造演化示意剖面图

陆块的整体构造—沉积作用基本同步。至中晚奥陶世，由于秦岭洋板块拉张及晚期的俯冲、碰撞作用，在鄂尔多斯南缘形成边缘海型的构造及沉积环境，发育厚度较大的上奥陶统海相碳酸盐岩及泥页岩。

1. 加里东末—早海西期的构造抬升

晚奥陶世之后，鄂尔多斯地区与华北地块一起进入了整体构造抬升的演化阶段，经历了长达 140Ma 之久的风化剥蚀，使得奥陶系顶部地层遭受强烈的风化剥蚀，导致古隆起核部附近奥陶系的缺失，在奥陶系顶部形成了风化剥蚀准平原化又具侵蚀沟槽切割的碳酸盐岩岩溶古地貌，并广泛发育碳酸盐岩风化壳储集层系。

2. 晚古生代（海西期）——整体沉降阶段

在经历了加里东末—海西早期一亿多年的抬升剥蚀后，晚石炭世本溪组沉积期鄂尔多斯地区又开始构造沉降、接受晚古生代的沉积作用，形成了石炭系本溪组—二叠系太原组海陆交互相地层，以及其后的山西组—石盒子组—石千峰组陆相沉积。

3. 印支期（三叠纪）——陆内局部坳陷阶段

鄂尔多斯地区三叠纪沉积基本上与二叠纪连续发育，其间虽有一定的沉积间断但并不十分显著，表明印支期基本延续了海西期的构造特征，仍处于连续沉降状态。但是这种状态在印支晚期发生了明显变化，主要表现在晚三叠世延长组鄂尔多斯西南部内陆坳陷湖盆型沉积体系的大规模发育，且早古生代的原中央古隆起核部所在区域也转而变为湖盆坳陷最深的部位，反映出这时鄂尔多斯地区的构造格局已开始发生较深刻的变化。

4. 燕山期（J—K）——差异沉降—隆升剥蚀阶段

三叠系沉积后，鄂尔多斯地区构造格局发生了较强烈的变化。首先经历了强烈的抬升剥蚀作用，其次是燕山期盆地西缘逆冲推覆构造开始发育，导致侏罗系、白垩系地层厚度在横向上变化也较大，表明推覆也导致了横向上强烈的构造分异作用（包洪平等，2018）。

晚白垩世开始，鄂尔多斯地区又开始整体隆升，尤其是在盆地东部强烈抬升剥蚀的构造背景下，导致侏罗系、三叠系乃至古生界的广泛剥露。另外，南缘的渭北隆起地区局部尚可见燕山期的逆冲推覆构造，但构造活动强度显然不及盆地西缘白垩纪的逆冲推覆活动。

5. 喜马拉雅期（古近纪—第四系）——周边断陷沉降阶段

进入喜马拉雅构造期，盆地周缘的差异隆升—沉降的构造活动进一步加剧，并伴随着整体构造格局的进一步转换。其中盆地南部最具标志性的构造活动是渭北隆起的形成和渭河地区的大规模沉降，形成了分布范围广、沉降幅度大的渭河地堑即渭河新生代断陷盆地；盆地北部则是伊盟地区的隆升和河套地区的大规模沉陷。这时的主体构造方向已转换为北东东向，明显不同于燕山期的近南北向构造格局。

二、发生三次大的构造格局转换

自早古生代以来，鄂尔多斯地区发生了三次大的构造格局的转换。

1. 海西期—印支期——由隆到坳的"构造转换"

早古生代开始，鄂尔多斯的西南部由于中央古隆起的存在，总体处于相对隆起的状态，古隆起核部大致位于环县—镇原—崇信一带，缺失奥陶系乃至寒武系沉积；至晚古生代，西南部地区仍为继承性隆起区，以致从鄂尔多斯本部向西南部上古生界呈现超覆覆盖于下古生界之上的不整合接触特征。这二者均说明在古生代主要沉积期内，盆地西南部地区一直处于相对隆起的"正地形"状态。

而到了印支期（尤其是印支晚期），西南部地区则进入了局部快速坳陷沉降的构造演化阶段，形成了分布广泛厚度巨大的延长统半深湖—深湖相陆源碎屑沉积层，表明该区此时无论在构造上还是沉积上均处于相对于低洼的"负地形"状态，且无论是沉积中心还是沉降中心，都与早古生代的原中央古隆起核部所在位置有较大程度的重叠。这无疑说明了西南部地区在印支期发生了构造格局的重大转换，由古生代的隆起区转变为中生代的坳陷区，出现了"由隆到坳"的根本性转变（图7-2）。

另外，西缘与南缘在中新元古代和早古生代的沉积特征均有较大的一致性，都具有同步活动的特征，但在晚古生代开始二者分道扬镳，进入了各自不同的差异演化阶段：西缘在晚古生代仍以率先沉降为特征，而南缘则转换为滞后沉积的特征（包洪平等，2020a）。

2. 印支晚期—燕山期——由西北—南东向到南北向的"构造转向"

海西期—印支期，鄂尔多斯地区的基本构造走向总体以西北—南东向为主。而进入燕山构造期，盆地构造走向的主体方向则以近南北向为主，尤其是西缘冲断带及吕梁造山带的形成，使这一时期构造格局的主体走向基本定型，加之天环坳陷的形成，使燕山期南北走向的构造格局更显突出。由此可见，盆地主体构造走向由印支晚期的西北—南东向转变为燕山期的南北向，发生了重大的"构造转向"作用。

3. 燕山晚期—喜马拉雅期——由强烈隆升到快速沉陷的"构造反转"

燕山晚期（晚白垩世）伴随盆地东部的构造抬升，盆地南缘的渭河—汾河地区、北缘的河套—银川地区等都发生了强烈的隆升和风化剥蚀作用，导致汾渭地堑、河套地堑及银川地堑等所在区域大部缺失上古生界—中生界，说明这些地区在晚白垩世的抬升剥蚀作用异常强烈。

而在进入新生代喜马拉雅期，构造特征又发生了巨大转变，此时渭河—汾河地区、河套—银川地区又开始大规模沉陷，发育分布广泛、厚度巨大的地堑型沉积地层，主要由古近系的始新统和渐新统、新近系的中新统和上新统，以及第四系构成，主要发育为滨浅湖—半深湖相的中—细碎屑沉积。因此，由上述对比分析可见，燕山晚期—喜马拉雅期，盆地周缘确曾发生了由强烈隆升到快速沉陷的"构造反转"事件。

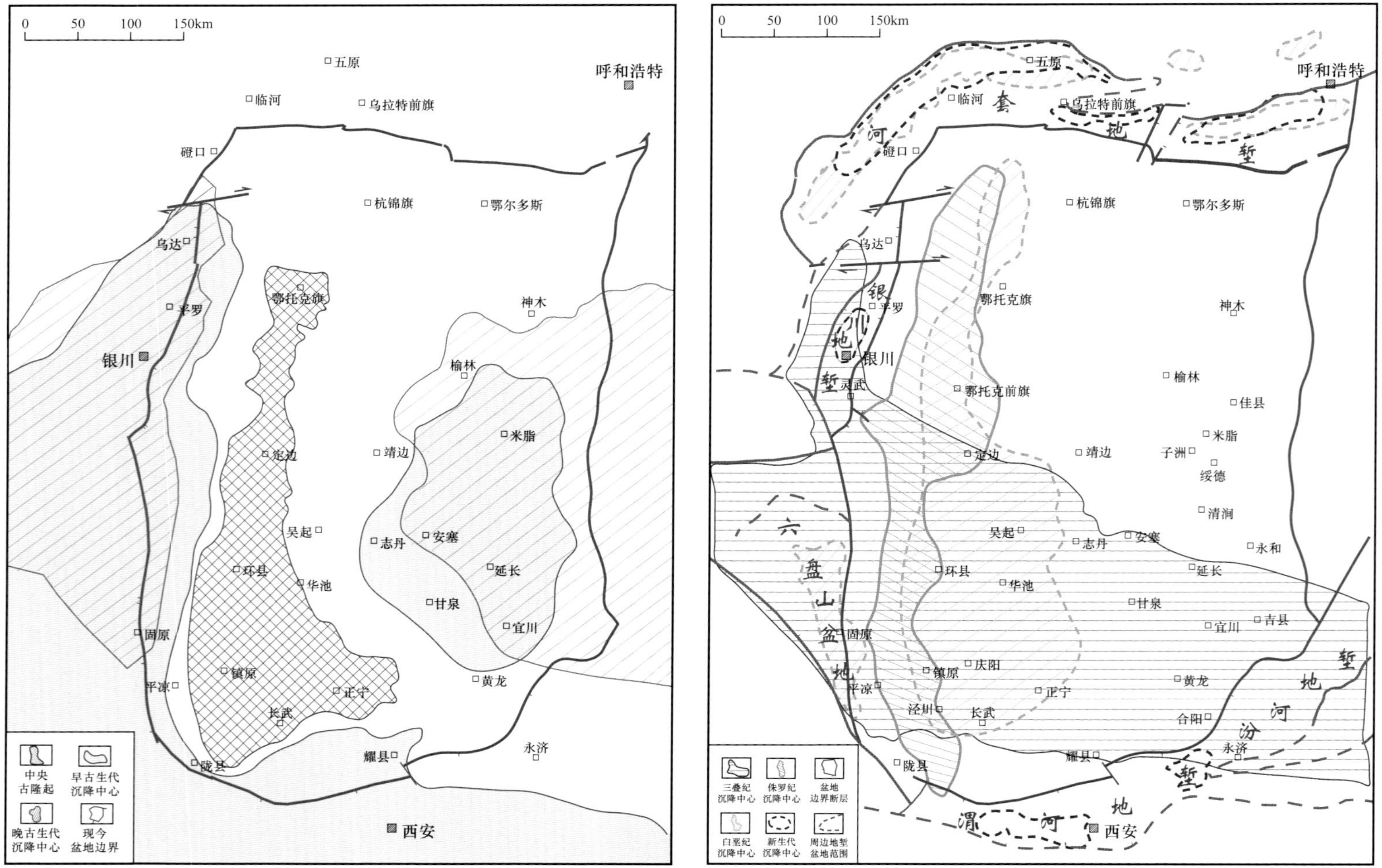

图 7-2　鄂尔多斯地区早古生代以来沉降中心迁移变化图

a. 古生代

b. 中新生代

三、奥陶系成藏演化特征

奥陶系碳酸盐岩层系虽然在沉积特征、储层类型、烃源供给及圈闭类型等方面存在较大差异，但由于其同处在一个大的区域构造演化背景下，各构造单元大体经历了相似的埋藏演化历史，因此其成藏演化过程也应该是大体相近的（图7-3）。

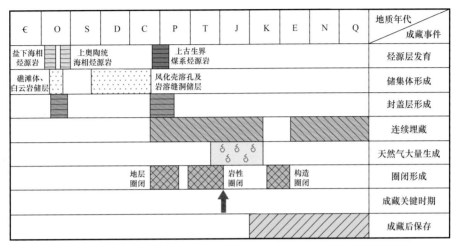

图7-3　鄂尔多斯盆地奥陶系天然气成藏演化关键事件图

盆地构造演化史分析表明，奥陶系碳酸盐岩层系在奥陶纪就奠定了储层形成的物质基础，尤其是沉积相带控制了其后有效储层发育的层段及区位分布，如奥陶系顶部的风化壳溶孔储层主要发育在马五$_3$亚段、马五$_4^1$亚段等有利层段的含膏云坪沉积相带，中东部奥陶系盐下层系本身就发育与加里东期岩溶风化壳无关的白云岩储层。此外，奥陶纪也奠定了局部烃源发育及盖层形成的地质条件，如中晚奥陶世的台地边缘斜坡沉积环境形成了西部及南缘的海相烃源沉积层系，中东部在蒸发岩发育的马一段沉积期、马三段沉积期、马五段沉积期海退沉积期形成优质的膏盐岩封盖层等。

在奥陶系沉积层形成后，又经历了一系列重要的构造演化过程，才促成了天然气在奥陶系有利储集层段中的聚集和成藏，现将其中与奥陶系天然气成藏聚集最为密切的构造演化（成藏演化）择要概略叙述如下。

1. 加里东末构造抬升，造成奥陶系顶部的差异风化剥蚀

加里东末期—海西早期的盆地整体抬升，造成鄂尔多斯地区（乃至华北地块）在奥陶系沉积后130~150Ma的沉积间断，由于构造抬升的差异性，导致中央古隆起及邻近地区抬升剥蚀强烈，而中东部地区抬升剥蚀相对较弱，形成了前石炭纪由东向西至古隆起区奥陶系顶部地层由新到老依次剥露的岩溶古地貌格局，并导致中东部盐下较深部的层系向西延伸至古隆起区也有大面积的出露，后期即形成了盐下层系天然气成藏的所谓"供烃窗口"（包洪平等，2020b）。此外长期的剥露及风化淋滤也为奥陶系顶部碳酸盐岩岩层中与风化淋滤有关的储层形成创造了有利的岩溶作用条件。

2. 海西期构造沉降，形成上古生界煤系烃源层

晚石炭世本溪组沉积期（羊虎沟组沉积期）盆地又开始整体下沉，接受上石炭统一下

二叠统海陆过渡相煤系地层及其后中上二叠统内陆河湖沉积，这对于奥陶系天然气成藏主要有三个方面的作用及影响：一是形成了上、下古生界之间的区域性不整合接触关系；二是为奥陶系顶部储集体的成藏奠定了烃源供给基础；三是为后续风化壳之上盖层及风化壳中地层圈闭的形成提供了基本的物质条件。

3. 印支期—燕山早期连续沉降，烃源岩热演化成熟并供烃成藏

印支期盆地连续沉降，下古生界海相烃源岩及上古生界的煤系烃源埋深不断加大，烃源岩层中的有机质则随着地层温度的不断增高而渐趋热演化成熟阶段，直至燕山中期达到区域性的生烃及排烃高峰期。与此同时，与奥陶系天然气成藏相关的封盖层也随着埋深加大逐步趋于致密化，进而形成有效的地层圈闭及岩性圈闭体系，奥陶系的部分层段开始进入规模成藏的阶段，尤其是奥陶系顶部的风化壳层段。

4. 燕山晚期东部抬升，奥陶系运聚成藏方向调整

燕山期盆地西部沉降幅度加大，而盆地东部则开始大规模抬升，由此导致下古生界碳酸盐岩层系形成区域性的东高西低的西倾单斜构造格局，并在局部形成小规模的穹隆、鼻隆等背斜构造，进而构成局部的构造圈闭体系，油气的运聚充注也于此时基本完成。

这一构造格局的重大转换对奥陶系天然气成藏主要带来两个方面的重要影响：一是早先形成的气藏可能会发生一定的调整，如先前处于古隆起高部位的天环地区的奥陶系顶部气藏，会随后期天环坳陷的形成而向中东部高部位聚集调整；二是为奥陶系盐下层系由西向东的天然气运移限定了明确的区域性运聚方向。

5. 喜马拉雅期西缘逆冲及周边断陷，局部气藏遭破坏

盆地西缘在燕山期开始发生大规模逆冲推覆作用，喜马拉雅期构造运动进一步加剧，可能导致盆地西部的古生界天然气藏遭受了较大程度的破坏；喜马拉雅期盆地东部及渭北隆起等地区仍继续隆升，早期充注的气藏可能在此时经历了较强的破坏和局部调整。

因此总体看来，盆地构造格局于燕山中后期基本定型，烃源岩大量排烃的时期在印支末期—燕山中期，构造圈闭在形成时间上与大量排气时间基本匹配。各种地层及岩性圈闭的封盖层形成有效封盖能力的时间早于烃源岩的大量排烃时间，后期构造的破坏作用对其影响相对较弱。因而，在下古生界碳酸盐岩层系的整体成藏演化过程中，奥陶系的各类圈闭体系至少在鄂尔多斯本部地区是基本有效的。

第二节　古生界源—储配置与成藏组合

鄂尔多斯早古生代仅发育寒武系和奥陶系海相沉积建造，奥陶系与寒武系之间由于兴凯运动影响有一定沉积间断，但总体以平行不整合接触为主，仍属于同一构造层系。而且在后期的构造演化及天然气成藏特征等方面也具有较大的相似性，因此可把二者划归为同一个成藏系统来研究其成藏聚集的规律性（图7-4）。但中新元古界则由于构造、沉积演化等方面与下古生界存在较多的特殊性，以及烃源、成藏模式等方面的不确定性，因而应作为一个单独的成藏系统来分析。

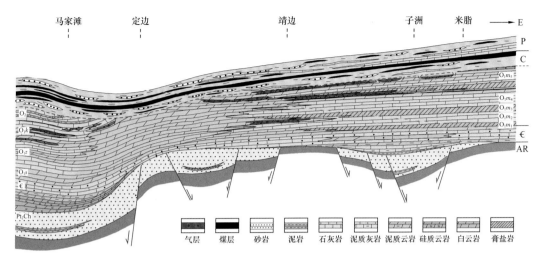

图 7-4　鄂尔多斯盆地下古生界—中新元古界成藏模式图

一、上、下古生界之间的不整合与源—储配置

奥陶纪后，鄂尔多斯地区就和华北地块一起整体抬升，进入加里东构造运动的长期隆升阶段，经历了大约 140Ma 的沉积间断期，使奥陶系顶部地层大多经历了较为强烈的抬升剥蚀及风化淋滤改造作用，并在其顶部形成大面积分布的风化壳溶孔型储层，这是以靖边气田为代表的风化壳溶孔型碳酸盐岩储层大规模发育的重要地质条件之一。这一风化剥蚀作用一直持续晚石炭世本溪组沉积期，才开始接受新一轮的海西期构造沉降与沉积作用，形成晚石炭世—早二叠世海陆过渡相含煤地层及其后中晚二叠世陆相河流及湖泊三角洲沉积层。从而导致下古生界与上古生界之间呈区域性分布的不整合接触关系，也因此形成了下古生界碳酸盐岩储层与不整合面之上的上古生界煤系烃源岩层之间特殊的源—储配置关系（图 7-5）。

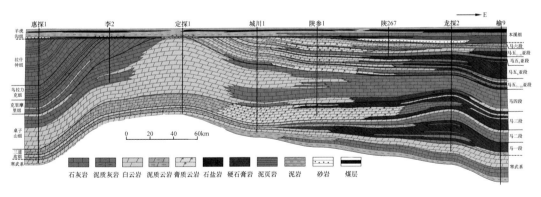

图 7-5　奥陶系与上古生界不整合接触关系剖面图

剖面线位置如图 7-6 中 A-A′ 所示

1. 风化壳期（东西向）差异抬升剥蚀

奥陶纪马家沟组沉积期在碳酸盐岩—膏盐岩共生体系形成后，鄂尔多斯本部地区即开始进入整体抬升的加里东构造运动阶段，一直持续到晚石炭世本溪组沉积期才开始接受晚

古生代的沉积作用。

实际上在奥陶纪后的构造隆升与风化剥蚀过程中，其抬升剥蚀作用的强度并非全区均衡发育，突出表现在靠近中央古隆起的区域抬升剥蚀更为强烈，而向盆地中东部地区则抬剥幅度相对较低，如在中央古隆起核部附近的镇原地区，奥陶系整体缺失，乃至在核部寒武系都已剥蚀殆尽（图7-6），由中央古隆起核部向北延伸至伊盟隆起之间的地区（中央古隆起北段）则大部分剥露至马四段白云岩。而盆地中东部则抬升剥蚀幅度较小，大部分地区保留有较全的马五段，局部甚至还残存马六段。

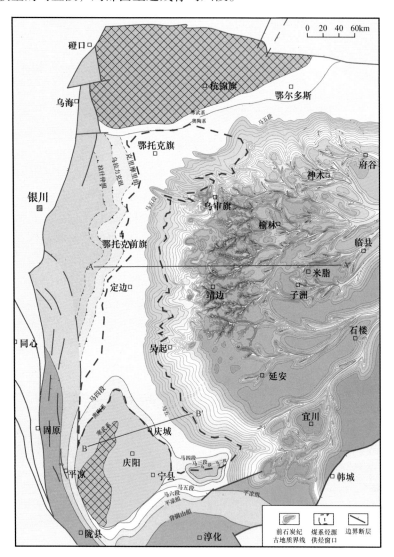

图7-6　前石炭纪古地质与上古生界供烃窗口分布图

图中 A-A'、B-B'绿线表示图7-5、图7-7 剖面线位置

因此，由图7-7 所示的东西向地层岩性对比剖面可见，由东向西至靠近中央古隆起方向，奥陶系地层有马五段上部—马五段下部—马四段依次剥露的抬升剥蚀特征，显示出中央古隆起在加里东末的构造抬升期仍相对较为活动，古隆起区的抬升幅度明显要高于远离古隆起的盆地中东部地区。

2. 上、下古生界削截不整合接触

晚石炭世本溪组沉积期，在经历了长期风化剥蚀后，鄂尔多斯又与华北地块一起开始整体沉降，接受晚石炭世—早二叠世的煤系地层沉积。由于晚石炭世沉积前所经历的一亿多年的风化剥蚀作用已使前石炭纪的古地貌呈准平原化特征，因而其后续的晚石炭世—早二叠世沉积基本呈平铺的"披覆式"覆盖于下伏的下古生界风化壳之上，仅在靠近古隆起的区域存在小规模的"超覆"沉积特征。

因此，从大区的总体特征来看，上、下古生界之间整体呈现为明显的"削截不整合"式的地层接触关系（图7-7）。

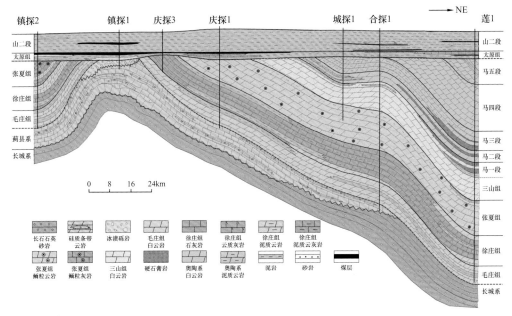

图7-7　中央古隆起东、西两侧上古生界与下古生界削截不整合接触关系图

剖面线位置如图7-6中B-B′所示

二、奥陶系自生自储型源—储配置

前文有关烃源岩的部分已经述及，奥陶系自身也发育一定规模的有效烃源岩层，尤其是在盆地西部及南缘的上奥陶统台缘带—半深水斜坡环境的广海沉积层，与其下部的中奥陶统克里摩里组有利储集层段呈连续的沉积接触关系，可构成奥陶系源内或近源的自生自储型源—储配置关系。

1. 上奥陶统存在有效烃源层

西部上奥陶统乌拉力克组、拉什仲组发育烃源岩。有机碳含量为0.3%～1.0%，烃源岩厚度一般在60～200m之间，有利分布面积为28000km²，基本覆盖台缘相带的范围。

2. 台缘带发育多种类型的有效储集体

台缘带总体处于浅海台地向深水斜坡过渡的浅海沉积区，光照条件及水体能量相对

较强，利于造礁生物的繁盛及波浪改造，因而礁滩体较为发育，局部层段成岩胶结作用较弱，或受到早表生期淋溶改造即可形成有利的礁滩体储层。

加里东风化壳期，碳酸盐岩层段受到岩溶风化作用溶蚀、垮塌，也在局部形成了岩溶缝洞型储集体，尤其是在盆地西部以大套石灰岩为主的克里摩里组中上部具颗粒结构的粒屑灰岩层段中。

此外，台缘隆起带发育的生物礁（丘）等沉积微相，易发生回流渗透白云岩化作用，形成有利的晶间孔型白云岩储集体；局部潟湖沉积区及其侧翼浅滩白云岩化相对较弱，分别以泥晶灰岩、颗粒灰岩为主。

3. 奥陶系自身存在有效源—储配置及岩性圈闭成藏系统

从宏观分布来看，上奥陶统海相烃源岩呈围绕鄂尔多斯台地边缘向西、向南展开的"L"形展布格局，与克里摩里组有利于储集体发育的台缘相带大面积重叠（图7-8），且二者在纵向上也呈紧密相邻的接触关系，因此对于台缘相带而言，奥陶系自身即构成了良好的源—储配置关系。

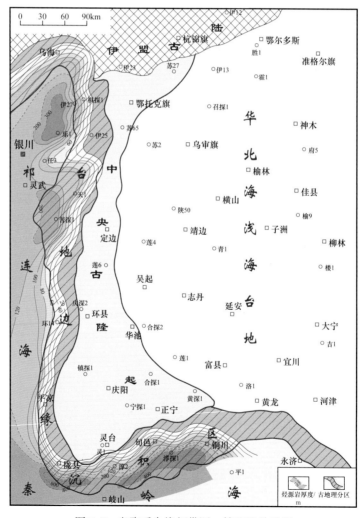

图 7-8　奥陶系台缘相带源—储配置关系图

台缘隆起带东西两侧大面积发育潟湖相及深水斜坡相致密灰岩，乌拉力克组泥质烃源岩覆盖后又在隆起两侧形成侧向封堵，对隆起带上白云岩岩性圈闭的形成较为有利。

　　台缘相带克里摩里组之上多覆盖有乌拉力克组、拉什仲组的灰质泥岩及泥质碳酸盐岩，既是烃源层又是封盖层；克里摩里组内部存在岩性相变，台缘相带白云岩与周围致密灰岩形成有效的岩性圈闭。

　　如盆地西部的奥陶系台缘相带中，乌拉力克组沉积期—拉什仲组沉积期发育有效的烃源层，克里摩里组沉积期、桌子山组沉积期由于处于秦祁广海与鄂尔多斯古陆表海台地过渡的台地边缘沉积区，普遍发育高能礁滩相沉积体，尤其克里摩里组与乌拉力克组源—储配置良好，对奥陶系内幕岩性圈闭气藏的形成极为有利（图7-9）。

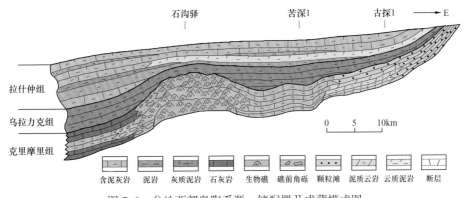

图 7-9　盆地西部奥陶系源—储配置及成藏模式图

三、封盖层发育及分布特征

1. 区域盖层分布特征

　　鄂尔多斯盆地下古生界天然气成藏所涉及的区域盖层主要包括上古生界二叠系上石盒子组泥质岩盖层和石炭系—二叠系煤系地层（杨俊杰等，1996；杨俊杰，2002；党犇，2003；刘全有等，2012）。其中上石盒子组以湖相泥质岩为主，纵向上距离下古生界顶面较远（300~400m）；石炭系—二叠系煤系地层则直接覆盖于下古生界不整合面之上，既是烃源层又是封盖层。

　　1）上石盒子组区域盖层

　　上石盒子组为一套横向展布稳定的滨浅湖泊沉积，其中泥质岩累计厚度为70~110m，约占该地层总厚度的80%以上，其气体绝对渗透率为（0.7~10.8）×10^{-9}D，饱含空气条件下的突破压力为1.5~2MPa，其过剩压为5.2~7.5MPa，比下石盒子组大3~5.3MPa，具有良好的封盖条件，是下古气藏的区域盖层。

　　2）石炭二叠系煤系区域盖层

　　石炭系本溪组与二叠系太原组、山西组含煤碎屑岩和海相碳酸盐岩在盆地分布广泛，其中泥质岩厚度为80~140m，煤层厚度为4~20m，泥晶灰岩厚度为8~28m。气体绝对渗透率为2.8×10^{-6}~3.7×10^{-9}D，饱含空气时突破压力为11MPa，部分样品为15MPa，排替压力为8~10MPa；泥晶灰岩气体绝对渗透率为1.1×10^{-9}~2.15×10^{-8}D，饱含空气条件下的突破压力为 11.2MPa，综合评价为好封盖层，是下古生界天然气成藏最为重要的区域性封盖层。

其封盖作用除了泥质岩类的直接遮挡外，还兼具烃浓度封闭的作用。因上古生界的煤系地层既是烃源层又是封盖层，其在烃源岩热演化达到成熟阶段后，由于大量的生排烃作用，可在烃源层与下古生界碳酸盐岩储层之间形成一定的浓度差，进而阻止下古生界天然气成藏后的缓慢逸散，以确保气藏能够得到长期有效的保存。

2. 直接盖层分布特征

盆地奥陶系古风化壳直接封盖层是石炭系下部的铁铝质泥质岩、暗色泥岩和泥质粉砂岩，在盆地大面积分布。本溪组泥质岩约占地层厚度的 70% 以上，其中铁铝质泥岩厚度为 10～15m。采自陕参 1 井的铝土岩气体绝对渗透率为 6.5×10^{-9}D，饱含空气时突破压力为 5MPa，铝土质泥岩突破压力为 15MPa，综合评价为好—中等封盖层。盆地西部天池气藏的直接封盖层为克里摩里组深水页岩，厚度为 5～10m，气体绝对渗透率为 13×10^{-9}D，饱含空气时突破压力为 6MPa，综合评价为中等封盖层。

上述古风化壳各类封盖层在区内分布虽各有差异，但总体来看，好封盖层主要分布于天环向斜与陕北斜坡的中东部。这两个地区，各类封盖层配置良好，构造作用微弱，有利于天然气成藏。陕北斜坡西部（中央古隆起区）大多缺失石炭系本溪组沉积，石炭系—二叠系煤系烃源层相对较薄，各类封盖层配置欠佳，是中等封盖层分布区。较差封盖层主要分布于渭北地区，该区断层发育，各类封盖层厚度明显减薄，并缺乏烃浓度封闭的作用，封盖能力一般较弱。

1）海相泥质岩封盖层

海相泥质岩封盖层属于陆棚斜坡—海槽沉积，主要分布于盆地西部平凉组底部和克里摩里组，厚度为 10～50m，气体绝对渗透率为（1～3）$\times 10^{-9}$D，突破压力为 6～7MPa，生烃能力较强，但分布局限，综合评价为中等封盖层。

本区下古生界致密碳酸盐岩非常发育，且沉积厚度巨大，变化范围在 55～2000m 之间。据封盖性能试验研究，碳酸盐岩的封盖能力与岩石的结晶程度及内碎屑颗粒（泥质）的含量密切相关。该区晚奥陶世平凉组和背锅山组的岩性主要为石灰岩、泥质灰岩夹少量薄层状泥岩，其中泥质灰岩样品突破压力一般大于 15MPa，具有较好的封盖能力。如淳探 1 井上奥陶统平凉组 1842.16～1842.33m 样品，岩性为灰黑色石灰岩，渗透率为 0.0164mD，突破压力为 15MPa；淳 2 井背锅山组 3283.33～3283.38m 灰色泥质灰岩，渗透率为 0.0015mD，孔隙度为 0.4%，突破压力大于 15MPa；淳 2 井平凉组 3397.26～3397.31m 深灰色泥质灰岩渗透率为 0.0012mD，孔隙度为 0.3%，突破压力大于 15MPa。而且从碳酸盐岩盖层的展布来看，区内沉积厚度较大，尤其是在灵台—旬邑一线以南区域，中、上奥陶统沉积厚度逐渐向南加大，一般为 600～1000m，具有一定的封盖能力。

2）致密碳酸盐岩封盖层

致密碳酸盐岩一般形成于海侵体系域或凝缩段，主要发育于马四段、马六段和平凉组，泥质含量较高，晶体结构较细，富含有机质。岩性组合有泥灰岩、含泥灰岩、泥晶灰岩、泥晶云岩、含泥云岩等。这类封盖层孔隙度一般在0.23%～0.55%，气体绝对渗透率为（0.45～8.5）×10⁻⁹D，饱含空气时，突破压力为2～5MPa，泥灰岩、泥晶灰岩突破压力为8～15MPa，与储层压差为0.23～0.31，综合评价为中等封盖层，同时也存在较差封盖层，分布相对局限，横向变化大，其封盖性能与含泥量有关，含泥越高，其封盖性能越好。

3）蒸发岩封盖层

据国内外蒸发岩封盖层分析，硬石膏岩一般易发育裂缝，而盐岩具有塑性流动性，二者混合沉积，盐岩则能愈合硬石膏岩中的裂缝，因此具有较强的封盖性能。如盆地东部马五段是盆地奥陶纪最大的一套含膏盐岩层序，其中马五₆亚段累计膏盐岩厚度最大可大于130m，而且自下而上，马五₁₀亚段、马五₈亚段及马五₄亚段，也与马五₆亚段一样，均为以膏盐岩为主的沉积旋回，可以作为盐下气藏的良好直接盖层（图7-10）。

同时与蒸发岩旋回相关的泥质膏岩、膏质云岩等也具有一定的封盖性能。实验数据表明，膏云岩气体绝对渗透率为1.4×10⁻⁸D，饱含空气时突破压力为10MPa，以物性封闭为主，尚缺其他封闭要素，综合评价为较差封盖层，具有局部封盖的意义。

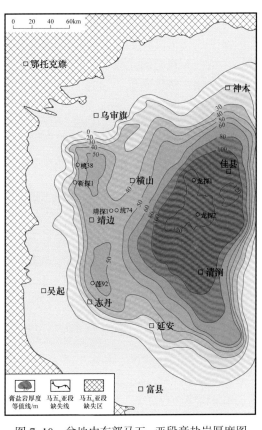

图7-10　盆地中东部马五₆亚段膏盐岩厚度图

四、生储盖组合特征

鄂尔多斯盆地早古生代横跨祁连和华北两大海域，沉积类型多样，沉积期经历了多期的海进—海退旋回，有利于在盆地不同地区形成多类含气组合，在纵向上具有多套含气组合叠置发育的特点。

1. 中东部马家沟组发育上、中、下三套含气组合

鄂尔多斯奥陶系马家沟组呈明显的旋回性沉积特征，其中马一段、马三段和马五段发育以石盐岩为主夹硬石膏岩、白云岩的蒸发盐沉积为特征，而马二段、马四段和马六段岩性主要为泥晶灰岩，为开阔海陆棚沉积特征。由于加里东期长达150Ma的风化剥蚀作用，奥陶系顶部的马六段已基本被剥蚀殆尽，仅在盆地东部局部地区残留，此时富含易溶矿物组分的马五段白云岩普遍被剥露地表，在风化淋滤作用下形成岩溶储层，是鄂尔多斯盆地下古生界气田主力产层。根据地层旋回、岩性、电性组合特征马五段自上而下可细分为10个亚段（马五₁亚段—马五₁₀亚段），按照储层类型及成藏特征，划分为上、中、下三

套含气组合：

1）上组合：马五$_1$亚段—马五$_4$亚段靖边型风化壳气藏

上组合由马五段上部的马五$_1$亚段—马五$_4$亚段组成，储层岩性主要为纹层状泥粉晶云岩，孔隙类型以溶蚀孔洞为主，是靖边气田的主力产气层段。该组合主要分布在靖边—横山之间的南北向带状区域内，以靖边气田及其东西两侧气藏最为特征，气源主要来自上古生界煤系地层，具典型的风化壳型地层—岩性气藏特征。

储层孔隙的发育受沉积期大范围连续分布的含膏云坪相带控制，加里东构造抬升的裸露期又受风化淋滤作用影响石膏、石盐等易溶的蒸发盐类矿物组分溶蚀，形成溶斑型孔洞储层，与前石炭纪风化壳古地貌和石炭系—二叠系煤系烃源岩相配置，可形成古地貌—地层复合圈闭（杨俊杰等，1992），是靖边气田的主要圈闭类型（图7-11）。

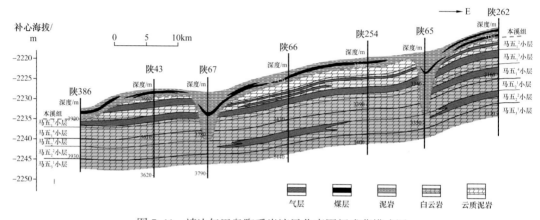

图7-11 靖边气田奥陶系岩溶风化壳圈闭成藏模式图

2）中组合：马五$_5$亚段—马五$_{10}$亚段靖西白云岩岩性气藏

中组合由马五段下部的马五$_5$亚段—马五$_{10}$亚段组成，储层岩性主要为粉晶—细晶云岩，孔隙类型以晶间孔为主，明显不同于靖边气田的次生溶孔型储层，以地层—岩性及构造—岩性复合圈闭气藏为主。圈闭形成主要受中央古隆起的影响，其东北侧奥陶系马家沟组中段（马五$_5$亚段、马五$_7$亚段、马五$_9$亚段）发育浅水台地颗粒滩相白云岩，经过表生期混合水白云岩化的改造，可形成大面积展布的白云岩晶间孔型储层，与上古生界烃源岩相配置，形成有效岩性圈闭体系（图7-12），目前已发现多个中组合岩性圈闭高产富集区，其中苏203井等在马五$_5$亚段试气获高产工业气流。该类型气藏的富集多与滩相储层的发育有关，近期地震勘探已识别出多个中组合滩体发育带，显示出良好的勘探前景。

3）下组合：马四段及以下（中东部盐下）气藏

马四段厚层细—中晶云岩，晶间孔及溶孔极为发育，储集性能优越，主要发育构造—岩性复合圈闭。该组合因缺乏有效的圈闭，在盆地西部地区马四段白云岩储层普遍含水；值得注意的是，近期在盆地中部靖边—乌审旗地区及东部神木地区的马四段白云岩勘探中发现了较好的含气显示苗头，其中神木南目标的一口风险探井已在马四段白云岩中获得高产工业气流，表明盆地中东部地区的奥陶系盐下层系（下组合）仍具有较大的成藏潜力，详见下一章的进一步论述。

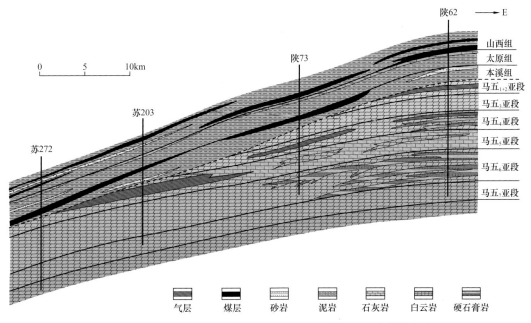

陕62 ⟶ E

陕73

苏203

苏272

0　5　10km

山西组
太原组
本溪组
马五₁₊₂亚段
马五₃亚段
马五₄亚段
马五₅亚段
马五₆亚段
马五₇亚段

气层　煤层　砂岩　泥岩　石灰岩　白云岩　硬石膏岩

图 7-12　中央古隆起东侧中组合马五₅亚段岩性圈闭成藏模式图

2.奥陶系礁滩相带生储盖组合

鄂尔多斯盆地西部克里摩里组沉积期属祁连海域沉积区，地层厚度在60~170m之间，由西向东减薄，沉积环境以台缘斜坡相为主。发育礁滩型、白云岩型、洞穴型储集体，发育上奥陶统海相和上古生界煤系两套烃源岩，与周围的致密围岩构成有效的储集与遮挡条件，构成有利于奥陶系内幕岩性圈闭气藏形成的生储盖组合体系（图7-8）。

五、奥陶系盐下侧向供烃成藏富集机理探讨

盆地下古生界天然气成藏主要受上古生界煤系烃源岩和下古生界海相烃源层两大烃源体系控制。但对于远离奥陶系顶部风化壳的盐下层系而言，传统观点通常认为由于膏盐岩封盖层的阻隔，上古生界煤系烃源层生成的天然气很难向下穿越膏盐岩层进入盐下的储集层系而聚集成藏。

基于对奥陶系沉积层形成后所经历的后期构造演化及其与上古生界煤系烃源层配置关系的研究，重点从供烃窗口、运移动力、圈闭有效性等方面，分析了盆地中东部奥陶系盐下层系由上古生界煤系烃源侧向长距离供烃、规模聚集成藏的潜力。

1.盐下地层西延至古隆起附近也存在与煤系地层直接接触的"窗口"

在东西向削截不整合的上、下古生界地层发育背景下，位于盆地中东部地区远离风化壳不整合面的盐下"深层"的地层，在向西延伸至靠近中央古隆起附近时，则又处在了风化壳不整合面上，与上古生界煤系烃源层直接接触，这种接触关系在区域分布上有较大的范围，大致呈环绕古隆起的半环状分布，成为一个类似于供给"窗口"的巨型分布区。如果以前石炭纪古隆起以东地区马五₆亚段含盐地层剥露的底界线与马家沟组底的剥露界线

之间的地层分布范围来圈定，则"窗口"区南北延伸 400～500km，东西宽 20～40km，分布范围可达 $3.7 \times 10^4 km^2$。

2. 印支—燕山期构造反转、主成藏期"窗口"区处于构造下倾方向

奥陶纪及加里东末期的构造抬升期，由于中央古隆起的存在，鄂尔多斯本部总体呈现为西高东低的构造格局。但到了海西构造运动期，中央古隆起在鄂尔多斯地区的影响开始逐渐消退，至印支期则开始构造反转，尤其中央古隆起核部所在区域在印支末期已转变为最大的构造沉降区。再到燕山期，随着盆地东部地区的整体构造抬升，中央古隆起所在区域也整体沦为最为低洼的构造单元——天环坳陷，盆地本部的整体构造格局基本定型（图 7-13）。

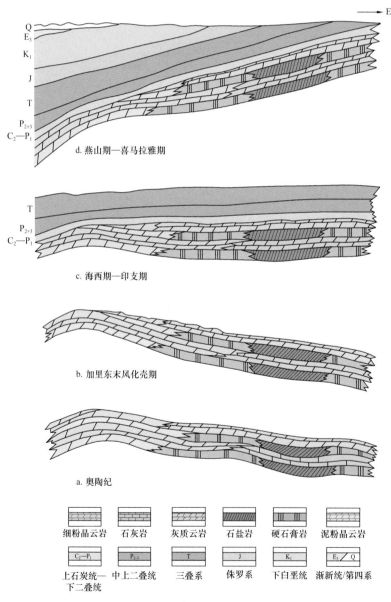

图 7-13 盆地本部奥陶系沉积期后构造演化模式图

因此，印支—燕山期是盆地构造格局转换的关键时期，这一时期的构造格局转换导致其对盆地古生界天然气的生成、运聚成藏也产生了十分重要的影响。

对于盆地中东部地区远离风化壳的奥陶系更深层的盐下白云岩储集体及其圈闭体系而言，在其西侧存在的窗口是位于下倾构造方向还是上倾方向，这对其供烃成藏的意义是完全不一样的。如果窗口是位于构造的上倾方向，则通过其所供给的天然气向下倾方向的运移主要靠烃浓度差引起的扩散运移来完成，难度实在是太大，这是因为此时气体在液体中的浮力成为天然气运移的巨大阻力，会使其难以形成规模的长距离运移；相反，如"窗口"处于构造下倾方向，则"浮力"可直接成为运移的主要动力来源，再加上扩散运移的叠加作用，向上倾方向的运移则成为"顺势而为"的必然行为，这对于通过窗口供给的天然气向中东部盐下深层的大规模、长距离运移是十分必要甚至是必须的条件。

对盆地上古生界煤系烃源岩的生烃演化分析表明，海西期上古生界煤系烃源岩总体尚处于未成熟的生物气生成阶段，含煤烃源层段在二叠纪末期总体埋深为600~900m，天然气并未大量生成，此时尽管"窗口"处于构造上倾方向，不利于向东部上倾方向运移，但由于所生成气量小，烃源岩中总的烃类物质并未大量损失。但到了印支末期，埋深已逐渐加大至2500~3000m，煤系烃源岩已逐步演化至成熟阶段，天然气开始大量生成，而此时随着西南部地区的大规模沉降，盆地构造格局也开始反转为东高西低，尤其是下古生界构造层已基本处于简单西倾状态，进入窗口区，天然气的主体运移方向也必然指向了中东部地区，而这一时期中东部盐下深层的圈闭体系也已基本定型，随着窗口区煤系烃源天然气的大量生成和规模运移，盐下深层也开始进入天然气运聚成藏的主成藏期。至燕山期，盆地东部整体抬升，天然气向中东部地区规模运移的趋势和方向更为明确，这也更加剧了向这一方向规模运移的动力。

从海西期石炭系—二叠系煤系地层沉积披覆，到印支期及燕山早中期的构造—沉积演化过程，中央古隆起及其邻近的盆地中部及西部地区都基本处于连续沉降过程中（上古生界的煤系烃源层也因而处于持续埋藏的状态下），期间上、下古生界的地层削截不整合接触关系并未发生任何变化。虽然随着埋藏深度的加大，上、下古生界均会因成岩压实及胶结充填作用而逐渐趋于致密化，但在不整合界面附近总会留下一定的残留孔隙及缝隙，这为后期天然气的运移借道留下"可乘之隙"，至少据现今的岩心观察可见，下古生界风化壳附近的碳酸盐岩地层通常都具有一定的风化微裂隙存在，即使是在较为致密的风化壳白云岩地层中，也常具有1.0%~1.5%的孔隙度，孔径及裂缝宽度多在1~3μm以上（碳酸盐矿物对地层水的润湿性较弱，不易因吸附水膜而构成明显的"水锁"效应），因此对于体积极小的天然气（甲烷占绝对优势）分子（或由其构成的微小气泡）而言，只要源—储压差存在，"借过"（借道通过）应不存在问题。

因此，从总的构造、沉积及成藏演化历史看，供烃窗口是长期稳定地存在于其形成直至成藏的全过程中，即从晚石炭世沉积披覆至二叠纪—三叠纪持续埋藏，再到晚三叠世末短期抬升及侏罗纪、白垩纪的后续沉降，在至少两亿多年的时间里都基本处于持续埋藏的状态下，乃至于现今时刻也是大体如此，而并不存在使其完全"关闭"的地质条件。

3. 盐下成藏具有较高源—储压差和强劲的运移动力

1）构造部位高低不同引起的静水柱压差

自印支期末开始，中东部地区盐下地层的海拔就开始高于其下倾方向"窗口"区的海拔，随着盆地东部进一步抬升，至燕山晚期二者的海拔落差进一步加大，按今构造落差1200～1500m推算，其因海拔落差引起的静水柱压差就已达10～13MPa。

如果按窗口区现今的埋深和其对应的静水柱压力估算，则在4000m埋深条件下，窗口区生成的天然气（甲烷为主）如果以非连续性气泡形式运移，则其在相应液柱压力下所受到的浮力约是其重量的5.5倍。如果向上倾方向连续运移，则随着压力降低而导致的体积膨胀，使其所受浮力又会不断增加，若按东部地区盐下层系现今埋深2500m所对应的静水柱压力估算，则其受到的浮力约为其重量的7倍。由此可见，在由西部深处向东部浅处的运动过程中，气泡自身的重量未变，而其所受到的浮力却显著增大，这就形成了强势的运移势能。因此，仅有静水压差所造成的动力就足以驱动进入窗口的天然气以气泡形式不断向上倾方向进行长距离的运移（图7-14）。

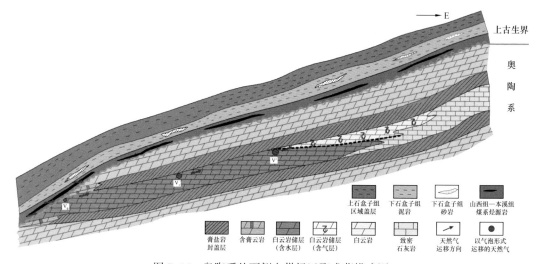

图7-14 奥陶系盐下侧向供烃运聚成藏模式图

桃红色圆球示天然气以气泡形式向上运移时，随压力减小而体积变大，其所受浮力也之变大，因而具有强势的向上运移动力

2）煤系烃源岩层的生烃增压

盆地模拟分析表明，上古生界煤系烃源岩在生排烃高峰期，由于有机质由固态向气态的转化，可产生巨大的生烃增压作用，根据对盆地上古生界煤系烃源岩的热模拟实验分析，低阶煤样在达高过成熟演化阶段时，其气态烃生成率可达60～100m³/t（HC/TOC），如按130℃的地层温度和10%的孔隙体积（暂不考虑烃源岩中的孔隙被地层水占据的影响），并排除掉20～30m³/t（HC/TOC）煤层吸附气的影响估算，则其所形成的游离态天然气至少可产生30～50MPa的生烃增压，但考虑到在生烃过程中所形成的天然气会不断从烃源层中逸散排出，仅按1/3～1/4的剩余积累估算，也会积累8～12MPa的生烃增压，这对于窗口区的煤系烃源岩生成的天然气向下古生界盐下储集层系的运移无疑是一份强劲的动力。

3）东部地区在抬升过程中的降温减压

燕山期盆地东部抬升，地层温度会有一定的降低：按白垩纪末盆地东部地区地层抬升剥蚀恢复至少可达1000m推算，奥陶系盐下地层的抬升幅度也达1000m左右，对应盐下地层的地层温度则可由原来的最大埋深时的130~150℃下降到抬升后的80~90℃，则其对应的等容降压作用也可导致3~5MPa的压力下降。

抬升降温引起的水汽冷凝降压：水在150℃时的饱和蒸汽压为0.476MPa，而在80℃时饱和蒸汽压则降为0.047MPa（图7-15），这意味着在抬升降温的过程中，当圈闭中绝大部分为气体（天然气和水蒸气）占据时，由于水蒸气的凝聚为水，则由气态分子数量的减少，也可导致0.4~0.5MPa的压力下降。

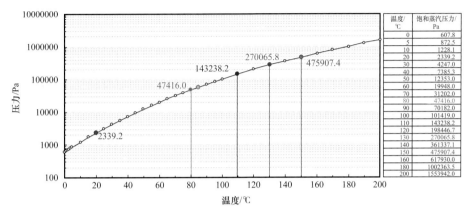

图7-15　水在不同温度下的饱和蒸汽压曲线

因而从整体情况看，在印支末期—燕山晚期的生排烃高峰期，除存在因地势高低不同而产生的静水柱压差外，还存在着由于下倾窗口区的生烃增压，而中东部上倾方向由于抬升却在减压（降温减压和水蒸气聚凝减压），且窗口区的增压与东部地区的减压发生的时间也基本同期，由这二者叠合所产生的压差可能达到20~30MPa，这对于通过窗口进入盐下层系的天然气向中东部地区运移提供了十分强劲的动力，足以确保其能产生大规模、长距离的运移作用。

4. 良好封盖条件及圈闭有效性

1）碳酸盐岩—膏盐岩旋回性交替发育

盆地中东部奥陶系马家沟组是一套旋回性沉积层，具有碳酸盐岩与膏盐岩旋回性交替发育的沉积特征（包洪平等，2004，杨华等，2014，邵东波等，2019），其中马一段、马三段、马五段以海退沉积背景的蒸发膏盐岩为主，而马二段、马四段、马六段则以海侵沉积背景的碳酸盐岩为主。其沉积作用受层序旋回的控制极为明显，按层序结构可分为3个准层序组旋回，大体相对于Vail等（1977）的三级层序旋回，其周期在2~5Ma，除三级层序旋回外，其内部又可划分出次一级的层序旋回（高频层序），如马五段按沉积旋回由上到下可划分为马五$_1$亚段—马五$_{10}$亚段共十个亚段，其中马五$_{10}$亚段、马五$_8$亚段、马五$_6$亚段、马五$_4$亚段以短期海退背景的蒸发膏盐岩为主，而马五$_9$亚段、马五$_7$亚段、马五$_5$亚段、马五$_{1-3}$亚段则以短期海侵环境形成的白云岩及石灰岩为主。

由层序旋回控制了纵向上沉积岩性的交替叠置发育，进而导致了其在后期的成藏过程中所担任角色的不同。膏盐岩层是天然气运移的隔档层，也是圈闭成藏的封盖层，它能使天然气在运移过程中被局限于层状通道中通行而不致大量逸散，也确保天然气聚集成藏后能长期封存在其下的圈闭体系中；碳酸盐岩（尤其是白云岩）层则因其多具有一定的孔隙空间及少量的微裂隙，成为天然气运移的主要通道层，另外其在有效的圈闭体系中还同时扮演着储集体的角色。在中东部地区的马家沟组中，正是由于其碳酸盐岩与膏盐岩的旋回性，导致封盖层及运移通道的多层性，以及有效储层的多层段发育。

2）连续分布的膏盐岩层为长距离运移提供了基本保障

盆地中东部地区马一段、马三段、马五段都发育有巨厚的膏盐岩，均为优质天然气封盖层。这里仅以马五段为例来说明其分布特征。马五段是马家沟组最晚一期蒸发岩旋回形成的沉积层，其内部又表现出次一级的碳酸盐岩与蒸发膏盐岩交互的旋回性沉积特征，按岩性组合及旋回特征由上至下细分为马五$_1$亚段—马五$_{10}$亚段共十个亚段，其中马五$_4$亚段、马五$_6$亚段、马五$_8$亚段、马五$_{10}$亚段均发育膏盐岩层。尤其以马五$_6$亚段膏盐岩最为发育，横向分布也最为连续稳定，马五$_6$亚段厚60～190m，向东部盐洼区明显加厚。盆地东部的横山—安塞盐岩分布区，盐岩厚度可占地层厚度的60%～70%，单层厚度多在8～15m，累计厚度多在60m以上，米脂盐洼区则达100m以上；靖边地区为硬石膏岩分布区，硬石膏岩厚度可占地层厚度的30%～60%，硬石膏岩单层厚多在2～5m，累计厚度多在30m以上；靖西地区以泥粉晶结构的白云岩为主，局部见膏质云岩。马五$_8$亚段、马五$_{10}$亚段等与马五$_6$亚段具相似的岩性相变趋势，但地层及膏盐岩厚度明显较薄。马五段膏盐岩的分布范围大于 $5 \times 10^4 km^2$，覆盖了中东部的大部分地区（图7-16）。

马一段、马三段膏盐岩厚度也较大，其分布区域与马五段也大体相近，但范围略小。总体而言，马一段、马三段、马五段膏盐岩层段均可作为有利的区域性盖层，它们既是其下天然气长距离运移的"护送者"，也是成藏聚集和长期保存的有效封盖层。

3）白云岩夹层是有效的运移通道

受层序旋回的控制，马家沟组岩性发育的层控性极为明显，且无论对于三级层序旋回还是更次级的四、五级层序旋回都是如此。这里仍以马四段海侵期沉积为例，虽在远离古隆起的盆地中东地区白云岩地层厚度呈明显变薄的趋势，至东部地区白云岩多呈薄夹层状分布于厚层石灰岩地层中，但其横向延伸范围却很远，可多达百余千米以上，且大多具有一定的储集性，其最低孔隙度也多在1.0%～1.5%，由于白云岩、石灰岩等碳酸盐岩并不存在明显的水锁及水敏效应，完全可以作为天然气运移"路过"的有效通道而发挥其应有的通道作用。因为天然气成藏的地质历史本身就十分漫长，只要通道能过得去，就不怕其运移的速度慢，在一定的源—储压差驱动下，只要运移的方向正确、上覆盖层不缺位，它就可以"找到回家的路"，而最终能到达有效的圈闭体系中。

4）区域岩性相变及圈闭有效性

（1）区域岩性相变规律：马家沟组沉积期，由于中央古隆起的存在，使中东地区奥陶系无论海侵期，还是海退期都呈现出明显的东西向区域性岩性相变规律。

海退期沉积以马一段为例，此时中央古隆起区大多暴露于地表，对隔绝西南的开阔外海起重要的障壁作用。在邻近中央古隆起的靖边以西地区主要发育含膏云坪相沉积，向东水体变深，沉积也加厚，依次发育盆缘相云质石膏岩、盐洼盆地相的石盐岩，因此在鄂尔多斯中东部地区自西向东依次形成云—膏—盐的区域性岩性相变的沉积格局。但值得注意的是，无论是膏岩还是盐岩沉积区都发育白云岩或膏质云岩的薄夹层，其形成则主要受次

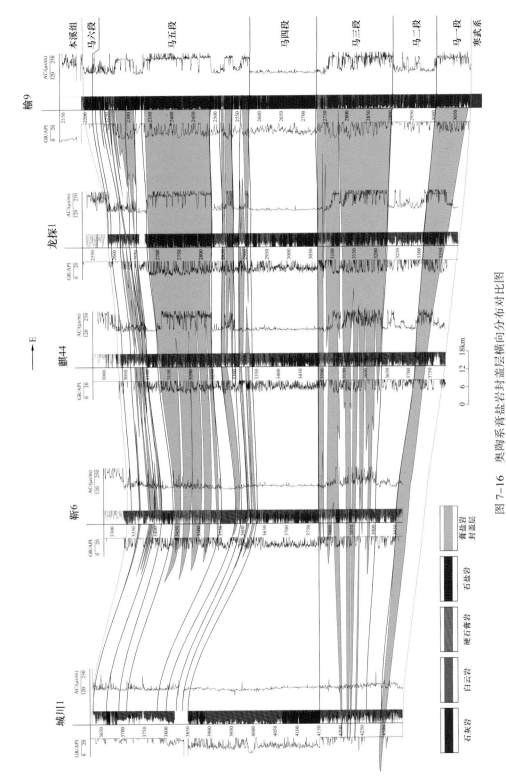

图 7-16 奥陶系膏盐岩封盖层横向分布对比图
红色条带示膏盐盖层的连续分布范围

级层序旋回控制，也具有较好的"层控性"分布特征。

海侵期以马四段为例，此时由于海平面大幅上升，中央古隆起的障壁作用大为减弱，导致鄂尔多斯地区整体以碳酸盐岩为主，但由中央古隆起向中东部地区的区域性岩性相变规律却依然存在，主要表现为在中央古隆起及邻近地区大多发育浅水台地颗粒滩相的白云岩地层，而向东则逐渐相变为较深水的灰泥洼地相石灰岩（见图 3-18）。与海退期相似，在海侵期厚层石灰岩为主的沉积中也大多间夹有薄层的白云岩层，尤其是在东部的较深水沉积区更是如此，其形成也主要受次级层序旋回的控制，多发育在四级或五级层序的界面附近。

（2）圈闭有效性：中东部地区盐下是否存在有效的圈闭体系，这也是侧向供烃能否规模运聚成藏至为关键的因素。从目前已有地质资料分析，至少存在以下几点对圈闭形成的有利因素。

① 存在区域性的岩性相变遮挡条件：前已述及，无论诸如马三段的海退期沉积，还是诸如马四段的海侵期沉积层，都存在区域性岩性相变，并且其岩性相变的关键界线都主要发育在盆地中部的榆林—横山—安塞一线。当燕山期东部抬升时，位于东侧的致密岩性分布区又处在区域构造的上倾方向，对其西侧下倾方向的有利储集层段构成有效的岩性圈闭遮挡条件，可与上覆的膏盐岩封盖层相配合，共同构成有效性极高的区域性岩性圈闭体系，在盆地中部及东部地区形成大规模分布的岩性圈闭成藏区带。

② 盆地中部长期处于相对稳定的构造枢纽区：无论是在加里东期—海西早期西高东低，还是在印支—燕山期乃至喜马拉雅期东高西低的构造变动中，盆地中部都一直处于总体构造变动最小的构造枢纽区，因此整体都是处于相对稳定的构造环境之下，这无论对于天然气的聚集成藏，还是成藏后的保存以及圈闭有效性而言，无疑都是最为有利的构造因素。

此外，即使是在盆地东部地区，其构造活动性较盆地西部地区也明显较弱，其整体的保存条件相对而言也是较为有利的区域，因此就盆地中东部地区的盐下圈闭体系而言，其大部分圈闭受后期构造破坏的影响程度相对较弱，都应该是有效的。

③ 发育多排低幅鼻隆构造：针对中东部地区盐下层系的精细构造成图显示，其整体构造格局虽呈向西单倾的单斜构造面貌，但内部仍发育有数排低中幅度的东西向、北东东向鼻隆构造，宽 5～15km，延伸可达 150～250km，虽然隆起幅度不是太大（多在 20～40m 之间），但对提高盐下层系天然气的局部富集程度仍可起一定辅助作用，尤其在南北方向可构成一定的圈闭遮挡作用，可与东西向岩性相变复合，在局部形成有利的构造—岩性复合圈闭。

5. 盐下层系由煤系供烃具备规模成藏潜力

1）"窗口供烃"的物质基础

对鄂尔多斯地区上古生界煤系烃源岩生烃潜力的分析表明上古生界煤系烃源层（主力烃源岩以煤层、碳质泥岩及暗色泥岩为主）在鄂尔多斯地区具有广覆式分布的特征，覆盖了鄂尔多斯盆地本部的绝大部分地区，只是由于煤岩发育程度及热演化条件等方面的不同，其生烃强度在横向上也存在一定的差异（图 7-17），但总体上在窗口区大多具有较高的生烃强度。

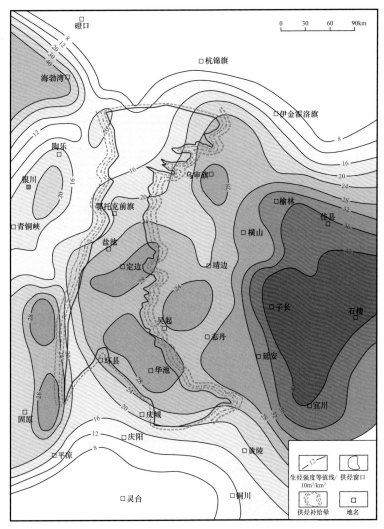

图 7-17 上古生界煤系烃源生烃强度与供烃窗口分布图

在窗口区生烃强度多在（20~28）× $10^8 m^3/km^2$，平均值为 $24 × 10^8 m^3/km^2$。窗口区的面积约为 $3.7 × 10^4 km^2$，扣除掉煤岩在地层条件下的饱和吸附气量约 $2 × 10^8 m^3/km^2$，则估算窗口区上古生界煤系烃源层的总排烃量可达 $81.4 × 10^{12} m^3$。根据油气地质学的基本原理，煤系烃源层所生成的天然气除少部分滞留烃源层或在烃源层内运动外，绝大部分都会排到烃源层外，其排出的方向也无非上、下两个方向，具体向哪个方向多、哪个方向少则主要取决于窗口区烃源层向上和向下的封隔层的致密程度及其与上部及下部储集体系之间的源—储压差，以及储集体系内部的规模连通程度。

仅就窗口区这一有限的范围而言，其主力烃源层厚度约在 100m，单从静水柱压力来考虑，其与上部及下部储集体系之间的源—储压差的差异很小，仅在 1MPa 以内，因而不足以引起天然气向上与向下运移之间的显著差异。

烃源层向上的封隔层为二叠系山西组上部的山一段，其整体岩性以暗色泥岩为主（砂岩层较薄，横向连通性相对较差）；而烃源层向下的封隔层为太原组及本溪组底部的泥岩，厚度相对较薄，也常夹有砂岩层，靠近古隆起的区域有时还可见下切河谷充填的砂岩与奥陶系顶部风化壳的直接接触关系。因此总体而言，向上的封隔层似乎比向下的更为致密，因而其与主力烃源层的封隔程度也更高。

从储集体系内部的规模连通程度来看，源上储集体系的近源的山一段及石盒子组底部盒八段砂岩均以陆相的河道储集砂体为主，相互之间的连通性总体较差；而源下储集体系为海相沉积层系，由于有较强的"层控性"而横向分布较为稳定，白云岩储集层段由古隆起向东大范围连续分布，因此其规模连通程度明显优于源上储集体系。

因此，从基本的运移分流原因分析来看，上古生界煤系烃源层所生成的天然气向上（源上储集体系）与向下（源下储集体系）两个方向的运移分量并无太大的差异。但这里暂且采取较为保守的方案来估算其经由窗口区向源下储集体系的排烃运移量。即保守地估计，煤系烃源层所排出烃类气体仅有一小部分，姑且设定为"一半的一半"，即假设仅约其中的 1/4 进入"窗口"之下的下古生界盐下地层，则据此推算由窗口区生成的天然气直接进入下古生界的气量约 $20.35 \times 10^{12} \mathrm{m}^3$。

2）窗口区排烃泄压后又形成两侧的"补给供烃晕"

在窗口区排烃泄压后，邻近窗口的两侧烃源岩区则又会由于压差而向窗口区的烃源层补充烃类气体，越靠近窗口区这种补给作用就越强，远离窗口区则逐渐减弱，由此即在烃源层内形成了"供烃窗口"两侧的"补给供烃晕"。考虑到气态烃的易流动性，尤其是对于甲烷分子，加之煤系烃源层内微细裂缝发育，孔渗性较好，推断其在烃源层内的运移距离达到 20～30km 应该不成问题。这里，暂且较保守地设定 15km 为规模有效的烃源补给距离：其中 5km 之内为较高补给能力区，面积约 $0.7 \times 10^4 \mathrm{km}^2$，其通过窗口区向下补给的效率为窗口区直接向下供烃能力的 50%；5～10km 为中等补给能力区，其按窗口区直接向下供烃能力的 30%；10～15km 则按窗口区直接向下供烃能力的 10%。据此推算由"补给供烃晕"向窗口区供烃补给，然后再经由窗口进入下古生界盐下层系的天然气量，分别为 $1.93 \times 10^{12} \mathrm{m}^3$、$1.16 \times 10^{12} \mathrm{m}^3$、$0.39 \times 10^{12} \mathrm{m}^3$〔计算方法：以 5km 之内为例，（$24 \times 10^8 \mathrm{m}^3/\mathrm{km}^2 \sim 2 \times 10^8 \mathrm{m}^3/\mathrm{km}^2$）$\times 0.7 \mathrm{km}^2 \times 1/4 \times 1/2$〕，累计可达到 $3.48 \times 10^{12} \mathrm{m}^3$。

如此，则由上古生界煤系烃源岩层经由供烃窗口进入下古生界盐下层系的总气量共计可以达到 $23.83 \times 10^{12} \mathrm{m}^3$。

3）由"窗口供烃"成藏聚集规模估算

综合以上对封盖、岩性相变以及构造活动引起的断错遮挡等方面的条件分析，盆地中东部地区盐下层系整体的封闭性应该是很好的，对天然气的大规模运聚成藏还是极为有利。

因此，由上古生界煤系烃源层经由供烃窗口进入盐下层系的天然气，一则由于上覆膏盐盖层区域性的封盖庇护，二则受到上倾方向的岩性相变遮挡及断错遮挡的阻隔，其发生规模性聚集的概率应该是较高的。鄂尔多斯盆地上古生界聚集系数为 0.01～0.03，奥陶系盐下有膏盐岩封盖层，封盖性较上古生界好得多，因此，对奥陶系盐下的聚集系数按照 0.03～0.05 估算较为合适，则其聚集在盐下成藏的天然气量可达到（0.7～1.19）$\times 10^{12} \mathrm{m}^3$ 的资源规模。

第八章　天然气勘探领域及目标

由前面各章节的分析可见，鄂尔多斯盆地奥陶系具有不同于华北克拉通其他地区奥陶系的诸多沉积特征。自早奥陶世开始接受沉积作用以后，它与华北克拉通的沉积特征就开始表现出一定的差异性，尤其是在马家沟组沉积期这种差异性进一步加剧，并导致其在以后的油气成藏地质特征上也表现出与其他碳酸盐岩盆地截然不同的独特属性。鄂尔多斯盆地奥陶系除了发育顶部的风化壳溶孔型储层外，还发育诸如中组合白云岩储层及远离风化壳的盐下（下组合）等奥陶系内幕的白云岩储层，以及台缘相带的礁滩型储层等多种类型的规模储集体；除了奥陶系自身发育一定规模的海相烃源岩外，还得到上古生界海陆交互相煤系烃源岩的强力烃源供给，并与奥陶系的各类储集体形成了较好的源—储配置关系；在盆地多旋回构造演化的区域地质背景下，由于盆地整体的构造演化趋向于稳定下沉，因而在奥陶系形成了得天独厚的天然气成藏地质环境及物质条件，这在盆地奥陶系天然气藏的勘探与开发实践中已得到了充分的验证。近年来有关盆地下古生界碳酸盐岩领域的天然气成藏地质研究认为，奥陶系仍具有诸多天然气成藏的新领域尚待进一步的勘探发现，因而也仍然是近期天然气勘探的重点研究领域和勘探目的层系。

第一节　奥陶系勘探历程与近期发现

一、鄂尔多斯盆地碳酸盐岩勘探历程

1. 盆地周边，初始勘探阶段（1976—1983 年）

鄂尔多斯盆地自 1976 年始，开展了以下古生界为目的层的综合勘探工作，先后测制了内蒙古桌子山、同心青龙山等盆地周缘的野外地质露头剖面 14 条，进行了古生物地层学、岩石学、沉积学以及生油储油等方面的系统研究，并形成了关于下古生界构造研究、油气地质条件研究、油气资源评价等方面的专题研究报告。在 1978—1982 年，全盆地范围内共完成地震剖面 5100 千米，查明了古生界的构造 59 个，完钻以下古生界为目的层的探井 15 口（环 14 井、庆深 1 井、庆深 2 井、龙 1 井、龙 2 井、永参 1 井、耀参 1 井、新耀 2 井、刘庆 7 井、任 1 井、任 2 井、任 3 井、任 4 井、天深 1 井、黄深 1 井），经试油仅在西缘横山堡地区的任 2 井、刘庆 6 井及沙井子断褶带东侧的环 14 井的奥陶系获少量天然气，渭北隆起耀参 1 井奥陶系经压裂酸化后产气 242m³/d（图 8-1）。

由此可见，这一时期的探井主要集中在盆地西缘逆冲推覆构造带、南部的渭北隆起带，以及盆地西南部的中部古隆起附近，整体勘探部署思路是以构造圈闭成藏的理念为主导。

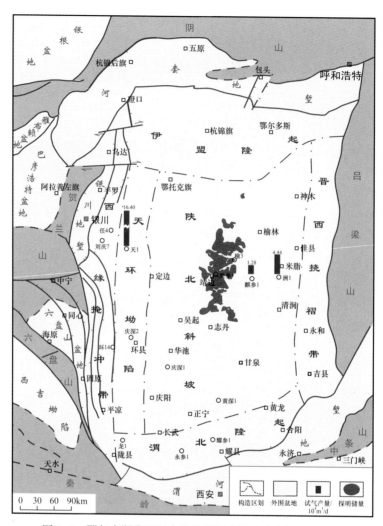

图 8-1　鄂尔多斯盆地下古生界勘探成果及重点探井分布图

2. 转战东部，局部勘探有发现（1984—1988 年）

20 世纪 80 年代中后期，在煤成气成藏理论的指导下，盆地古生界天然气勘探的重心由盆地西缘逐渐向盆地东部转移，并且开始逐步摆脱局部构造圈闭成藏理论的束缚，由晋西挠褶带偏向盆地东部的子洲—米脂地区（伊陕斜坡东部），西部的勘探也开始由西缘冲断带向天环坳陷转移，两侧都出现了由盆地边部向盆地腹部逐渐偏移的倾向。

1984—1988 年，按照上古生界与下古生界相结合勘探的思路（长庆油田石油地质志编写组，1992），在盆地东部部署探井 28 口，除了在上古生界石炭系—二叠系砂岩及太原组石灰岩中发现工业气藏，取得较好的勘探发现外，局部在下古生界奥陶系碳酸盐岩中也取得了一定的勘探发现，如 1986 年麒参 1 井（子洲西约 40km）在奥陶系马家沟组试气获 $1.28 \times 10^4 m^3/d$ 的天然气流（井深 2790m、接近工业气流标准），1987 年洲 1 井（子洲县城附近）在奥陶系马家沟组试气获 $4.44 \times 10^4 m^3/d$ 的工业气流（图 8-1），初步展示出盆地本部奥陶系碳酸盐岩层系的天然气勘探潜力。

1986年盆地西部天环坳陷北段天池构造完钻的天1井，首次在奥陶系克里摩里组中途测试获日产 $16.4 \times 10^4 m^3$ 的工业气流，这曾经让长庆人兴奋不已。但之后以天池构造为线索，围绕低幅度构造部署实施的天2井等井又相继失利，证实该区构造圈闭分布局限，气藏规模相对小。

因此，这一阶段的勘探由于部署思路转变及勘探主战场由外及内的转移，使得鄂尔多斯盆地下古生界碳酸盐岩领域的勘探无论东、西都取得了较好的勘探发现，似乎预示碳酸盐岩领域的勘探已开始逐步走到大发现的前夜，即将迎来黎明的曙光。

3. 由边入腹，靖边气田发现与古风化壳气藏规模勘探（1989—2007年）

1）靖边气田的勘探发现

20世纪80年代末期，对盆地古生界的天然气勘探由盆地周边向腹部转移，在盆地中部靖边、横山附近分别部署的陕参1井和榆3井（图8-1），均在奥陶系顶部附近发现较好的风化壳含气显示层段，1989年6月，距靖边县城东北约9km的陕参1井在奥陶系顶部发现风化壳气层，经酸化改造后试气获得 $28.34 \times 10^4 m^3/d$（无阻流量）的高产工业气流；同年6月，榆3井也在同一层位试气获得 $13.60 \times 10^4 m^3/d$ 的工业气流，宣告了靖边气田的诞生；随后部署的陕5井和陕6井分别在奥陶系风化壳气层试气获得无阻流量 $110 \times 10^4 m^3/d$、$126 \times 10^4 m^3/d$ 的高产工业气流，由此拉开了奥陶系顶古风化壳气藏勘探的帷幕。

2）气田的总体评价、集中探明阶段

1990年开始进入了对靖边古风化壳气藏的评价勘探阶段。当年第一批完钻的林1井、林2井和陕2井钻探结果表明，位于构造最低部位的林1井、林2井和陕2井含气层位与陕参1井完全可以对比，马五$_1$亚段、马五$_2$亚段、马五$_4$亚段三个层位均产工业气流，说明含气圈闭不受构造的控制，而是单斜上大面积含气，且含气层位稳定，溶蚀孔洞型储层发育，展现了大气田的苗头。到1991年底完钻的36口评价井中，23口获工业气流，探明含气面积达 $1039 km^2$，探明天然气地质储量 $632.44 \times 10^8 m^3$。

1992年是靖边气田天然气储量大幅度增加的一年。靖边气田处于勘探的关键时刻，依据"台中有滩、台外有槽"的认识，在靖边岩溶阶地的前缘，确定了南北向主力沟槽。从而为天然气勘探的南北展开及大气田的迅速探明，发挥了积极作用。全年完成钻井55口，提交北区和南区天然气探明储量 $710.78 \times 10^8 m^3$，含气面积 $1310.92 km^2$。累计探明地质储量达 $1343.22 \times 10^8 m^3$，控制储量达 $642.15 \times 10^8 m^3$。

1993年以储量持续增长为中心，气田规模继续扩大，分别在南二区、南三区、北二区和陕118井区继续进行工业评价勘探，天然气勘探取得显著成果。全年共完钻各类探井44口，在南二区马五$_1$亚段新增探明储量 $321.0 \times 10^8 m^3$，含气面积 $610.6 km^2$；在南三区、北二区控制马五$_1$亚段气藏含气面积 $1526.3 km^2$，控制储量 $874.8 \times 10^8 m^3$。这使靖边气田累计探明储量达 $1715.25 \times 10^8 m^3$。

1994年继续沿着靖边岩溶台地主体向南北发展，以北二区为重点进行评价勘探。至年底共完钻探井31口，在北二区和陕24井区共新增探明含气面积 $736.6 km^2$，地质储量 $343.0 \times 10^8 m^3$。在陕175井区完成控制储量 $263.7 \times 10^8 m^3$，含气面积 $498.5 km^2$。1995年又在北三区和南三区探明含气面积 $431.2 km^2$，新增探明地质储量 $241.88 \times 10^8 m^3$。

至 20 世纪末，已在靖边气田累计探明天然气地质储量达 $2300.13 \times 10^8 m^3$，气田的展布格局基本明朗。

3）创新认识，气田规模东延、西扩

靖边气田发现以后，围绕其周边是否具备类似的能形成风化壳气藏的成藏地质环境一直是勘探研究的重点。进入 21 世纪，研究重点逐渐转向风化壳古地貌形态的精细刻画与有效储层形成机理分析，并取得了多个新的认识，为靖边气田周边含气范围扩大提供了依据。

气田东延，新增储量千亿立方米：2000 年以来，通过不断深化岩相古地理及古沟槽展布模式的研究与古地貌形态的精细刻画，认为靖边岩溶古潜台主体部位向东延伸，为含气面积向东扩大提供了地质依据。

2003—2006 年，以向东扩大风化壳含气面积和实现储量升级为目的，按照"找潜台、定边界、探规模"的勘探思路，优选了潜台东部巴拉素、艾好峁、黄草峁、玉皇坪、枣湾等多个有利目标实施评价勘探，取得重大进展，通过地震地质结合优选井位，完钻探井58 口，获工业气流井 35 口，马五$_{1+2}$ 亚段储量面积进一步落实和扩大，新增探明地质储量 $1288.95 \times 10^8 m^3$（图 8-2），成功实现了气田面积向东的大幅度延伸。

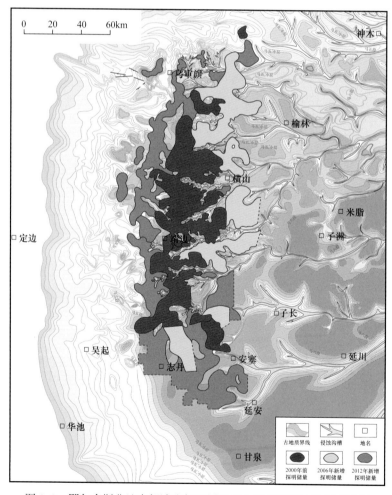

图 8-2 鄂尔多斯盆地中部靖边气田周边风化壳气藏扩边勘探成果图

气田西扩，新增储量两千亿立方米：从靖边气田东侧的成功勘探受到启发，应重新审视气田西侧的勘探。靖西地区位于盆地中央古隆起东北侧，早期甩开勘探遇阻，认为岩溶古高地风化壳主力气层（马五$_{1+2}$亚段）缺失。通过重新认识盆地沉积构造格局、精细刻画岩溶古地貌、深入研究岩溶储层形成机理，深化了对风化壳储层发育及分区差异性的认识，认为靖边气田西侧处于古岩溶高地与古岩溶斜坡过渡地带，具有良好的溶蚀条件，有利于风化壳储层的形成和发育。

2007—2010年积极向靖边气田南侧、西侧甩开勘探，多口探井试气获得高产，落实召94井、陕339井、陕356井等多个有利含气区块，预示着风化壳气藏的含气范围向西也有进一步扩大的潜力。2011年，通过深化勘探，在靖边潜台西侧落实了多个奥陶系风化壳气藏高产富集目标，有利含气面积进一步扩大，新增预测储量$2086.96 \times 10^8 m^3$。2012年以储量升级为目的，继续加大靖西地区风化壳气藏的勘探力度，新增天然气探明地质储量$2210.09 \times 10^8 m^3$，这是靖边气田发现以来，首次在碳酸盐岩领域一次性提交探明储量超两千亿立方米，使靖边地区碳酸盐岩风化壳气藏的天然气探明地质储量从1999年的$2300.13 \times 10^8 m^3$增加到$6547.1 \times 10^8 m^3$，在10余年时间里储量增长了近两倍，从而为靖边气田每年$55 \times 10^8 m^3$产能的长期稳产奠定了坚实的资源基础。

回望靖边气田的勘探发现和后期东、西两侧的大规模扩边勘探，无不伴随着勘探观念的转变和地质理论认识的深化。盆地早期天然气勘探大多囿于构造圈闭成藏的认识，勘探目标多集中在盆地周边的局部构造发育区，后期随着勘探重心由盆地边部向腹部的转移，成藏认识上也逐步摆脱了构造圈闭控藏的认识，才迎来了以靖边气田为代表的盆地腹部奥陶系顶部古风化壳气藏的勘探大发现。

因此，老一辈勘探家曾认为（杨俊杰等，1996）："七五"期间形成的找气主战场、侧翼战场、后备战场的勘探布局和"准备、突破；扩大、加深"的勘探战略，以及七个找气领域的科学预测，以及1979年6月庆阳天然气发展战略研讨会关于主攻中部古隆起北段东侧的决策，都对鄂尔多斯盆地天然气勘探和突破起了重要的推动作用；从理论与实践结合的尺度衡量，陕北盐洼的发现、奥陶系风化壳古岩溶储集体的揭示和中部古隆起的研究，三者构成了突破该区天然气的地质前提；地质综合研究的深度和广度对油气勘探起着导向、开拓作用，而油气勘探活动又反过来对地质综合研究的深化提供资料、开辟道路。

4. 执着探索，新领域勘探结硕果（2008—2020年）

靖边气田发现后，长庆人就在不断思考，除靖边"风化壳"气藏外，盆地海相碳酸盐岩中是否还存在天然气成藏的新领域、新层系？要想走出风化壳，突破点究竟在哪里呢？

怀揣着这些问题和发现新的规模勘探领域的梦想，长庆勘探工作者始终坚持下古生界碳酸盐岩新领域研究不止步，强力推进碳酸盐岩新层系探索不动摇，持续深化对碳酸盐岩大区带成藏富集规律的认识。尤其是进入21世纪，随着对盆地下古生界勘探的不断深入，对盆地碳酸盐岩领域的天然气成藏地质研究也得到了长足的进展，特别是"十一五"以来针对海相碳酸盐岩领域先后启动了国家科技重大专项及中国石油重大科技项目的研究，为碳酸盐岩领域的研究提供了系统综合的研究平台，使得对领域目标的研究更为集中，对关键地质问题的分析也不断得以持续性深化。在鄂尔多斯盆地下古生界碳酸盐岩领域也逐步形成了一些创新性的地质认识，进而推动盆地下古生界碳酸盐岩领域的天然气勘探不断取得新的勘探发现和重要突破。突出表现在以下几个方面：（1）古隆起东侧发现中组合岩性圈闭成藏新类型，打破了仅在风化壳成藏的认识局限；（2）中东部奥陶系盐下深层取得勘探新突破，实现了"靖边下边找靖边"的梦想；（3）盆地西部台缘相带勘探取得新进展，形成常规与非常规并举的新格局；（4）盆地西南部寒武系古风化壳勘探获得新发现，初显千亿立方米规模勘探场面。具体内容详见本节下一部分的介绍。

二、近期新领域勘探发现

1.古隆起东侧发现中组合岩性圈闭成藏新类型

20世纪90年代初，在立足盆地中部风化壳气藏勘探的同时，就曾积极向外甩开勘探。早在靖边气田发现不久的1993年，在定边地区甩开预探的定探1井就曾在奥陶系马家沟组马四段发现良好的白云岩储层，其孔隙类型及岩石特征明显不同于靖边气田的"风化壳溶孔型"储层，而是具细晶结构的"白云岩晶间孔型"储层，储渗性能及发育规模也大大优于风化壳储层，但试气产水 $1793m^3/d$（杨华等，2004），后续的勘探也进一步证实了马四段白云岩储层区域上规模发育，试气也大都产水，未发现有效的天然气聚集，似乎令人大失所望。尽管如此，对该区白云岩体的勘探也带来了重要的启示：除风化壳溶孔型储层外，奥陶系内幕仍发育有效的白云岩晶间孔型储层，有可能成为下一步勘探的新的储集类型。

定边地区马四段发育大规模白云岩储层却不成藏，白云岩体的勘探到底该去向何方？白云岩体优质的储层特征一直令长庆的勘探工作者们久久不能忘怀。

面对白云岩勘探亟待解决的地质问题，经过十多年的艰难徘徊与苦苦思考，通过系统开展白云岩储层分布规律、有效圈闭形成机理以及气源条件等方面的研究，终于在地质认识上取得了突破性的进展，为白云岩体的勘探找到了理论上的指导。

一是重新认识奥陶系成藏组合特征。随着勘探的不断深入，在马家沟组中部和下部相继发现新的储集类型和含气层系。通过储层发育及成藏特征研究，首次将奥陶系划分为三套含气组合（图8-3）：马五$_1$亚段—马五$_4$亚段风化壳为上组合，马五$_5$亚段—马五$_{10}$亚段白云岩为中组合，马四段及以下白云岩为下组合。其中上组合是靖边气田的主力气层，以风化壳溶孔储层为主；中组合与下组合均以白云岩储层为主，但下组合的主要储集体主体位于盆地西倾单斜的低部位（天环坳陷区附近），成藏条件极为复杂；以马五$_5$亚段—马五$_{10}$亚段为主力含气层系的中组合似乎是更值得重视的勘探新领域。

二是明确了中组合白云岩储层形成及分布规律。首先是开展沉积相带对白云岩储层发育控制作用的研究，表明马五$_5$亚段是盆地内一次较大的海侵期，沉积相带围绕盆地东部洼地呈环状分布，其中邻近古隆起的靖西台坪相带最有利于白云岩化作用进行而形成规模有效的白云岩晶间孔型储层。

三是建立了白云岩岩性圈闭成藏模式。沉积相研究表明中组合存在区域性的岩性相变，为岩性圈闭形成提供了有利条件。以马五$_5$亚段为例，白云岩向东相变为泥晶灰岩，在燕山期构造反转后即构成东侧上倾方向的岩性遮挡，形成有效的岩性圈闭。另外，加里

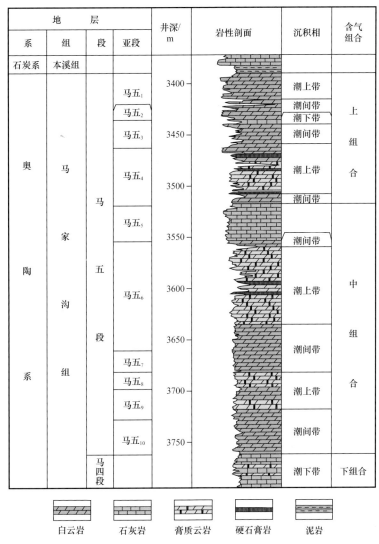

地层				井深/m	岩性剖面	沉积相	含气组合
系	组	段	亚段				
石炭系	本溪组						
奥陶系	马家沟组	马五段	马五$_1$	3400		潮上带	上组合
			马五$_2$			潮间带 / 潮下带	
			马五$_3$	3450		潮间带	
			马五$_4$	3500		潮上带 / 潮间带	
			马五$_5$	3550		潮间带	中组合
			马五$_6$	3600		潮上带 / 潮间带	
			马五$_7$	3650			
			马五$_8$	3700		潮上带	
			马五$_9$				
			马五$_{10}$	3750		潮间带	
		马四段				潮下带	下组合

白云岩　　石灰岩　　膏质云岩　　硬石膏岩　　泥岩

图8-3　鄂尔多斯盆地奥陶系马家沟组含气组合划分图

东风化壳期，马家沟组自东向西逐层剥露，中组合滩相白云岩储层与上古生界煤系烃源岩直接接触，构成良好的源—储配置，供烃面积大、范围广，对中组合的规模成藏极为有利。

通过以上从储层—圈闭—成藏的综合地质研究，最终得以把中组合勘探目标锁定在了古隆起东侧，并开始加大对这一区带的勘探力度。

结合早期风险勘探对奥陶系中组合白云岩天然气成藏的认识，2010年在苏里格地区上古生界的勘探中，继续兼探古隆起东侧奥陶系中下组合，在奥陶系中组合发现苏203井、苏322井高产富集区，其中苏203井马五$_5$亚段试气获$104.89\times10^4\text{m}^3/\text{d}$（无阻流量）高产工业气流；苏322井马五$_6$亚段试气获$41.59\times10^4\text{m}^3/\text{d}$（无阻流量）高产工业气流（图8-4）。

在沉积微相分析与马五段中部白云岩化机理研究的基础上，以奥陶系中组合白云岩岩性圈闭气藏为目标，"十二五""十三五"期间，加大对古隆起东侧奥陶系中组合甩开勘探力度，目前落实桃33区块等6个有利目标区，并在马五$_5$亚段新增天然气探明地质储量

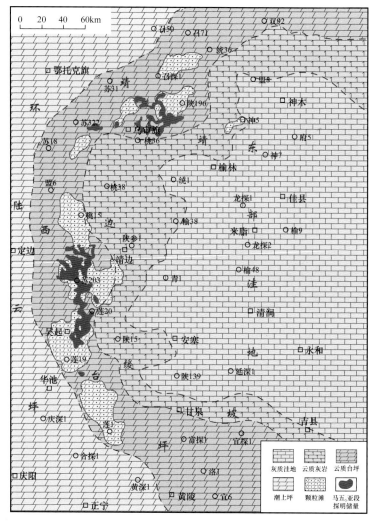

图 8-4　奥陶系中组合勘探成果图

$1038.08 \times 10^8 m^3$，马五$_6$亚段新增天然气控制储量 $736.19 \times 10^8 m^3$，展现出中组合岩性圈闭成藏具有较大的勘探潜力。

2. 中东部奥陶系盐下深层取得勘探新突破

1）盐下领域的早期探索

鄂尔多斯盆地下古生界奥陶系发育巨厚的膏盐岩地层，其中尤以马家沟组马五$_6$亚段膏盐岩分布范围最广，具有良好的区域封盖条件。由于膏盐层具有特殊的封盖作用，因而与油气的成藏关系密切（Chritopher 等，2009；文竹等，2012；雷怀彦，1996；李勇等，2006；徐世文等，2005）。"十一五"期间曾并先后针对盆地东部的盐下勘探目标部署实施了龙探 1 井、龙探 2 井两口风险探井，但实钻仅在龙探 1 井的马五$_6$亚段盐下试气获 $407 m^3/d$ 的低产气流。通过对盆地东部奥陶系烃源岩、储层及圈闭等关键成藏要素的综合分析表明，盐下储层、圈闭等条件均较为有利，唯烃源条件总体较差，盐下的海相烃源层多呈薄层、分散状分布于蒸发岩及碳酸盐岩地层中，且有机质丰度整体偏低，显示盐下烃源层的总体生烃能力较差。

2）奥陶系盐下成藏的地质新认识

"十二五"期间，在鄂尔多斯盆地奥陶系中组合勘探突破的启示下（杨华等，2011），提出膏盐岩之下的奥陶系中下组合地层在其西侧下倾方向存在供烃窗口，与上古生界煤系烃源岩层直接沟通接触，因而具有侧向供烃成藏潜力的新认识（杨华等，2014）。具体可概括为以下几方面的要点：一是盐下地层在延伸至邻近古隆起东侧地区时，在前石炭纪直接剥露到近地表附近，与后续披覆沉积的上古生界煤系烃源岩直接接触，形成有利"供烃窗口"；二是燕山运动造成盆地本部构造反转，东高西低的构造格局有利于上古生界煤系烃源岩生成的天然气经由"供烃窗口"进入膏盐下白云岩储集体后，会进一步沿着盐下的马五$_7$亚段—马五$_{10}$亚段白云岩输导层向东侧上倾高部位运移；三是膏盐下白云岩中岩性相变带的存在也为天然气区域性的聚集形成有效的岩性圈闭体系提供了有利条件。

3）盐下勘探取得战略新突破

在上述盐下天然气成藏新认识指导下，2013年优选盐洼西侧的膏岩发育区作为风险勘探的有利目标，并上报中国石油天然气股份有限公司申请风险探井获得论证通过，部署实施了专门针对盐下勘探的靳探1井，沉寂了几年的盐下勘探又开始起航了。靳探1井部署实施后，果然不负众望，在盐下层位试气获$2.44 \times 10^4 m^3/d$的气流，使得针对盐下勘探主力目标层位、圈闭类型等方面的认识逐渐明晰，上古生界煤系侧向供烃的认识也逐渐成熟，2014年，为了进一步探索奥陶系盐下领域天然气勘探潜力，优选部分探井打到盐下深层，多口井在盐下白云岩储层中钻遇含气显示，其中统74井在马五$_7$亚段钻遇含气白云岩10m，试气获无阻流量$127.98 \times 10^4 m^3/d$，奥陶系盐下天然气勘探终于获得重大突破（图8-5）。

近期在盆地中部（乌审旗南—靖边—安塞地区）的马五段盐下已发现桃38井区、统74井区、莲92井区等多个高产富集区块，初步圈定有利含气范围约$8000km^2$。初步实现长庆人梦寐以求的"靖边下边找靖边"的夙愿。

另外，针对盆地东部盐下更深层的马四段勘探也传来喜讯，风险勘探针对马四段在神木南目标部署的米探1井在马四段钻遇多段含气显示，其中马四$_3$亚段、马四$_2$亚段白云岩气层采用酸化＋体积压裂试气获$35.24 \times 10^4 m^3/d$（AOF）的高产工业气流，首次突破了马四段工业气流关。地质综合研究认为，盆地中部乌审旗—靖边—延安百余千米宽的弧形带及东部神木—米脂区面积3万多平方千米的范围，是盐下深层马四段、马三段乃至马二段大区域成藏的有利区带，有形成新的万亿立方米储量规模的潜力，是近期下古生界天然气勘探新的重要战略接替领域。

3.盆地西部台缘相带勘探取得新进展

1）早期勘探概况

早古生代鄂尔多斯地区以古隆起为界，存在华北海与祁连海两大海域，二者沉积特征差异明显。华北海域仅发育下中奥陶统，岩性为台地相碳酸盐岩与盐洼盆地相膏盐岩交互层；祁连海域则奥陶系沉积发育较全，主要为深水盆地相泥页岩和台地边缘相碳酸盐岩。

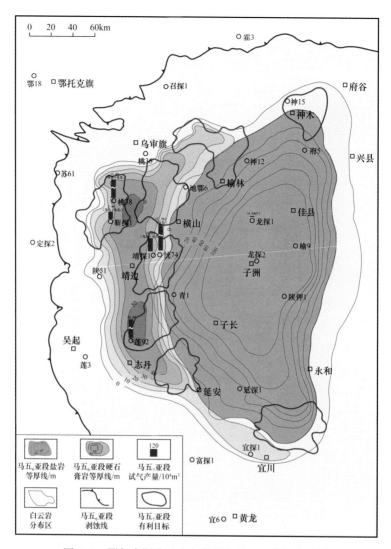

图 8-5　鄂尔多斯盆地中东部奥陶系盐下勘探成果图

20 世纪 80 年代中期，盆地西部天池构造完钻的天 1 井（图 8-6），首次在奥陶系克里摩里组台地边缘相石灰岩中发现含气显示，中途测试获 $16.4 \times 10^4 \text{m}^3/\text{d}$ 的工业气流，这曾经让勘探工作者们兴奋不已。但之后以天池构造为线索，围绕低幅度构造部署实施的天 2 井等多口探井相继失利。通过在天池构造实施了三维地震，证实该区构造圈闭分布局限，气藏规模小。天 1 井的钻探证实祁连海域天然气能够成藏，但其成藏控制因素又极为复杂。面临的问题主要是祁连海域是否存在其他类型的有效圈闭？以及有效储集体的发育规律又是怎样的？

2）近期勘探进展

在十一五以来国家重大专项平台的支撑下，有关奥陶系台缘相带成藏的认识进一步得到深化，推动台缘相带勘探取得了新的重要进展。

一是台缘颗粒滩相发现新苗头：近期在天环向斜北段部署的古探 1 井、棋探 3 井，相继在奥陶系克里摩里组钻遇颗粒滩相石灰岩储层及白云岩储层，试气分别获得

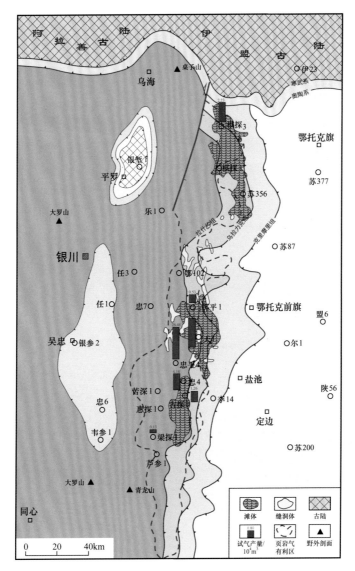

图 8-6　盆地西缘奥陶系勘探成果图

$1.62 \times 10^4 m^3/d$、$2.23 \times 10^4 m^3/d$ 的天然气流，展现出台缘礁滩体勘探的较好苗头，初步落实有利勘探面积约 4000km²。

二是乌拉力克组页岩气获得重要进展：乌拉力克组是西缘奥陶系重要的烃源岩发育层段，近期下古生界勘探中有多口直井在钻遇乌拉力克组时见到较好的含气显示，个别井试气还获得了（$0.10 \sim 4.18$）$\times 10^4 m^3/d$ 的天然气流，2020 年按照非常规页岩气的勘探思路，部署实施了 2 口水平井开展页岩气的勘探评价试验，其中的忠平 1 井试气获 $26.48 \times 10^4 m^3/d$（AOF），页岩气勘探取得重大发现，树立了中国北方海相页岩气勘探的新标杆。

4. 靖西地区发现风化壳含气新层系

近期研究表明，靖西地区风化壳储层受沉积相和岩溶双重因素控制：首先，马家沟组马五 $_{1+2}$ 亚段沉积期、马五 $_4$ 亚段沉积期均发育海退期的含膏云坪沉积相带，岩性都为泥—细粉晶准同生白云岩，普遍含硬石膏结核等易溶矿物，为风化壳期岩溶储层形成创造了基本条件；其次，虽然由靖边岩溶斜坡区向西马五$_{1+2}$亚段主力风化壳储集层段依次剥缺，但马五$_4$亚段又剥露至近地表附近，遭受风化淋滤改造，仍可形成新的大规模发育的风化壳溶孔型储集层段（见图5-23）。

在围绕靖边气田东、西两侧能否大面积成藏聚集的勘探实践中，重点加强了靖西地区古沟槽精细刻画地震技术攻关，并积极开展低阻气层测井快速识别方法研究，在靖边气田西部有多口井在马五$_4$亚段风化壳新层系获工业气流，落实有利含气面积4820km^2，在马五$_4$亚段新增天然气探明地质储量1085.73×10^{8}m^3（图8-7），并与马五$_5$亚段新增的千亿立方米探明储量区叠置，形成了双千亿立方米的高产复合规模储量区。

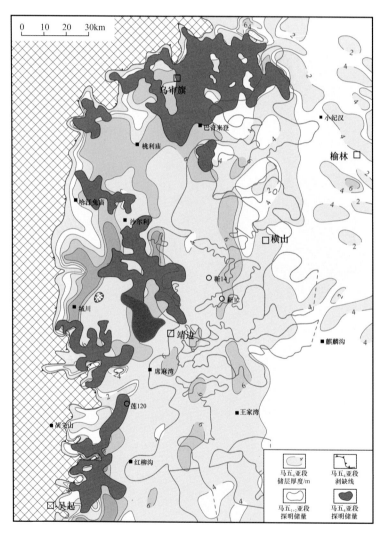

图8-7　盆地中部马家沟组马五$_4$亚段勘探成果图

此外，在靖边气田（主力产层为马五$_{1+2}$亚段）所在区域的风化壳较下部，近期靳14井、莲120井、靳12井等探井于马五$_4$亚段分获34.55×10^{4}m^3/d（AOF）、31.82×10^{4}m^3/d（AOF）、6.07×10^{4}m^3/d高产工业气流，累计新增了天然气控制储量1011.32×10^{8}m^3，实现了风化壳新层系的"西扩"和"深挖"双丰收。

第二节 风化壳气藏勘探领域

靖边气田的主力产层是奥陶系顶部的马五$_{1+2}$亚段风化壳储集层段，随着对风化壳气藏勘探程度的不断提高，有关靖边地区马五$_{1+2}$亚段风化壳气层的储层发育分布及天然气富集成藏特征等，前人已做过广泛研究和深入的讨论分析（杨俊杰，1991；杨俊杰等，1992，1996；张吉森等，1995；马振芳等，2000；戴金星等，1999；何自新，2003；何自新等，2005，2006；杨华等，2000，2011b；郑聪斌等，1993，1995），本书前文也有所述，这里不再作进一步的讨论。

但对于风化壳更深层的马五$_4$亚段储集层段，则由于储层发育及成藏控制因素复杂，勘探及认识程度相对较低；此外，盆地东部的马五$_{1+2}$亚段风化壳相较于靖边地区的马五$_{1+2}$亚段风化壳储层而言，明显岩性更为致密、孔隙性变差，因此被勘探学者称为"盆地东部致密风化壳"，正待进行更为深入的勘探研究。因而，这里仅就风化壳体系中的马五$_4$亚段风化壳含气新层系和盆地东部马五$_{1+2}$亚段致密风化壳2个区带的储层发育分布及天然气成藏潜力略作评述。

一、马五$_4$亚段风化壳含气新层系

1. 有效储层主要发育在马五$_4$亚段顶部的含膏云坪相白云岩中

由于靖西地区的奥陶系风化壳马五$_{1+2}$亚段主力储集层段渐趋剥蚀殆尽，因而主要发育马五$_4$亚段的风化壳储层。对马五$_4$亚段储层发育特征的追踪分析表明，马五$_4$亚段的孔隙层段主要分布在马五$_4$亚段顶部的白云岩中（图8-8），横向分布上较为稳定，可以长距离追踪对比。

1）马五$_4$亚段岩性构成

马五$_4$亚段地层厚度一般在30～40m，自上而下又可细分为3小层。

马五$_4^1$小层：地层厚度为10～15m，区域分布稳定。上部5m左右岩性为灰、浅灰色泥粉晶云岩和角砾状云岩，球状溶蚀孔洞较为发育，与马五$_1^3$小层极为相似，区域分布较稳定，是盆地中部靖边西侧地区的主要产气层段之一；中下部7～8m为灰色泥晶云岩与深灰色云质泥岩、泥质云岩或硬石膏岩互层；底部1m左右为灰绿、浅棕色凝灰岩。

马五$_4^2$小层：地层厚度受膏岩发育程度影响变化较大，一般厚度在10～20m之间。岩性为灰色含泥云岩、膏质云岩与泥晶云岩、云质泥岩互层，与马五$_1^3$小层较为类似。

马五$_4^3$小层：地层厚度一般在8～18m之间，东部受盐岩发育影响，局部可达20m以上。东部盐洼区在底部发育石盐岩层，向西逐渐过渡为膏云岩与泥晶云岩、云质泥岩互层，基本岩性特征与马五$_4^2$小层类似。

沉积演化分析表明，马五$_4$亚段是在马五$_5$亚段短期海侵之后发育的海退沉积层序，主要为一套蒸发膏盐与白云岩交互的沉积层。纵向上自马五$_4^3$小层—马五$_4^2$小层—马五$_4^1$小层表现出震荡式海退的沉积特征（图8-9），其中马五$_4^1$小层的中上部为相对海进期的白云岩沉积层，发育球状石膏结核，是与马五$_1^3$小层相似的有利储集相带，在经历风化壳期淋滤改造后，易于形成有利的风化壳溶孔型储层。

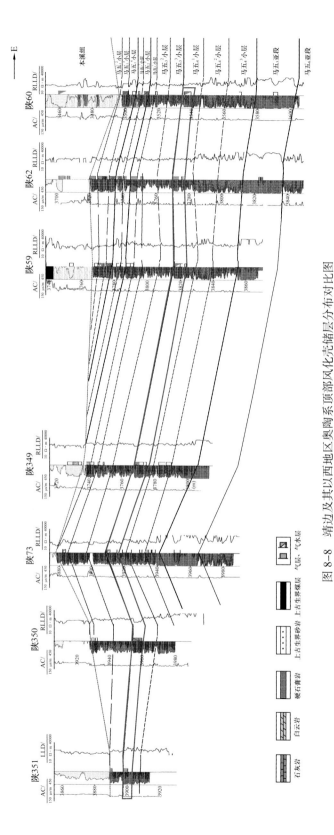

图 8-8 靖边及其以西地区奥陶系奥陶系顶部风化壳储层分布对比图

桃红色框线范围示马五 4 主力储层分布层位

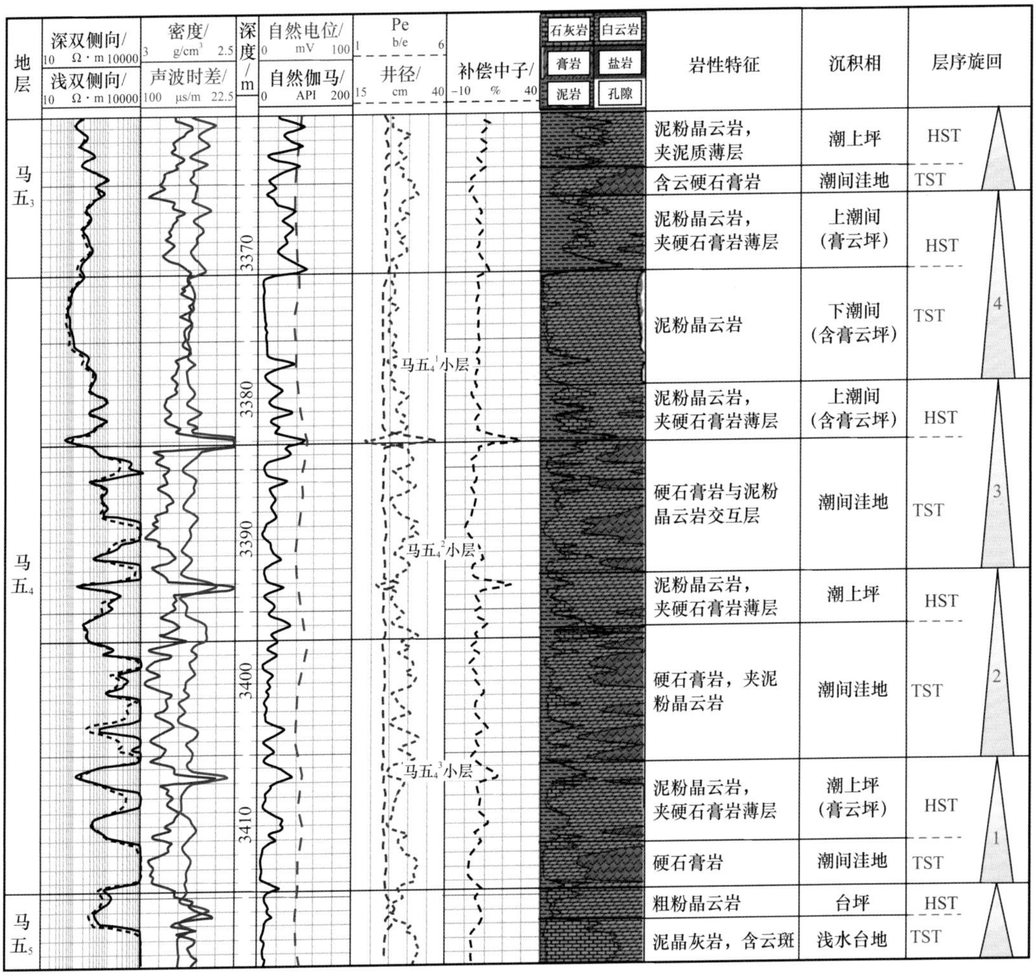
地层
深双侧向/
10 Ω·m 10000
浅双侧向/
10 Ω·m 10000
密度/
3 g/cm³ 2.5
声波时差/
100 μs/m 22.5
深度/m
自然电位/
0 mV 100
自然伽马/
0 API 200
Pe
1 b/e 6
井径/
15 cm 40
补偿中子/
−10 % 40
石灰岩
白云岩
膏岩
盐岩
泥岩
孔隙
岩性特征
沉积相
层序旋回
马五3
马五4
马五5
3370
3380
3390
3400
3410
马五4¹小层
马五4²小层
马五4³小层
泥粉晶云岩，夹泥质薄层
潮上坪
HST
含云硬石膏岩
潮间洼地
TST
泥粉晶云岩，夹硬石膏岩薄层
上潮间（膏云坪）
HST
泥粉晶云岩
下潮间（含膏云坪）
TST
4
泥粉晶云岩，夹硬石膏岩薄层
上潮间（含膏云坪）
HST
硬石膏岩与泥粉晶云岩交互层
潮间洼地
TST
3
泥粉晶云岩，夹硬石膏岩薄层
潮上坪
HST
硬石膏岩，夹泥粉晶云岩
潮间洼地
TST
2
泥粉晶云岩，夹硬石膏岩薄层
潮上坪（膏云坪）
HST
1
硬石膏岩
潮间洼地
TST
粗粉晶云岩
台坪
HST
泥晶灰岩，含云斑
浅水台地
TST

图 8–9　盆地中部靖边地区马五$_4$亚段沉积相序演化剖面图

在由马五$_4^3$小层—马五$_4^2$小层—马五$_4^1$小层的演化过程中，中央古隆起以东的局限海蒸发盆地沉积区的沉积水体逐渐与开阔外海开始沟通，含盐度逐渐降低，硬石膏分布范围逐渐变小，白云质的分布范围逐渐增大，东部洼地也呈现出被逐渐填平的趋势。

2）沉积相带展布

马五$_4$亚段整体属于海退背景上形成的一套蒸发岩，按优势相作图，平面上主要发育盐岩盆地、膏云缓坡、含膏云坪、白云岩台坪及环隆云坪等沉积相带，围绕东部盐洼盆地呈环带状分布（见图 3–28）。

但对于主力勘探目的层段马五$_4^1$小层而言，此时沉积环境的演化发生了较大变化，短期内沉积相带的展布则基本不具蒸发膏盐湖发育期的沉积特征，而代之以潮间带—潮上带环境为主的沉积特征（与马五$_1$亚段中马五$_1^3$小层的沉积特征极为相似），主要发育膏云洼地、膏质云坪、含膏云坪及环隆云坪等岩性分化较小的几个沉积相带（图 8–10），大体仍呈环带状展布格局。其中中部的含膏云坪是最有利于溶孔型白云岩储层发育的沉积相带，主要由于其中的膏盐矿物与白云石存在明显的“非层状沉积分异”，主要呈结核状分布于泥粉晶云岩基质中，易受大气淡水的淋滤改造而形成有效的白云岩溶孔型储集层段。

尤其是在靠近古隆起的靖西地区，由于前石炭纪风化壳期的抬升剥蚀，导致马五$_4^1$小层剥露至近地表附近，更易发生溶蚀改造而形成规模性分布的有效储集体。

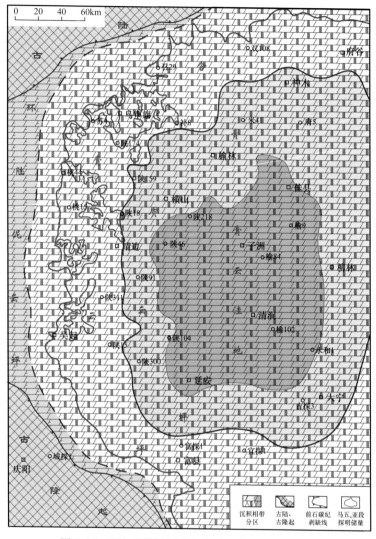

图8-10　鄂尔多斯地区中东部马五$_4^1$小层沉积相图

2.马五$_4$亚段成藏受古地貌和岩性遮挡两种因素的控制

1）靖西地区马五$_4$亚段岩溶古地貌圈闭成藏

由于加里东末期—早海西期构造抬升的非均衡性，邻近古隆起区抬升剥蚀更为强烈，使得自盆地东部向古隆起方向在前石炭纪马五段上亚段—马五段下亚段—马四段依次剥露地表，靖边西侧地区马五$_{1+2}$亚段基本剥蚀殆尽，而代之以马五$_3$亚段、马五$_4$亚段的渐次剥露。也因此导致马五$_4$亚段顶部的马五$_4^1$小层主力储集层段剥露至近地表附近，形成规模性分布，类似于靖边地区马五$_1^3$小层主力储层的有效储集体。其成藏圈闭类型也与靖边地区的马五$_{1+2}$亚段气藏类同，仍然以古地貌型的地层圈闭为主，即由上覆的石炭系碳质泥岩与下伏马五$_4^1$小层风化壳储层构成区域性储—盖组合，并主要依靠侵蚀沟槽构成上倾方向的地层遮挡条件，进而形成依存于不整合面的地层圈闭成藏系统（图8-11）。

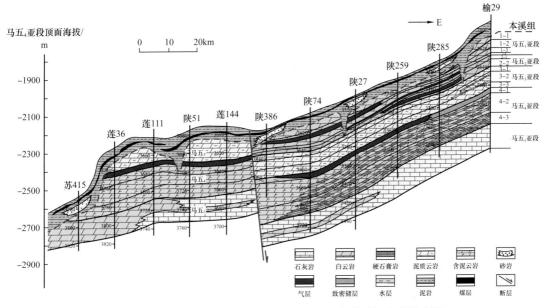

图 8-11 靖边以西地区奥陶系顶部马五₄亚段气藏圈闭成藏模式图

2）靖边及东部地区的马五₄亚段岩性圈闭成藏

在远离中央古隆起的靖边地区，风化壳顶部保留地层以马五$_{1+2}$亚段为主，马五₄亚段顶部的马五$_4^1$小层储集层大多处在距风化壳顶面以下 50～70m 的深度范围，基本超出了奥陶系顶面侵蚀沟槽的影响范围。因在靖边气田的广大范围内，奥陶系顶面侵蚀沟槽通常仅下切至马五₂亚段中下部附近，下切深度一般在 15～25m（图 8-12），即使个别下切较深的地区（如青 1 井区）也仅达马五₃亚段的上部附近，其下切深度也不过 35m 左右，距离马五$_4^1$小层储集层所在位置还有较远的距离，因靖边地区马五$_{1+2}$亚段厚 20～25m，马五₃亚段厚 25～30m，要切穿马五₃亚段达到马五₄亚段顶部，则侵蚀沟槽的下切深度必须达到 45～50m，但目前已有地震剖面显示及钻在沟槽的井所揭示的沟槽深度则极少能达到这一深度。

因此，在马五$_4^1$小层储层段圈闭成藏的过程中，靠下切侵蚀沟槽来构成东部上倾方向的有效遮挡显然已不现实。因此靖边及其以东地区的马五₄亚段顶部储层段可能得主要依靠其他类型的圈闭遮挡条件成藏。

进一步的分析表明，马五$_4^1$小层储层段确实存在东部上倾方向区域性变致密的地质条件，这主要表现在两个方面：一是沉积相带上中部地区与东部地区存在一定差异，中部主要发育含膏云坪沉积，膏、云造岩矿物易于产生非层状分异的斑状结构，从而在后期形成有效的溶孔型储层，而东部地区则以膏质云坪及云膏洼地沉积为主，膏、云矿物非层状分异的斑状结构较少出现，因而不易形成规模性分布的有效储集层段。

二是由于前石炭纪岩溶古地貌的差异，处于岩溶斜坡区的中部地区岩溶风化壳影响的深度明显要深于处于岩溶盆地区的东部地区，导致中部地区的马五₄亚段顶部的大部分地区可能都受到前石炭纪风化壳期大气淡水淋溶的改造，而东部地区由于风化壳影响的深度有限，则马五₄亚段顶部基本没有受到风化壳期大气淡水淋溶的影响。这可以从马五₄亚段上部的马五₃亚段中是否存在易溶的硬石膏岩层得到较为可靠的佐证，如图 8-11 所示，

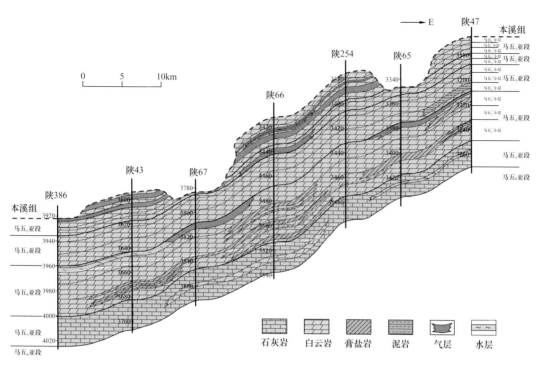

图 8-12　靖边地区奥陶系顶部圈闭成藏模式图

在陕 285 以东地区，马五₃亚段大都有硬石岩的存在，而陕 285 以西地区马五₃亚段基本没有硬石膏岩的存在，但从沉积特征看，马五₃亚段在中东部的大范围内仍属于云坪与膏岩洼地交互的沉积环境，在沉积期都发育大量的硬石膏岩层，而现今地层中硬石膏岩的缺失则是由前石炭纪风化壳期的大气淡水淋滤溶蚀或方解石交代所致。马五₃亚段硬石膏岩淋滤溶蚀的缺失分布范围大体如图 8-13 中的棕色断线所示，蓝线以西及以北地区马五₃亚段中基本无硬石膏岩，而以东、以南地区则仍有硬石膏岩存在。

此外，前石炭纪的断裂活动可能对于中部地区马五₄亚段储层段的圈闭成藏也起重要的控制作用。由于加里东末期—海西初期构造抬升的不均衡性，导致靠近古隆起区抬升要更为强烈一些，而远离古隆起区则抬升相对较弱，由差异抬升产生南北向分布的东倾正断层，此类断层断距一般不大，多在 30～50m 之间，且在晚石炭世盆地构造整体沉降后就基本不再活动。正是由于这种小幅度的断裂作用而导致奥陶系膏—云或盐—云交互的岩层在断面处发生错位接触，对马五₄亚段储层段而言，则可能导致上盘的马五₃亚段致密岩层向下移动，刚好与下盘的马五₄亚段储层段对接，在燕山期构造反转、东部抬升后，即构成对下盘马五₄亚段储层在上倾方向的有效遮挡条件，从而形成断层错位遮挡型的构造—岩性圈闭条件（图 8-14）。

3. 有利成藏区带及目标

盆地中部靖西及靖边地区是马五₄亚段天然气成藏的有利区带，按照其成藏圈闭特征的不同，可划分为乌审旗—靖西—吴起沟槽遮挡目标区和乌南—靖边—志丹岩性遮挡目标区两个有利的目标区带（图 8-13）。

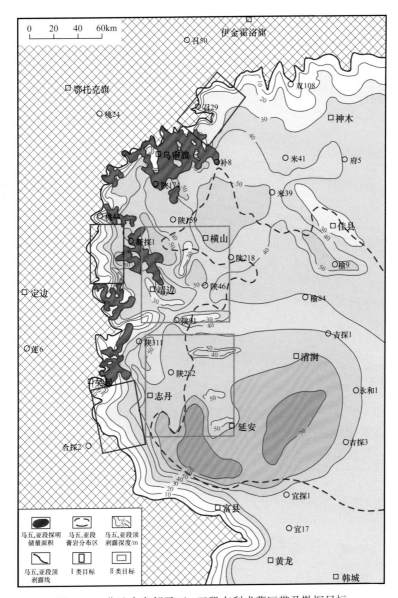

图 8-13　盆地中东部马五$_4$亚段有利成藏区带及勘探目标

1）乌审旗—靖西—吴起沟槽遮挡目标区

该目标区处在马五$_4$亚段前石炭纪剥露区的最西侧，整体处于靖边气田的西侧地区，因此习惯上多称为靖西地区。该区马五$_4$亚段成藏的有利条件主要体现在以下几个方面。

（1）储集体系靠近上古生界煤系烃源岩。该区在前石炭纪马五$_4$亚段顶部的主力储集层段剥露至近地表附近，部分已直接剥露地表，晚古生代被石炭系—二叠系煤系烃源披覆后形成最为近源的良好源—储配置关系。

（2）马五$_4$亚段顶部有利储集相带风化壳期受较强淋滤改造。前石炭纪风化壳期，该区是马五$_4$亚段顶部主力储集层段风化剥露最浅的地区，由于石炭纪风化壳期长时间的淋溶改造，马五$_4^1$小层含膏云坪相带中的易溶膏盐矿物组构易于受到较完全的淋溶改造而形成规模性分布的有利储集体。

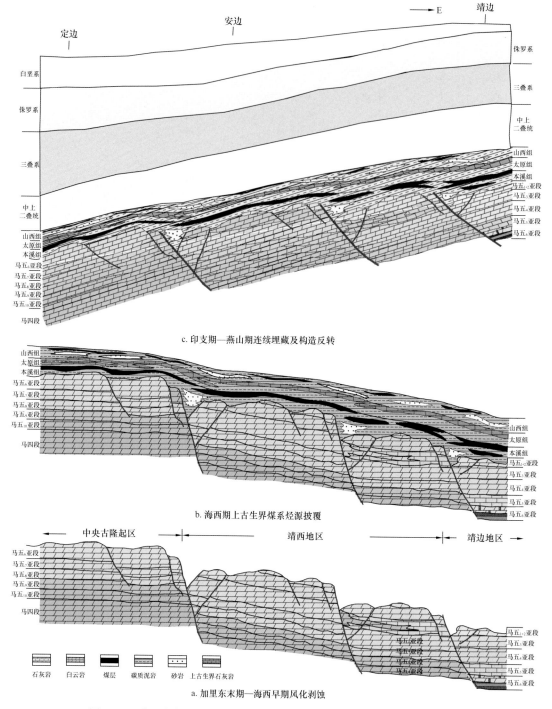

图 8-14　盆地中部靖边及靖西地区马五₄亚段风化壳储层成藏演化模式图

（3）易于形成侵蚀沟槽遮挡的古地貌圈闭体系。该区马五₄亚段顶部的主力储集层段剥露较浅，大多距离奥陶系风化壳顶面不足 30m，基本处于风化壳顶部的岩溶侵蚀沟槽下切可影响到的深度范围，因此马五₄亚段顶部的储集体为侵蚀沟槽所围限，易于形成有效的岩溶古地貌圈闭条件，进而构成横向上群带状分布的古地貌型地层圈闭体系。

有利目标分布：这一目标区马五$_4$亚段勘探程度较高，已分别在乌审旗、靖边西、吴起等目标形成了多个探明储量区块。近期分析认为该目标区的探明储量空白区，仍存在什汗水利、城川北、胡尖山东及旦八等勘探潜力区，有利勘探面积约2800km^2，有望形成（300～500）×10^{8}m^{3}的天然气储量规模。

2）乌南—靖边—志丹岩性遮挡目标区

该目标区整体处于靖边气田的探明储量分布区，但靖边气田当时勘探的主力目的层为马五$_1$亚段—马五$_2$亚段风化壳气层，对于马五$_4$亚段则由于当时产水井较多及局部储层较为致密而并未作为规模勘探的主力目的层。近期根据风化壳气层精细勘探的需求，深化分析位于靖边地区马五$_{1+2}$亚段主力气层之下的风化壳更深层的马五$_4$亚段气层的储层发育及圈闭成藏特征，表明局部区块的马五$_4$亚段顶部成藏条件也较好，具有一定的勘探潜力。其有利成藏条件主要有以下几方面。

（1）西侧下倾方向马五$_4$亚段主力储集层段孔渗性较好，可为上古生界煤系烃源气向马五$_4$亚段上倾方向运移提供良好通道。该目标区的下倾方向即是马五$_4$亚段顶部储集层段与上古生界煤系烃源层紧密接触的靖西地区，该区由于马五$_4$亚段主力储集层段剥露至近地表附近，储层物性通常都较好，在印支晚期—燕山期东高西低的区域构造背景下，可为上古生界煤系烃源生成的天然气沿着马五$_4$亚段主力储集层段向东侧上倾方向运移提供良好的通道。

（2）大部分地区处于有利储集相带，并受前石炭纪风化壳期淋溶改造。该区马五$_4^1$小层主力储集层段主要处于含膏云坪及膏质云坪沉积相带，岩石结构中多发育有膏、云质非层状分异的斑状结构，是易于溶孔型储层形成的有利储集相带。其次，该区大部分地区在前石炭纪风化壳期马五$_4$亚段顶部仍处在风化淋滤改造可以影响到的深度范围内，因此马五$_4$亚段顶部的主力储集层段（马五$_4^1$小层）大多可以受到风化壳期大气淡水的淋溶改造而溶蚀成孔，因而大多具有相对较好的储集条件。

（3）东侧上倾方向由岩性相变和前石炭纪断裂构成有效的圈闭遮挡条件。前已述及该区马五$_4^1$小层主力储集层段主要处于含膏云坪及膏质云坪有利储集沉积相带，大多具有较好的储层物性，而该区东侧上倾方向的盆地东部地区则主要处于膏云洼地相区，且大多在前石炭纪风化壳期远离风化壳顶面而未经历大气淡水的淋滤改造，岩性通常较为致密，可构成马五$_4$亚段上倾方向的致密岩性遮挡条件。此外，该区东侧多发育近南北向的前石炭纪断裂活动带，其对马五$_4$亚段顶部主力储集层段的上下错断所造成的错位遮挡，也可构成上倾方向的有利岩性圈闭条件。

有利目标分布：对这一目标区的马五$_4$亚段成藏条件的综合分析，评价优选出靖边—横山、志丹—延安等有利勘探目标（其中部分区块已提交控制储量），有利勘探面积约7500km^2，预计可形成（1500～2000）×10^{8}m^{3}的天然气储量规模。

此外，正如马五$_{1+2}$亚段风化壳储层在盆地东部整体较为致密，但在局部也存在孔渗性相对较好的岩溶古残丘一样，马五$_4$亚段储层在东部地区在整体岩性较为致密的背景下，局部也发育孔渗性相对较好的溶孔型储层，尤其是在个别下切较深的侵蚀沟槽附近。目前已在神木南的高家堡、榆林东的余兴庄、佳县西的通镇、米脂北的龙镇等目标发现相对较好的马五$_4$亚段含气显示井点，但其储层较薄且相对较为致密，其工业价值还有待于进一步的勘探评价，或许通过水平井及体积压裂等新工艺手段的应用，会取得一定的勘探成效。

二、盆地东部致密风化壳

1. 前石炭纪岩溶风化壳期处于岩溶盆地区，马五$_{1+2}$亚段储层整体较致密

前石炭纪风化壳期，奥陶系顶部遭受长期的风化淋滤及剥蚀改造，在奥陶系顶面形成沟壑纵横、侵蚀沟槽与岩溶台地相间分布的岩溶古地貌特征。受当时西高东低的古构造格局影响，自中央古隆起区由西向东依次发育岩溶高地、岩溶斜坡、岩溶盆地3个主要的古地貌单元（图8-15），盆地东部处于岩溶盆地区，是岩溶作用的低洼汇水区，其整体岩溶作用强度相较靖边气田所在的岩溶斜坡区而言明显减弱，加之部分孔隙的后期充填作用又较为显著（见图5-22、图5-25），风化壳储层中的斑状溶孔大部分为晚期成岩方解石所充填，因而导致其马五$_{1+2}$亚段风化壳储层段的孔隙发育程度较差、整体较为致密。

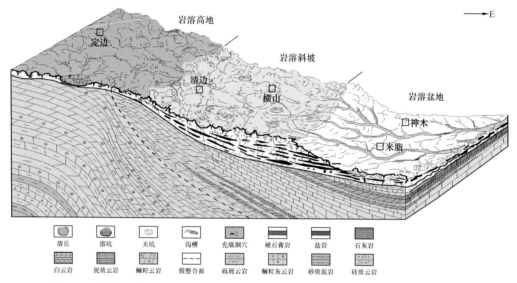

图8-15 鄂尔多斯盆地前石炭纪岩溶古地貌发育模式图（据郑聪斌个人资料修改）

2. 局部岩溶古残丘仍发育相对较好的风化壳储层

尽管盆地东部的岩溶盆地区的奥陶系顶部风化壳储层整体较为致密，但是在局部的岩溶古残丘发育区，地表径流较为活跃，在马五$_{1+2}$亚段有利储集层段仍发育相对较好的风化壳储层（图8-16），但其在有效储层厚度、储层物性、横向连续性以及分布规模等方面均明显差于靖边气田区的马五$_{1+2}$亚段风化壳储层。东部地区整体呈现出致密风化壳储层的特征，因此该区风化壳气层的单井试气产量整体都较低，大多在$1 \times 10^4 m^3/d$以下，仅有少部分井获工业气流（试气产量$\geq 2 \times 10^4 m^3/d$）。

3. 有利目标分布

1）盆地东部岩溶古残丘

前已述及，盆地东部主要由于加里东末期的岩溶风化壳期长期处于岩溶盆地区，岩溶作用以交代充填为主，以至大部分的球状膏云质结核均被方解石交代充填，使风化壳孔隙层段整体孔渗性能较差，岩性致密。但盆地东部也是奥陶系顶部马五$_{1+2}$亚段保存最

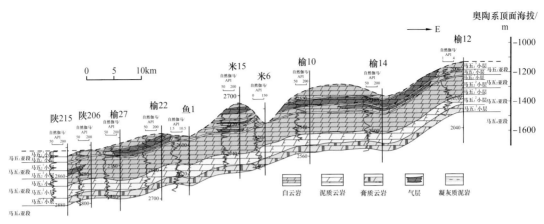

图 8-16 鄂尔多斯盆地东部奥陶系马五$_{1+2}$亚段风化壳气层气藏剖面图

全的地区，有利储集层段保留较全，在局部的古岩溶残丘区也存在溶孔充填程度相对较低、风化壳储层相对较发育的中小型目标区块，仍是岩溶盆地区的风化壳气藏勘探的有利目标。

近年来在盆地东部古生界的天然气勘探中，坚持上、下古生界立体勘探，发现多个岩溶古残丘具有相对较好的风化壳储层发育及含气特征，初步落实了双 5 井、双 15 井、米 35 井、麒 13 井等多个有利目标（图 8-17），圈定有利含气范围约 7500km^2，下一步结合水平井及体积压裂改造等新工艺技术的攻关，有望形成（1500～2000）×10^{8}m^3 的储量规模。

2）东南部宜川—黄龙风化壳

宜川—黄龙目标区位于盆地东南部，跨越伊陕斜坡和渭北隆起两大构造单元。区内已有宜 6 井、宜参 1 井等在马五$_{1+2}$亚段风化壳储层中获工业气流，表明该区奥陶系顶部风化壳也具有一定的天然气成藏潜力。但在黄龙以南地区由于主体处在现今构造单元的渭北隆起带上，奥陶系埋深向南逐渐变浅，气藏保存条件也呈逐渐变差的趋势，至铜川—白水—合阳一带则下古生界大多已剥露地表，气藏已遭受完全的破坏。

该区奥陶纪马家沟组沉积期位于米脂膏盐湖南缘的斜坡带，发育含膏云坪相沉积，具备形成岩溶孔洞型储层的基础。岩溶作用强度、溶蚀孔洞发育及充填特征与钻井资料综合分析表明，加里东末期风化壳岩溶期，处于古岩溶斜坡部位，发育顺层岩溶作用，有利于形成与靖边气田本部类似的溶蚀孔洞型储层。

盆地东南部奥陶系顶部风化壳天然气成藏的核心问题仍然是储层的致密化问题。由于盆地东南部奥陶系顶部普遍保留有马六段石灰岩（10～20m），传统认为由于马六段石灰岩层遮挡、马五$_{1-4}$亚段风化淋滤作用减弱，影响了马五段风化壳溶孔型储层的发育。但是近期孔隙充填机理分析表明，其充填物主要形成于石炭纪—二叠纪埋藏成岩期，局部仍发育溶孔储层。即在风化壳期，东南部地区的岩溶高地和斜坡区均经历了广泛的风化淋滤作用，在含膏云岩层段也大都发育大量溶孔；但是在石炭纪—二叠纪的沉积埋藏期，在紧邻古隆起的东侧地区奥陶系之上的上覆沉积层主要处于海陆过渡沉积环境，使得下伏的奥陶系风化壳孔隙层段遭受了较强的埋藏充填作用，导致孔渗性整体较差。但是在远离古隆起的更东部的部分古潜台区，由于处在相对的高部位，充填较弱，储集空间得以有效保

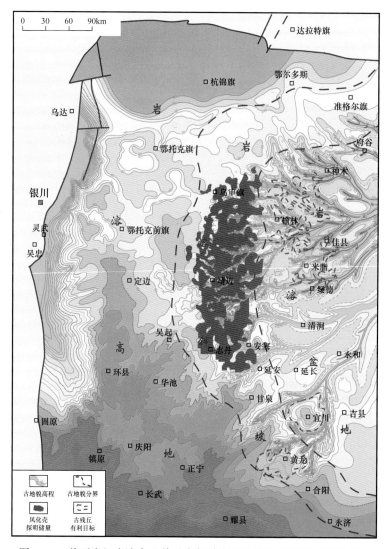

图 8-17 前石炭纪岩溶古地貌及东部致密风化壳勘探有利目标分布图

存，如区内的宜川古潜台和黄龙古潜台（图 8-17），有利勘探范围约 2000km²，有望形成（300～500）× 10⁸m³ 的天然气储量规模。

第三节 中组合勘探领域

一、中组合成藏特征

1. 储层发育受沉积相及白云岩化作用的双重控制

前已述及，中组合主要涉及马五段中下部的马五₅亚段—马五₁₀亚段，累计地层厚度多在 110～160m 之间。尽管马五段沉积期总体处于大的蒸发岩—碳酸盐岩旋回的相对低水位期，整体沉积以蒸发膏、盐岩为主，但其间也存在次一级的短期海进旋回，因而也发育夹层状分布的碳酸盐岩沉积层。如马五$_5$亚段沉积期即是夹在其间的一次较重要的次级海侵期，其岩相古地理格局呈环带展布，自西向东依次发育环陆云坪、靖西台坪、靖边缓坡及东部石灰岩洼地。邻近古隆起的环陆云坪和靖西台坪沉积区分别处于潮上带和潮间带环境，整体处在有利于碳酸盐岩储层发育的沉积相带，并且随着海平面变化旋回的演化，在马五$_4$亚段海退期，当马五$_5$亚段碳酸盐岩沉积处于近地表浅埋藏成岩环境时，又易于受到早成岩期"混合水"白云岩化作用的改造，进而形成孔隙性较好的晶间孔型白云岩储集体；靖边缓坡沉积区则主要处于潮间下带—潮下带沉积环境，以石灰岩为主，间夹泥粉晶云岩；而东部洼地沉积区则整体处于潮下带较深水沉积环境，沉积期水体开阔，与广海相通，主要沉积深灰色富含生物碎屑的泥晶灰岩，仅在局部地区发育少量白云岩层段或有白云岩化的迹象。

马五$_7$亚段沉积期、马五$_9$亚段沉积期与马五$_5$亚段沉积期相似，都是夹在蒸发岩层序中的短期海侵层序，沉积期后都进入海退或干化蒸发期的沉积阶段（马五$_6$亚段沉积期、马五$_8$亚段沉积期），因而在其下伏沉积物都存在富镁卤水与大气淡水混合的成岩介质环境，导致相似白云岩化作用的发生。同样，原始的颗粒滩相沉积层最有利于两种水体的充分混合，进而也形成白云石晶粒粗、自形程度高、晶间孔发育的白云岩储层。

中组合有效储集体主要发育在马五$_5$亚段白云岩中，马五$_7$亚段、马五$_9$亚段等在局部地区也可见有效白云岩储层发育。该类储集体的储层岩石主要为粗粉晶—细晶结构的晶粒状云岩，在部分层段的角砾化泥粉晶云岩中也见有效储集体，但其分布相对较为局限。白云岩储集空间类型主要为白云石晶间孔（局部同时发育晶间溶孔），次为微裂缝。由于白云石晶间孔等主要形成于碳酸盐沉积物发生白云岩化作用的同期，因而储层发育与白云岩化程度紧密相关。

除了马五$_5$亚段、马五$_7$亚段、马五$_9$亚段外，马五$_6$亚段、马五$_8$亚段、马五$_{10}$亚段在局部地区也发育有效的白云岩储层，尤其是在马五$_6$亚段的部分白云岩层段中。马五$_6$亚段由于地层厚度较大（多在60～120m），因而其本身所代表的时间跨度就较大，部分层段也在相应的短期海侵期间发育有利的浅水颗粒滩相沉积，并在随后的准同生—近地表浅埋藏期发生白云岩化作用，形成有效的白云岩储层。

2. 靖西地区上古生界煤系烃源岩与中组合白云岩构成良好源—储配置

加里东末期开始的整体构造抬升，使鄂尔多斯地区下古生界遭受了长达一亿多年的风化剥蚀，靖边气田以西至古隆起地区抬升剥蚀尤为强烈，属区域性抬升剥蚀区。由东向西到古隆起区，奥陶系顶部剥露地层层位依次由新变老，逐渐由奥陶系上组合（马五$_1$亚段—马五$_4$亚段）变为中组合（马五$_5$亚段—马五$_{10}$亚段）乃至下组合（马四段）。晚石炭世盆地整体沉降后，鄂尔多斯地区又开始整体沉降接受石炭纪—二叠纪沉积海陆交互相及陆相沉积，使上古生界的煤系地层在该区与奥陶系中组合及下组合地层直接接触（图8-18）。到印支末期—燕山期，随着上古生界煤系烃源岩热演化成熟进入烃类气体的大量生成阶段后，即可对下古生界的奥陶系中组合乃至下组合储层供气，构成良好的源—储配置关系。

对该区煤系烃源岩的分析表明，该区上石炭统本溪组—下二叠统山西组均发育煤层、碳质泥岩及暗色泥岩等，煤层厚3～6m，碳质泥岩及暗色泥岩厚60～120m，热演化达成

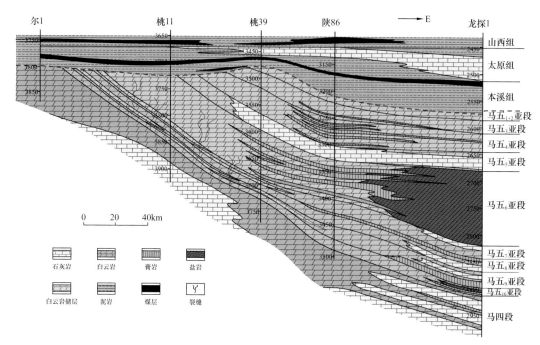

图 8-18 盆地中部奥陶系中组合与上古生界煤系烃源层源—储配置关系图

熟—过成熟干气生成阶段，R_o 为 1.5%～1.7%，有较好的气源供给能力，具备向下古生界中组合及下组合有效供气的物质基础。

3. 燕山期东部抬升与构造转换形成有效的岩性圈闭体系

中组合的白云岩晶间孔储层主要形成于颗粒滩沉积环境，与其周围的围岩地层在沉积特征及微相结构上存在较大的差异，因而导致其在成岩作用、白云岩化等方面亦有所不同，最终在孔隙发育程度及储渗性能上也产生较大的差异性。

首先，从区域上的岩性相变看，由盆地东部向西至靖边、靖西及古隆起区，马五₅亚段岩性由盆地东部的石灰岩到靖西地区完全相变为白云岩，并环绕古隆起形成一个区域性的岩性相变界面，即靖边东侧地区基本全为致密的石灰岩地层，而靖西地区皆为白云岩地层。

燕山期盆地东部大幅度抬升，导致古地形格局发生巨大变化，由原来的西高东低转变为东高西低。受此影响，下古生界构造层整体变为向西单倾的相对单一的构造样式，也基本奠定了盆地现今构造形态，靖边地区就处于这种"翘翘板"式构造翻转的轴部附近。

构造翻转后对靖西地区奥陶系中、下组合的天然气成藏产生了两方面的重要影响：一是马五₅亚段区域岩性相变的致密石灰岩一侧正处于构造的上倾方向，从而对其西侧的白云岩储集体构成了有效的岩性遮挡条件；二是由于东侧上倾，使得上古生界的煤系烃源岩层与下古生界的白云岩储层在风化壳界面附近由原来的上下接触关系变成一定程度上的侧向（或左右）甚至"源下储上"的接触关系，从而更有利于烃类气体在白云岩储集体中的充注成藏。

根据前述源—储配置及遮挡条件的分析，再结合古隆起东侧（靖西地区）下古生界现今构造西倾的格局，岩性圈闭是古隆起东侧奥陶系中组合天然气成藏的主要圈闭类型。寻找岩性圈闭体的关键就是找到滩相白云岩储集体。基于此，以马五₅亚段为核心构建了本区中组合岩性圈闭气藏的成藏模式（图8-19）：古隆起东侧地区奥陶系中组合成藏主要受控于马五₅亚段短暂海侵期形成的岩性相变，短期海侵局部发育的藻屑滩沉积，于近地表浅埋藏成岩环境混合水云化后形成白云岩晶间孔型储层，在经历了加里东期抬升剥蚀及石炭纪—二叠纪沉积后，与上古生界煤系烃源岩构成良好的源—储配置，在经历了海西期—印支期的连续埋藏及燕山期的盆地东部抬升后，形成岩性圈闭气藏。

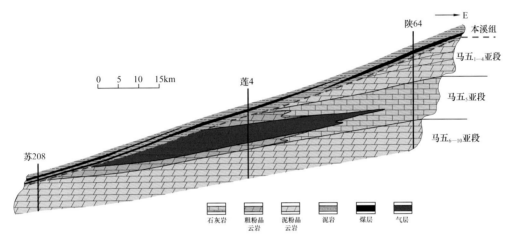

图8-19　鄂尔多斯盆地中部奥陶系中组合马五₅亚段圈闭成藏模式图

二、中组合有利成藏区带与目标

1.古隆起东侧是中组合成藏的有利区带

综合前面对中组合基本成藏地质特征的分析表明，古隆起东侧是中组合成藏最为有利的地区，主要体现在以下几方面。

1）与上古生界煤系烃源近距离接触

在邻近中央古隆起的中部地区（尤其是靖西地区），中组合地层在前石炭纪依次剥露至近地表附近（图8-20），与上覆的上古生界石炭系—二叠系煤系烃源直接或近距离接触，其成藏时的气源供给条件最为充足，具有"近水楼台"的气源优势。

2）有效储层发育程度高

从前述马五₅亚段的储层发育机理来看，位于古隆起东侧的靖西地区，在马五₅亚段沉积期是最有利于滩相沉积体发育的台坪沉积相区，在经历早成岩期的混合水白云岩化后，最易于形成晶间孔较为发育的有效储集层段，因此该区带马五₅亚段整体上白云岩化程度高、储层也最为发育。马五₇亚段、马五₉亚段（乃至马五₆亚段的局部层段）的沉积演化及储层发育特征与马五₅亚段有较为相似的规律性，均在古隆起东侧发育有利的滩相沉积及白云岩化的储集体。

此外，该区前石炭纪风化期马五₅亚段—马五₁₀亚段向西依次剥露，尤其靖西地区中组合大都剥露至近地表附近，部分中组合储层可能又经历风化壳期的淋溶改造，储集性能进一步提高。

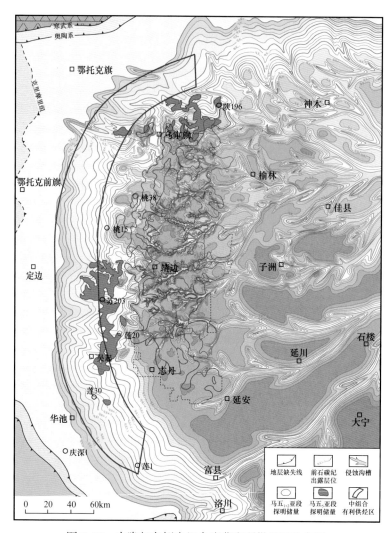

图 8-20　古隆起东侧中组合成藏有利供烃区分布图

3）多层系含气复合叠置成藏

首先，从储层发育的角度看，受层序旋回控制，马五$_5$亚段、马五$_7$亚段、马五$_9$亚段同为夹在蒸发岩层序中的短期海侵沉积，在古隆起东侧地区其沉积、成岩环境较为相似，都可发育有利的滩相沉积，并在其后的海平面下降期因混合水云化而形成白云岩晶间孔型储层。在沉积相带展布上，马五$_5$亚段、马五$_7$亚段、马五$_9$亚段都在古隆起东侧附近发育有利云化滩储层形成的台坪相带，并围绕古隆起呈环带分布而形成区域性展布的岩性相变带。

其次，古隆起东侧地区中组合的各层段地层经加里东期构造抬升均剥露至近地表附近，与后续晚古生代沉积的煤系烃源岩层形成良好的源—储配置关系；在随后海西期及以后的持续埋藏及燕山期构造抬升过程中，中组合马五$_5$亚段、马五$_7$亚段、马五$_9$亚段等各层系均经历了相近的成藏演化历史，各层段均具有形成有效的岩性及地层—岩性圈闭的地质条件（图 8-21）。

因此，古隆起东侧是寻找中组合多层系云化滩相白云岩岩性圈闭气藏的有利区带，这已在该区近期的天然气勘探中得到钻探证实。

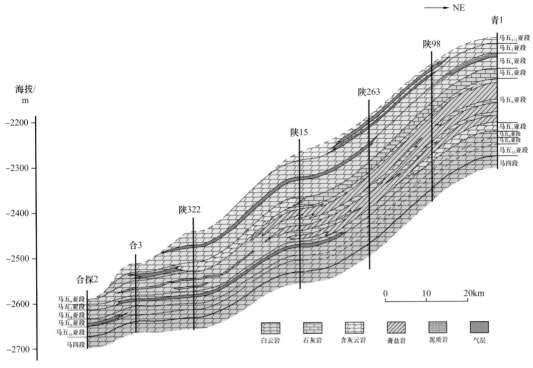

图 8-21　古隆起东侧奥陶系中组合多层系圈闭成藏模式图

2.马五₅亚段有利勘探目标

马五₅亚段是中组合勘探最先发现的目的层,目前已形成千亿立方米的探明储量规模。综合研究表明靖边气田西侧(靖西地区)乌审旗—桃利庙—城川—吴起—旦八—莲花寺一线的半环状区域,马五₅亚段白云岩化程度高、储集条件较好,向西越靠近马五₅亚段缺失线,上古生界煤系烃源供气条件优越,是马五₅亚段岩性圈闭成藏最有利的目标区。近期在靖西地区中组合的勘探中,目前已发现了桃33井区、召44井区、苏203井区、莲150井区等多个马五₅亚段高产富集区(图8-22),有多口井在马五₅亚段单井试气产量超过 $1 \times 10^4 m^3/d$,成为近期盆地下古生界碳酸盐岩新领域高效勘探的有利目标。

此外,除了靖西地区的马五₅亚段含气区带外,马五₅亚段白云岩向东部地区仍有一定规模延伸(可称之为马五₅亚段白云岩的"内环带"),但其储层厚度明显变薄,多呈夹层状分布在厚层石灰岩中,也可与周围致密围岩形成有效的岩性圈闭遮挡条件,是马五₅亚段下一步勘探的潜在目标分布区,目前已在靖边、横山及榆林东等目标发现较好的含气显示,初步预测仍有可能形成千亿立方米的储量规模。

3.马五₆亚段—马五₁₀亚段成藏潜力区

马五₆亚段—马五₁₀亚段也是中组合勘探的重要目的层系,受储层发育的区位性及其与上古生界煤系烃源岩的近源接触关系等因素的控制,其有利成藏目标区也主要分布在靖西及靖边地区,呈围绕古隆起呈半环状分布,与马五₅亚段有一定的相似性。

此外,由于成藏聚集还受到上倾遮挡、盖层封闭性等圈闭要素的制约,中组合各层

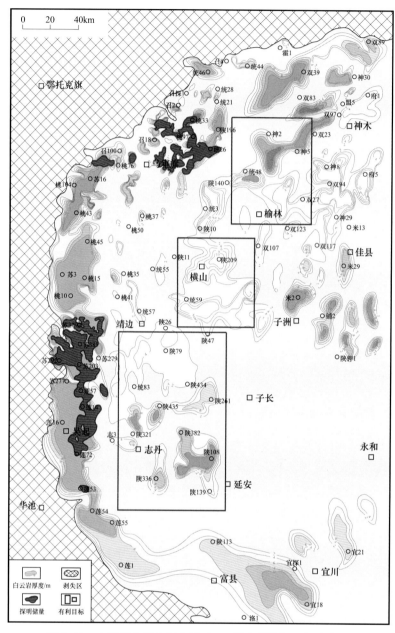

图 8-22　古隆起东侧中组合马五₅亚段有利勘探目标分布图

系的各自成藏有利区向东的延伸范围又表现出一定的差异性，如马五₆亚段主要富集在靖西地区，在靖边地区也有局部的富集成藏，但规模相对偏小；马五₇亚段则倾向于富集在靖边地区，且多富集在马五₆亚段膏盐岩的覆盖区范围内，显示出膏盐岩封盖层的存在与否对其成藏有较大影响；而马五₉亚段则在靖西及靖边地区均存在小规模的富集，且大多与马五₇亚段相伴存在，在分布区域上也多有重叠（图 8-23）。总体而言，马五₇亚段、马五₉亚段有利富集区则明显偏东，大多处于靖边及其以东地区，部分已处于马五₆亚段膏盐岩封盖层的覆盖区范围内，构成奥陶系盐下岩性圈闭气藏的一部分。

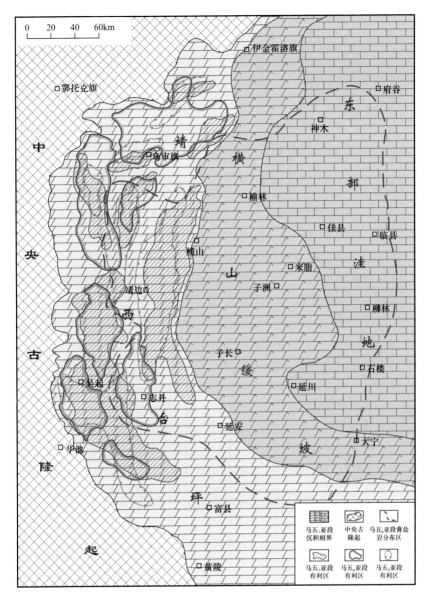

图8-23　古隆起东侧奥陶系中组合多层系滩体叠合分布图

第四节　奥陶系盐下勘探领域

一、盐下成藏主控因素

1. 盆地中东部奥陶系盐下具有双源供气特征

鄂尔多斯盆地下古生界碳酸盐岩层系的天然气成藏，气源受上古生界和下古生界两套烃源层系的供给，但究竟是以上古生界煤系烃源为主还是以奥陶系自身的海相烃源岩为主的问题，认识上仍存在较大争论。对于盆地中东部奥陶系碳酸盐岩—膏盐岩共生体系也是如此，但两种烃源岩都对奥陶系盐下天然气气藏有贡献。

下古生界海相烃源岩：富有机质岩性主要为薄层泥岩夹层和中薄层泥质云岩，纯碳酸盐岩和膏盐岩中有机质含量通常均较低，大多小于 0.1%。通过对盆地中东部奥陶系碳酸盐岩—膏盐岩体系 1500 余块岩心样品的有机碳含量（TOC）分析数据的统计分析表明，其可能的烃源层段的有机碳大部分处在 0.05%～0.3% 之间，TOC 大于 0.3% 样品不足 20%，TOC 最高值也仅 1.5% 左右，且多以厘米级甚至毫米级薄层或纹层的形式出现，测井综合解释的富泥质有利烃源岩累计厚度一般在 15～30m。总体来看，中东部地区碳酸盐岩—膏盐岩体系中自生烃源岩的品质整体较差。近期刚文哲等（2020）利用烃源岩实测 TOC 含量及分布特征，结合总有机碳法生烃量估算公式，确定盐下烃源岩的总生气强度为 $2.88 \times 10^8 m^3/km^2$，仅为盆地上古生界煤系烃源岩生气强度的 1/10 左右，因而推断其难以对奥陶系盐下层系的天然气成藏形成大的贡献。

上古生界煤系烃源岩：指发育在盆地内上古生界石炭系本溪组—二叠系山西组含煤地层中的烃源层系。富有机质岩石主要为煤层、碳质泥页岩、暗色泥岩及部分石灰岩等，由于其有机质丰度高、分布范围极为广泛，累计厚度多在 80～150m 之间（表 8-1），在盆地本部地区的生气强度一般在（20～28）$\times 10^8 m^3/km^2$，整体具有很高的生烃及供烃潜力。其对奥陶系顶部风化壳气藏的供烃成藏的贡献已基本得到较普遍的认可，但对于中东部地区远离顶部风化壳的奥陶系"内幕"深层的天然气成藏是否也是规模供烃的主要贡献者，目前在认识上尚存在较大分歧。所存疑点主要在于奥陶系上覆的上古生界煤系烃源岩纵向上距碳酸盐岩—膏盐岩内幕储层的距离太远，难以向下穿越巨厚的膏盐岩分隔层（盐下成藏的主要封盖层）而进入奥陶系内幕的白云岩储集层段聚集成藏。但对奥陶系碳酸盐岩—膏盐岩体系与上古生界煤系烃源层系的源—储配置关系研究表明，中东部盐下的碳酸盐岩—膏盐岩体系在其西侧的中央古隆起区存在区域性分布的"供烃窗口"（图 8-24），通过侧向供烃，对其东侧上倾方向的奥陶系盐下层系仍具有大规模供烃成藏的潜力（包洪平等，2020b）。

表 8-1　鄂尔多斯盆地上古生界煤系烃源岩有机质丰度统计表

岩性	本溪组		太原组		山西组	
	厚度 / m	有机碳 / %	厚度 / m	有机碳 / %	厚度 / m	有机碳 / %
煤层	7～20	55～80	4～8	10～75	5～15	45～90
暗色泥岩（碳质泥岩）	30～40	3～20	20～30	2～18	50～70	1～15
石灰岩	4～12	0.2～1.2	10～30	0.3～1.5	—	—

2. 乌审旗古隆起对奥陶系盐下控储作用明显

除了奥陶系顶部的风化壳溶孔型储层外，碳酸盐岩—膏盐岩共生体系的内幕地层中也发育有效的白云岩储集层段，主要存在两种有效的储集岩类型，一是海侵层序中的白云岩晶间孔型储层，二是海退层序中的含膏云岩溶孔型储层。

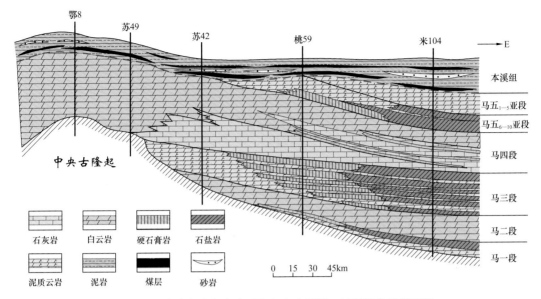

图 8-24　古隆起东侧奥陶系与上古生界源—储配置关系剖面图

图例：石灰岩　白云岩　硬石膏岩　石盐岩　泥质云岩　泥岩　煤层　砂岩

0　15　30　45km

　　海退层序中的含膏云岩溶孔型储层：该类储层主要发育在含膏云坪相带形成的"非层状分异"的含膏云岩中，膏盐结核与泥粉晶云岩基质几近同期形成，因此结核中通常也含有少量泥粉晶结构的白云石晶粒。如遇间歇性暴露，其中的膏盐矿物及结核多遭受短期的大气淡水淋滤而形成有效的（含膏）白云岩溶孔型储层。

　　海侵层序中的白云岩晶间孔型储层：岩石由浅水台地颗粒滩相沉积在浅埋藏期的白云岩化作用所形成的粉细晶云岩构成，由于白云岩晶粒结构较粗，（通常为粗粉晶—细中晶晶粒结构），白云石自形程度较高，因而大部分层段多发育一定的晶间孔隙而成为有效的白云岩晶间孔型储层。以马四段白云岩为例，多个层段发育粉细晶云岩储层，孔隙度在邻近古隆起区多在 3%～8%，渗透率 0.1～2mD，单层厚度多在 5～8m，是区内储集规模大、储层物性好的晶间孔型白云岩储层发育层段。除马四段白云岩外，马二段及马五段的短期海侵层序中（如马五$_5$亚段、马五$_7$亚段、马五$_9$亚段）也常发育此类白云岩储层。

　　钻井及地震资料反映盆地寒武系地层分布具有"一隆两凹"的沉积格局，隆起带上主要发育伊盟、乌审旗、庆阳三大隆起，寒武系向隆起带两侧逐渐加厚。从第三章了解到乌审旗古隆起控制了盆地中部台内分异及滩相储层分布，从而控制了有效储层平面分布。马五$_7$亚段、马五$_9$亚段、马二段、马四段等多个层位在盆地中部乌审旗古隆起及其周边发育台内滩相白云岩。受古隆起的控制及沉积旋回的影响，中东部地区马五$_7$亚段、马五$_9$亚段、马四段、马三段等层系在古隆起附近白云岩储集体也大规模分布，为奥陶系盐下多层系天然气聚集提供了有利场所。

　　此外，盆地东部的次级古沉积底形的起伏，对盆地东部地区的局部储层发育也起明显控制作用，尤其是马二段、马四段海侵沉积期的神木—子洲隆起带，对局部生物建隆形成低幅灰泥丘（生物丘）和部分层段发生选择性云化起重要作用，导致马四段在神木—子洲低隆带上多层段发育夹层状分布的具生物扰动斑状云化白云岩储层的形成。

3. 多套膏盐岩盖层为深层气藏运移及保存创造了良好的条件

马一段、马三段、马五段海退期形成的蒸发岩沉积层序中均发育大段厚层的石盐岩及硬石膏岩沉积层，因其横向连续、分布范围广、规模大，是区内碳酸盐岩—膏盐岩共生体系中天然气成藏最为有利的区域性封盖层，无论对于膏盐岩层系之下的大段海侵期白云岩层段，还是膏盐岩之间的白云岩薄夹层等层段的天然气聚集成藏都具有良好的封盖意义。以其中分布较广的马五$_6$亚段膏盐岩盖层为例，其膏盐岩的单层厚度多在5～20m之间，累计厚度可达30～100m，对区内马五$_7$亚段、马四段等白云岩储层中的天然气成藏聚集都具有极好的区域性封盖作用。

4. 燕山晚期构造反转为烃源岩侧向运移提供了条件

燕山晚期的晚白垩世受西缘逆冲推覆及太平洋板块向西俯冲的影响，鄂尔多斯地区又进入构造抬升阶段，尤其是盆地东部地区构造抬升最为剧烈，导致盆地主要构造层（如下古生界构造层）发生了整体向西倾斜的"构造反转"作用，基本奠定了盆地今构造格局的雏形。

由于燕山早、中期构造沉降使古生界烃源层在晚侏罗世—早白垩世之间进入生排烃高峰期，大规模进入下古生界风化壳储层及有效圈闭而聚集成藏。燕山晚期的构造反转，有可能使古生界先期形成的气藏发生小规模的调整，并由于构造反转所形成东高西低的西倾构造格局，使奥陶系风化壳之下更深层的马五$_{6—10}$亚段、马四段盐下及盐间白云岩层段接受来自西侧下倾方向"供烃窗口"区的上古生界煤系烃源供烃，同时奥陶系内幕天然气也可向东侧高部位运移，进而在奥陶系盐下的有利圈闭中聚集成藏。

5. 区域性岩性相变及平缓构造极为有利于岩性圈闭大区带成藏

无论是在海侵半旋回形成碳酸盐岩为主的沉积层，还是海退半旋回中形成的碳酸盐岩—蒸发岩沉积层，横向上都存在明显的区域性岩性相变。

以海侵型的马四段沉积为例，由中央古隆起向东，其岩性由邻近古隆起区以白云岩为主，逐渐变为中部的云灰互层，及东部的石灰岩夹白云岩薄互层。仅就盆地中东部地区的碳酸盐岩而言，有效储层一般都发育在白云岩中，石灰岩通常孔渗性都极差，大多成为致密围岩。当燕山期盆地东部构造抬升后，盆地东部的致密石灰岩构成了其下倾方向白云岩储层的上倾遮挡条件，尤其是在"简单西倾"的区域性平缓单斜构造背景下，对于形成有效的、区域性分布的岩性圈闭体系极为有利（图8-25）。

再以海退型的马三段沉积为例，同样由中央古隆起向东，岩性依次由西部白云岩、中部云膏互层，相变为东部的以石盐岩为主，有利储层同样是发育在白云岩以及白云岩夹层中，燕山期盆地东部的抬升，东侧上倾方向的硬石膏岩及石盐岩，同样也构成其西侧下倾方向白云岩储集层段的有效遮挡，进而也形成了有利的岩性圈闭体系。

总体来看，盆地本部在燕山期东部抬升、下古生界构造层形成区域性的"西倾单斜"构造格局后，对于中东部地区远离风化壳的奥陶系内幕马四段、马三段而言，由于西侧靠近中央古隆起区存在与上古生界煤系烃源岩直接接触的"供烃窗口"，东侧上倾方向又形

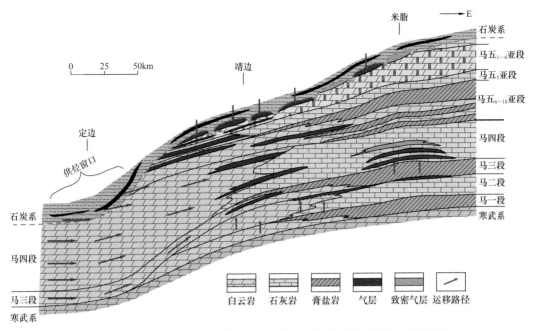

图 8-25　鄂尔多斯中东部奥陶系碳酸盐岩—膏盐岩体系天然气成藏模式图

成了区域性岩性相变遮挡的有效岩性圈闭体系，这对于中部地区的奥陶系内幕岩性圈闭大区带成藏极为有利。

当然，对于东部而言，尤其是对于马四段海侵型碳酸盐岩沉积层，由于部分层段白云岩薄夹层型储层横向延续较好，顺层移动的天然气也可以长距离运移到更东侧的有效岩性圈闭中聚集成藏。如盆地东部神木目标区已有多口探井（大部分井并未处在明显的局部构造圈闭上）在盐下马四段的白云岩薄夹层中见较好含气显示，试气获得天然气流，即是这类岩性圈闭成藏的有利例证。

二、盐下有利成藏区带目标

1. 中东部岩性相变带西侧是岩性圈闭成藏的有利区带

盆地中东部地区奥陶系储层的区域性岩性相变带附近及其西侧的下倾方向是天然气规模聚集的有利区带（图 8-26）。对马四段而言，盆地中偏东地区的地鄂 1—地鄂 6—延深 1 一线存在明显的区域性云—灰岩性相变（见图 3-18），该岩性相界线附近及其西侧的乌审旗—靖边地区是马四段岩性圈闭成藏的有利区带。针对马三段而言，盆地中部的榆林—横山—志丹一线是膏云岩与石盐岩的区域岩性相变界线（见图 3-15），该线以西的乌审旗—吴起含膏云坪相带是其中白云岩薄夹层型储层形成岩性圈闭气藏的有利区带。受控于东西向的岩性相变，在东高西低的构造背景下，中东部地区的马三段白云岩上倾方向的膏岩—盐岩相变带可以形成上倾方向遮挡，目前针对马三段的勘探已初步锁定了乌审旗东（桃 95 井区）等目标。

奥陶系沉积后经历了多期构造变动，无论是在加里东期—海西早期的西高东低，还是印支晚期—燕山期的东高西低的构造格局转换中，盆地中部都是构造变动相对较小的枢纽带。尤其是燕山期盆地东部开始大规模抬升，中部枢纽带（也是区域岩性相变带）的构造变动最小，这对于盐下的圈闭成藏极为有利，因而也是盐下岩性圈闭体系形成和天然气成藏聚集的最佳区域（图 8-26）。结合前面成藏条件及圈闭类型，落实乌审旗—靖边—延安一带 100～120km 宽的弧形区域内，面积超过 $2 \times 10^4 km^2$ 的范围，是盐下及深层岩性圈闭大区域成藏的有利目标区带（图 8-27）。

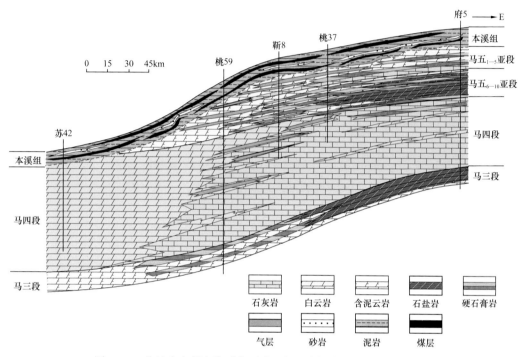

图 8-26　盆地中东部奥陶系盐下马四段天然气岩性圈闭成藏模式图

此外，盆地中东部下古生界构造层虽总体呈西倾单斜，但并非简单地只是"铁板一块"，在盆地本部也发育少量规模分布的断层，断距多在 30～50m，对奥陶系内幕的天然气成藏有较大的控制和影响。

加里东构造抬升的风化壳期，盆地中东部的靖边东地区发育近南北向正断层，造成西侧马四段白云岩储层与东侧马五段膏盐岩层段之间的断层错位接触（图 8-28）；印支晚期—燕山期盆地东部构造抬升后，即构成东侧上倾方向的"错层遮挡"条件。综合膏盐岩盖层分布、东侧上倾方向遮挡条件，以及已有探井马四段含气显示情况，认为横山区块是马四段白云岩的有利勘探目标。

2. 盆地东部局部构造发育区是盐下构造圈闭成藏的有利目标

燕山期盆地东部抬升、构造反转后，盆地本部的构造格局定格为整体西倾基本构造特征。对于下古生界构造层系而言，也呈现出平缓西倾的区域性大单斜构造格局，整体构造面貌相对较为单一。但在整体西倾的大背景下，靠近盆地边缘的地区又表现出一定的复杂性，如靠近西缘冲断带的地区出现天环坳陷构造带，以及靠近盆地东缘晋西挠褶带的神木—子洲地区也发育数排低幅度的平缓鼻隆构造。因而就盆地奥陶系盐下的成藏体系而

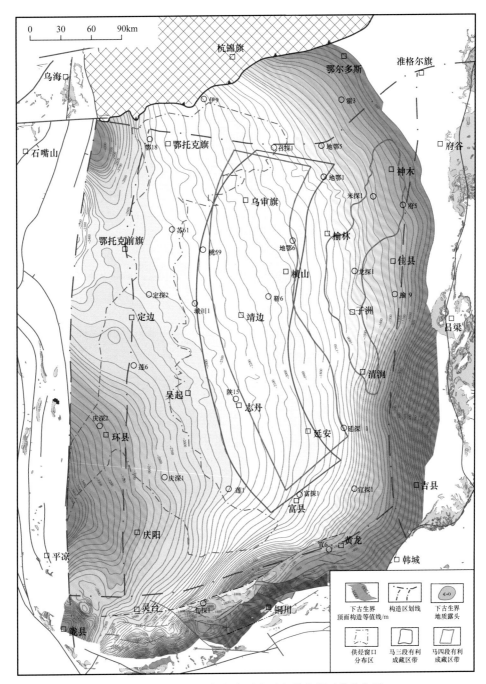

图 8-27　盆地中东部奥陶系盐下有利成藏区带分布图

言，盆地东部地区的局部鼻隆构造对于盐下天然气的聚集成藏也起重要的控制作用。

近期对盆地东部盐下构造的研究及勘探表明，子洲—神木地区的马四段顶面发育三排近东西向的鼻隆构造（图 8-29），构造幅度多在 30～50m，在局部构造高点附近的探井马四段含气层层数明显增加，且气藏压力系数也明显提高，表明局部构造可提高局部盐下层系的天然气富集程度，因此也成为近期针对盐下勘探所重点关注的重要目标。

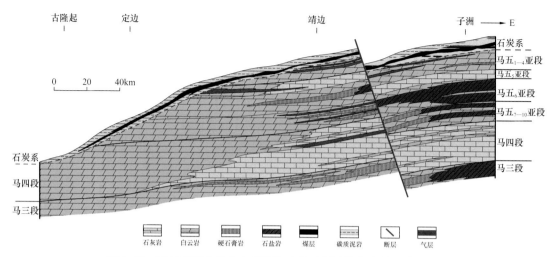

图 8-28 鄂尔多斯盆地中东部奥陶系盐下断层错位遮挡成藏模式图

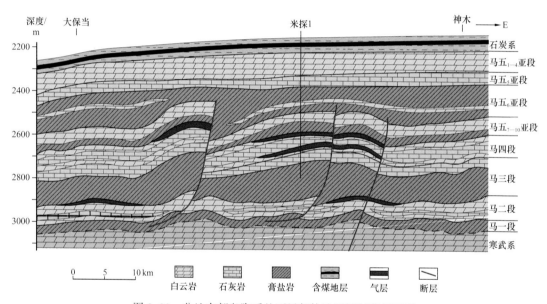

图 8-29 盆地东部奥陶系盐下局部构造圈闭气藏剖面图

第五节 台缘相带勘探领域

中奥陶世晚期，鄂尔多斯台地的西南边缘存在有利烃源岩发育和储集体形成的台地边缘沉积相带，以其具有"坡度陡、相变快"的沉积特征而区别于台地沉积区。盆地西南缘台缘相带主要发育上奥陶统海相烃源岩，沉积厚度大、有机质丰度相对较高，沿着西缘及南缘的台地边缘呈"L"形展布，有较大的分布规模，是盆地下古生界有利的海相烃源层系；纵向上与上奥陶统烃源层紧密相邻的克里摩里组沉积期在台地边缘相带发育多种类型的有利储集体，与上覆的上奥陶统海相烃源岩，乃至上古生界的煤系烃源岩构成较好的源—储配置关系，可在局部形成一定规模的天然气聚集。由于奥陶系的台缘相带也是鄂尔多斯盆地今构造的边缘构造活动区，都经历了燕山期—喜马拉雅期较为强烈的构造破坏，因而导致台缘相带的天然气成藏以后的晚期保存条件都较差。但近期研究及勘探评价表明，盆地西部的棋盘井—马家滩地区和南缘的麟游北地区局部保存条件相对较好，仍有可能发现一定规模的天然气藏，是台缘相带天然气勘探的有利目标区。

一、盆地西部台缘带

1. 克里摩里组发育多种类型的有效储集体

前已述及，克里摩里组是紧邻上奥陶统海相烃源层的有利储层发育段，在西部台缘相带成藏潜力最大一套储集层系。在西部地区克里摩里组以大套石灰岩地层为主，局部地区间夹中厚白云岩和泥质岩层，主要存在礁滩型、白云岩型及岩溶缝洞型 3 种储集体类型，横向上都有一定的分布规模，可为该区天然气成藏提供基本的储集条件，这在前面有关台缘相带储层发育特征的章节中已有所涉，此处不再做过多赘述。但是从另一方面来看，由于西部台缘相带的各类有利储集层段横向变化较大，且有效储层厚度相对较薄，也给勘探阶段的地震储层预测带来较大的难度。

2. 上、下古生界都可能形成一定的烃源供给

鄂尔多斯盆地西部奥陶系台缘带从克里摩里组沉积期开始，已处于沉积水体不断加深的较深水沉积环境，对于海相烃源岩层的形成较为有利，因此，在克里摩里组、乌拉力克组、拉什仲组都发育相对较好的海相烃源岩，烃源岩岩性主要为较深水斜坡相—深水盆地相的泥岩、泥质灰岩、含泥灰岩，尤其是乌拉力克组泥页岩有机质丰度高、厚度大，且横向分布较连续。乌拉力克组—拉什仲组泥质岩从东向西呈依次增厚趋势，最厚可达 240m，烃源条件较为有利。西缘马家滩目标曾有多口探井在乌拉力克组烃源层段钻遇明显的气测异常显示，其中忠 4 井中途测试获工业气流，这也从另一角度说明西缘地区的奥陶系海相烃源层系足可为邻近的台缘相带储集体聚气成藏提供有效的烃源供给。这在前面有关台缘带烃源岩的章节中已有所涉，此处不再做过多赘述。

鄂尔多斯盆地上古生界所发育的石炭系—二叠系煤系烃源层，在盆地范围内广泛分布，这在盆地西部地区也不例外，且石炭系煤系地层在西部地区更有增厚的趋势，如在石沟驿地区石炭系煤系地层厚度可达 600m 以上，因此西缘地区上古生界的煤系烃源条件甚至优于盆地本部地区。但对于上古生界的煤系烃源层系所生成的天然气能否进入其下远离奥陶系顶部不整合面的克里摩里组储集体中，目前仍存在一定的疑问。

3. 晚期构造活动对成藏产生不利影响

鄂尔多斯盆地西部处在阿拉善地块、鄂尔多斯地块及北祁连褶皱带之间的特殊构造位置（图8-30），因而也是构造—沉积演化特征明显不同于盆地本部的一个复杂构造区（包洪平等，2018）。

该区带主体处于盆地今构造分区的西缘冲断带上，也包括天环向斜靠西侧的部分。其中位于盆地最西侧的西缘冲断带是鄂尔多斯盆地构造—沉积演化最复杂、断裂构造活动最

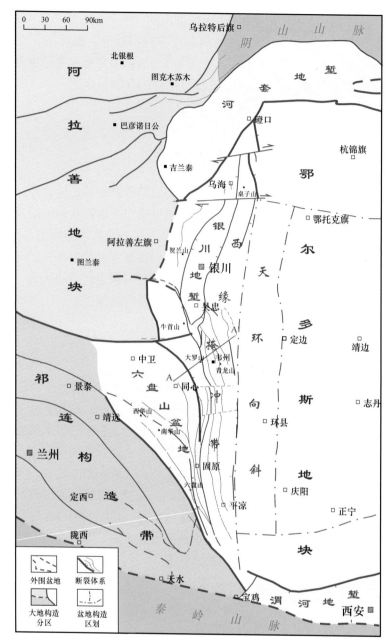

图 8-30　鄂尔多斯盆地西缘所处大地构造位置图

A-A′表示图 8-31 剖面位置

强烈的一个构造单元，尤其是燕山期及喜马拉雅期以来构造持续活动，对该区油气成藏产生了极为不利的影响。在早古生代以来的多期构造活动中，下古生界沉积层自然也卷入其中（图 8-31）。由于该区古生界的天然气成藏体系中缺乏诸如膏盐岩类的优质封盖层，而仅发育有常规的泥质岩类的封盖层，在燕山期冲断、喜马拉雅期走滑等多期断裂活动等强力的构造破坏作用下，古生界气藏能得以有效保存的概率就可想而知了。

根据前人在西缘北段对桌子山地区研究成果（张家声等，2008），基底岩石在晚白垩世早期（91.5Ma 的磷灰石测年，与冲断活动相关的基底岩石中磷灰石裂变径迹测年数据）

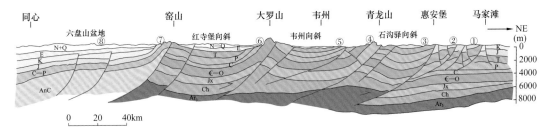

图 8-31　鄂尔多斯西缘中段（吴忠段）地质构造综合解释剖面图

①：马家滩逆冲席；②：烟墩山逆冲席；③：石沟驿逆冲席；④：青龙山逆冲席；
⑤：韦州逆冲席；⑥：罗山逆冲席；⑦：窑山逆冲席；⑧：清水河逆冲席；AnC—前石炭系

已抬升到近地表附近，18.8Ma、9.1Ma、4.8Ma 都记录有相关冲断活动的年龄数据。何登发（2015）也曾在西缘南段的吴忠—海原地区获得分别为 10Ma、5Ma 及 1～2Ma 的断层活动年龄数据，说明南段的冲断活动至少延续到第四纪（更新世中期）。此外，第四纪以来沿六盘山、贺兰山一带频繁的地震活动记录（王笑媛，1980；周俊喜等，1987；国家地震局鄂尔多斯周缘活动断裂系课题组，1988；国家地震局地质研究所，1990；汪一鹏等，1990；邓起东等，1999；闵伟等，2001）也是西缘地区断裂活动仍在持续的重要证据。

此外，该区白垩系、古近系及新近系埋藏成岩及胶结程度均较差。下白垩统沉积后不久，刚进入晚白垩世，鄂尔多斯地区就开始了整体的抬升作用，尤其盆地东部地区更是抬升强烈，使早白垩世沉积层遭受了强烈的抬升剥蚀而缺失白垩系。之后的古近系在西缘地区也沉积较晚，大多从渐新世才开始接受沉积，其后的新近系及第四系沉积厚度也不是太大。总体而言，西缘地区的白垩系、古近系及新近系沉积层因持续埋藏时间短、埋藏深度浅，导致其整体的成岩程度差，岩石均相对较为疏松，古生界天然气藏的晚期保存极为不利。

1）冲断构造导致古生界气藏遭受大面积的破坏

燕山中—晚期以来的大规模冲断推覆构造，使部分地区古生界暴露至近地表附近（尤其是在逆冲席的前端地区），因而导致古生界先成气藏遭受破坏。此外，在逆冲推覆的前锋带地区，冲断层密集分布，且多发育双向对冲的冲断构造，主滑脱面之上的岩片多呈小"断块状"分布，使原来的岩性圈闭体系遭受大面积破坏，仅在个别断背斜上保留有小规模的上古生界砂岩气藏，这已被 20 世纪 70—80 年代西缘地区古生界的天然气勘探所证实。

2）局部仍存在相对较好的保存条件

尽管冲断构造对大部分地区有较强的破坏作用，但是在部分宽缓的向斜区，以及主冲断层下盘的原地岩体中，古生界仍保存相对完整，受断层破坏的程度也相对较低，尚有可能在古生界地层中存在未被冲断构造破坏的较大规模岩性圈闭体系。此外，在冲断带外围的天环向斜区，由于受冲断构造的破坏性影响相对较小，古生界气藏仍有可能得到有效保存。

4. 存在三种有效圈闭类型

由于盆地西部台缘带现今构造位置要么处在西缘冲断带上、要么位于相对低洼的天环坳陷区，构造条件不是太有利，因而圈闭有效性就成为决定该区天然气成藏的关键因素。

结合本区奥陶系成藏基本特征及已有探井的含气显示情况的综合分析表明，西部台缘相带主要存在礁滩体岩性圈闭、岩溶缝洞体圈闭及构造圈闭三种有效的气藏圈闭类型，但从区域分布特征而言，其中的礁滩体岩性圈闭和岩溶缝洞体圈闭可能更具广泛性。

礁滩体岩性圈闭：主要发育在克里摩里组（马六段）碳酸盐岩地层中。烃源层则主要为上奥陶统乌拉力克组—拉什仲组泥质碳酸盐岩及泥页岩，与下伏克里摩里组礁滩相储集体（局部层段白云岩化）构成良好的源—储配置，并与储集体周围的致密围岩一起构成有效的岩性圈闭体系，到埋藏晚期周围烃源岩热演化成熟后，即可聚集天然气而形成礁滩体岩性圈闭气藏（图8-32）。目前已在西部个别探井中试气获得低产气流，表明该类型圈闭仍具一定的有效性。

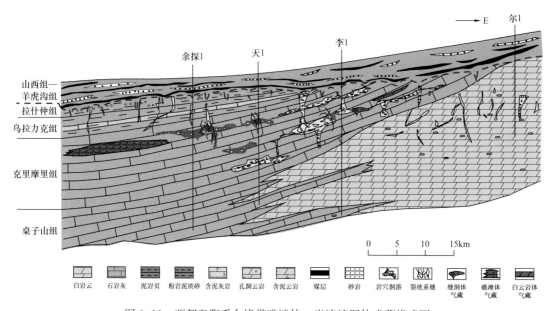

图8-32　西部奥陶系台缘带礁滩体、岩溶缝洞体成藏模式图

岩溶缝洞体圈闭：在奥陶系顶面附近靠近加里东期古风化壳的碳酸盐岩地层中，尤其是克里摩里组石灰岩层段，常发育前石炭纪风化淋滤作用所形成的岩溶缝洞体储集体，在随后的海西期—印支期埋藏作用过程中随着缝洞体周围地层的埋藏压实而致密化，可形成有效的岩溶缝洞体型地层圈闭体系。在印支晚期—燕山期烃源岩成熟及生排烃高峰期，受到来自奥陶系自身的海相烃源岩及上古生界煤系烃源岩的排烃供给，即可形成岩溶缝洞体型地层圈闭气藏（图8-32）。目前已在西部的部分探井（如鄂19井、余探1井等）中试气获得天然气气流，但由于单个缝洞体的规模相对较小，勘探难度也较大。

构造圈闭：在本区主要指由局部发育的穹隆构造构成的有效封堵遮挡条件，也主要发育在克里摩里组碳酸盐岩地层中，储集类型既有礁滩体型溶孔储层，也有白云岩晶间孔型储层；气源既有来自奥陶系自身的海相烃源岩，也可受到上古生界煤系烃源岩的气源供给，可在局部形成天然气的工业性聚集。如本区位于天池穹隆构造之上的天1井，就曾在奥陶系克里摩里组钻遇气层，中途测试曾获 $16.4 \times 10^4 m^3/d$ 工业气流。进一步的勘探及研究表明，局部构造对该类气藏的形成起决定性控制作用，但这类构造圈闭在本区的分布较为局限，加之气藏规模也相对较小（图8-33），因而较难形成大的勘探场面。

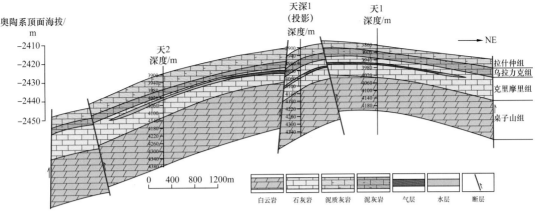

图 8-33　天池构造奥陶系顶部气藏剖面图

5. 有利勘探目标分布

综合前面储集体发育、源—储配置及圈闭有效性等方面的研究认为，西部台缘相带勘探的重点应该集中在台缘的白云岩储集体、礁滩体所形成的有效圈闭目标上，也同时兼顾局部规模较大岩溶缝洞体。并以保存条件为要点，可以分两个大的区带（图 8-34）：一是主冲断层下盘的礁滩体岩性圈闭气藏或构造—岩性圈闭气藏，其中烟墩山隐伏礁滩体是近期勘探的有利目标；二是天环坳陷北段的向斜斜坡或鞍部（坳中隆）的礁滩体、岩溶缝洞体及局部构造形成的圈闭体，其中位于铁克苏庙深凹陷东翼的棋盘井地区以及位于天环坳陷鞍部的古峰庄地区是近期钻探的有利目标。

二、盆地南缘台缘相带

1. 发育厚层优质白云岩储集体

盆地南缘马六段（相当于克里摩里组）是台缘带礁滩体储层最发育的地区，局部白云岩化的礁滩体储层可达数十米乃至上百米厚，且孔渗性也较好。如旬邑地区钻探的旬探 1 井，马六段白云岩储层累计厚度达 104m，孔隙度最高达 19%，高孔渗段平均孔隙度为 10.3%，平均渗透率为 623mD。因此，在这样的优质储层发育条件下，一旦能得到有效的天然气成藏聚集及后期保存，则有可能在局部形成高产、高丰度的天然气藏。

2. 上奥陶统发育较好的厚层海相烃源岩层

南缘在上奥陶统平凉组—背锅山组沉积期主要处于较深水台缘斜坡相沉积环境，地层岩性以大段厚层的灰质泥岩、泥灰岩及石灰岩为主，其中富泥质层段有机质含量一般在 0.3%～2.0%，最高达 2.91%，烃源品质相较西缘的奥陶系海相烃源岩而言也不算太差；此外，南缘地区平凉组—背锅山组地层厚度均较大，累计可达 500～800m，这在一定程度上可弥补其有机质丰度偏低的缺陷。因此，南缘地区的这套奥陶系海相烃源层的总体生烃潜力还是较为可观的。

在源—储配置关系上，该区上奥陶统的海相烃源层与其下伏的马六段有利储集层段直接接触，整体具有相对较好的源—储配置关系。此外，在渭北隆起的北部斜坡区，由于燕

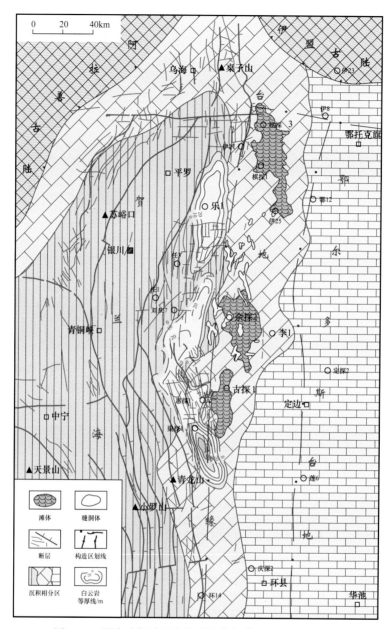

图 8-34　鄂尔多斯盆地奥陶系台缘相带有利目标分布图

山期断裂活动导致上古生界煤系烃源层与南部上倾方向的奥陶系呈断错接触，也可对南部奥陶系台缘相带中的天然气成藏聚集构成一定的烃源供给（图 8-35）。

3. 成藏后的晚期保存条件是决定圈闭有效性的关键因素

该区奥陶系台缘相带的成藏圈闭总体以礁滩体岩性圈闭为主，由礁滩相储集体与其周围的致密灰岩及泥灰岩围岩共同构成有效的岩性圈闭体系，在前白垩纪之前的主要成藏期内整体应具有较好的封存条件。但遗憾的是该区的现今构造位置是处于渭北隆起构造带上，自晚白垩世以来曾经历了较为强烈的构造抬升及断裂活动，对早先形成的奥陶系气藏产生了严重的破坏性影响，如现今可见的渭北隆起南端及东段下古生界的大面积出露地表

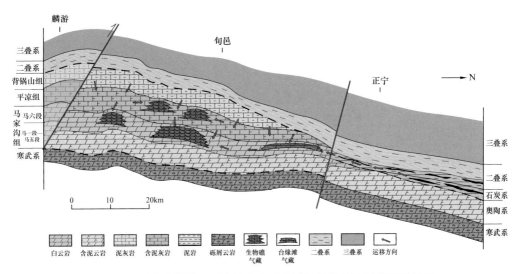

图 8-35　鄂尔多斯盆地西南缘奥陶系礁滩相带岩性圈闭成藏模式图

（图 8-36），就足以说明晚期构造活动对该区古生界气藏的破坏和影响程度之强烈。因此，在针对本区奥陶系台缘相带天然气藏的勘探中，晚期构造活动和保存条件是不得不充分考虑的关键因素。

如图 8-36 的奥陶系顶面构造图所示，在千阳—麟游—淳化一线的以南地区，奥陶系大多已处于剥露状态；此线以北属渭北隆起的北斜坡区，虽大多处于中浅埋藏状态，但由于晚期断裂活动的分割破坏，其保存条件也不是很好。但相比较而言，北斜坡西段的麟游北地区明显处于渭北隆起向西的倾没端，其断裂活动强度相对较弱，可能仍具发现有效保存的古生界气藏的潜力。

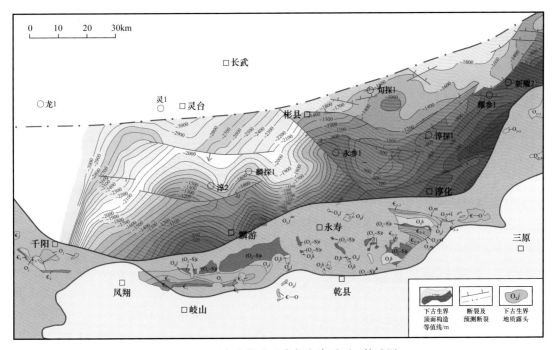

图 8-36　鄂尔多斯盆地南部奥陶系顶面构造图

4. 有利目标优选

综合储集体与烃源岩发育、源—储配置及圈闭保存等方面的要素分析认为，保存条件是决定本区古生界天然气能否有效聚集留存的最为关键的因素，几乎具有"一票否决权"。渭北隆起区整体保存条件均较差，唯有隆起西段向西倾没的麟游北地区的晚期构造活动性相对较弱，下古生界构造层向西向北埋深明显加大，其奥陶系顶面埋深多在2500m以下，断裂发育程度也较隆起东段明显偏弱，仍有望形成一定规模的天然气聚集。

此外，对于横向相变较大的礁滩体岩性圈闭而言，礁滩体虽然整体呈群分布，但其相互之间又多有礁（滩）间海沉积分隔而具一定的独立性，因而有可能形成各自相对独立的圈闭体，因此从概率上来讲，总会有部分圈闭在断层不太发育的部位能免遭断裂切割破坏而得以"独善其身"。因此综合评价认为，麟游北目标区和马栏目标区礁滩体储层及保存条件均相对有利，是近期台缘带构造—岩性圈闭气藏勘探的Ⅰ类目标区；而旬邑目标区虽礁滩体储层较发育，但保存条件堪忧，可作为构造圈闭气藏勘探的Ⅱ类目标（图8-37）。

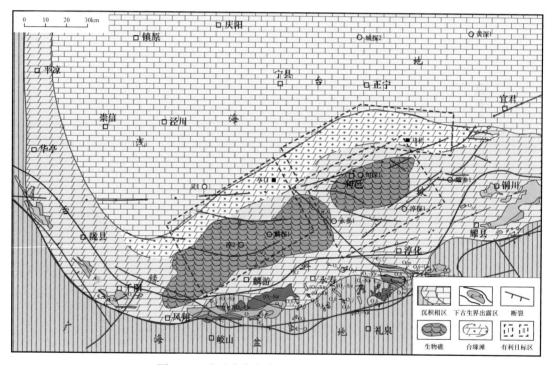

图8-37 盆地南缘奥陶系有利勘探目标评价图

但从勘探实践而言，大部分的小规模断裂由于断距小而具有较高的隐蔽性，在地震剖面难以有效识别，这无疑又加大了勘探过程中对于圈闭有效性评价的难度。

三、海相页岩气勘探

1. 西缘乌拉力克组页岩气

前已述及，盆地西缘乌拉力克组烃源岩有机质丰度相对较高，岩性以碳酸盐矿物含量较高的泥页岩为主，页理较为发育，具有一定微孔隙（图8-38）。尤其是乌拉力克组底部厚30～50m的泥页岩横向分布较为稳定（图8-39），有机质丰度普遍在0.8～1.5%之间，近期勘探发现该层段在钻井过程中普遍可见明显的气测异常显示，初步展示出主力烃源岩层段本身就是有利含气层段，具有游离气与吸附气共存的非常规页岩气藏的特征。

图8-38　盆地西缘奥陶系乌拉力克组页岩储层微观孔隙结构特征图版

a. 乌拉力克组层状深水泥页岩，内蒙古乌海一线天；b. 忠平1，4274.12m，乌拉力克组，具断续层间微缝；c. 梁探1井，4918.20m，乌拉力克组，云母片层间微缝较发育；d. 忠4井，4028.52m，乌拉力克组，见粒间微缝及残余微孔

为了从非常规角度评价乌拉力克组烃源层段的含气潜力，近期勘探在盆地西缘的马家滩地区实施了3口水平井，试图通过水平井＋体积压裂的新工艺技术试验，评价该层系页岩气的勘探潜力。其中忠平1井水平段1020m，钻遇气层886m，气层钻遇率86.9%，压裂改造15段，试气获$26.48×10^4m^3/d$（AOF）的天然气流；鄂102X井水平段长1376m，气层钻遇率96.2%，压裂改造17段，试气获$16.68×10^4m^3/d$（AOF）的天然气流，初步取得较好的勘探效果。但由于在试采过程中都有一定的地层水产出，导致其稳产产量都不是很理想，大都在$1×10^4m^3/d$以下。

与国内外典型页岩气藏的对比分析表明，相较于四川盆地的海相页岩气藏及北美福特沃斯盆地的Barnett页岩气藏而言，本区奥陶系的海相页岩气藏存在有机质丰度低、含气量低、气藏压力系数低及埋深大（埋深大多在4000m以下）等诸多不利的地质因素（表8-2），因此，对其含气潜力的认识尚需进一步的勘探评价，以确证其是否具有规模性有效开发的工业价值。

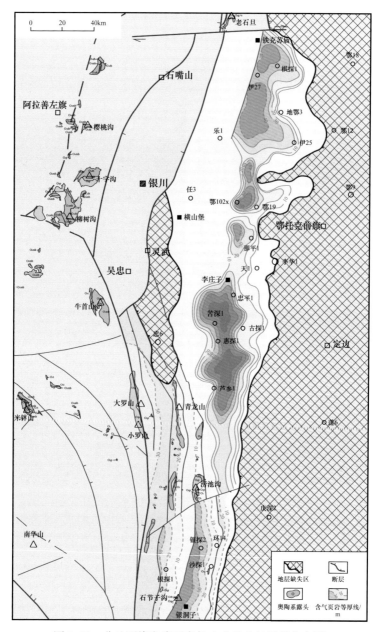

图 8-39　盆地西缘奥陶系乌拉力克组含气页岩分布图

2. 南缘平凉组—背锅山组页岩气

　　盆地南缘在晚奥陶世平凉组沉积期—背锅山组沉积期处于鄂尔多斯台地与秦祁广海的过渡部位，此时因板块聚敛所导致的构造作用加剧，在鄂尔多斯南缘出现较为强烈的"差异升降"构造运动特征，突出表现在南缘的秦岭海沉积区快速沉降，而鄂尔多斯地块本部却强烈隆升为剥蚀古陆区，导致在紧邻鄂尔多斯台地的南缘广泛发育台缘斜坡相碳酸盐岩与陆源泥质共存的混合沉积（图 8-40）。因随其陆源泥质（主要是黏土矿物）的增加，有机质含量也有明显的增加，且随着黏土矿物含量的增加，其对天然气的吸附性能也显著增加，因此也表现出一定的吸附气与游离气并存的"页岩气"含气特征。

表 8-2 鄂尔多斯盆地泥页岩与四川盆地及 Barnett 页岩成藏特征对比表

对比项目			福特沃斯盆地 Barnett 页岩气藏	四川盆地 焦页 1 井	四川盆地 威 201 井	鄂尔多斯盆地 西缘奥陶系
层位			密西西比系	龙马溪组	筇竹寺组	乌拉力克组
沉积环境			海相	深水陆棚	浅海陆棚	台缘斜坡
埋深 /m			1950～2550	2295～2378	2652～2704	4000～5000
储层	岩性		页岩	页岩	页岩	泥页岩
	厚度 /m		91.0	90.0	52.0	45.0
	脆性矿物		67.0	57.6	59.5	71.6
	岩矿成分	石英 /%	47.0	44.4	41.4	43.4
		长石 /%	8.0	7.1	12.3	3.7
		碳酸盐 /%	12.0	6.1	5.8	24.5
		黏土 /%	28.0	38.5	34.6	27.4
		黄铁矿 /%	5.0	3.9	少见	1.0
	物性	孔隙度 /%	3.0～5.0	4.2	2.2	1.2～2.3，平均 1.8
		渗透率 /mD	<0.001	<0.01（裂缝 150）	<0.01	0.01～0.1
	含气量 /（m³/t 岩石）		8.5～9.9	0.9～5.2	1.1～2.8	1.7～2.4
烃源岩	干酪根类型		II	I～II₁	I～II₁	I～II₁
	TOC/%		1～12，平均 4.5	3.5	2.9	0.4～1.5，平均 0.7
	R_o/%		0.6～1.6	2.65	3.50	1.7
试气产量 /（10⁴m³/d）				6.0	1.08	0.13

在盆地南缘古生界天然气勘探中，常可见探井在钻遇上奥陶统平凉组及背锅山组的富泥质烃源岩层段时，出现明显的气测异常显示，表明其可能也具有游离气与吸附气共存的源—储一体的页岩气含气特征。

显微镜下薄片及扫描电镜观察也显示，这些烃源岩层的基质孔隙性通常都较差，主要以黏土矿物之间的微孔隙及方解石的晶间微孔为主（图 8-41），表明其异常的气测显示可能主要来自黏土矿物的吸附气。但当局部层段泥质含量较高时（接近泥页岩的矿物构成），也可见较为发育的层间缝（图 8-41b）。

因此，单从地质角度初步分析来看，在该区针对平凉组—背锅山组烃源层系开展页岩气勘探也具备一定的优势条件：（1）泥页岩层厚度大、有机质丰度较高，平凉组—背锅山组烃源层系形成于较深水沉积环境，烃源层段厚度较大，有机质含量稍高于西缘地区的奥陶系烃源层；（2）泥灰岩层占比较高，针对较高的灰质含量，可尝试利用酸化与体积压裂结合的工艺手段以获取更高的单井产量；（3）该区页岩层系埋深相对较浅，埋深大多处在 2500～3500m 范围内，明显浅于西缘地区的奥陶系页岩层系，针对页岩气勘探评价可能更易获得有效的工业价值。但由于目前还尚未在该层系开展针对页岩气的勘探评价工作，其潜力还有待实际的勘探评价工作来验证。

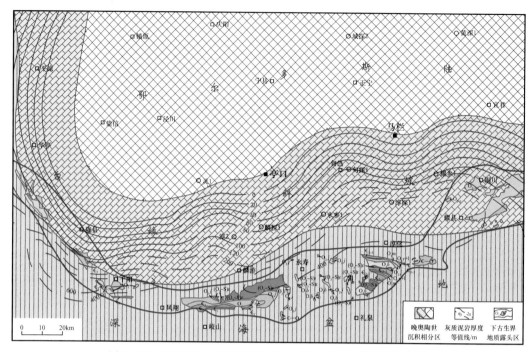

图 8-40 盆地南缘上奥陶统平凉组—背锅山组灰质泥岩分布图

图 8-41 盆地南缘奥陶系平凉组—背锅山组烃源层段微观结构特征

a. 淳2井,3280.93m,背锅山组,生屑泥质灰岩,TOC 为 2.91%;b. 淳2井,3280.33m,背锅山组,泥质灰岩,层间缝较发育;c. 麟探1井,3367.34m,平凉组,含生屑泥晶灰岩,TOC 为 0.31%;d. 麟探1井,3669.20m,平凉组,泥晶灰岩,TOC 为 0.52%,SEM

参考文献

安太庠，张安泰，徐建民，1985.陕西耀县、富平奥陶系牙形石及其地层意义［J］.地质学报，59（2）：97-108.

安太庠，郑昭昌，1990.鄂尔多斯盆地周缘的牙形石［M］.北京：科学出版社.

安作相，1997.陕北气区形成中的再次运移［J］.西安石油大学学报（自然科学版），（6）：12-16.

安作相，1998.陕北气区的形成与中央古隆起［J］.中国海上油气地质，（3）：150-153.

白海峰，包洪平，李泽敏，等，2020.鄂尔多斯盆地元古界长城系沉积特征及天然气成藏潜力［J］.地质科学，55（3）：672-691.

白云来，王新民，刘化清，等，2010.鄂尔多斯盆地西缘构造演化及与相邻盆地关系［M］.北京：地质出版社.

包洪平，杨承运，2000a.碳酸盐岩层序分析的微相方法——以鄂尔多斯东部奥陶系马家沟组为例［J］.海相油气地质，5（1-2）：153-157.

包洪平，杨承运，2000b.鄂尔多斯东部奥陶系马家沟组微相分析［J］.古地理学报，2（1）：31-42.

包洪平，郭玮，刘刚，等，2020a.鄂尔多斯地块南缘构造演化及其对盆地腹部的构造—沉积分异的效应［J］.地质科学，55（3）：703-725.

包洪平，黄正良，武春英，等，2020b.鄂尔多斯盆地中东部奥陶系盐下侧向供烃成藏特征及勘探潜力［J］.中国石油勘探，25（3）：134-145.

包洪平，姜红霞，吴亚生，等，2016.鄂尔多斯盆地西南缘陕西陇县晚奥陶世背锅山组生物礁［J］.微体古生物学报，33（2）：152-161.

包洪平，邵东波，郝松立，等，2019.鄂尔多斯盆地基底结构及早期沉积盖层演化［J］.地学前缘，26（1）：33-43.

包洪平，邵东波，武春英，等，2018.鄂尔多斯西缘冲断带南段构造特征及其对古生界天然气成藏演化的影响［J］.地质科学，53（2）：434-457.

包洪平，杨承运，黄建松，2004."干化蒸发"与"回灌重溶"——对鄂尔多斯盆地东部奥陶系蒸发岩成因的新认识［J］.古地理学报，6（3）：279-288.

包洪平，杨帆，白海峰，等，2017a.细分小层岩相古地理编图的沉积学研究及油气勘探意义——以鄂尔多斯地区中东部奥陶系马家沟组马五段为例［J］.岩石学报，33（4）：1094-1106.

包洪平，杨帆，蔡郑红，等，2017b.鄂尔多斯盆地奥陶系白云岩成因及白云岩储层发育特征［J］.天然气工业，37（1）：32-45.

博歇特H，缪尔RO，1976.盐类矿床蒸发岩的成因、变质和变形［M］.北京：地质出版社.

长庆油田公司勘探开发研究院，2000.鄂尔多斯盆地油气勘探开发论文集，1999-2000［M］.北京：石油工业出版社.

长庆油田石油地质志编写组，1992.中国石油地质志 卷十二 长庆油田［M］.北京：石油工业出版社.

车福鑫，1963.陕西陇县上奥陶统的发现［J］.科学通报，（3）：63-65.

陈安定，1994.陕甘宁盆地中部气田奥陶系天然气的成因及运移［J］.石油学报，15（2）：1-10.

陈安定，1996.陕甘宁盆地奥陶系源岩及碳酸盐岩生烃的有关问题讨论［J］.沉积学报，14（S1）：90-99.

陈代钊，2008. 构造—热液白云岩化作用与白云岩储层［J］. 石油与天然气地质，29（5）：614-622.

陈洪德，赵俊兴，苏中堂，等，2011. 鄂尔多斯盆地中央古隆起形成演化与天然气成藏特征研究［R］. 长庆油田.

陈均远，1984. 鄂尔多斯西缘奥陶纪生物地层研究的进展［J］. 中国科学院南京地质古生物研究所集刊，（20）：1-31.

陈均远，邹西平，1984. 鄂尔多斯地区奥陶纪头足动物群［J］. 中国科学院南京地质古生物研究所集刊，20：33-111.

陈文西，袁鹤然，2010. 陕北奥陶纪盐盆的区域成矿地质条件分析［J］. 地质学报，84（11）：1565-1575.

陈衍景，杨忠芳，赵太平，等，1996. 沉积物微量元素示踪物源区和地壳成分的方法和现状［J］. 地质地球化学，（3）：7-11.

陈友明，王秀兰，沙庆安，等，1979. 室温常压下 Ca^{2+}—Mg^{2+}—HCO_3—H_2O 体系的试验研究［J］. 地质科学，1（1）：22-36.

陈郁华，袁鹤然，杜之岳，1998. 陕北奥陶系钾盐层位的发现与研究［J］. 地质论评，44（1）：100-105.

陈志远，马振芳，张锦泉，1998. 鄂尔多斯盆地中部奥陶系马五₅亚段白云岩成因［J］. 石油勘探与开发，25（6）：20-22.

代金友，铁文斌，蒋盘良，2010. 靖边气田碳酸盐岩储层沉积－成岩演化模式［J］. 科技导报，28（11）：68-73.

戴金星，夏新宇，1999. 长庆气田奥陶系风化壳气藏、气源研究［J］. 地学前缘，6（S1）：194-203.

党犇，2003. 鄂尔多斯盆地构造沉积演化与下古生界天然气聚集关系研究［D］. 西安：西北大学.

邓军，王庆飞，黄定华，等，2012. 鄂尔多斯盆地基底演化及其对盖层控制作用［J］. 地学前缘，12（3）：91-99.

邓昆，张哨楠，周立发，等，2011. 鄂尔多斯盆地古生代中央古隆起形成演化与油气勘探［J］. 大地构造与成矿学，35（2）：190-197.

邓起东，程绍平，闵伟，等，1999. 鄂尔多斯块体新生代构造活动和动力学的讨论［J］. 地质力学学报，5（3）：13-21.

邸领军，2003. 鄂尔多斯盆地基底演化及沉积盖层相关问题的探究［D］. 西安：西北大学.

董春艳，刘敦一，李俊建，等，2007. 华北克拉通西部孔兹岩带形成时代新证据：巴彦乌拉—贺兰山地区锆石 SHRIMP 定年和 Hf 同位素组成［J］. 科学通报，52（16）：1913-1922.

董云鹏，张国伟，朱炳泉，2003. 北秦岭构造属性与元古代构造演化［J］. 地球学报，24（1）：3-10.

杜乐天，1987. 裂谷地球化学［J］. 国外铀矿地质，4（3）：1-8.

杜乐天，1989. 幔汁（ＨＡＣＯＮＳ）流体的重大意义［J］. 大地构造与成矿学，13（1）：91-99.

杜乐天，1994. 沉积热液岩［J］. 矿物岩石地球化学通讯，（2）：112-114.

杜乐天，1996. 烃碱流体地球化学原理：重论热液作用和岩浆作用［M］. 北京：科学出版社.

方乐华，张景廉，陈启林，等，2008. 中国西部大气田形成与深部地壳构造的关系［J］. 新疆石油地质，29（4）：528-531.

方文祥，1991. 渭北煤田奥陶系的划分与对比［J］. 中国煤田地质，3（4）：12-20.

冯增昭，陈继新，张吉森，1991. 鄂尔多斯地区早古生代岩相古地理［M］. 北京：地质出版社.

冯增昭，陈继新，吴胜和，等，1989. 华北地台早古生代岩相古地理［J］. 沉积学报，（4）：15.

冯增昭，张吉森，1998. 鄂尔多斯地区奥陶纪地层岩相古地理［M］. 北京：地质出版社.

付金华，孙六一，冯强汉，等，2018. 鄂尔多斯盆地下古生界海相碳酸盐岩油气地质与勘探［M］. 北京：
    石油工业出版社.

付金华，郑聪斌，2001. 鄂尔多斯盆地奥陶纪华北海和祁连海演变及岩相古地理特征［J］. 古地理学报，
    3（4）：25-34

付力浦，1977. 陕西陇县龙门洞平凉组笔石分带［J］. 西北地质，（3）：25-32.

傅力浦，1977. 西北地区的上奥陶统［J］. 地层古生物论文集，（3）：209-232.

傅力浦，1981. 陕西耀县桃曲坡中、上奥陶统及其对比［J］. 西北地质科学，2（1）：105-112.

傅力浦，胡云绪，张子福，等，1993. 鄂尔多斯中、上奥陶统沉积环境的生物标志［J］. 西北地质科学.
    14（2）：1-79.

刚文哲，高岗，2020. 鄂尔多斯盆地奥陶系盐下生烃潜力评价［R］. 长庆油田.

高继安，许淑梅，1997. 长庆气田陕 196 井及邻区马五 5 白云岩体形成机制及沉积—成岩演化特征［J］.
    低渗透油气田，2（2）：8.

谷志东，殷积峰，姜华，等，2016. 四川盆地西北部晚震旦世—早古生代构造演化与天然气勘探［J］. 石
    油勘探与开发，43（11）：1-11.

顾家裕，方辉，蒋凌志，2001. 塔里木盆地奥陶系生物礁的发现及其意义［J］. 石油勘探与开发，28（4）：
    1-5.

顾守礼，1978. 山西的奥陶系［R］. 山西省局区调 1 分队.

关士聪，车树政，1955. 内蒙古伊克昭盟桌子山区域地层系统［J］. 地质学报，35（2）：95-108.

郭彦如，王新民，1998. 膏盐矿床与大气田的关系［J］. 天然气地球科学，9（5）：18-27.

国家地震局地质研究所，1989. 海原活动断裂带地质图［M］. 北京：地震出版社.

国家地震局鄂尔多斯周缘活动断裂系课题组，1988. 鄂尔多斯周缘活动断裂系［M］. 北京：地震出版社.

韩品龙，张月巧，冯乔，等，2009. 鄂尔多斯盆地祁连海域奥陶纪岩相古地理特征及演化［J］. 现代地质，
    23（5）：822-827.

郝石生，高耀斌，张有成，等，1990. 华北北部中—上元古界石油地质学［M］. 东营：石油大学出
    版社.

何登发，谢晓安，1997. 中国克拉通盆地中央古隆起与油气勘探［J］. 勘探家，2（2）：11-19.

何登发，李德生，童晓光，等，2008. 多期叠加盆地古隆起控油规律［J］. 石油学报，29（4）：475-488.

何海清，1997. 浙江省栖霞组沉积微相、韵律、沉积旋回及层序地层学分析［J］. 石油地质实验，19（2）：
    127-132.

何自新，2003. 鄂尔多斯盆地演化与油气［M］. 北京：石油工业出版社.

何自新，黄道军，郑聪斌，2006. 鄂尔多斯盆地奥陶系古地貌、古沟槽模式的修正及其地质意义［J］. 海
    相油气地质，11（2）：25-28.

何自新，杨奕华，2004. 鄂尔多斯盆地奥陶系储层图册［M］. 北京：石油工业出版社.

何自新，郑聪斌，王彩丽，等，2005. 中国海相油气田勘探实例之二 鄂尔多斯盆地靖边气田的发现与勘
    探［J］. 海相油气地质，10（2）：37-44.

赫云兰，刘波，秦善，2010.白云石化机理与白云岩成因问题研究［J］.北京大学学报（自然科学版），46（6）：1010-1020.

洪庆玉，1985.唐王陵组岩石学特征及沉积物重力流［J］.石油与天然气地质，6（1）：49-59.

侯方浩，方少仙，赵敬松，2002.鄂尔多斯盆地奥陶系碳酸盐岩储层图集［M］.四川：四川人民出版社.

胡健民，刘新社，李振宏，等，2012.鄂尔多斯盆地基底变质岩与花岗岩锆石 SHRIMPU-Pb 定年［J］.科学通报，57（26）：2482-2491.

黄建松，郭玮，杨萍，等，2019.唐王陵砾岩的形成时代及其构造与沉积环境探讨［J］.古地理学报，21（4）：557-576.

黄建松，郑聪斌，张军，2005.鄂尔多斯盆地中央古隆起成因分析［J］.天然气工业，25（4）：23-26.

黄思静，1985.四川渠县龙门峡三叠系嘉陵江组第三、四段白云石有序度及其形成条件探讨［J］.矿物岩石，5（6）：57-63.

黄正良，包洪平，任军峰，等，2011.鄂尔多斯盆地南部奥陶系马家沟组白云岩特征及成因机理分析［J］.现代地质，25（5）：926-930.

黄正良，武春英，马占荣，等，2015.鄂尔多斯盆地中东部奥陶系马家沟组沉积层序及其对储层发育的控制作用［J］.中国石油勘探，20（5）：20-29.

霍福臣，潘行适，尤国林，等，1989.宁夏地质概论［M］.北京：科学出版社.

贾进斗，何国琦，李茂松，等，1997.鄂尔多斯盆地基底结构特征及其对古生界天然气的控制［J］.高校地质学报，3（2）：144-153.

蔺万筹，叶俭，1983.论唐王陵砾岩的层位［J］.西安地质学院学报，（2）：5-12.

姜红霞，包洪平，孙六一，等，2013.鄂尔多斯盆地南缘奥陶系生物礁的珊瑚化石及其古生态［J］.古生物学报，52（2）：243-255.

姜红霞，孙六一，包洪平，等，2011.鄂尔多斯盆地南缘上奥陶统生物礁的层孔虫化石［J］.微体古生物学报，28（3）：301-308.

库兹涅佐夫 В Г，1983.礁地质学及礁的含油气性［M］.北京：石油工业出版社.

赖才根，1982.中国的奥陶系［M］.北京：地质出版社.

雷怀彦，1996.蒸发岩沉积与油气形成的关系［J］.天然气地球科学，7（2）：22-28.

李勇，钟建华，温志峰，等，2006.蒸发岩与油气生成、保存的关系［J］.沉积学报，24（4）：596-606.

李安仁，张锦泉，郑荣才，1993.鄂尔多斯盆地下奥陶统白云岩成因类型及其地球化学特征［J］.矿物岩石，13（4）：41-49.

李海锋，宋召军，司维柳，等，2011.贺兰山苏峪口正目观组冰碛砾岩的形成环境分析［J］.山东科技大学学报（自然科学版），30（1）：27-30.

李江海，牛向龙，T. KUSKY，等，2004.从全球对比探讨华北克拉通早期地质演化与板块构造过程［J］.地学前缘，11（3）：273-283.

李江海，钱祥麟，刘树文，1999.华北克拉通中部孔兹岩系的地球化学特征及其大陆克拉通化意义［J］.中国科学（D 辑：地球科学），29（3）：193-203.

李江海，钱祥麟，翟明国，等，1996. 华北中北部高级变质岩区的构造区划及其晚太古代构造演化［J］. 岩石学报，12（2）：179-192.

李江海，王洪浩，李维波，等，2014. 显生宙全球古板块再造及构造演化［J］. 石油学报，35（2）：207-218.

李明，闫磊，韩绍阳，2012. 鄂尔多斯盆地基底构造特征［J］. 吉林大学学报（地球科学版），42（S3）：38-43.

李宁熙，徐旺林，高建荣，等，2019. 鄂尔多斯盆地中东部奥陶系下组合烃源岩综合评价研究［R］. 长庆油田.

李钦仲，杨应章，贾金昌，1983. 陕西礼泉"唐王陵砾岩"的时代及其成因［J］. 陕西地质，1（1）：47-55.

李日辉，1990. 鄂尔多斯地台西、南缘中晚奥陶世深水相遗迹化石及沉积环境分析［D］. 武汉：中国地质大学（武汉）.

李生，徐永生，2002. 稀土元素内潜同晶分馏模式及其意义［J］. 沉积与特提斯地质，22（1）：72-82.

李四光，1939. 中国地质学［M］. 南京：正风出版社.

李天斌，1997. 宁夏香山群地层时代的再讨论［J］. 西北地质，18（2）：1-9.

李文厚，梅志超，陈景维，等，1997. 陕西渭北奥陶系放射虫硅质岩与火山凝灰岩的成因环境［J］. 中国区域地质，16（4）：422-427.

李相博，王宏波，黄军平，等，2019. 鄂尔多斯盆地下古生界寒武系天然气成藏地质条件与风险目标综合研究［R］. 鄂尔多斯盆地风险领域研讨会交流报告.

李相博，王宏波，黄军平，等，2021. 鄂尔多斯盆地怀远运动不整合面特征及油气勘探意义［J］. 石油与天然气地质，42（5）：1043-1055.

林宝玉，1983. 华北地台西缘的上奥陶统［J］. 地球学报，（7）：65-76.

林畅松，杨起，李思田，1995. 贺兰拗拉槽盆地充填演化分析［M］. 北京：地质出版社.

林尧坤，1993. 鄂尔多斯地台南缘中奥陶统笔石群的研究［C］. // 中国古生物学会第十七届学术年会（中国古生物学会会议论文集）.

林尧坤，1996. 鄂尔多斯地台南缘中奥陶统双笔石类笔石的研究［J］. 古生物学报，35（4）：389-401.

刘池阳，赵红格，王建强，等，2020. 鄂尔多斯及邻区区域构造环境与成藏演化［R］. 长庆油田.

刘德正，2002. 华北地层大区寒武纪早期地层统一划分与对比问题［J］. 安徽地质，12（1）：1-24.

刘邓，许杨阳，向兴，等，2015. 内蒙古硫酸盐型盐湖中好氧微生物介导的白云石沉淀过程及其机理［J］. 吉林大学学报（地球科学版），45（S1）：28.

刘全有，金之钧，王毅，等，2012. 鄂尔多斯盆地海相碳酸盐岩层系天然气成藏研究［J］. 岩石学报，28（3）：847-858.

刘淑琴，张发胜，1992. 柴达木马海盆地沉积环境和成盐作用［M］. 北京：地质出版社.

刘文汇，赵恒，刘全有，等，2016. 膏盐岩层系在海相油气成藏中的潜在作用［J］. 石油学报，37（12）：1451-1462.

刘文汇，王晓峰，张东东，等，2020. 鄂尔多斯盆地中东部奥陶系碳酸盐岩烃源评价新方法、标准再认识［R］. 长庆油田内部研究报告.

陆松年，李怀坤，相振群，2010. 中国中元古代同位素地质年代学研究进展述评 [J]. 中国地质，37（4）：1002-1013.

马永生，陈洪德，王国力，2009. 中国南方构造—层序岩相古地理图集（震旦纪—新近纪）[M]. 北京：科学出版社.

马占荣，白海峰，刘宝宪，等，2013. 鄂尔多斯西部地区中—晚奥陶世克里摩里期—乌拉力克期岩相古地理 [J]. 古地理学报，15（6）：751-764.

马振芳，付锁堂，陈安宁，2000. 鄂尔多斯盆地奥陶系古风化壳气藏分布规律 [J]. 海相油气地质，5（1-2）：98-102.

闵伟，张培震，邓起东，2001. 中卫—同心断裂带全新世古地震研究 [J]. 地震地质，23（3）：357-366.

内蒙古石油学会，1983. 鄂尔多斯盆地西缘地区石油地质论文集 [M]. 呼和浩特：内蒙古人民出版社.

潘正甫，李菊英，1990. 白云石化作用与中国东部白云岩地层 [M]. 北京：科学出版社.

钱祥麟，李江海，1999. 华北克拉通新太古代不整合事件的确定及其大陆克拉通构造演化意义 [J]. 中国科学（D辑：地球科学），29（1）：1-8.

全国地层委员会，2002. 中国区域年代地层（地质年代）表说明书 [M]. 北京：地质出版社.

任军峰，杨文敬，丁雪峰，等，2016. 鄂尔多斯盆地马家沟组白云岩储层特征及成因机理 [J]. 成都理工大学学报，43（3）：275-281.

任文军，张庆龙，张进，等，1999. 鄂尔多斯盆地中央古隆起板块构造成因初步研究 [J]. 大地构造与成矿学，23（2）：191-196.

山东省区域地层表编写组，1978. 山东省区域地层表 [M]. 北京：地质出版社.

邵东波，包洪平，魏柳斌，等，2019. 鄂尔多斯地区奥陶纪构造古地理演化与沉积充填特征 [J]. 古地理学报，21（4）：537-556.

史晓颖，1996. 35Ma——地质历史上一个重要的自然周期：自然临界的概念及其成因 [J]. 地球科学：中国地质大学学报，21（3）：235-242.

史晓颖，陈建强，梅仕龙，1999. 中朝地台奥陶系层序地层序列及其对比 [J]. 地球科学：中国地质大学学报，24（6）：573-580.

史晓颖，裴云鹏，2010. 鄂尔多斯盆地西缘和南缘下古生界地层对比与层序地层格架 [R]. 鄂尔多斯项目.

宋奠南，2001. 对怀远运动的再认识 [J]. 山东地质，17（1）：19-23.

孙枢，王成善，2009. "深时"（DeepTime）研究与沉积学 [J]. 沉积学报，27（5）：792-810.

孙永革，茅晟懿，王飞宇，等，2014. 塔里木盆地奥陶纪地层中Kukersite型生油岩的发现及其石油地质意义 [J]. 科学通报，59（1）：72-79.

索赞斯基 В И，1973. 盐岩地层的地质成因 [M]. 俄罗斯：科学思想出版社.

汤锡元，郭忠铭，陈荷立，1992. 陕甘宁盆地西缘逆冲推覆构造及油气勘探 [M]. 西安：西北大学出版社.

汤锡元，徐黎明，1993. 陕甘宁盆地及其周缘地区结晶基底及深部地质研究 [R]. 长庆油田.

汤显明，惠斌耀，1993. 鄂尔多斯盆地中央古隆起与天然气聚集 [J]. 石油与天然气地质，14（1）：64-71.

涂建琪，2016. 鄂尔多斯盆地奥陶系膏盐环境烃源岩分布与生烃潜力 [R]. 鄂尔多斯盆地勘探后备领域研讨会.

汪啸风，1980. 中国的奥陶系 [J]. 地质学报，（1）：1-12.

汪一鹏，宋方敏，李志义，等，1990.宁夏香山—天景山断裂带晚第四纪强震重复间隔的研究［J］.中国地震，6（2）：15-24.

王红梅，刘邓，谢树成，等，2016.微生物作用与白云石的形成［R］.杭州：第四届碳酸盐岩沉积储层国际学术研讨会.

王鸿祯，史晓颖，1998.沉积层序及海平面旋回的分类级别——旋回周期的成因讨论［J］.现代地质，12（1）：1-16.

王坤，王铜山，汪泽成，等，2018.华北克拉通南缘长城系裂谷特征与油气地质条件［J］.石油学报，39（5）：504-517.

王铜山，2016.华北地区元古界长城系地层分布［R］.

王笑媛，1980.中国活动断层与古地震专题讨论会暨中国地震地质专业委员会成立大会在宁夏召开［J］.地震地质，2（4）：82.

王学平，2002.鄂尔多斯南缘奥陶纪地层对比分析［J］.陕西地质，20（2）：20-26.

王亚烈，蒋汶田，李钟鸣，等，1996.沉积白云石形成条件的试验研究［C］//.地质行业科技发展基金资助项目优秀论文集：117-124.

王泽中，翟永红，1992.山西临汾奥陶系石膏岩的成因及形成环境［J］.石油与天然气地质，13（3）：314-323.

魏魁生，徐怀大，叶淑芬，1996.鄂尔多斯盆地北部奥陶系碳酸盐岩层序地层研究［J］.地球科学——中国地质大学学报，21（1）：1-11.

文竹，何登发，童晓光，2012.蒸发岩发育特征及其对大油气田形成的影响［J］.新疆石油地质，33（3）：373-378.

邬金华，Philip，1992.米粒状白云石及其出溶成因［J］.沉积学报，10（2）：45-53.

解国爱，张庆龙，郭令智，2003.鄂尔多斯盆地西南缘古生代前陆盆地与中央古隆起成因及其与油气的关系［J］.石油学报，24（2）：18-29.

解国爱，张庆龙，潘明宝，等，2005.鄂尔多斯盆地两种不同成因古隆起的特征及其在油气勘探中的意义［J］.地质通报，24（4）：373-377.

徐钦琦，1991.天文气候学［M］.北京：中国科学技术出版社.

徐世文，于兴河，刘妮娜，等，2005.蒸发岩与沉积盆地的含油气性［J］.新疆石油地质，26（6）：715-718.

徐勇航，赵太平，张玉修，等，2008.华北克拉通南部古元古界熊耳群大古石组碎屑岩的地球化学特征及其地质意义［J］.地质论评，54（3）：316-326.

徐正球，陈安定，王可仁，等，1995.陕甘宁盆地古生界天然气混源比及生烃能力评价［R］.长庆油田.

许靖华，1985.大地构造与沉积作用［M］.北京：地质出版社.

许靖华，1989.祸从天降——恐龙绝灭之谜［M］.西安：西北大学出版社.

薛平，1986.陆表海台地型蒸发岩的成因探讨［J］.地质论评，32（1）：59-66.

杨承运，1995.鄂尔多斯盆地西部定边地区奥陶系储层地质评价［R］.长庆油田.

杨承运，A.V.卡罗兹，1988.碳酸盐岩实用分类及微相分析［M］.北京：北京大学出版社.

杨华，包洪平，2011a.鄂尔多斯盆地奥陶系中组合成藏特征及勘探启示［J］.天然气工业，31（12）：11-20.

杨华，包洪平，马占荣，2014. 侧向供烃成藏——鄂尔多斯盆地奥陶系膏盐下天然气成藏新认识［J］. 天然气工业，34（4）：19-26.

杨华，付金华，包洪平，2010. 鄂尔多斯地区西部和南部奥陶纪海槽边缘沉积特征与天然气成藏潜力分析［J］. 海相油气地质，15（2）：1-13.

杨华，付金华，魏新善，等，2011b. 鄂尔多斯盆地奥陶系海相碳酸盐岩天然气勘探领域［J］. 石油学报，32（5）：733-740.

杨华，付锁堂，马振芳，等，2004. 天环地区奥陶系白云岩储集体特征［J］. 天然气工业，24（9）：11-14.

杨华，王宝清，2012. 微生物白云石模式评述［J］. 海相油气地质，17（2）：1-7.

杨景春，李有利，2001. 地貌学原理［M］. 北京：北京大学出版社.

杨俊杰，谢庆邦，宋国初，1992. 陕甘宁盆地中部奥陶系古地貌模式及气藏序列［J］. 天然气工业，12（4）：8-13.

杨俊杰，1991. 陕甘宁盆地下古生界天然气的发现［J］. 天然气工业，11（2）：1-6.

杨俊杰，2002. 鄂尔多斯盆地构造演化与油气分布规律［M］. 北京：石油工业出版社.

杨俊杰，裴锡古，1996. 中国天然气地质学（卷四）：鄂尔多斯盆地［M］. 北京：石油工业出版社.

杨应章，1997. 陕西省北部奥陶纪岩石地层单位厘定［J］. 中国区域地质，16（2）：137-143.

姚泾利，王程程，陈娟萍，等，2016. 鄂尔多斯盆地马家沟组盐下碳酸盐岩烃源岩分布特征［J］. 天然气地球科学，27（12）：2115-2126.

叶俭，杨友运，许安东，等，1995. 鄂尔多斯盆地西南缘奥陶纪生物礁［M］. 北京：地质出版社.

尹磊明，2006. 中国疑源类化石［M］. 北京：科学出版社.

余明，2007. 简明天文学教程［M］. 北京：科学出版社.

余素玉，1982. 化石碳酸盐岩［M］. 北京：地质出版社.

袁复礼，1925. 甘肃平凉奥陶系笔石层［J］. 中国地质学会会志，4（1）：19-20.

袁鹤然，郑绵平，陈文西，等，2010. 陕北成盐盆地奥陶纪成钾找钾远景分析［J］. 地质学报，84（11）：1554-1564.

曾理，万茂霞，彭英，2004. 白云石有序度及其在石油地质中的应用［J］. 天然气勘探与开发，27（4）：64-72.

翟明国，2011. 克拉通化与华北陆块的形成［J］. 中国科学：地球科学，41（8）：1037-1046.

翟明国，2012. 华北克拉通的形成以及早期板块构造［J］. 地质学报，86（9）：1335-1349.

张成立，苟龙龙，第五春荣，等，2018. 华北克拉通西部基底早前寒武纪地质事件、性质及其地质意义［J］. 岩石学报，34（4）：981-998.

张传禄，张永生，康祺发，等，2001. 鄂尔多斯南部奥陶系马家沟群马六组白云岩成因［J］. 石油学报，22（3）：22-27.

张东东，刘文汇，王晓锋，等，2021. 深层油气藏成因类型及其特征［J］. 石油与天然气地质，42（5）：1169-1180.

张国伟，张本仁，袁学诚，等，2001. 秦岭造山带与大陆动力学［M］. 北京：科学出版社.

张国伟，1988. 秦岭造山带形成及其演化［M］. 西安：西北大学出版社.

张吉森，费安琦，1981. 陕西礼泉县唐王岭震旦纪晚期冰碛砾岩［J］. 地层学杂志，5（1）：10-15.

张吉森，杨奕华，王少飞，等，1995. 鄂尔多斯地区奥陶系沉积及其与天然气的关系［J］. 天然气工业，

15（2）：5-10.

张吉森，曾少华，黄建松，等，1991. 鄂尔多斯东部地区岩盐的发现、成因及其意义［J］. 沉积学报，9（2）：34-43.

张家声，何自新，费安琪，等，2008. 鄂尔多斯西缘北段大型陆缘逆冲推覆体系［J］. 地质科学，43（2）：251-281.

张建勇，郭庆新，寿建峰，等，2013. 新近纪海平面变化对白云石化的控制及对古老层系白云岩成因的启示［J］. 海相油气地质，18（4）：46-52.

张景廉，张平中，1997. 地壳的新地球物理模型与石油的无机成因说［J］. 地球物理学进展，12（4）：91-97.

张景廉，石兰亭，卫平生，等，2009. 鄂尔多斯盆地深部地壳构造特征与油气成藏［J］. 新疆石油地质，30（2）：272-278.

张景廉，卫平生，郭彦如，等，1998. 中国一些含油气盆地的深部地壳结构与油气藏关系的探讨［J］. 天然气地球科学，9（5）：9.

张抗，1989. 鄂尔多斯断块构造和资源［M］. 西安：陕西科学技术出版社.

张抗，1993. 香山群时代讨论［J］. 石油实验地质，15（3）：309-316.

张瑞英，孙勇，2017. 华北克拉通南部早前寒武纪基底形成与演化［J］. 岩石学报，33（10）：3027-3041.

张守信，1989. 理论地层学：现代地层学概念［M］. 北京：科学出版社.

张涛，苏玉山，佘刚，等，2015. 热液白云岩发育模式——以扎格罗斯盆地白垩系 A 油田为例［J］. 石油与天然气地质，36（3）：393-401.

张廷山，沈昭国，兰光志，等，2002. 四川盆地早古生代灰泥丘中的微生物及其造岩和成丘作用［J］. 沉积学报，20（2）：243-248.

张文龙，陈刚，章辉若，等，2016. 唐王陵昭陵组砾岩碎屑锆石 U-Pb 年代学分析［J］. 沉积学报，34（3）：497-505.

张永生，2000. 鄂尔多斯地区奥陶系马家沟群中部块状白云岩的深埋藏白云石化机制［J］. 沉积学报，18（3）：424-430.

张永生，郑绵平，包洪平，等，2013. 陕北盐盆马家沟组五段六亚段沉积期构造分异对成钾凹陷的控制［J］. 地质学报，87（1）：101-109.

张月阳，姜红霞，吴亚生，等，2020. 鄂尔多斯盆地西缘和南缘晚奥陶世钙化粗枝藻化石［J］. 微体古生物学报，37（3）：228-237.

章贵松，张军，2006. 鄂尔多斯盆地西部奥陶纪岩相古地理特征［J］. 低渗透油气田，11（3）：34-39.

赵国春，2015. 超大陆演化与东亚大陆形成［R］. 2015 年中国地球科学联合学术年会.

赵太平，翟明国，夏斌，等，2004. 熊耳群火山岩锆石 SHRIMP 年代学研究：对华北克拉通盖层发育初始时间的制约［J］. 科学通报，49（22）：2342-2349.

赵太平，徐勇航，翟明国，2007. 华北陆块南部元古宙熊耳群火山岩的成因与构造环境：事实与争议［J］. 高校地质学报，13（2）：191-206.

赵文智，胡素云，汪泽成，等，2018. 中国元古界—寒武系油气地质条件与勘探地位［J］. 石油勘探与开发，45（11）：1-13.

赵重远，1993. 陕甘宁盆地中央古隆起及其形成和演化［R］. 长庆油田与西北大学.

赵重远，刘池祥，1990. 华北克拉通沉积盆地形成与演化及其油气赋存［M］.西安：西北大学出版社.

赵重远，刘池洋，1993. 含油气盆地地质学研究进展［M］.西安：西北大学出版社.

郑聪斌，冀小琳，贾疏原，1995.陕甘宁盆地中部奥陶系风化壳古岩溶发育特征［J］.中国岩溶，14（3）：280-288.

郑聪斌，谢庆邦，1993.陕甘宁盆地中部奥陶系风化壳储层特征［J］.天然气工业，13（5）：26-30.

郑昭昌，李玉珍，1987.阿拉善地块边缘古生代生物地层及构造演化［M］.武汉：武汉地质学院出版社.

郑昭昌，李玉珍，1991.贺兰山奥陶系研究的新进展［J］.现代地质，5（2）119-137.

中国地层典编委会，1996.中国地层典［M］.北京：地质出版社.

周俊喜，刘百麓，1987.中卫—同心活断层研究［J］.西北地震学报，9（3）：71-77.

周志强，校培喜，2010.对香山群时代的商榷［J］.西北地质，43（1）：54-59.

周志毅，周志强，张进林，1989.华北地台及其西缘奥陶纪三叶虫相［J］.古生物学报，28（3）：296-313.

朱忠德，2006.中国早中奥陶世生物礁研究［M］.北京：地质出版社.

Erik Flügel，1989.石灰岩微相［M］.北京：地质出版社.

Henry L E，Dianne K N 著，王增林等译.2010.地质微生物学［M］.北京：中国石化出版社.

J L Wilson，1981.地质历史中的碳酸盐岩相［M］.地质出版社.

Badiozamani K，1973. The Dorag dolomitization model application to middle Ordovician of Wisconsin［J］. Sed. Petrol.，43（4）：965-984.

Barbe A，Grimalt J O，Pueyo J J，et al，1990. Characterization of model evaporitic environments through the study of lipid components［J］. Organic Geochemistry，16（4/6）：815-828.

Brian M G，2013. Organic Evolution in Deep Time：Charles Darwin and the Fossil Record［J］. Transactions of the Royal Society of South Australia，137（2）：102-148.

Chritopher G，Kendall S C，Weber L J，2009. The giant oil field evaporite association-A function of the Wilson cycle，climate，basin position and sea level［J］. AAPG Annual Convention，40471.

Clyde H Moore，2010. Upper Jurassic Smackover Platform Dolomitization，Northwestern Gulf of Mexico：A Tale of Two Water［J］. Symposium of the Carbnate Reservoirs，2010. 10 Hangzhou，China.

Condie K C，O'Neill C，Aster R C，2009. Evidence and implications for a widespread magmatic shutdown for 250 My on Earth［J］. Earth and Planetary Science Letters. 282：294-298.

Coppold M，Powell W，2000. A Geoscience Guide to the Burgess Shale：Geology and Paleontology in Yoho National Park［M］. Burgess Shale Geoscience Foundation，British Columbia，Canada.

Craig J，Thurow J，Thusu B，et al，2009. Global Neoproterozoic PetroleumSystems：The Emerging Potential in North Africa［J］. Geological Society，London，Special Publications，326：1-25.

Feng Zengzhao，Bao Hongping，Jia Jinhua，et al，2013. Lithofacies palaeogeography as a guide to petroleum exploration［J］. Journal of Palaeogeography，2（2）：109-126.

Fouache E，Desruelles S，Magny M，et al. 2010. Palaeogeographical reconstructions of Lake Maliq（Korça Basin，Albania）between 14000 BP and 2000 BP［J］. Journal of Archaeological Science，37（3）：525-535.

Hsu K J，1984. A nonsteaby state model for dolomite，evaporate，and ore genesis：ln A. Wauschkuhn，C. Kluth and R. A. Zimmermann（eds.），Syngenesis and Epgenesis in the Formation of Mineral Deposits［M］.

Springer–Verlag, Berlin, 275–286.

Hsu K J, 1972. Origin of saline giant s : A critical review after the discovery of meditterance [J] . Earth–Science Review , 8: 371–386

Hsu K J, 1972. Origin of saline giants : A critical review after the discovery of meditterance [J] . Earth–Science Review, 8: 371–386.

Hsu K J, Siegenthaler C, 1969. Preliminary experiments on hydrodynamic movement induced by evaporation and their bearing on the dolomite problem [J] . Sedimentology, 12 (1/2) : 11–25.

Illing L V, Wells A J, Taylor J C M, 1965. Penecontemporary dolomite in the Persian Gulf : In L. C. Pray and R. C. Murry(eds.), Dolomitization and Limestone Diagenesis, Soc. Econ, Paleont & Miner. Spec. Publ., (13): 89–111.

James N P, Choquette P W, 1988. Paleokarst [M] . Berlin : Springer–Verlag.

Jennifer A Roberts, Mathew Edwards, Adam Yoerg, et al, 2016. The role of surface–bound carboxyl–group density of organic matter in low–temperature dolomite formation [R] . The 4th International Symposium on Carbonate Sedimentology and Hydrocarbon Reservoir Research, Hangzhong, China.

Kim A Cheek, 2013. Exploring the Relationship between Students' Understanding of Conventional Time and Deep(Geologic)Time [J] . International Journal of Science Education, 35(11) : 1925–1945.

Klemme, Ulmishek, 1991. Effective petroleum source rocks of t he world : stratigraphic distribution and con-trolling depositional factors [J] . AAPG Bulletin, 75 (12) : 1809–1851.

Kusky T M, 2011. Geophysical and geological tests of tectonic models of the North China Craton [J] . Gondwana Research, 20 (1) : 26–35.

Land L S, Folk R L, 1975. Mg/Ca Ratio and Salinity : Two Controls over Crystallization of Dolomite [J] . AAPG Bulletin, 59 (1) : 60–68.

Li Y N, Liu W H, Liu P, 2021. Paleoenvironment and Organic Matter Enrichment of the Middle Ordovician Marine Carbonates in the Ordos Basin of China : Evidence from Element Geochemistry [J] . ACS Earth and Space Chemistry. https : //doi.org/10, 1021/acsearthspacechem. 1c00262.

Maliva R G, Dickson JAG, 1992 . Microfacies and Diagenetic Controls of Porosity in Cretaceous / Tertiary chalks , Eldfisk Ficld , Norwegian North Sea [J] . AAPG Bulletin, 76 (11) : 1825–1838.

Miall A D, 1995. Whither stratigraphy ? [J] . Sedimentary Geology, 100: 5–20.

Montanez I P, Osleger D A, 1993. Parasequence stacking paterns, third–order accommodation ev-ents, and sequence stratigaphy of Middle to Upper Cambrian platform carbonates, Boanza King Formation, Southern Great Basin. In : Loucks R G& Sarg J F eds. Carbonate sequence stratigraphy : recent deveopments and applications [J] . American Association Petroleum Geologists, 57: 305–326.

Moore C H, 2010. Upper Jurassic Smackover Platform Dolomitization, Northwestern Gulf of Mexico : A Tale of Two Waters [R] . Symposium of the Carbnate Reservoirs, 2010. 10 Hangzhou, China.

R G Walke, 1990.Perspective facies modeling and sequence stratigraphy [J] . Journal of sedimantary petrology, 60 (5) : 777–786.

Reed J D, Illich H A, Horsfield B, 1986. Biochemical evolutionary significance of Ordovician oils and their sources [J] . Org Geochem, 10: 347–358.

Riding R, 2000. Microbial carbonates : The geological record of calcifiedbacterial–algal mats and biofilms [J] . Sedimentology, 47 (S1) : 179–214.

Riding R, 2011. Calcified cyanobacteria. In : Reitner J, Thiel V (eds) . Encyclopedia of Geobiology, Encyclopedia of Earth Science Series [M] . Herdelberg : Springer, 211–223.

Robert G Maliva, J A D Dickson, 1992. Microfacies and Diagenetic Controls of Porosity in Cretaceous/Tertiary chalks, Eldfisk Field, Norwegian North Sea [J] . AAPG Bulletin, 76 (11) : 1825–1838.

Sarg J F, 1988. Carbonate sequence stratigraphy In : Wilgus C K, et al.eds., Sea–level changes : an integrated approach [J] . SEPM Special publication, 42: 155–181.

Schmalz R F, 1969. Deep–water evaporite deposition : A genetic model [J] . AAPG, 53 (4) : 798–823.

Scruton P C, 1953. Deposition of evaporates. Amer. Assoc [J] . Petrol. Geol. Bull. , 53: 798–823.

Shi X Y, Yin J R, Ji a C P, 1996. Mesozoic to Cenozoic sequence stratigraphy and sea – level changes in the Northern Himalayas, Southern Tibet, China [J] . Newsl Stratig, 33 (1) : 15–61.

Soreghan G S, Maples C G, Parrish J T, 2003. Report of the NSF sponsored workshop on paleoclimate [R] .

Tucker M E, 1991. Sequence stratigraphy of carbonate–evaporitebasins : models and application to the Upper Permian (Zechstein) of northeast England and adjoining North Sea [J] . Journal of the Geological Society, London, 148: 1019–1036.

Uutela A, Tynni R, 1991.Ordovician acritarchs from the Rapla Borehole, Estonia [J] .Geologecal Survey of Finland, Bulletin, 353: 1–135.

Vail P R, Hardenbol J, 1979. Sea Level Changes During the Tertiary[J] . Oceanus, 22 (3) : 71–77.

Vail P R, Mitchum R M, S Thompson, 1977. "Seismic Stratigraphy and Global Changes of Sea Level, Part 3: Relative Changes of Sea Level from Coastal Onlap [J] . AAPG, 26: 49–212.

Vail P R, Audemard F, Bouman S A, et al, 1991. The stratigraphic signatures of tectonics, Eustasy and sedimentology–an overview. In : Einsele G., et al., eds., Cycles and events in stratigraphy. Berlin : Springer–Verlag, 617–659.

Wan Yusheng, Xie Hangqiang, Yang Hua, et al, 2013. Is the Ordos Block Archean or Paleoproterozoic in age ? Implications for the Precambrian evolution of the North China Craton [J] . American Journal of Science, 313: 683–711.

Wang H Z, Shi X Y, 1996. A scheme of the hierarchy for sequence stratigraphy [J] . Jour China Uinv Geosci, 7 (1) : 1–12.

Wang Q, Liu W, et al, 2021. Hydrocarbon generation from calcium stearate : insights from closed–system pyrolysis [J] . Marine and Petroleum Geology, 104923.

Warren J K, 2010. Evaporites through time : Tectonic, climatic and eustatic controls in marine and nonmarine deposits [J] . Earth–Science Reviews, 98 (3/4) : 217–168.

Wells A J, 1962. Recent dolomite in the Persian Gulf [J] . Nature, 194 (4825) : 274–275.

Zuza a V, Wu C, Reith R C, et al, 2018. Tectonic evolution of the Qilian Shan : an early Paleozoic orogen reactivated in the Cenozoic [J] . GSA Bulletin, 130 (5–6) : 881–925.